PHP 从零基础到项目实战
（微课视频版）（第 2 版）

未来科技　编著

中国水利水电出版社

www.waterpub.com.cn

·北京·

内 容 提 要

《PHP 从零基础到项目实战（微课视频版）（第 2 版）》从初学者角度出发，以基础知识、实例、实战案例相结合的方式，详细介绍了使用 PHP 进行网络开发、游戏开发、移动端后台开发、OA 系统开发、服务器端开发等应该掌握的各方面技术。全书共 27 章，主要内容包括 PHP 概述、PHP 运行环境搭建、PHP 语言基础、流程控制语句、字符串、使用正则表达式、使用数组、使用函数、面向对象程序设计、错误和异常处理、PHP 与 Web 页面交互、PHP 与 JavaScript 交互、PHP 会话管理、日期和时间处理、图形图像处理、文件处理、PHP 加密技术、MySQL 数据库基础、使用 phpMyAdmin 管理 MySQL、使用 PHP 操作 MySQL、使用 PDO 操作数据库、PHP 与 XML 技术、PHP 与 Ajax 技术、PHP 与 Socket 技术，最后三章通过购物网站、移动私人社区和技术论坛三个综合案例诠释 PHP 在实际项目中的具体应用。书中所有知识都结合具体实例进行介绍，将基础知识和实例相结合，可以使读者轻松领会 PHP 程序开发的精髓，快速提高开发技能。

《PHP 从零基础到项目实战（微课视频版）（第 2 版）》配备了极为丰富的学习资源，其中配套资源有 424 集微视频（可使用手机扫码看视频）、实例源代码；拓展学习资源有项目源码库、框架源码库、参考工具箱、专题集、代码集、习题集、面试题集、前端开发资源库等。

《PHP 从零基础到项目实战（微课视频版）（第 2 版）》适合 PHP 从入门到精通各层次的读者使用，也适合作为高等院校相关专业的教学参考书，还可供开发人员查阅、参考。

图书在版编目（CIP）数据

PHP 从零基础到项目实战：微课视频版 / 未来科技编著. -- 2 版. -- 北京：中国水利水电出版社，2023.1

ISBN 978-7-5226-0758-0

Ⅰ. ①P··· Ⅱ. ①未··· Ⅲ. ①PHP 语言—程序设计

Ⅳ. ①TP312.8

中国版本图书馆 CIP 数据核字(2022)第 101500 号

书　　名	PHP 从零基础到项目实战（微课视频版）（第 2 版） PHP CONG LING JICHU DAO XIANGMU SHIZHAN
作　　者	未来科技　编著
出版发行	中国水利水电出版社 （北京市海淀区玉渊潭南路 1 号 D 座　100038） 网址：www.waterpub.com.cn E-mail: zhiboshangshu@163.com 电话：（010）62572966-2205/2266/2201（营销中心）
经　　售	北京科水图书销售有限公司 电话：（010）68545874、63202643 全国各地新华书店和相关出版物销售网点
排　　版	北京智博尚书文化传媒有限公司
印　　刷	河北鲁汇荣彩印刷有限公司
规　　格	185mm×235mm　16 开本　35 印张　937 千字
版　　次	2019 年 1 月第 1 版第 1 次印刷　2023 年 1 月第 2 版　2023 年 1 月第 1 次印刷
印　　数	0001—5000 册
定　　价	99.80 元

前 言
Preface

PHP 是 PHP：Hypertext Preprocessor（超级文本预处理器）的缩写，是目前世界上最流行的Web 开发语言之一，它具有简单易学、源码开放、开发快、运行快、实用性强、可操作多种主流与非主流的数据库、支持面向对象编程、支持跨平台操作及完全免费等特点，受到广大程序员的青睐和认同。本书以书本学习和 O2O 阅读相结合的方式对 PHP 的相关知识进行全面介绍。

本书内容

本书以零基础读者为主要对象，采取"基础知识→核心技术→高级应用→项目实战"的模式，以各类实例操作为辅助，深入浅出地讲解 PHP 语言及实战技能。本书学习结构如下。

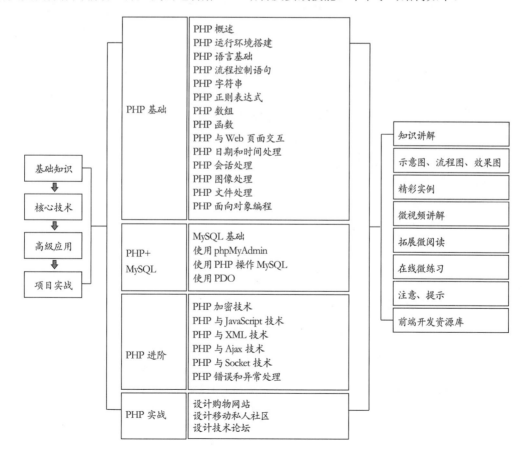

本书特点

⤷　**同步微视频讲解，手机扫码看视频**

为方便读者学习，本书特录制了 424 集微视频，并配备了大量的二维码，手机扫一扫，可以随时随地看视频。

⤷　**线下和线上同步，实现超值阅读**

本书提供了 111 篇拓展阅读内容，实现了在有限的纸质书中承载更丰富的内容，实现了超级有价值的阅读（O2O 阅读模式），读者可以通过扫描二维码进行线上阅读。本书的目的除了教读者学习 PHP 知识外，更重要的是使读者通过线上与线下相结合，掌握一种有效的学习方式。

⤷　**系统的基础知识，大量的实例案例**

本书系统讲解了 PHP 各方面的知识和应用，由浅入深、循序渐进，帮助读者奠定坚实的理论基础。实战是掌握知识点最好的途径，所以在讲解过程中配合大量中小示例、实例和实战案例，透彻详尽地讲述了实际开发中所需的各类知识，让读者做到知其所以然。

⤷　**大量的拓展练习，实战是硬道理**

本书共安排了 350 道拓展练习题，读者可扫描每章（个别章节没有）最后面的"在线支持"二维码进行在线练习，以加深对本章知识点的掌握程度。PHP 学习，实战是硬道理。

⤷　**在线服务，让学习无后顾之忧**

提供在线服务，随时随地可交流。提供 QQ 群、公众号等多渠道下载、交流服务。

本书配套资源及下载方法

本书配有海量全方位的配套学习资源，以方便读者学习。

1. 前沿技术+典型案例+微视频讲解+微阅读拓展，快速掌握前端开发精髓
详尽的配书资源 ⤷　424 集同步微视频 ⤷　420 段源代码分析 ⤷　111 篇拓展微阅读 ⤷　350 道拓展练习题

2. 海量参考手册和设计资源，随查随练，最大程度提升学习速度	
⤷　PHP 框架参考集（46 个）	⤷　PHP 参考手册
⤷　PHP 入门专题技术集（11 部）	⤷　MySQL 参考手册
⤷　PHP 入门进阶参考手册（11 部）	⤷　CSS 参考手册
⤷　网页配色工具箱（5 类）	⤷　HTML 参考手册
⤷　各类网页模板大全（450 套）	⤷　JavaScript 参考手册

---

3. 丰富的案例资源库、面试题库，实战容量更大，专项专练，转岗就业的好助手

↳ PHP 项目源码库（1656 例）	↳ PHP 面试题
↳ PHP 框架源码库（98 个）	↳ HTML、CSS 面试题
↳ HTML5+CSS3+JavaScript 分类案例（1100 例）	↳ JavaScript 面试题
↳ HTML5+CSS3+JavaScript 实用案例（2000 例）	↳ 前端面试题链接

　　以上资源的获取及联系方式如下（**注意：本书不配备光盘，以上提到的所有资源均需通过下面的方法下载后使用**）：

　　（1）读者可以扫描下面的微信公众号二维码，或在微信公众号中搜索"设计指北"，关注后发送"PHP0758"至公众号后台，获取本书的资源下载链接。将链接复制到浏览器的地址栏中进行下载。

　　（2）读者可加入本书的 QQ 群 891566202（请注意加群时的提示，根据提示加入对应的群），与其他读者进行在线交流学习，作者不定时在线为读者答疑解惑。

读前须知

　　（1）本书从零基础出发，通过大量的案例使学习不再枯燥。读者可以边学习边实践操作，避免学习流于表面、限于理论。

　　（2）作为入门书籍，本书知识点较多，但因篇幅限制，不能面面俱到地介绍。所以本书在很多位置添加了拓展阅读内容，即使这样，也难以满足所有读者的学习需要。但本书旨在给读者传达一种学习方法（技术学习的关键是方法），在很多实例中体现了方法的重要性，读者只要掌握了各种技术的运用方法，在学习更深入的知识时可大大提高学习效率。

　　（3）本书提供了大量示例，限于篇幅，部分示例没有提供完整的代码，读者应该将代码补充完整，然后再进行测试练习，或者直接参考本书提供的源代码（需下载后使用），边学边练。

　　（4）为了给读者提供更多的学习资源，本书提供了很多参考链接，许多本书无法详细介绍的问题都可以通过这些链接找到答案。由于这些链接地址会因时间而有所变动或调整，所以在此说明，这些链接地址仅供参考，本书无法保证所有的这些地址是长期有效的。

使用指南

　　学习本书时，应该将纸质内容与电子内容相配套进行学习，通过扫描二维码可以将两者有机联系在一起：手机端+PC端，线上线下同步学习。通过扫描正文章节对应的二维码，可以观看视频讲解、阅读线上资源、体验示例效果、查阅权威参考资料和在线练习提升，全程易懂、好学、速查、高效、实用。

1. 观看视频

对于初学者来说，精彩的知识讲解和透彻的实例解析能够引导其快速入门，轻松理解和掌握知识要点。本书中几乎所有案例都录制了视频，可以使用手机在线观看，也可以下载下来离线观看，还可以推送到计算机上大屏幕观看。

2. 线上阅读

一本书的厚度有限，但掌握一门技术却需要大量的知识积累。本书选择了那些与学习、就业关系紧密的核心知识点印在书中，而将大量的拓展性知识放在云端，读者用手机扫描相关二维码，即可免费阅读数百页的前端开发学习资料，获取大量的额外知识。

3. 在线练习

为方便读者巩固基础知识，提升实战能力，每章都附赠了大量前端练习题目，读者扫描课后相关二维码，即可强化练习，通过反复实操，提升对知识的领悟度和实战能力。

4. 案例效果

在学习过程中，很多案例效果在纸质书中无法展示，扫描实例旁边的二维码，在学习过程中直观地感受精彩的案例效果。

5. 参考资料

扫描相关参考资料的二维码，即可跳转到对应知识的官方文档上。通过大量查阅，领悟真正的技术内涵，提升内功。

本书适用对象

- PHP 编程爱好者。
- PHP 初学者以及想全面学习 PHP 开发技术的人员。
- 有一定 PHP 基础，想精通动态网站开发的人员。
- 大中专院校相关专业学生。
- 社会培训班的教师和学员。

关于作者

本书由未来科技组织编写。未来科技是由一群热爱 Web 开发的青年骨干教师组成的一个松散组织，主要从事 Web 开发、教学培训、教材开发等业务。未来科技组织编写的同类图书在很多网店上的销量名列前茅，让数十万读者轻松跨进 Web 开发的大门，为 Web 开发的普及和应用做出了积极贡献。

作　者

2022 年 10 月

目 录

Content

第1章

PHP 概述

PHP 与微软公司的 ASP 类似，都是一种嵌入到 HTML 文档，仅能在服务器端执行的脚本语言。PHP 的语言风格类似于 C 语言，其语法混合了 C、Java、Perl 语言的特点，又自创了很多新语法。作为优秀的、简便的 Web 开发语言，PHP 与 Linux、Apache、MySQL 紧密结合，组成了 LAMP 开源黄金搭档，这不仅降低了用户的使用成本，也提升了开发速度，使得 PHP 软件工程师成为了一个非常普遍的职业。PHP 作为免费、开源的网站开发技术，其门槛要求较低，即使是没有编程基础的读者也可以学习，而且能够快速、顺利上岗。本章将简单介绍 PHP 的相关知识，为系统学习 PHP 做好铺垫。

学习重点

- PHP 发展历史。
- PHP 特性。
- PHP 应用。
- PHP 框架。
- PHP 开源项目。
- PHP 现状。
- PHP 发展趋势。
- PHP 学习资源。

1.1　PHP 发展历史

PHP 起源于 1994 年 Rasmus Lerdorf 创建的网络小程序：访客统计系统。后来，Rasmus 发布了一个完整的版本，将其命名为 Personal Home Page Tools。之后，Rasmus 又发布了一个名为 FI 的小工具，可以做 SQL 查询。它们合称为 PHP 1.0 版本。

1996 年，Rasmus 发布了 PHP/FI 2.0 版本。这是一个基本完善的 PHP 程序包，不仅可以访问数据库，还可以嵌入 HTML 页面。

1998 年，PHP 3.0 版本正式发布。PHP 3.0 版本具有更好的执行效率，以及更清晰的结构。另外，PHP 3.0 版本开始支持扩展模块，因此吸引了大量的开发人员加入，它不再局限于"个人主页工具"的概念，名称也简单缩写为 PHP。

2000 年，PHP 4.0 版本正式发布。新版本重新设计内核引擎，将其命名为 Zend（由接任作者 Zeev 和 Andi 名称组合），Zend 引擎提供了脚本优化器，可以把源程序转换为二进制编译代码，在提高性能的同时，保护了程序源代码不被暴露。PHP 4.0 版本还增加了对类和对象的支持。

2004 年，PHP 5.0 版本正式发布，标志着一个全新的 PHP 时代到来。PHP 5.0 版本的核心是第二代 Zend 引擎。PHP 5.0 版本的最大特点是引入了面向对象的全部机制，并且保留了向下的兼容性。

PHP 一直占据 Web 服务端开发领域中的统治地位，其全球份额始终保持在 78%以上。PHP 快速、强大、免费，生态环境良好，是一个为 Web 而生的编程语言。自诞生起，PHP 就被大多数开发者称为世界上最好的编程语言之一。

截至 2022 年，PHP 已经存续了 27 年，PHP 的版本和功能一直在不断更新和发展。其中，PHP 7.4 版本每秒处理的请求数量是 PHP 5.6 版本的三倍，比 PHP 7.0 版本快约 18%。PHP 8.0 版本的新特性 JIT（即时）编译器，可能为在 Web 服务器上进行机器学习、3D 渲染和数据分析打开大门，使未来充满无限想象。PHP 历史版本的详细说明见表 1.1。

表 1.1　PHP 历史版本的详细说明

版本	发布日期	最终支持日期	说　　　　明
1.0	1995-06-08	—	首次使用
2.0	1997-11-01	—	PHP 首个发行版
3.0	1998-06-06	2000-10-20	Zeev Suraski 和 Andi Gutmans 重写了底层
4.0	2000-05-22	2001-06-23	增加了 Zend 引擎
4.1	2001-12-10	2002-03-12	加入了 superglobal（超全局）的概念，即$_GET、$_POST 等
4.2	2002-04-22	2002-09-06	默认禁用 register_globals
4.3	2002-12-27	2005-03-31	引入了命令行界面 CLI
4.4	2004-07-11	2008-08-07	修复了一些致命错误
5.0	2004-07-13	2005-09-05	Zend II 引擎
5.1	2005-11-24	2006-08-24	引入了编译器来提高性能、增加了访问数据库的接口 PDO

续表

版本	发布日期	最终支持日期	说　明
5.2	2006-11-02	2011-01-06	默认启用过滤器扩展
5.3	2009-06-30	2014-08-14	使用 XMLReader 和 XMLWriter 增强 XML 支持；支持 SOAP 协议、命名空间、延迟静态绑定、跳转标签（有限的 goto）、闭包，Native PHP archives
5.4	2012-03-01	2015-09-03	支持 Trait、简短数组表达式；移除 register_globals、safe_mode、allow_call_time_pass_reference、session_register()、session_unregister()、magic_quotes 及 session_is_registered()；加入内建的 Web 服务器，增强了性能，减小了内存使用量
5.5	2013-06-20	2016-07-10	支持 generators、用于异常处理的 finally，将 OpCache（基于 Zend Optimizer+）加入官方发布的版本中
5.6	2014-08-28	2018-12-31	支持常数标量表达式、可变参数函数、参数拆包、新的求幂运算符、函数和常量的 use 语句的扩展，将新的 phpdbg 调试器作为 SAPI 模块，以及其他更小的改进
6.x	未发布	—	取消掉的、从未正式发布的 PHP 版本
7.0	2015-12-03	2018-12-03	Zend Ⅲ引擎（性能提升并在 Windows 上支持 64-bit 整数），统一的变量语法，基于抽象语法树编译过程
7.1	2016-12-01	2019-12-01	void 返回值类型，类常量，可见性修饰符
7.2	2017-11-30	2020-11-30	对象参数和返回类型提示、抽象方法重写等
7.3	2018-12-06	2021-12-06	支持 PCRE2 等
7.4	2019-11-28	2022-11-28	改进 OpenSSL、弱引用等
8.0	2020-11-26	2023-11-26	JIT、数组负索引等

1.2　PHP 特性

由于 PHP 与 Apache 服务器紧密结合，版本不断更新，即时加入各种新功能，支持所有主流与非主流数据库，拥有超高的执行效率，使得 PHP 快速流行。PHP 主要特性如下：

● 开源且免费：PHP 源代码都可以找到，PHP 供用户免费使用。
● 基于服务器端：PHP 运行在服务器端，可以在 UNIX、Linux、Windows 等操作系统上运行。
● 嵌入 HTML：既可以将 PHP 嵌入 HTML，又可以将 HTML 嵌入 PHP。
● 简单的语言：PHP 坚持以脚本语言为主，与 Java 和 C++不同。
● 效率高：PHP 消耗相当少的系统资源。
● 图像处理：使用 PHP 能够在网页中动态创建图像。

1.3   PHP 应用

PHP 应用范围很广，如网站开发、游戏开发、广告系统开发、API 接口开发、移动端后台开发、内部 OA 系统开发、服务器端开发等。图 1.1 是 PHP 应用范畴示意图，当然 PHP 应用的宽度和深度都不止于此。

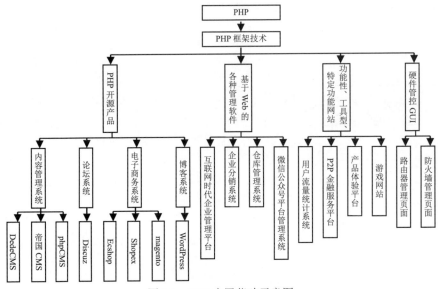

图 1.1   PHP 应用范畴示意图

开发企业、政府、公司门户网站的内容管理系统（Content Management System，CMS）时，国内较流行选用 DedeCMS、帝国 CMS 和 phpCMS 等；开发论坛系统时一般多选用 Discuz；开发电子商务系统时可以选用 Ecshop 等；开发博客系统时可以选用 WordPress。PHP 的开源产品很多，一般都使用 PHP 框架技术，这里不再一一列举。

PHP 可以开发基于 Web 的各种管理软件，如贸易公司和其下属销售中心使用的企业分销系统等；可以开发功能性、工具型、特定功能网站，类似用户流量统计系统；还可以开发硬件管控 GUI，如路由器管理页面等。

国内外大多数网站，特别是一些中小型公司网站和 Web 应用网站，都采用 PHP 技术来构建网站，无一例外。

1.4   PHP 框架

PHP 框架真正的发展是从 PHP 5.0 版本开始的。其实在 PHP 4.0 版本时代就有一些框架，但是因为使用复杂，没有纯 PHP 好用，所以一直到了 PHP 5.0 版本才有大的发展。随着 PHP 5.0 版本面向对象功能的实现，基于 PHP 的产品逐渐多了起来。下面列举 6 款较流行的 PHP 框架。

1. ThinkPHP

ThinkPHP 是一个快速、兼容且简单的轻量级 PHP 开发框架，诞生于 2006 年年初，比较适合小型项目，是国内最受欢迎的国产 PHP 开源框架。

作为一个整体开发解决方案，ThinkPHP 能够解决应用开发中的大多数需求，它包含了底层架构、兼容处理、基类库、数据库访问层、模板引擎、缓存机制、插件机制、角色认证、表单处理等常用的组件，并且对于跨版本、跨平台和跨数据库移植都比较方便。每个组件都是经过精心设计和完善的，在应用开发过程中，用户关注业务逻辑即可。

2. Laravel

Laravel 是一套简洁、优雅的 PHP Web 开发框架。Laravel 可以让你从杂乱的代码中解脱出来构建 App，而且每行代码都很简洁、富有表达力。Laravel 拥有大多数常用功能，如路由、身份验证、会话、队列和缓存等，一直是 PHP 开发者最喜欢的 PHP 框架之一。

3. Yii

Yii 是一个基于组件的高性能 PHP 框架，用于开发大型 Web 应用。Yii 是严格按照 OOP（Object Oriented Programming，面向对象程序设计）编写的，并有着完善的库引用模式及全面的使用教程。

从 MVC、DAO/ActiveRecord、Widgets、Caching、等级式 RBAC、Web 服务，到主题化、I18N 和 L10N，Yii 几乎提供了今日 Web 2.0 应用开发所需的一切功能。Yii 是最有效率的 PHP 框架之一。

4. CakePHP

CakePHP 同样是一款受 PHP 开发者欢迎的框架。其特点是轻量级、简单、反应迅速、编写简单、模板简单易用。CakePHP 最大的缺点是不支持面向对象。

5. Symfony

Symfony 一直是 PHP 开发者稳定使用的框架之一。其特点是非常灵活，并且功能强大。Symfony 有很多可以复用的部分，如安全、模板、转义、验证、表单配置等。

6. Spring

Spring 创立于 2003 年，是为了解决企业级开发的复杂问题而开发的，它是一个分层的、一站式轻量级开源框架。

1.5　PHP 开源项目

使用 PHP 开发的开源项目非常多，有些产品已经成为了 PHP 开发人员或普通用户必备的工具或应用。下面简单列举国内较知名的项目。

1. WordPress

WordPress 是全球知名的开源博客系统，大多数博客网站是使用 WordPress 构建的。使用 WordPress 平台的发行商约占全球网站的 10%。WordPress 使用 PHP 语言开发，数据存储基于 MySQL。

2. Joomla!

Joomla!是一套获得过多个奖项的内容管理系统。Joomla!采用 PHP+MySQL 运行环境开发，可运行在各种平台上。除了具有新闻/文章管理、文档/图片管理、网站布局设置、模板/主题管理等基本功能外，Joomla!还提供了上千个插件用于功能扩展，包括电子商务引擎、论坛/聊天系统、日历系统、博客系统、目录分类管理系统、广告管理系统、电子报系统、数据收集与报表系统、期刊订阅服务系统等。

3. Drupal

Drupal 是开源的、使用 PHP 编写的内容管理框架（Content Management Frameword，CMF）。Drupal 由内容管理系统（CMS）和 PHP 开发框架（Framework）共同构成，连续多年荣获全球最佳 CMS 大奖，是基于 PHP 编写的最著名的 Web 应用程序。

4. phpMyAdmin

phpMyAdmin 是一个基于 Web 的 MySQL 数据库管理工具。phpMyAdmin 能够创建和删除数据库，创建、删除、修改表格，删除、编辑、新增字段，执行 SQL 脚本等，是目前 MySQL 数据库在线管理的主要工具。

5. Discuz!

Discuz!是北京康盛推出的一款通用社区论坛系统，是全球成熟度较高、覆盖率较大的论坛系统之一，2010 年被腾讯全资收购。另外，国内的 phpWind 也是一款非常有名的开源社区系统，与 Discuz!分庭抗礼。

6. Magento

Magento 是全球较实用、较完整的电子商务网站架构系统，是国际化电子商务解决方案之一。

7. MediaWiki

MediaWiki 是全球著名的开源 wiki 系统，运行于 PHP+MySQL 环境。MediaWiki 是建立 wiki 类网站的首选后台系统，维基百科、国内的灰狐维客等站点均采用该系统。

8. SugarCRM

SugarCRM 是一款客户关系管理系统（Customer Relationship Management，CRM）。它采用 PHP 编写，拥有广泛的兼容性，在各种操作系统上都可以运行。

1.6　PHP 现状

作为老牌的 Web 编程语言，PHP 在全球市场的占有率非常高，仅次于 Java（排名可能会有变动），在网站开发领域遥遥领先。根据 w3techs.com 最新统计数据，2022 年 9 月，PHP 在网站的服务器端编程语言中所占的份额为 77.4%，排名第一，如图 1.2 所示。

从各个招聘网站的数据来看，关于 PHP 开发的职位非常多，薪资水平也相对较高。实际上，在中小企业、互联网创业公司中，PHP 岗位的需求量是比较大的，适合初学者或者半路学习的求职者。据 BOSS 直聘（https://www.zhipin.com/beijing/）的统计数据，2022 年 9 月，PHP 程序员的月薪是 8595 元，如图 1.3 所示。

© W3Techs.com	usage	change since 1 September 2022
1. PHP	77.4%	+0.1%
2. ASP.NET	7.6%	
3. Ruby	5.7%	
4. Java	4.5%	
5. Scala	2.7%	

图 1.2　服务器端编程语言的占比　　　　　　图 1.3　2021 年 12 月份 PHP 平均月薪

1.7　PHP 发展趋势

　　PHP 之所以能有今天的地位，得益于 PHP 设计者一直遵从实用主义，将技术的复杂性隐藏在底层。PHP 语言入门简单，容易掌握，程序健壮性好，不容易出现像 Java、C++等语言中那样复杂的问题，如内存泄漏和 Crash，跟踪调试相对轻松很多。

　　PHP 官方提供的标准库非常强大，各种功能函数都能在官方的标准库中找到，包括 MySQL、Memcache、Redis、GD 图形库、CURL、XML、JSON 等，免除了开发者到处找库的烦恼。PHP 的文档非常丰富，每个函数都有详细的说明和使用示例。第三方类库和工具、代码、项目也很丰富。开发者可以快速、高效地使用 PHP 开发各类软件。

　　对于每年冒出的诸如"PHP 有未来吗？""仍然值得学习 PHP 吗？"" PHP 是否已失去重要性？"，甚至"PHP 即将消亡"问题，我想争执已经没有意义，想学习就从现在开始吧，与其纠结于编程语言的选择，不如好好地深入学习如何使用 PHP。

1.8　PHP 学习资源

　　下面介绍一些简单、实用的资源，方便初学者学习使用，避免走弯路。

1.8.1　开发工具

扫描，拓展学习

　　PHP 开发工具有很多，常用工具有 Dreamweaver、Visual Studio Code、SublimeText、Notepad++、phpStorm、Zend Studio 等。这里推荐使用 Zend Studio，它是专业的 PHP 集成开发环境，对 PHP 的支持比较完善。

　　有基础的读者可以根据个人使用习惯选用其他开发工具。这里给出了更详细的说明，感兴趣的读者可以扫码了解。

1.8.2　PHP 参考手册

　　不仅是初学者，即便是 PHP 编程高手，都应准备一本 PHP 参考手册备用。其作用不言而喻。PHP 函数包罗万象，成百上千，各种技术细节甚多，一般人不可能都记在脑子中。读者可以访问官网 http://php.net/，在线查阅 PHP 各种参考资料。

　　建议初学者下载 PHP 参考手册的 chm 版本，下载地址为：http://www.php.net/download-docs.php。这样可以在本地随时检索和查阅，使用更为方便，如图 1.4 所示。

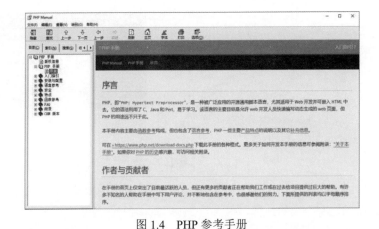

图 1.4　PHP 参考手册

1.8.3　网上资源

　　PHP 的网上资源非常多，读者在浏览器上搜索 PHP 关键词，会发现海量信息。为了减轻初学者的检索负担，下面推荐一些国内比较热门的 PHP 技术网站，仅供学习参考。

- PHP 官网：http://www.php.net/，了解 PHP 权威信息。
- PHP 中文社区：http://www.phpchina.com/，学习与交流 PHP 技术。
- PHP 开源社区：https://www.oschina.net/project/lang/22/php，了解各种开源项目。
- PHP 中文网：http://www.php.cn/，提供大量 PHP 初学教程。

　　当跨越初学门槛之后，读者不妨再涉猎更广、更专业的 PHP 资源，这里为大家整理了一份资源清单，感兴趣的读者可以扫码参考。

1.9　在线支持

　　本节为拓展学习，感兴趣的读者请扫码进行强化训练。

第2章

PHP 运行环境搭建

Apache 是世界排名第一的 Web 服务器，几乎可以运行在所有的平台上。Apache 服务器的特点是简单、速度快、性能稳定。相比 IIS 服务器，Apache 服务器对 PHP 的兼容性更好，执行效率更高，运行也更稳定。PHP 运行环境需要安装的组件如下：

- Apache 服务器模块（或者 IIS 服务器模块）。
- PHP 程序执行模块。
- MySQL 数据库服务器模块。
- PHP 开发工具（可选）。
- MySQL 数据库管理工具（可选）。

本章主要介绍基于 Windows 系统如何安装、配置 Apache 服务器和 PHP，MySQL 数据库的安装和配置将在后面章节详细说明。对于初学者来说，建议由易到难学习，先不涉及 UNIX 和 Linux 系统下的安装和配置，后期迁移也很容易。

学习重点

- 安装 Apache+PHP+MySQL 工具包。
- 手动安装和配置 PHP 运行环境。

2.1   安装 Apache+PHP+MySQL 工具包

安装 PHP 运行环境的最简便方法就是使用工具包。工具包将 Apache、PHP、MySQL 等模块的安装和配置打包为一个安装程序或一个压缩包，功能类似于克隆盘。用户只需要安装，或者将压缩包解压到本地即可使用，非常方便。

网上有很多 PHP 环境配置工具包，如 PHPStudy、AppServ、EasyPHP、XAMPP、Wamp Server、Vertrigo Server、PHPNow 等。PHPStudy、AppServ 和 EasyPHP 都是 Apache+PHP+ MySQL 开发环境，适合初学者选用；而 XAMPP 等工具相对复杂，适合有一定基础的用户选用。

📝 提示：

在安装工具包前，建议不要单独安装 Apache、PHP 或 MySQL。如果已经安装，应先卸载它们，避免出现各种配置冲突。

下面以 AppServ 工具包为例，介绍如何在 Windows 中快速搭建 PHP 运行环境。

【操作步骤】

第 1 步，访问 AppServ 官网，下载 AppServ 工具包（https://www.appserv.org/en/）。这里下载的是 AppServ 9.3.0 版本，包括如下模块：

- Apache 2.4.41。
- PHP 7.3.10。
- MySQL 8.0.17。
- phpMyAdmin 4.9.1。

第 2 步，双击下载的文件 appserv-x64-9.3.0.exe，打开如图 2.1 所示的 AppServ 启动界面。

第 3 步，单击 Next 按钮，打开如图 2.2 所示的 AppServ 安装协议界面。

图 2.1   AppServ 启动界面

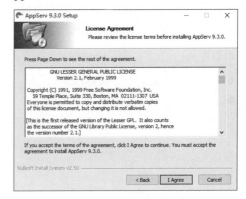

图 2.2   AppServ 安装协议界面

第 4 步，单击 I Agree 按钮，打开如图 2.3 所示的选择安装路径界面。在该界面中设置安装路径，默认路径为 C:\AppServ（图 2.3 所示为已修改路径）。安装完毕，Apache、PHP 和 MySQL 都将以子目录的形式存储在该目录下。

第 5 步，单击 Next 按钮，打开如图 2.4 所示的界面。在该界面中选择要安装的组件，默认为全部选中。

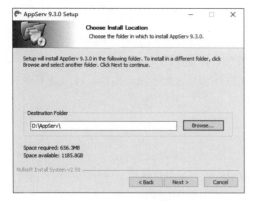

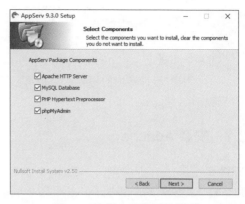

图 2.3　选择安装路径界面　　　　　　　图 2.4　选择安装的组件界面

第 6 步，单击 Next 按钮，打开如图 2.5 所示的界面。在该界面中设置服务器的名称和用户邮箱，以及 Apache 服务器的端口号。其中服务器端口号的设置非常重要，只有正确设置端口号，才能启动 Apache 服务器，端口号默认为 80。如果 80 被 IIS 服务器或者其他网络程序占用（如迅雷、QQ 等），则需要修改相应的端口号，或者停用相冲突的网络程序。

第 7 步，单击 Next 按钮，打开如图 2.6 所示的界面。在该界面中设置 MySQL 数据库的 root 账户的登录密码和数据库字符集。数据库字符集默认为 UIF-8 Unicode，这里设置为中文简体，这样就可以在 MySQL 数据库中采用中文简体字符集读写数据。注意，所设置的数据库登录密码一定要记牢，因为在应用程序开发中，只有使用该密码才能访问数据库。这里设置密码为"11111111"，在后面程序开发中，统一使用"11111111"作为数据库访问密码。

图 2.5　设置端口号界面　　　　　　　　图 2.6　设置数据库登录密码界面

第 8 步，单击 Install 按钮，开始安装工具包中选中的程序，会显示安装进度。

第 9 步，按默认设置，单击 Next 按钮，然后在打开的界面中单击 Finish 按钮完成安装。

第 10 步，安装完毕，在 D:\AppServ 目录下可以看到 4 个子文件夹，它们分别是 Apache 24、php8、MySQL 和 www。读者可以把所有测试网页文件存储到 D:\AppServ\www 目录下。

第 11 步，在浏览器地址栏中输入 http://localhost/或 http://127.0.01/，如果能够打开并显示 AppServ 主页信息，则说明 AppServ 工具包安装成功。

扫描，拓展学习

2.2　手动安装和配置 PHP 运行环境

本节主要介绍如何在 Windows 10 下安装、配置 PHP+Apache 运行环境。手动搭建 PHP 运行环境的好处：用户可以个性化配置 PHP 运行环境，可以更深入地理解 PHP 内部结构和运行机制。

2.2.1　安装 Apache

扫一扫，看视频

2015 年以后，Apache 官网不再提供 Apache-http-server 的 Windows 编译版本，仅提供源码压缩包，但支持第三方编译版本，如 ApacheHaus、Apache Lounge、BitNami WAMP Stack、WampServer、XAMPP。第三方编译版本的访问地址为：https://httpd.apache.org/docs/current/platform/windows.html#down。

下面介绍直接安装 Apache 源码压缩包的方法。

【操作步骤】

第 1 步，访问 http://www.apachelounge.com/download/，下载最新的 Apache 源码压缩包，如图 2.7 所示。

图 2.7　Apache Lounge　主界面

📝 提示：

也可通过 http://httpd.apache.org/download 下载。

🔊 注意：

在 httpd-2.4.52-win64-VC16.zip 压缩包名称中，各部分的含义说明如下：
- httpd：软件名称。
- 2.4.52：该包的版本号，笔者在编写此书时最新的版本为 2.4.52。
- win64：该包适用 64 位 Windows 操作系统。
- VC16：该包使用 Visual Studio 2019 进行编译，因此用户的操作系统需要安装 VC2019 运行环境〔vc_redist.x64(2019).exe〕。

第 2 步，下载并安装 VC2019 运行环境。vc_redist.x64(2019).exe 下载地址为：https://docs. microsoft. com/zh-CN/cpp/windows/latest-supported-vc-redist?view=msvc-170。

📢 **注意：**

安装 VC16 必须开启 3 个服务：Windows modules installer、Windows update、Windows defender service。打开控制面板，找到 "服务" 选项，进入服务窗口，启动上面 3 个服务。

第 3 步，在本地解压 httpd-2.4.52-win64-VC16.zip，复制目录下 Apache24 子文件夹到某个非系统盘根目录下。例如：

```
D:\apache24\
```

📢 **注意：**

必须放到根目录下，如果放在非根目录下，启动和加载模块容易出错。

第 4 步，在非系统盘根目录下新建一个站点目录，命名为 www 或其他任意名称，用于存放网站内容。例如：

```
D:\www\
```

✏️ **提示：**

如果选用 Apache2.2 版本，初学者还可以下载安装软件，快速安装和配置，详细说明可以扫码了解。

扫描，拓展学习

2.2.2　安装 PHP

在默认情况下，Apache 不支持解析 PHP 文件，需要下载和安装 PHP 压缩包。

【操作步骤】

第 1 步，访问 http://windows.php.net/download/页面，下载 PHP 压缩包，如图 2.8 所示。

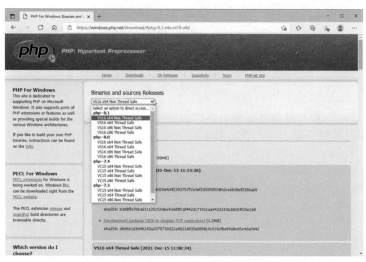

扫一扫，看视频

图 2.8　PHP 压缩包下载界面

✏️ **提示：**

如果无法访问，可以通过浏览器搜索与 PHP 8.1 相关的版本，下载 php-8.1.x-Win32-VC16-x64 压缩包。

🔊 **注意：**

（1）在 PHP 官网上下载 PHP 压缩包，压缩包名称都带有 VC11、VC14、VC15 或 VC16 的标识。VC11 是用 Visual Studio 2012 编译的，VC14 是用 Visual Studio 2015 编译的，以此类推。

（2）Apache HTTP Server 2.4 支持 VC11 及以上版本。因此，如果下载的是 VC14 版本，就需要先安装 Visual C++ Redistributable for Visual Studio 2015，上一节已经介绍过，不再赘述。

（3）搭建 PHP 还要看操作系统的版本，如果操作系统是 32 位的，就选择带 x86 标识的版本；如果是 64 位的，就选择带 x64 标识的版本。

（4）None Thread Safe 表示非线程安全，在执行时不进行线程安全检查；Thread Safe 表示线程安全，在执行时会进行线程安全检查，以防止有新要求就启动新线程，浪费系统资源。应该选择下载带 Thread Safe 标识的版本。

第 2 步，下载最新的 PHP 版本，这里下载的是 php-8.1.1-Win32-vs16-x64.zip。

第 3 步，解压之后，重命名文件夹，把 php-8.1.1-Win32-vs16-x64 改为 php8。

第 4 步，复制 php8 到非系统盘根目录下。

```
D:\php8\
```

扫描，拓展学习

📝 **提示：**

如果使用 PHP 5.0 版本，初学者还可以下载编译版的安装软件进行快速安装和配置，详细说明可以扫码了解。

扫一扫，看视频

2.2.3 配置 Apache

安装了 Apache 之后，还需要设置 Apache 配置文件（httpd.conf）。在默认情况下，该文件位于 Apache24/conf/目录下，可以使用记事本直接打开并编辑。

【操作步骤】

第 1 步，设置之前，建议在当前目录下备份一份 httpd.conf 初始文件。

第 2 步，设置 Apache 服务器的物理路径。按快捷键 Ctrl+F，找到如下代码：

```
ServerRoot "C:/Apache24"
```

修改为

```
ServerRoot "D:/Apache24"
```

具体设置可以根据 Apache24 文件夹的存放位置而定。

第 3 步，设置端口号。如果当前系统安装了多个服务器（如同时安装了 IIS 服务器和 Apache 服务器）或默认端口号被其他服务器占用，则需要重设 Apache 服务器监听的端口号，默认为 80。一般保持默认设置即可。

```
Listen 80
```

第 4 步，设置网站根目录在本地的物理路径。在 httpd.conf 中找到如下代码：

```
DocumentRoot "C:/Apache24/htdocs"
<Directory "C:/Apache24/htdocs">
```

修改为

```
DocumentRoot "D:/www"
<Directory "D:/www">
```

第 5 步，设置服务器的名称和域名。在 httpd.conf 中找到如下代码（如果没有则添加；如果已经添加，则忽略本步操作）：

```
#ServerName www.example.com
ServerAdmin admin@example.com
```

把前面的"#"注释符号去掉，定义服务器的名称和域名（网址）。如果是在本地定义虚拟服务器，可以修改为

```
ServerName www.mysite.com
ServerName localhost:80
```

第 6 步，设置首页默认运行顺序。在 httpd.conf 中找到如下代码：

```
DirectoryIndex index.html
```

修改为

```
DirectoryIndex index.html index.php index.htm
```

指定文件列表后，Apache 能够按优先级自动访问、打开这些文件。

第 7 步，设置 PHP 在本地的物理路径，导入 PHP 8.0 版本的接口和支持模块。本步和下一步将要整合 Apache 和 PHP。在 httpd.conf 中添加如下代码：

```
PHPIniDir "D:/php8/"
LoadFile "D:/php8/php8ts.dll"
LoadModule php8_module "D:/php8/php8apache2_4.dll"
```

第 8 步，添加 PHP 的 mimetype 类型，让 Apache 能够正确解析 PHP 页面。在 httpd.conf 中找到如下代码：

```
<IfModule mime_module>
</IfModule>
```

修改为

```
<IfModule mime_module>
    AddType application/x-httpd-php.php
</IfModule>
```

2.2.4　配置 PHP

配置 PHP 的操作步骤如下。

【操作步骤】

第 1 步，在 PHP 安装目录下，找到 php.ini-development（或 php.ini-recommended）配置文件，复制并更名为 php.ini。

第 2 步，设置 PHP 的扩展路径，否则 PHP 8.0 无法启动。

使用"记事本"打开 php.ini 文件，找到如下代码：

扫一扫，看视频

```
; extension_dir = "ext"
```

修改为

```
extension_dir = "D:/php8/ext"
```

扫描，拓展学习

把前面的分号去掉，一般打开 ext 扩展目录后，就可以在命令行中成功地启动 PHP 8.0。如果仍然不成功，说明 PHP 的路径没有添加到环境变量中，或者环境变量由旧的 PHP 版本使用。

第 3 步，在 php.ini 中找到 Dynamic Extensions 设置组，把常用模块前面的分号去掉，启用 PHP 常用模块（本步为可选步骤）。

建议启用 MySQL、MySQLi、PDO、CURL 等模块，随着开发的不断深入，可以随时选择启用更多模块。如果感兴趣，可以扫描右侧二维码，了解 PHP 内置扩展库。

如果感兴趣，也可以扫描右侧二维码，了解 php.ini 核心配置选项。

扫描，拓展学习

2.2.5　启动 Apache 服务器

扫一扫，看视频

把 Apache24 安装为 Windows 服务器，并启动 Apache，具体步骤如下。

【操作步骤】

第 1 步，以管理员身份启动"运行"界面。

第 2 步，打开"管理员：命令提示符"界面，在命令提示符中输入"D:"，按 Enter 键切换到 D 盘。

第 3 步，输入 cd Apache24\bin，按 Enter 键进入 D:/Apache24/bin 目录。

第 4 步，输入如下命令：

```
httpd -k install
```

第 5 步，按 Enter 键执行，如果显示如图 2.9 所示的提示信息，说明安装成功。把 Apache 安装为 Windows 服务器，这样 Apache 就能够自动启动。

第 6 步，在控制面板中搜索服务，打开本地服务，在任务管理器中会显示 Apache24，如图 2.10 所示。可以在该窗口中直接启动 Apache 服务器。也可以在命令行输入如下命令：

```
httpd -k start
```

图 2.9　Apache 服务器安装成功界面

图 2.10　"任务管理器"窗口

然后按 Enter 键执行，启动 Apache 服务器。

第 7 步，测试 Apache。把 Apache24\htdocs 目录下的 index.html 文件复制到 D:\www 目录下，使用浏览器访问 http://localhost/，在浏览器中显示如图 2.11 所示的提示，则说明 Apache 服务器已经启动成功了。

图 2.11　Apache 服务器启动成功界面

✎ 提示：

（1）如果要卸载 Apache 服务器，应先停止 Apache 服务器，然后在命令行中输入如下代码：

```
httpd.exe -k uninstall -n "Apache24"
```

按 Enter 键执行，即可卸载 Apache 服务器。其中，Apache24 为服务器的名称。

（2）可以通过 Apache24\bin 目录下的 ApacheMonitor.exe 来控制 Apache。

在 Apache24\bin 目录下，双击 httpd.exe，可以运行 Apache 服务器；双击 ApacheMonitor.exe，可以运行 Apache 监控器。在 Apache 监控器中右击任务栏中的 Apache 图标，从弹出的快捷菜单中选择 Open Apache Monitor 命令。在打开的 Apache Service Monitor 界面中，单击 Stop 按钮可以停止 Apache 服务器，单击 Start 按钮可以启动 Apache 服务器。

2.2.6　测试 PHP

完成上述安装和配置后，PHP 运行环境基本搭建成功，下面来测试 PHP 运行环境是否正常工作。

扫一扫，看视频

第 1 步，新建一个文本文件，保存为 test.php。注意，扩展名为.php。

第 2 步，使用记事本打开 test.php 文件，然后输入如下代码：

```php
<?php
echo "<h1>Hello World</h1>";
?>
```

第 3 步，把 test.php 文件保存到 D:/www 目录下，即 DocumentRoot "D:/www"选项的设置目录。

第 4 步，启动浏览器，在地址栏中输入 http://localhost/test.php，按 Enter 键，看到如图 2.12 所示的界面，说明 PHP 运行环境搭建成功。

图 2.12　PHP 运行环境搭建成功界面

2.3　在 线 支 持

本节为拓展学习，感兴趣的读者请扫码进行强化训练。

扫描，拓展学习

第3章

PHP 语言基础

PHP 是一种服务器端的嵌入式编程语言，简单易学，上手快速，具有强大的可扩展性。随着 Web 应用不断普及，越来越多的初学者选择 PHP 作为网站开发的首选语言。本章主要讲解 PHP 的语言基本用法和规范，为使用 PHP 深入编程奠定基础。

学习重点

- PHP 基本语法。
- PHP 数据类型。
- PHP 变量和常量。
- PHP 运算符。
- PHP 表达式。
- PHP 编码规范。

3.1　PHP 基本语法

当 PHP 与 HTML 代码混用在一起时，通过一对特殊的标记识别 PHP 代码。当服务器解析页面时，能够自动过滤出 PHP 脚本并对其进行解释，最后把合成的静态网页传递给客户端。

3.1.1　PHP 标记

当解析一个文件时，PHP 会寻找起始标记（<?php）和结束标记（?>）。当遇到"<?php"标记时，会开始解析；而遇到"?>"标记时，会停止解析。基于此，PHP 代码可以被嵌入不同文档。

扫一扫，看视频

一般情况下，PHP 代码都被嵌入 HTML 文档。PHP 代码在 HTML 文档中有 3 种嵌入风格，简单说明如下：

（1）标准标记。通过"<?php"和"?>"标记包含 PHP 代码。例如：

```
<?php
    #这里是 PHP 代码
?>
```

【示例】通过"<?php"和"?>"标记在 HTML 文档中混用 PHP 和 HTML 代码。

```
<?php if ($expression) { ?>
<strong>欢迎光临本店。</strong>
<?php } else { ?>
<strong>请先登录。</strong>
<?php } ?>
```

当 PHP 解释器遇到"?>"标记时，其后内容会原样输出，直到遇到下一个"<?php"标记。而唯一的例外就是，当处于条件语句中间时，PHP 会根据条件判断来决定哪些输出，哪些跳过。

在上面代码中，PHP 将跳过不满足条件语句的条件的段落，即使该段落位于 PHP 起始标记和结束标记之外。因此，本例只能输出"欢迎光临本店。"，或者输出"请先登录。"，但是，不会同时输出这两行 HTML 信息。当输出大段文本时，使用这种方式通常比使用 echo 或 print 方法更高效。

（2）短标记。在标准标记风格的基础上去掉 php 关键字，以方便快速书写代码。例如：

```
<?
    #这里是 PHP 代码
?>
```

提示：

短标记默认开启，如果没有开启，可以在 php.ini 配置文件中修改如下配置，把参数值设置为 On。考虑到这种风格的移植性较差，通常不推荐使用。

```
short_open_tag = On
```

当程序需要发布，或者在用户不能控制的服务器上开发 PHP 程序时，目标服务器可能不支持短标记，为了代码的移植或发行，建议使用 PHP 标准标记风格。

（3）使用 echo 简写标记。当使用"<?php echo"输出字符串时，可以简写为"<?="，以方便快速书写代码。例如：

```
<?= '123' ?>
```

等价于
```
<?php echo '123' ?>
```

✏️ 提示：

如果文件内容仅包含 PHP 代码，建议省略 PHP 结束标记，从而避免在 PHP 结束标记之后因为意外输入空格或换行符，导致 PHP 也输出这些空白，干扰网页响应效率。PHP 代码格式如下：
```
<?php
//PHP 代码
…
//不需要结束标记
```

扫一扫，看视频

3.1.2　PHP 注释

PHP 支持 3 种语言风格的注释，简单说明如下：

（1）C++语言风格的单行注释。
```
<?php
//这里是 PHP 注释语句
?>
```

（2）C 语言风格的多行注释。
```
<?php
/*
PHP 代码
多行注释
*/
?>
```

多行注释内不可嵌套使用，所有被包含在"/*"和"*/"标记内的字符都是注释信息，将不被解释。

（3）Shell 语言风格的注释。
```
<?php
#这里是 PHP 注释语句
?>
```

在单行注释中，不要包含"?>"标记，否则服务器会误以为 PHP 代码结束，从而终止对后面代码的解释。

【示例】在单行注释中使用"?>"标记。
```
<?php
echo "PHP 代码!!!"                    //会显示多余的信息">不该显示的注释语句?"
?>
```

执行上面的代码，将看到网页中会显示多余的信息，如图 3.1 所示。

图 3.1　网页显示结果

3.1.3　PHP 命令结束符

扫一扫，看视频

与 C、Perl 语言一样，PHP 使用分号来结束一行命令。

PHP 代码段的结束标记隐含分号的意思。因此，在 PHP 代码段的最后一行，可以不用添加分号表示结束。例如：

```php
<?php
    echo "这是一行命令";
?>
```

或者

```php
<?php echo "这是一行命令" ?>
```

📝 **提示：**

在文件末尾的 PHP 代码段，可省略结束标记（ ?>）。在某些情况下，当使用 include()或者 require()方法时，省略结束标记会更有利。这样文件末尾多余的空格就不会显示出来。

3.2　PHP 数据类型

PHP 支持 10 种原始数据类型，包括 4 种标量类型：boolean（布尔型）、integer（整型）、float（浮点型，也称 float 为单精度浮点型，double 为双精度浮点型）、string（字符串型）；4 种复合类型：array（数组）、object（对象）、callable（可回调对象）、iterable（可迭代对象）；2 种特殊类型：resource（资源）、null（空值）。

📝 **提示：**

PHP 变量的类型不需要声明，PHP 能够根据该变量使用的上下文环境在运行时确定。

3.2.1　标量类型

标量类型是最基本的数据类型，用来存储简单的、直接的数据。简单说明见表 3.1。

扫一扫，看视频

表 3.1　标量类型

标 量 类 型	说　　　明
boolean（布尔型）	最简单的数据结构，仅包含 True（真）和 False（假）两个值
string（字符串型）	字符序列，包含计算机所能表示的一切字符的集合
integer（整型）	只包含整数，包括正整数和负整数
float（浮点型）	包含整数和小数

1. 布尔型

布尔型表达真与假，是使用频率最高的数据类型，也是最简单的类型，从 PHP 4.0 版本开始引入。布尔值为 True 或 False，不区分大小写。如果要设置变量的值为布尔型，则直接将 True 或 False 赋值给变量即可。例如：

```php
<?php
$foo = True;                        //设置变量$foo 的值为 True
?>
```

【示例 1】通常利用运算符来返回布尔值，从而控制流程方向。代码如下：

```php
<?php
if ($action == "show_version") {          // "==" 是一个运算符，用于判断两个变量是否相等，
                                          //并返回一个布尔值

    echo "The version is 1.23";
}
?>
```

下面的用法是没有必要的：

```php
if ($show_separators == True) {
    echo "<hr>\n";
```

可以使用下面这种简单的方式表示：

```php
if ($show_separators) {
    echo "<hr>\n";
}
```

📋 **提示：**

在 PHP 中，"$" 字符是变量的标识符，无论是声明变量，还是调用变量，所有变量都以 "$" 字符开头。

2. 整型

整型只存储整数，整数可以用十进制、十六进制、八进制、二进制表示，前面可以加上可选的符号（-或+）。

【示例 2】使用八进制表示整数时其前面必须加 0（零），使用十六进制表示整数时其前面必须加 0x，使用二进制表示整数时其前面必须加 0b。代码如下：

```php
<?php
$a = 1234;                          //十进制数
$a = -123;                          //负数
$a = 0123;                          //八进制数（等于十进制 83）
$a = 0x1A;                          //十六进制数（等于十进制 26）
$a = 0b11111111;                    //二进制数（等于十进制 255）
?>
```

整型的值的字长与平台有关，通常最大值可达 20 亿（32 位有符号）。64 位平台下的最大值通常可达 9E18。

可以使用常量 PHP_INT_MAX 来表示最大整数，使用 PHP_INT_MIN 表示最小整数，使用 PHP_INT_SIZE 表示整数长度。

📋 **提示：**

从 PHP 7.4.0 版本开始，整型数值中允许包含下划线（_），为了提高阅读体验，这些下划线在展示时，会被 PHP 过滤掉。

```php
<?php
$a = 1_234_567;                    // 整型数值 (PHP 7.4.0 版本以后)
?>
```

如果给定的数超出了整数范围，将会被解释为浮点数。同样，如果执行后的运算结果超出了整数范围，也会返回浮点数。

【示例 3】下面演示在 64 位系统下的整数溢出情况。代码如下：

```php
<?php
$large_number = 2147483647;
var_dump($large_number);                   //输出为 int(2147483647)
$million = 1000000;
$large_number = 50000000000000 * $million;
```

```php
var_dump($large_number);                        //输出为 float(5.0E+19)
?>
```

3. 浮点型

浮点数也称为双精度数或实数，可以使用以下方法定义：

```php
<?php
$a = 1.234;                                     //标准格式定义
$b = 1.2e3;                                      //科学记数法格式定义
$c = 7E-10;                                      //科学记数法格式定义
$d = 1_234.567;                                  //从 PHP 7.4.0 版本开始支持
?>
```

📝 提示：

浮点型的数值只是一个近似值，应避免使用浮点型数值进行大小比较，因为浮点数结果精确不到最后一位。如果确实需要更高的精度，应该使用任意精度的数学函数或 gmp 函数。例如，floor((0.1+0.7)*10) 通常会返回 7，而不是预期中的 8；类似地，十进制表达式 1/3 的返回值为 0.3。

📝 提示：

NAN 是一个特殊的浮点数常量，它表示任何未定义或不可表述的值，只能使用 is_nan() 函数检查到。

4. 字符串型

字符串是由一系列的字符组成的，一个字符就是一个字节，因此 PHP 只能支持 256 个字符集，不支持 Unicode。可以通过单引号、双引号、Heredoc 结构和 Nowdoc 结构（PHP 5.3.0 版本以后）定义字符串。

（1）单引号。定义一个字符串时最简单的方法是用单引号把它包围起来（'……'）。

● 如果要输出一个单引号自身，则需在它的前面加转义字符（\）来转义。
● 如果要输出一个反斜线自身，则用两个反斜杠（\\）。
● 其他情况下，转义字符会被当作反斜杠本身，如\r'或者\n'等，并不代表任何特殊含义，仅单纯表示这两个字符本身。

【示例 4】下面代码演示了如何使用单引号定义字符串。

```php
<?php
echo '单行字符串';
echo '多行
字符串';
echo '"I\'ll be back"';                          //输出: "I'll be back"
echo 'C:\\*.*?';                                 //输出: C:\*.*?
echo 'You deleted C:\*.*?';                      //输出: You deleted C:\*.*?
echo 'This will not expand:\n a newline';        //输出: This will not expand:\n a newline
echo 'Variables do not $expand $either';         //输出: Variables do not $expand $either
?>
```

在使用单引号定义的字符串中，变量和特殊含义的字符将会按普通字符输出。但是在双引号中，所包含的变量会自动被替换为实际值。

（2）双引号。如果字符串被包围在双引号（"……"）中，PHP 将对一些特殊字符进行解析，这些特殊字符都要通过转义字符来显示。常用的转义字符见表 3.2。

表 3.2　常用的转义字符

转 义 字 符	说　　明
\n	换行（ASCII 字符集中的 LF 或 0x0A (10)）
\r	回车（ASCII 字符集中的 CR 或 0x0D (13)）
\t	水平制表（ASCII 字符集中的 HT 或 0x09 (9)）
\v	垂直制表（ASCII 字符集中的 VT 或 0x0B (11)）
\e	Escape（ASCII 字符集中的 ESC 或 0x1B (27)）
\f	换页（ASCII 字符集中的 FF 或 0x0C (12)）
\\	输出一个反斜杠字符"\"
\'	输出一个单引号（撇号）字符"'"
\"	输出一个双引号字符"""
\[0-7]{1,3}	正则表达式，匹配八进制数值
\x[0-9A-Fa-f]{1,2}	正则表达式，匹配十六进制数值
\u{[0-9A-Fa-f]+}	正则表达式，匹配 Unicode 码位，该码位能作为 UTF-8 的表达方式输出字符串

📝 提示：

要区分斜杠"/"与反斜杠"\"，此处不可互换。

（3）Heredoc 结构。Heredoc 结构的语法格式如下：

```
<<<标识符
字符串
…
标识符
```

在<<<提示符后面，要定义标识符，然后换行，写入代码行，最后用前面定义的标识符作为结束标识符结束代码的编写。

结束标识符必须放在一行的开始位置。标识符的命名规则：只能包含字母、数字和下划线，且不能用数字和下划线开头。

【示例 5】下面代码演示了如何使用 Heredoc 结构定义字符串，输出效果如图 3.2 所示。

```
<?php
$name = '标题';
echo <<<html
<h1>$name</h1>
<a href="#"><font color="red">更多</font></a>
html;
?>
```

📝 提示：

结束标识符所在行除了一个分号（;）外，绝对不能包含其他字符。这意味着结束标识符不能缩进，分号的前后也不能有任何空格。更重要的是，结束标识符的前面必须有个被本地操作系统认可的新行标签，如在 UNIX 和 Mac OS X 系统中是\n，而结束标识符（可能有个分号）的后面也必须跟个新行标签。

Heredoc 结构与使用双引号定义字符串相似，只不过没有使用双引号。在 Heredoc 结构中引号不会被替换，表 3.2 列出的转义字符（\n 等）也可使用。但是变量将会被替换，在 Heredoc 结构中使用字符串表达复杂变量时，要格外小心。

（4）Nowdoc 结构。Nowdoc 结构的语法格式如下：

```
<<<'标识符'
字符串
…
标识符
```

与 Heredoc 结构相似，但是标识符要用单引号包含起来，Heredoc 结构的所有规则适用于 Nowdoc 结构，尤其是结束标识符的规则。

如果说 Heredoc 结构类似于使用双引号定义字符串，那么 Nowdoc 结构就是类似于使用单引号定义字符串。但是 Nowdoc 结构不进行解析操作，这种结构适合用在不需要进行转义的 PHP 代码中和其他大段文本中。

【示例 6】下面代码演示了如何使用 Nowdoc 结构定义字符串，输出效果如图 3.3 所示。

```php
<?php
$name = '标题';
echo <<<'html'
<h1>$name</h1>
<a href="#"><font color="red">更多</font></a>
html;
?>
```

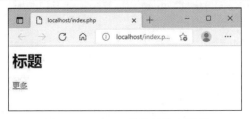

图 3.2　Heredoc 结构的输出效果　　　　图 3.3　Nowdoc 结构的输出效果

3.2.2　复合类型

PHP 支持 4 种复合类型，简单说明见表 3.3。

扫一扫，看视频

表 3.3　复合类型

复合类型	说　　明
array（数组）	一组有序数据集合
object（对象）	类的实例，使用 new 命令创建
iterable（可迭代对象）	PHP 7.1 版本引入的一个伪类型，接收任何数组或实现了 Traversable 接口的对象
callable（可回调对象）	PHP 5.4 版本起可用 callable 类型指定回调类型 callback

1. 数组

数组实际上是一个有序映射。映射是一种把值关联到键的类型。在数组中，每个单元被称为元素，元素包括索引（键名）和值两部分。

【示例 1】下面代码演示了如何定义数组。

```php
<?php
//格式1：使用array()函数定义关联数组
//array()函数接收任意数量用逗号分隔的键（key）/值（value）对
```

```
//最后一个键值对之后的逗号可以省略
$array = array(
    "foo" => "bar",
    "bar" => "foo",
);

//格式2：使用array()函数定义索引数组
//array()函数接收任意数量用逗号分隔的值（value）
$array = array("foo", "bar", "hallo", "world");

//格式3：使用短语法定义关联数组
$array = [
    "foo" => "bar",
    "bar" => "foo",
];

//格式4：使用短语法定义索引数组
$array = ["bar", "foo"];
?>
```

array()函数能够接收任意数量用逗号分隔的键（Key）/值（Value）对，键值之间通过 "=>" 运算符连接。键可以是一个整数或字符串，值可以是任意类型的数据。

可以通过在方括号内指定键名来访问数组元素，或者给数组赋值。

```
$arr[key] = value;
```

在后面章节中我们将专门讲解数组，这里不再详细展开说明。

2. 对象

对象是面向对象编程的基础，在 PHP 中使用 new 命令实例化类来创建一个对象。

【示例 2】下面代码演示了如何使用 new 命令获取一个实例对象。

```php
<?php
class foo{                            //创建一个类
    function do_foo() {
        echo "Doing foo.";
    }
}
$bar = new foo;                       //实例化类来创建对象
$bar->do_foo();                       //调用对象包含的函数
?>
```

扫一扫，看视频

3.2.3 特殊类型

特殊类型有资源和空值 2 种，简单说明见表 3.4。

表 3.4 特殊类型

特殊类型	说　　明
resource（资源）	资源也称为句柄，是一种特殊的变量类型，用于保存引用的外部资源。资源一般通过专门的函数来定义和使用
NULL（空值）	该类型变量的唯一值是 null

1. 资源

资源类型从 PHP 4.0 版本开始引进，由于资源类型变量保存的是打开文件、连接数据库、打开图形画布区域等特殊句柄，因此将其他类型的值转换为资源类型没有意义。

在使用资源时，系统会自动启用垃圾回收机制，释放不再使用的资源，避免占用系统内存。因此，很少需要手工释放内存。

2. 空值

空值类型就是表示该变量没有设置任何值，其值为一个特殊的值——NULL，该值不区分大小写，null 和 NULL 是等效的。当变量被赋予空值时，可能有 3 种情况：变量还没有被赋值，变量被主动赋予 NULL 空值，或者变量被 unset()函数处理过。例如：

```php
<?php
  $var = NULL;
?>
```

将一个变量转换为空值类型后会删除该变量。unset()函数用来销毁指定的变量，从 PHP 4.0 版本开始，unset()函数就不再有返回值，所以用户不要试图获取或输出 unset()函数的结果。

使用 is_null()函数可以判断变量是否为 NULL，如果是，则返回 True，否则返回 False。

3.2.4　类型转换

虽然 PHP 是一种弱类型语言，但是有时还是需要用到类型转换。转换的方法非常简单，在变量前面加上用小括号括起来的类型名称即可，PHP 中的转换操作命令见表 3.5。注意，在括号内允许有空格或制表符。

扫一扫，看视频

表 3.5　转换操作命令

转换操作命令	说　　明
(bool)或(boolean)	转换为布尔型
(string)	转换为字符串型
(int)或(integer)	转换为整型
(float)、(double)或(real)	转换为浮点型
(array)	转换为数组
(object)	转换为对象
(unset)	转换为 NULL，在 PHP 8.0.0 版本中该命令被移除，应避免使用
(binary)或 b 前缀	转换为二进制

📝 **提示：**

除了以上操作命令外，还可以使用 settype()函数转换数据类型。其语法格式如下：

```
bool settype ( mixed &$var , string $type )
```

第一个参数的值为变量名，第二个参数的值为要转换的类型，包括 bool（布尔型）、int（整型）、double（浮点型）、string、array、object、resource、resource (closed)（已关闭的资源）、NULL、unknown type（未知类型）。settype()函数的返回值为布尔值，如果类型转换成功，则返回 True，否则返回 False。

【示例】 下面代码演示了如何转换类型，输出效果如图 3.4 所示。

```php
<?php
  $num = '3.1415926abc';                          //声明变量
```

```
echo (integer)$num;                    //把变量转换为整型
echo '<p>';
echo $num;                             //输出结果
echo '<p>';
echo settype($num, 'float');           //输出把变量转换为浮点数的结果
echo '<p>';
echo $num;                             //输出结果
?>
```

图 3.4 类型转换的输出效果

1. 转换为布尔型

要将一个值转换成布尔型，应该使用(bool)或(boolean)来强制转换。但是很多情况下不需要强制转换，因为当运算符、函数或流程控制结构需要一个布尔型参数时，该值会被自动转换。

在 PHP 中，并不只有 False 在逻辑上表示为假。在特定上下文中，下面这些值也被认为是假的。

- 0：整型值零。
- 0.0：浮点型值零。
- "0"：字符串型值零。
- ""：空白字符串。
- 空数组：不包括任何元素的数组。
- 空对象：不包括任何成员变量的对象（仅 PHP 4.0 版本适用）。
- 特殊类型 NULL（包括尚未设定的变量）。
- 从没有任何标记的 XML 文档生成的 SimpleXML 对象。

其他值都被认为是 True（包括资源）。注意，−1 和其他非零值（不论正负）一样，被认为是真。例如：

```
<?php
var_dump((bool) "");                   //bool(False)
var_dump((bool) 1);                    //bool(True)
var_dump((bool) "1");                  //bool(True)
var_dump((bool) array());              //bool(False)
var_dump((bool) "False");              //bool(True)
?>
```

2. 转换为整型

要明确地将一个值转换为整型，可以使用(int)或(integer)强制转换。不过大多数情况下都不需要强制转换，因为当运算符、函数或流程控制需要一个整型参数时，值会自动转换。还可以通过intval()函数将一个值转换成整型。

当从布尔值转换成整数值时，False 将被转换为 0，True 将被转换为 1。当从浮点型转换成整型时，将向 0 取整。如果浮点数超出了整数范围，则结果不确定，因为没有足够的精度把浮点数转换为确切的整数结果，在此情况下没有警告，甚至没有任何通知。

不要将未知的分数强制转换为整型，这样会导致不可预料的结果。例如：

```php
<?php
 echo (int) ( (0.1+0.7) * 10 );                                //输出 7
?>
```

3. 转换为字符串型

一个值可以通过使用(string)或strval()函数来转变成字符串型。注意，在一个需要字符串的表达式中，字符串会自动转变。例如，在使用函数echo()或print()时，或者在一个变量和一个字符串进行比较时，就会自动发生这种转变。

- 一个布尔型的 True 值被转换成字符串"1"，而布尔型的 False 值将被转换成""(空的字符串)。这种转变可以在布尔值和字符串之间随意进行。
- 一个整数或浮点数将被转换为数字的字面样式的字符串（包括浮点数中的指数部分），使用指数记数法的浮点数（16.1E+6）也可转变。
- 数组转换成字符串为"Array"，因此，echo()和 print()无法显示出数组的值。如果显示一个数组值，可以用 echo $arr['foo']结构。
- 资源总会被转换成"Resource id #1"结构的字符串，其中的1是PHP分配给该资源的独特数字。
- NULL 总是被转变成空的字符串。

3.2.5　类型检测

PHP 内置了众多检测数据类型的函数，可以根据需要对不同类型数据进行检测，判断变量是否属于指定的类型，如果符合则返回 True，否则返回 False。PHP 中的类型检测函数见表 3.6。

扫一扫，看视频

表 3.6　类型检测函数

检 测 函 数	说　　　明
is_bool	检测变量是否为布尔型
is_string	检测变量是否为字符串型
is_float	检测变量是否为浮点型
is_double	检测变量是否为浮点型
is_integer	检测变量是否为整型
is_int	检测变量是否为整型
is_null	检测变量是否为空值
is_array	检测变量是否为数组
is_object	检测变量是否为对象
is_numeric	检测变量是否为数字，或者是否为数字组成的字符串

【示例】下面代码先使用 is_float()函数检测变量是否为浮点型，然后根据返回值进行提示。代码如下：

```php
<?php
$num = '3.1415926abc';
```

```
if(is_float($num))
    echo '变量$num 是浮点型！';
else
    echo '对不起，变量$num 不是浮点型！';
?>
```

提示：

除了使用单项类型检测函数外，还可以使用 gettype() 函数获取类型的字符串表示。其语法格式如下：

gettype(mixed $value) : string

返回的字符串，可能为 boolean、integer、double（浮点型，而不是 float）、string、array、object、resource、resource(closed)、NULL、unknown type。

3.3 PHP 变量和常量

变量包括普通变量、可变变量和预定义变量，常量包括普通常量、预定义常量和魔术常量。下面分别进行介绍。

3.3.1 使用变量

扫一扫，看视频

变量就是内存中的一个命名单元，系统为程序中每个变量分配一个存储单元，在这些存储单元中可以存储任意类型的数据。

PHP 不要求变量先声明、后使用，直接为变量赋值即可。但是 PHP 变量的名称必须使用 "$" 字符作为前缀，变量名称区分大小写。一个有效的变量名称由字母或下划线开头，后面跟上任意数量的字母、数字或下划线。

注意：

在 PHP 4.0 版本之前是需要先声明变量的。

为变量赋值，可以使用 "=" 运算符实现，运算符左侧为变量，右侧为所赋的值。例如：

```
<?php
$num = '3.1415926abc';
?>
```

在 PHP 中不需要初始化变量，但对变量进行初始化是个好习惯。未初始化的变量具有不同的类型默认值，说明如下：

- 布尔型变量的默认值是 False。
- 整型和浮点型变量的默认值是 0。
- 字符串型变量的默认值是空字符串。
- 数组的默认值是空数组。

（1）传值赋值。变量默认总是传值赋值。所谓传值赋值，就是当一个变量的值赋予另外一个变量时，改变其中一个变量的值，将不会影响到另外一个变量。例如：

```
<?php
$num1 = '3.1415926';
$num2 = $num1 ;
echo $num2;                                 //显示'3.1415926'
?>
```

📢 **注意：**

变量之间赋值，只是传递值，变量在内存中的存储单元是各自独立的，互不干扰。

（2）引用赋值。使用 "&" 运算符可以定义引用赋值，语法格式如下：

变量 1 = &变量 2

📝 **提示：**

从 PHP 4.0 版本开始，引入了引用赋值的概念。引用赋值就是用不同的名称访问同一个地址的内容，当改变其中一个变量的值时，另一个变量的值也跟着发生变化。

【**示例**】在下面代码中，$num2 引用 $num1，修改 $num1 变量的值，则 $num2 变量的值也随之发生变化。代码如下：

```php
<?php
$num1 = '3.1415926';
$num2 = &$num1 ;                    //引用变量$num1
$num1 = 'string';                  //修改变量$num1 的值
echo  $num2;                       //显示变量$num2 的值也被更改为字符串'string'
?>
```

📝 **提示：**

引用赋值只能用于变量名之间，不能直接引用一个值。例如：

```
$foo = 1;
$bar = &$foo;                       // 合理的引用赋值
$bar = &(1 * 2);                    // 不合理的引用没有名字的表达式
```

3.3.2　取消引用

当不需要引用时，可以使用 unset() 函数来取消变量引用。unset() 函数能够断开变量名与被引用的内容之间的联系，而不是销毁变量内容。例如：

扫一扫，看视频

```php
<?php
$a = 1;
$b = &$a;                           //定义引用
echo  $b;                           //显示1
unset($b);                          //取消引用
echo  $b;                           //显示空
?>
```

📝 **提示：**

在上面示例中，如果提示如下错误信息，属于正常情况：

Warning: Undefined variable $unset_bool

解决方法：可以在 php.ini 中将 error_reporting = E_ALL 修改为 error_reporting = E_ALL & ~E_NOTICE。如果不想显示任何错误，则直接设置 display_errors = Off。如果没有 php.ini 的修改权限，可在 php 头部加入 ini_set("error_reporting","E_ALL & ~E_NOTICE");。

3.3.3　可变变量

可变变量是一种特殊的变量，它允许动态改变变量的名称，也就是说一个变量的名称由另一个变量的值确定。定义可变变量的方法是在变量前面添加一个 "$" 符号。

扫一扫，看视频

例如：

```php
<?php
$a = "b";                              //声明变量$a，该变量的值为字符 b
$b = 2;                                //声明变量$b，该变量的值为数字 2
echo $a;                               //显示变量$a 的值
echo $$b;                              //通过可变变量输出变量$b 的值 2
?>
```

有时候使用可变变量非常方便。例如：

```php
<?php
$a = 'hello';
$$a = 'world';
echo "$a ${$a}";
echo "$a $hello";
?>
```

在上面的代码中，可变变量 $$a 的名称可以是变量 $a 的值，可以直接使用变量 $a 的值来引用可变变量，并获取它的值。其中{$a}表达式表示获取变量 $a 的值，因此，${$a}和$hello 所表达的意思相同，都表示可变变量 $$a 的一个名称。

【示例】下面代码演示了可变变量的应用。假设有一组可迭代对象，无法确知其具体名称，或者希望批量处理，这时就可以使用可变变量来引用它们。

```php
<?php
$a_1 = [1,2,3];
$a_2 = [4,5,6];
$a_3 = [7,8,9];
for ($i=1; $i < 4; $i++) {             //使用 for 批量处理数据
  foreach (${"a_".$i} as $key => $value) {   //通过可变变量引用每一个可迭代对象
    echo $key . ': ' . $value."<br>";  //输出可迭代对象的键值对象信息
  }
}
?>
```

📋 提示：

超全局变量不能被用作函数或类方法中的可变变量。所谓超全局变量，就是在全部作用域中始终可用的内置变量，包括 $GLOBALS、$_SERVER、$_GET、$_POST、$_FILES、$_COOKIE、$_SESSION、$_REQUEST、$_ENV，具体说明可以参考 3.3.4 节内容。

3.3.4 预定义变量

扫一扫，看视频

PHP 提供了大量的预定义变量，通过这些预定义变量可以获取用户会话、用户操作环境和本地操作系统等信息。由于许多变量依赖于服务器的版本和设置，以及其他因素，所以并没有详细的说明文档。一些预定义变量在 PHP 中以命令行的形式运行时并不生效。PHP 中的预定义变量见表 3.7。

表 3.7 PHP 常用预定义变量

预定义变量	说　　明
$GLOBALS	超全局变量，引用全局作用域中可用的全部变量
$_SERVER	超全局变量，服务器和执行环境信息
$_GET	超全局变量，HTTP GET 变量
$_POST	超全局变量，HTTP POST 变量

续表

预定义变量	说　明
$_FILES	超全局变量，HTTP 文件上传变量
$_REQUEST	超全局变量，HTTP Request 变量
$_SESSION	超全局变量，Session 变量
$_ENV	超全局变量，环境变量
$_COOKIE	超全局变量，HTTP Cookies
$php_errormsg	前一个错误信息
$HTTP_RAW_POST_DATA	原生 POST 数据
$http_response_header	HTTP 响应头
$argc	传递给脚本的参数数目
$argv	传递给脚本的参数数组

📢 注意：

全局变量是在全部作用域中始终可用的内置变量。

3.3.5　声明常量

常量可以理解为值不变的变量。常量被定义后，其值在脚本执行期间都不能改变，也不能取消其定义。

常量与变量一样，其名称需遵循相同的命名规则，即由英文字母、下划线和数字组成，且不能以数字开头。

扫一扫，看视频

在 PHP 中声明常量有两种方法。

1. 使用 define()函数

使用 define()函数来定义常量。具体语法格式如下：

```
bool define (string $name , mixed $value [, bool $case_insensitive = False ])
```

参数说明：

● $name：常量名称。

● $value：常量的值。值的类型必须是 integer、float、string、boolean、NULL 或 array。

● $case_insensitive：可选参数，如果设置为 True，则该常量大小写不敏感。默认是大小写敏感的，如 CONSTANT 和 Constant 代表了不同的值。

如果常量声明成功，将返回 True，否则将返回 False。

【示例 1】下面代码演示了如何定义一个普通常量，常量名称为 CONSTANT，值为"Hello world."。

```php
<?php
define("CONSTANT", "Hello world.");
?>
```

✏️ 提示：

常量和变量有如下不同：

● 常量名称前面没有"$"符号。

- 常量不能通过赋值语句定义。
- 常量可以在任何地方定义和访问。
- 常量一旦定义就不能被改变或取消定义。
- 常量只能计算标量值或数组。

2. 使用 const 关键字

使用 const 关键字定义常量时该命令必须位于最顶端的作用区域，因为此方法是在编译时定义的，不能在函数内、循环内或 if 语句内用 const 来定义常量。

【示例 2】下面代码演示了如何使用 const 关键字定义一个普通常量，常量名称为 CONSTANT，值为"Hello world"。

```php
<?php
const CONSTANT = 'Hello World';
?>
```

📢 注意：

使用 const 关键字定义常量时，只能包含标量值 bool、int、float、string，也可以为一个表达式或 array。另外，还可以定义 resource，但应尽量避免，因为这容易造成不可预料的结果。

3.3.6 使用常量

扫一扫，看视频

获取常量的值有以下两种方法：

- 使用常量名称直接获取值。
- 使用 constant()函数获取。

使用 constant()函数和直接使用常量名称输出的效果是一样的，但函数可以获取动态的常量，在用法上更灵活、更方便。

constant()函数的语法格式如下：

```
mixed constant (string $name)
```

参数 name 为要获取常量的名称，也可以为存储常量名的变量。如果获取成功，则返回常量的值，否则提示错误信息。

【示例】下面代码演示了如何使用 define()函数定义一个常量 MAXSIZE，然后使用两种方法读取常量的值（输出结果是相同的）。

```php
<?php
define("MAXSIZE", 100);
echo MAXSIZE;                              //输出 100
echo constant("MAXSIZE");                  //输出 100
?>
```

3.3.7 预定义常量和魔术常量

扫一扫，看视频

PHP 提供了大量的预定义常量。不过很多常量都是由不同的扩展库定义的，只有加载了这些扩展库才会出现。有关预定义常量的详细说明，请参见 PHP 参考手册。常用预定义常量的使用方法可参考本章在线支持部分。

PHP 提供 9 个魔术常量，它们的值会随着其在代码中位置的改变而改变。PHP 中的魔术常量见表 3.8。这些特殊的魔术常量不区分大小写。

表 3.8 PHP 魔术常量

魔术常量	说　明
__LINE__	文件中的当前行号
__FILE__	文件的完整路径和文件名称。如果用在被包含文件中，则返回被包含的文件名称
__DIR__	文件所在的目录。如果用在被包含文件中，则返回被包含文件所在的目录。它等价于
__FUNCTION__	当前函数的名称。匿名函数则为 {closure}
__CLASS__	当前类的名称。类名包括其被声明的作用域（如 Foo\Bar）。当用在 trait 方法中时，
__TRAIT__	Trait 的名称。Trait 名包括其被声明的作用域（如 Foo\Bar）
__METHOD__	类的方法名称
__NAMESPACE__	当前命名空间的名称
ClassName::class	完整的类的名称

3.4 PHP 运算符

运算符就是能够对操作数执行特定运算，并返回一个值的符号。大部分运算符用符号表示，如 +、−、= 等；少部分运算符用单词表示，如 and、or、yield、instanceof 和 new 等。

根据操作数的个数，PHP 运算符可以分为三种类型。

- 一元运算符，只有一个操作数参与运算，如"!"（反运算符）或"++"（递加运算符）。
- 二元运算符，需要两个操作数参与运算，PHP 运算符大多数是这种。
- 三元运算符，需要三个操作数参与运算，如"?:"（条件运算符），它能够根据一个表达式在另两个表达式中进行选择计算，是条件语句的简化应用。

3.4.1 算术运算符

扫一扫，看视频

算术运算符是用来处理四则运算的符号，在数学计算中应用比较多。PHP 中的算术运算符见表 3.9。

表 3.9 算术运算符

算术运算符	说　明
+	标识，如 +$a，根据情况将 $a 转化为 int 或 float
−	取反，如 -$a，表示变量 $a 的负值
+	加法，如 $a + $b
−	减法，如 $a − $b
*	乘法，如 a * $b
/	除法，如 $a / $b
%	取模，如 $a % $b，获得 $a 除以 $b 的余数
**	求幂，如 a ** $b，获得 $a 的 $b 次方的值

📝 **提示：**

除法运算符总是返回浮点数，但是当两个操作数都是整数，或是由字符串转换成的整数，并且正好能整除时，它返回一个整数。取模运算符的操作数在运算之前都会转换成整数（除去小数部分）。取模运算符"%"的结果和被除数的符号（正负号）相同，如 $a%$b 的结果和 $a 的符号相同。

扫一扫，看视频

3.4.2　赋值运算符

基本的赋值运算符是"="。它把右边表达式的值赋给左边的操作数。

赋值运算表达式的返回值就是所赋的值。例如，"$a=3"表达式的值是 3。因此下面写法也是正确的：

```php
<?php
$a = ($b = 4) + 5;
?>
```

在上面的代码中，变量 $a 的值为 9，而变量 $b 的值为 4。

在基本赋值运算符之外，还有适合于所有二元算术、数组集合和字符串运算的组合赋值运算符，见表 3.10。

表 3.10　组合赋值运算符

组合赋值运算符	说　　明
+=	算术赋值，先加后赋值，如 $a += $b，等价于 $a = $a + $b
-=	算术赋值，先减后赋值，如 $a -= $b，等价于 $a = $a - $b
*=	算术赋值，先乘后赋值，如 $a *= $b，等价于 $a = $a * $b
/=	算术赋值，先除后赋值，如 $a /= $b，等价于 $a = $a / $b
%=	算术赋值，先取模后赋值，如 $a %= $b，等价于 $a = $a % $b
**=	算术赋值，先指数运算后赋值，如 $a **= $b，等价于 $a = $a ** $b
&=	位赋值，先按位与运算后赋值，如 $a &= $b，等价于 $a = $a & $b
|=	位赋值，先按位或运算后赋值，如 $a |= $b，等价于 $a = $a | $b
^=	位赋值，先按位异或运算后赋值，如 $a ^= $b，等价于 $a = $a ^ $b
<<=	位赋值，先左移运算后赋值，如 $a <<= $b，等价于 $a = $a << $b
>>=	位赋值，先右移运算后赋值，如 $a >>= $b，等价于 $a = $a >> $b
.=	其他赋值，先连接后赋值，如 $a .= $b，等价于 $a = $a . $b
??=	其他赋值，先 NULL 合并后赋值，如 $a ??= $b，等价于 $a = $a ?? $b

3.4.3　字符串运算符

扫一扫，看视频

字符串运算符有以下两种：

● 连接运算符（.），返回其左、右两个操作数连接后的字符串。

● 连接赋值运算符（.=），将右边操作数附加到左边操作数后。

【示例】下面代码演示了如何使用字符串运算符。

```php
<?php
$a = "Hello ";
$b = $a . "World!";                        //$b = "Hello World!"
```

```
$a = "Hello ";
$a .= "World!";                              //$a = "Hello World!"
?>
```

3.4.4　位运算符

扫一扫，看视频

位运算符允许对整型数值中指定的位进行求值和操作。如果左右两个参数都是字符串，则位运算符将操作字符串中字符的 ASCII 值。PHP 中的位运算符见表 3.11。

表 3.11　位运算符

位 运 算 符	说　　明
&	按位与（And），如 $a & $b，将把 $a 和 $b 中都为 1 的位设为 1
|	按位或（Or），如 $a | $b，将把 $a 或 $b 中为 1 的位设为 1
^	按位异或（Xor），如 $a ^ $b，将把 $a 和 $b 中不同的位设为 1
~	按位非（Not），如 ~$a，将 $a 中为 0 的位设为 1，反之亦然
<<	左移，如 $a << $b，将$a 中的位向左移动 $b 次（每一次移动都表示乘以 2）
>>	右移，如 $a >> $b，将$a 中的位向右移动 $b 次（每一次移动都表示除以 2）

【示例】下面代码演示了如何使用位运算符对变量中的值进行位运算操作。

```
<?php
echo 12 ^ 9;                         //输出为 '5'
echo "12" ^ "9";                     //输出退格字符（ASCII 值为 8）
echo "hallo" ^ "hello";              //输出 ASCII 值#0 #4 #0 #0 #0
echo 2 ^ "3";                        //输出 1
echo "2" ^ 3;                        //输出 1
?>
```

提示：

在 PHP 中移位是数学运算。向任何方向移出去的位都被丢弃。左移时，右侧以 0 填充，符号位被移走意味着正负号不被保留；右移时，左侧以符号位填充，意味着正负号被保留。使用小括号可以确保想要的优先级。例如，$a & $b == true 表达式先进行比较运算，再进行按位与运算，而 ($a & $b) == true 表达式则先进行按位与运算，再进行比较运算。

3.4.5　比较运算符

扫一扫，看视频

比较运算符用于对两个值进行比较，返回结果为布尔型。如果比较结果为真，则返回值为 True，否则返回值为 False。PHP 中的比较运算符见表 3.12。

表 3.12　比较运算符

比较运算符	说　　明
==	等于，如 $a == $b，如果返回值为 True，则说明 $a 等于 $b
===	全等，如 $a === $b，如果返回值为 True，则说明 $a 等于 $b，并且它们的类型也相同
!=	不等，如 $a !=$b，如果返回值为 True，则说明 $a 不等于 $b
<>	不等，如 $a <>$b，如果返回值为 True，则说明 $a 不等于 $b

续表

比较运算符	说　　明
!==	非全等，如 $a !==$b，如果返回值为 True，则说明 $a 不等于 $b，或它们的类型不同
<	小于，如 $a <$b，如果返回值为 True，则说明 $a 严格小于 $b
>	大于，如 $a >$b，如果返回值这 True，则说明 $a 严格大于 $b
<=	小于等于，如 $a <=$b，如果返回值为 True，则说明 $a 小于或等于 $b
>=	大于等于，如 $a >=$b，如果返回值为 True，则说明 $a 大于或等于 $b
<=>	太空船运算符（组合比较符），如 $a <=> $b，当 $a 小于、等于、大于 $b 时分别返回一个小于、等于、大于 0 的 integer 值。PHP 7.0 版本开始支持
??	NULL 合并操作符，如 $a ?? $b ?? $c，返回从左往右第一个存在且不为 NULL 的操作数。如果都没有定义且不为 NULL，则返回 NULL。PHP 7.0 版本开始支持

当两个操作对象都是数字字符串，或者一个是数字，另一个是数字字符串时，会自动按照数值进行比较。此规则也适用于 switch 语句。例如：

```php
<?php
var_dump(0 == "a");                          //0 == 0 -> True
var_dump("1" == "01");                        //1 == 1 -> True
var_dump("1" == "1e0");                       //1 == 1 -> True
?>
```

扫一扫，看视频

3.4.6　逻辑运算符

逻辑运算又称布尔代数，就是布尔值（True 和 False）的"算术"运算。逻辑运算符是程序设计中一组非常重要的运算符。PHP 中的逻辑运算符见表 3.13。

表 3.13　逻辑运算符

逻辑运算符	说　　明
and	逻辑与。如果 $a 与 $b 都为 True，则 $a and　$b 返回值为 True，否则返回 False
&&	逻辑与。如果 $a 与 $b 都为 True，则 $a && $b 返回值为 True，否则返回 False
or	逻辑或。如果 $a 或 $b 有一个为 True，则 $a or $b 返回值为 True，否则返回 False
‖	逻辑或。如果 $a 或 $b 有一个为 True，则 $a ‖ $b 返回值为 True，否则返回 False
xor	逻辑异或。如果 $a 或 $b，一个为 True，另一个为 False，则 $a xor $b 返回值为 True，否则返回 False
!	逻辑非。如果 $a 为 True，则 !$a 返回值为 False，否则返回 False

【示例】下面代码演示了如何使用逻辑运算符。

```php
<?php
$a = (False && foo());
$b = (True || foo());
$c = (False and foo());
$d = (True or foo());
?>
```

上面代码中的 foo()函数不会被调用，因为它们被运算符"短路"了。

逻辑与和逻辑或都是一种短路逻辑，简单说明如下：

● 逻辑与的运算逻辑是，先检测第 1 个操作数的值，如果左侧表达式的值可以转换为 False，那么就会结束运算，直接返回 False，停止右侧操作数的检测；如果第 1 个操作数为 True，或者可以转换为 True，则检测第 2 个操作数（右侧表达式）的值。

- 逻辑或的运算逻辑是，先检测第 1 个操作数的值，如果左侧表达式的值可以转换为 True，那么就会结束运算，直接返回 True，停止右侧操作数的检测；如果第 1 个操作数为 False，或者可以转换为 False，则检测第 2 个操作数（右侧表达式）的值。

3.4.7　错误控制运算符

扫一扫，看视频

PHP 支持错误控制运算符（@）。如果将其放置在一个 PHP 表达式之前，则该表达式可能产生的任何错误信息都被忽略。如果激活 track_errors 特性，则表达式所产生的任何错误信息都将被存放在变量 $php_errormsg 中。例如：

```php
<?php
$a = 1 / 0;
?>
```

运行上面代码，则会产生一个异常，并在浏览器中显示出来。如果要避免错误信息在浏览器中的显示，则可以在表达式前面添加"@"运算符。例如：

```php
<?php
$a = @(1 / 0);
?>
```

📝 **提示：**

@运算符只对表达式有效。简单来说，如果能从某处得到值，就能在它前面加上"@"运算符。例如，可以把它放在变量、函数、常量等之前。不能把它放在函数或类的定义之前，也不能用于条件结构前。

3.4.8　其他运算符

1. 三元运算符

三元运算符的功能与 if-else 语句相同，但是它可以用在表达式中，便于连续运算。其语法格式如下：

```
(expr1)?(expr2):(expr3);
```

如果条件表达式 expr1 的值为真，则执行表达式 expr2，并返回其值；否则执行表达式 expr3，并返回其值。

可以省略三元运算符的中间表达式 expr2。其语法格式如下：

```
expr1 ?: expr3
```

如果条件表达式 expr1 的值为真，则返回 expr1 的值，否则返回表达式 expr3 的值。

【示例 1】下面代码演示了如何比较相邻两个变量的值，并输出结果。

```php
<?php
$a=1;$b=2;$c=3;$d=4;
echo $a<$b?'A':$b<$c?'B':$c<$d?'C':'D';
?>
```

上面代码是一个连续嵌套的条件运算。如果不细看，很容易出错。因为三元条件运算符的结合顺序是从左到右，所以上面表达式可以分解为如下形式：

```php
echo $a < $b ? 'A' : $b;            //第1步比较，返回结果字母'A'
echo 'A' < $c ? 'B' : $c;           //第2步比较，返回结果字母'B'
```

```
echo 'B' < $d ? 'C' : 'D';                          //第 3 步比较，返回结果字母'C'
```

当字符与数字比较时，会将字符转换为数字再进行大小比较，字符转换为数字时值为 0。

📢 **注意：**

嵌套使用三元运算符，可读性不强，建议使用 if-else 语句实现。

2. 递增和递减运算符

PHP 中的递增和递减运算符见表 3.14。

表 3.14　递增和递减运算符

运　　算　　符	名　　称	说　　明
++$a	前加	$a 的值加 1，然后返回 $a
$a++	后加	返回 $a，然后将 $a 的值加 1
--$a	前减	$a 的值减 1，然后返回 $a
$a--	后减	返回 $a，然后将 $a 的值减 1

【示例 2】下面代码演示了如何递增变量 $i。

```php
<?php
for($i = 0; $i++ <= 10;) {
   echo $i." ";
}
echo "<br>";
for($i = 0; ++$i <= 10;) {
   echo $i." ";
}
?>
```

第一个循环输出结果：1 2 3 4 5 6 7 8 9 10 11，第二个循环输出结果：1 2 3 4 5 6 7 8 9 10。可以看到第二个循环少了一次循环，因为变量 $i 是在递增之后再进行比较，导致触发停止循环的条件。

3. 执行运算符

执行运算符（``）可以尝试将反引号中的内容作为 shell 命令来执行，并将其输出信息返回，执行结果与 shell_exec()函数相同。例如：

```php
<?php
$output = `ls -al`;
echo "<pre>$output</pre>";
?>
```

📝 **提示：**

PHP 还有多个运算符，由于涉及其他知识点，将在后面章节再详细介绍，如数组运算符和类型运算符。

3.4.9　运算符的优先级和结合方向

扫一扫，看视频

运算符的优先级决定操作数参与运算的顺序。例如，表达式"1 + 5 * 3"的结果是 16，而不是 18，这是因为乘号（*）的优先级比加号（+）高，所以 5 先与 3 执行乘法运算，而不是先与 1 执行加法运算。可以使用小括号来改变优先级，例如，(1 + 5) * 3 的值为 18。

结合方向决定运算符参与运算的顺序，包括三种类型：先左后右、先右后左和不适用。例如，"–" 是先左后右，那么表达式 "1 – 2 –3" 就等于 "(1 – 2) –3"，结果是 –4；而 "=" 是先右后左，那么表达式 "$a = $b = $c" 就等于 "$a = ($b = $c)"。

📋 **提示：**

> 一元运算符、三元运算符和赋值运算符一般都按先右后左的顺序进行结合并运算。

如果运算符没有结合方向，这时相同优先级的运算符就不能连在一起使用。例如，表达式 "1 < 2 > 1" 就是非法的；而表达式 "1 <= 1 == 1" 是合法的，因为==的优先级低于<=。

📋 **提示：**

> 使用小括号可以强制标明运算顺序，而非根据运算符优先级和结合性来决定，建议在表达式中多使用小括号，这样能够增加代码的可读性。

PHP 运算符的优先级和结合方向的详细说明，请参考本章在线支持部分。

扫一扫，看视频

3.5　PHP 表达式

表达式就是可运算的式子，且须返回值，它由运算符和操作数组成。表达式是一个比较富有弹性的运算单元，简单的表达式就是一个简单的值、常量或变量等，这些简单的表达式无法再分割，也称为原始表达式。例如，$a=5 表示将值 5 分配给变量 $a。其中，5 就是表达式。稍复杂的表达式是函数，例如：

```php
<?php
function foo (){
    return 5;
}
?>
```

函数也是表达式，表达式的值即为函数的返回值。既然 foo() 返回 5，那么表达式 foo() 的值就是 5。通常函数不仅仅返回一个值，还可以包含复杂的结构，执行特殊的任务。

使用运算符把一个或多个简单的表达式连接起来，构成复杂的表达式。复杂的表达式还可以嵌套组成更复杂的表达式。但是，不管表达式的形式多么复杂，最后都要求返回一个值。

在一个表达式末尾加上一个分号，这时它就成为一条语句。可见表达式与语句之间的关系是非常紧密的，也能够相互转换。例如，在 "$b=$a=5;" 中，$a=5 是一个有效的表达式，它本身不是一条语句，而加上分号之后，"$b=$a=5;" 就是一条有效的赋值语句。

PHP 在解析复杂的表达式时，先计算最小单元的表达式，然后把返回值投入外围表达式（上级表达式）的运算，依次逐级上移。

表达式严格按照从左到右的顺序执行运算，但是也会受到每个运算符的优先级和结合性的影响。为了控制计算，可以通过小括号分组提升子表达式的优先级。

【示例1】下面代码演示了如何编写与解析复杂的表达式。

```
(3-2-1)*(1+2+3)/(2*3*4)
```

在上面代码中，通过小括号可以把表达式分为 3 组，形成 3 个子表达式，每个子表达式又嵌套多层表达式。先计算 "3-2-1" 子表达式，然后计算 "1+2+3" 子表达式，接着计算 "2*3*4" 子表达式，最后再执行乘法运算和除法运算。

【示例 2】对于下面这个复杂的表达式，不容易阅读。

```
(a + b > c && a - b < c || a > b > c)
```

使用小括号进行分组优化，则逻辑运算的顺序就非常清楚了，这是一种好的设计习惯。

```
((a + b > c) && ((a - b < c) || (a > b > c)))
```

3.6　PHP 编码规范

严谨的代码编写习惯将让用户受益终身，下面就 PHP 开发中一些约定俗成的编码规范进行汇总，以方便用户学习。

3.6.1　命名规范

命名规范包括变量、常量、函数、类、方法，详细说明请扫码了解。

3.6.2　版式规范

扫描，拓展学习

版式规范包括语义分隔、空格、字符串和变量连接、圆括号、花括号、数组定义、SQL 字符串，详细说明请扫码了解。

3.6.3　注释规范

注释规范包括文件头注释、类注释、函数/类方法注释，详细说明请扫码了解。

3.7　案例实战：设计网页计算器

本例通过一个简单的交互界面，模拟四则运算计算器，灵活应用运算符和表达式，同时了解 PHP 与网页结合的基本方法。

扫一扫，看视频

【操作步骤】

第 1 步，新建测试页面，保存为 test1.php。

第 2 步，在页面中设计一个简单的表单结构。设置 method 为 post，定义表单提交方式，action 表示要提交到的 PHP 程序页面，就是接收的页面，为空表示提交到当前页。在下拉列表项目中，通过嵌入 PHP 代码，根据接收的 $select 变量值，确定页面默认是选择哪种运算符。代码如下：

```
<form method="post" action="">
  <input type = "text" name="num1" value="<?php echo $num1?>" >
  <select name = "select">
    <option value="+" <?php if($select == '+')echo 'selected'?>>+</option>
    <option value="-" <?php if($select == '-')echo 'selected'?>>-</option>
    <option value="*" <?php if($select == '*')echo 'selected'?>>*</option>
    <option value="/" <?php if($select == '/')echo 'selected'?>>/</option>
  </select>
```

```
<input type = "text" name="num2" value="<?php echo $num2?>" >
<input type = "submit" name = "submit" value="=">
<input type = "text" name="result" value="<?php echo $result?>">
</form>
```

第 3 步，设计 PHP 脚本。使用 isset() 函数检测用户是否提交页面，如果没有提交页面，则初始化表单值；如果提交了页面，则接收用户在表单中输入的值，然后通过用户在下拉列表中选的运算方式，在多重分支结构中选择一种运算方式，最后把运算结果写入文本框。代码如下：

```
/*isset()函数检测变量是否设置、存在或非 NULL 变量返回值是否为布尔型，如果变量存在则为 True，否则为 False，
结合$_POST['submit']和$_POST 接收通过表单的 method="post"方法的传值*/
if (isset ( $_POST ['submit'] )) {
    $num1 = $_POST ['num1'];           //获取第一个输入框中的值，通过 input 中的 name 属性获得
    $select = $_POST ['select'];
    $num2 = $_POST ['num2'];
    if (is_numeric ( $num1 ) && is_numeric ( $num2 )) {
        //is_numeric()函数检测变量是否为数字或数字字符串，返回值为 True 或 False
        switch ($select) { //$select 是前面传来的运算符
            case '+' : /*如果 case 中的值与$select 的值相等，那么就执行相应的 case，否则继续往下找*/
                $result = $num1 + $num2;
                break;
            case '-' :
                $result = $num1 - $num2;
                break;
            case '*' :
                $result = $num1 * $num2;
                break;
            default :
                if ($num2 == 0) {           //除数不能为 0
                    echo "<script>alert('输入的除数为 0，请重新输入')</script>";
                } else {
                    $result = $num1 / $num2;
                    break;
                }
        }
    } else {
        //当用户输入的不是数字，可能是字符串时给用户提示
        echo "<script>alert('输入的不是数字')</script>";
        $num1 = $num2 = $result = "";   //把表单里的内容清空
    }
} else {                                 //如果没有提交页面，则把表单里的内容清空
    $num1 = $num2 = $result = "";
    $select = "+";
}
```

第 4 步，在浏览器中预览并测试，演示效果如图 3.5 所示。

图 3.5　计数器的演示效果

3.8　在 线 支 持

　　本节拓展线下学习空间，提供更丰富的习题、示例、案例、资料、参考内容，以及每章知识的复习与梳理，实时更新，及时互动，为读者提供多元学习渠道。

扫描，拓展学习

第4章

流程控制语句

　　PHP 程序就是一系列句子的集合，一条语句可以是一个赋值、一个函数调用、一个循环流程、一个条件流程，还可以是一条空语句。语句以分号标记结束，可以使用大括号将一组语句封装成一个语句块。

　　在默认情况下，PHP 解释器按照语句写入顺序逐条执行。使用流程控制语句可以改变语句的执行顺序，如 if 条件分支、switch 多分支、for 循环、while 循环、do-while 循环、break 中断、continue 继续执行等。本章将重点介绍 PHP 各种流程控制语句，主要包括条件语句和循环语句。

学习重点

- PHP 条件语句。
- PHP 循环语句。
- PHP 流程控制语句。
- PHP 导入、声明、匹配、返回语句。

4.1　分支结构

在正常情况下，PHP 脚本是按顺序从上到下执行的，这种结构被称为顺序结构。如果使用 if、elseif 或 switch 语句，可以改变这种流程顺序，让代码根据条件选择执行的方向，这种结构称为分支结构。

4.1.1　if 语句

扫一扫，看视频

if 语句会根据特定的条件执行指定的代码块，结构与 C 语言相似。其语法格式如下：

```
if (expr)
    statements
```

如果表达式 expr 的值为真，或者可以转换为真，则执行 statements；否则，将忽略 statements。if 语句流程控制如图 4.1 所示。

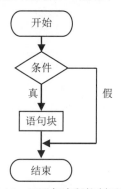

图 4.1　if 语句流程控制示意图

【示例 1】在下面代码中，如果 $a 大于 $b，则显示提示信息 "a 大于 b"，否则不显示。

```php
<?php
$a = 15;
$b = 13;
if ($a > $b)
    echo "a 大于 b";
?>
```

如果根据条件执行的语句不止一条，可以使用逻辑分隔符 "{}" 包裹这些语句，形成一组语句块。

【示例 2】下面代码使用 PHP 内置函数 rand() 生成一个随机整数，然后判断该数是否能够被 2 整除，如果整除，则显示该数，并提示。

```php
<?php
$num = rand();                          //使用 rand() 函数生成一个随机数
if ($num % 2 == 0){                     //判断变量$num 是否为偶数
    echo "\$num = $num";                //如果为偶数，输出表达式值和说明文字
    echo "<br>$num 是偶数。";
}
?>
```

> **提示：**
>
> rand()函数可以产生一个随机整数。其语法格式如下：
> ```
> int rand ( void )
> int rand ( int $min , int $max )
> ```
> rand()函数允许不传递参数，此时将随机生成一个从 0 到最大整数之间的数字；如果给定 2 个整数，则将限定随机整数的范围。例如，rand (3, 5)将随机生成从 3 到 5 的随机整数，即 3、4、5 中任意一个。

if 语句可以嵌套使用，这样可以设计复杂的条件结构，详细内容将在 4.1.2 小节介绍。

4.1.2　else 语句

else 语句仅在 if 或 elseif 表达式的值为假时执行。其语法格式如下：

```
if (expr)
    statements 1
else
    statements 2
```

如果表达式 expr 的值为真，则执行 statements 1；否则，执行 statements 2。if 和 else 语句流程控制如图 4.2 所示。

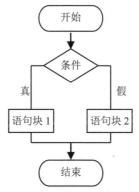

图 4.2　if 和 else 语句流程控制示意图

【示例】下面代码演示了如何判断使用 rand(1,10)生成的随机整数的奇偶性。

```php
<?php
$num = rand(1,10);                    //使用 rand()函数生成一个 1～10 的随机整数
if ($num % 2 == 0){                   //判断变量$num 是否为偶数
    echo "变量$num 是偶数。";          //如果为偶数，则输出"变量$num 是偶数。"
}else {
    echo "变量$num 是奇数。";          //如果为奇数，则输出"变量$num 是奇数。"
}
?>
```

4.1.3　elseif 语句

if 和 else 语句组合可以设计二分支的条件结构，但是如果要设计多分支的条件结构，就需要 elseif 语句来配合设计。例如，用户登录时判断其身份为管理员、VIP 会员、会员、游客等。

elseif 是 if 和 else 的组合，也可以写为 else if。其语法格式如下：

```
if (expr 1)
    statements 1
elseif (expr 2)
    statements 2
…
elseif (expr n)
    statements n
else
    statements n+1
```

如果 expr 1 的值为真，则执行 statements 1；否则，再判断 expr 2 的值是否为真，如果为真，则执行 statements 2，以此类推。elesif 语句流程控制如图 4.3 所示。

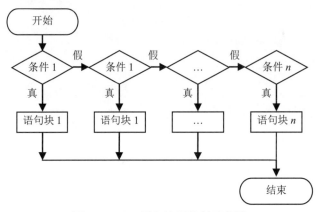

图 4.3   elseif 语句流程控制示意图

【示例】编写一个程序，对年龄进行判断，如果大于 18 岁，则输出"你是成年人"；如果大于 8 岁，小于 18 岁，则输出"你的年龄适合读书"；如果小于 8 岁，则输出"你应该上幼儿园"。

```php
<?php
$age = 5; //年龄
if ($age > 18) {
    echo '你是成年人';
} elseif ($age > 8 && $age < 18) {
    echo '你的年龄适合读书';
} elseif ($age < 8) {
    echo '你应该上幼儿园';
}
?>
```

Elseif 或 else if 只有在使用大括号的情况下才认为是完全相同的。如果用冒号，那就不能用 else if，否则 PHP 会产生解析错误。例如：

```php
//正确写法
if ($a > $b) {
    echo "a 大于 b";
} else if ($a == $b) {
    echo "a 等于 b";
} else {
    echo "a 小于 b";
}
//错误写法
if ($a > $b):
    echo "a 大于 b";
else if ($a == $b) :
```

```
  echo "a 等于 b";
else:
  echo "a 小于 b";
endif
```

因此，为了避免疏忽所导致的语法错误，一般建议使用大括号包裹语句。

4.1.4　switch 语句

switch 语句也可以设计多分支条件结构。与 elseif 语句相比，switch 语句更简洁，执行效率更高。switch 语句适用语境：同一个变量（或表达式）需与多个值进行比较，并根据比较结果，决定执行不同的语句块。其语法格式如下：

```
switch (expr){
  case 1:
    statements 1
    break;
  case 2:
    statements 2
    break;
  …
  case n:
    statements n
    break;
  default:
    default statements n
}
```

switch 语句根据变量或表达式 expr 的值，依次与 case 语句中的常量表达式的值相比较，如果相等，则执行其后的语句块，只有遇到 break 语句，或者 switch 语句结束才终止；如果不相等，继续查找下一个 case 语句。switch 语句包含一个可选的 default 语句，如果在前面的 case 语句中没有找到相等的条件，则执行 default 语句，它与 else 语句类似。

switch 语句流程控制如图 4.4 所示。

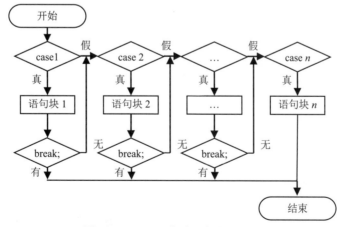

图 4.4　switch 语句流程控制示意图

【示例 1】比较变量 $i 的值，判断其是否等于 0、1、2，然后根据比较结果，分别输出不同的提示信息。代码如下：

```php
<?php
$i =0;
switch ($i) {
    case 0:
        echo "i=0";
        break;
    case 1:
        echo "i=1";
        break;
    case 2:
        echo "i=2";
        break;
}
?>
```

上面代码输出显示：i=0。

【示例 2】如果在 case 语句中没有 break 语句，PHP 将继续执行下一个 case 语句，而忽略下一个 case 语句的比较值。代码如下：

```php
<?php
$i =0;
switch ($i) {
    case 0:
        echo "i=0";
    case 1:
        echo "i=1";
    case 2:
        echo "i=2";
}
?>
```

上面代码输出显示：i=0i=1i=2。

只有当 $i 等于 2 时，才会得到预期的结果，仅输出"i=2"。所以，在使用 switch 语句时，建议在每个 case 语句末尾都加上 break 语句。

【示例 3】当 case 语句为空时，控制会转移到下一个 case 语句。代码如下：

```php
<?php
$i =0;
switch ($i) {
    case 0:
    case 1:
    case 2:
        echo "i<3";
        break;
    case 3:
        echo "i=3";
}
?>
```

上面代码输出显示：i<3。

【示例 4】default 语句比较特殊，当所有 case 语句都不匹配后，会执行 default 语句。代码如下：

```php
<?php
$i =5;
switch ($i) {
    case 0:
```

```
        echo "i=0";
        break;
    case 1:
        echo "i=1";
        break;
    case 2:
        echo "i=2";
        break;
    default:
        echo "i 不是 0、1、2";
}
?>
```

上面代码输出显示：i 不是 0、1、2。

📝 **提示：**

case 表达式可以是任何简单类型的求值表达式，即表达式的值为整型、浮点型、字符串型，不能是数组或对象。

【示例 5】PHP 允许使用分号（;）代替 case 语句后的冒号（:）。代码如下：

```
<?php
$i =5;
switch ($i) {
    case 0;
        echo "i=0";
        break;
    case 1;
        echo "i=1";
        break;
    case 2;
        echo "i=2";
        break;
    default;
        echo "i 不是 0、1、2";
}
?>
```

4.1.5　elseif 语句和 switch 语句的区别

elseif 语句和 switch 语句都可以设计多重分支结构，一般情况下 switch 语句的执行效率要高于 elseif 语句。但是，也不能一概而论，应根据具体问题具体分析。

相对而言，下列情况更适宜选用 switch 语句：

● 枚举表达式的值。这种枚举是可以期望的、有平行的逻辑关系的。

● 表达式的值具有离散性，不具有线性的非连续的区间值。

● 表达式的值是固定的，不会动态变化。

● 表达式的值是有限的，一般较少。

● 表达式的值一般为整数、字符串等简单的值。

下列情况更适宜选用 elseif 语句：

● 具有复杂的逻辑关系。

● 表达式的值具有线性特征，如连续的区间值。

● 表达式的值是动态的。

● 测试任意类型的数据。

【示例 1】根据学生分数进行等级评定：如果分数小于 60，则不及格；如果分数在 60～75 之间，则评定为及格；如果分数在 75～85 之间，则评定为良好；如果分数在 85～100 之间，则评定为优秀。

根据上述需求描述，确定检测的分数是一个线性区间值，因此选用 elseif 语句会更适合。

```php
<?php
$score = 76;
if($score < 60){ echo("不及格"); }      //线性区间值判断
else if( $score < 75){ echo("及格"); }//线性区间值判断
else if( $score < 85){ echo("良好"); }//线性区间值判断
else { echo("优秀"); }
?>
```

如果使用 switch 语句，由于分数还包括小数，则至少需要枚举 100 种可能，此时使用 switch 语句就不是明智之举。

【示例 2】根据性别进行分类管理。

```php
<?php
$sex = 2;
switch($sex){ //离散值判断
    case 1:
        echo("女士");
        break;
    case 2:
        echo("男士");
        break;
    default:
        echo("请选择性别");
}
?>
```

上面代码枚举的值有限，使用 swith 语句会更高级。

4.2　循环结构

在程序开发中，存在大量的重复性操作或计算，这些任务可以依靠循环结构来完成。PHP 定义了 while、do-while、for 和 foreach 4 种循环语句。

扫一扫，看视频

4.2.1　while 语句

while 语句是 PHP 中最简单的循环结构。其语法格式如下：

```
while (expr)
    statements
```

当 expr 的值为真时，将执行 statements，执行结束后，再返回到 expr 继续进行判断。直到表达式的值为假，才跳出循环，并执行下面的语句。

while 语句流程控制如图 4.5 所示。

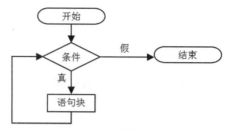

图 4.5　while 语句流程控制示意图

【示例】使用 while 语句定义一个循环结构，设计输出数字 1～10。代码如下：

```php
<?php
$i = 1;
while ($i <= 10) {
    echo $i++;
}
?>
```

4.2.2　do-while 语句

do-while 与 while 语句非常相似，区别在于 expr 是在每次循环结束时检查，而不是在开始时检查。因此 do-while 语句能够保证至少执行一次循环，而 while 语句就不一定了，如果 expr 为假，则直接终止循环。其语法格式如下：

```
do
    statements
while (expr);
```

扫一扫，看视频

先执行 statements，再检测 expr，如果为真，则返回继续执行 statements。如此反复，直到 expr 为假，跳出循环。

do-while 语句流程控制如图 4.6 所示。

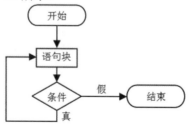

图 4.6　do-while 语句流程控制示意图

【示例】比较 while 和 do-while 语句的不同。可以看到，不管变量 num 是否为 1，do-while 语句都会执行一次输出，而在 while 语句中是看不到输出的。代码如下：

```php
<?php
$num = 1;
while($num != 1){
    echo "不会看到";
}
do{
    echo "会看到";
}while($num != 1);
```

```
?>
```

4.2.3　for 语句

扫一扫，看视频

for 语句是一种更简洁的循环结构。其语法格式如下：

```
for (expr 1; expr 2; expr 3)
    statements
```

表达式 expr 1 在循环开始前无条件地求值一次，而表达式 expr 2 在每次循环开始前求值。如果表达式 expr 2 的值为真，则执行循环语句，否则将终止循环，执行下面的代码。表达式 expr 3 在每次循环之后求值。

提示：

for 语句中的表达式都可以为空，包括以逗号分隔的多个子表达式。在 expr 2 中，所有用逗号分隔的子表达式都会计算，但只取最后一个子表达式的值进行检测。若 expr 2 为空，PHP 会认为其值为真，意味着将无限循环下去。除了使用 expr 2 结束循环外，也可以在循环语句中使用 break 语句结束循环。

for 语句流程控制如图 4.7 所示。

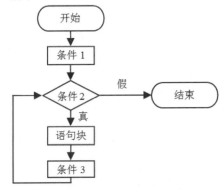

图 4.7　for 语句流程控制示意图

【示例】设计 4 个循环结构，输出数字 1~10，来演示 for 语句的灵活用法。代码如下：

```php
<?php
for ($i = 1; $i <= 10; $i++) {          /*循环 1 */
    echo $i;
}
for ($i = 1; ; $i++) {                  /*循环 2*/
    if ($i > 10) {                      //使用条件语句控制循环，当变量 i 等于 10 时，跳出循环
        break;
    }
    echo $i;
}
$i = 1;
for (;;){                               /*循环 3 */
    if ($i > 10) {                      //使用条件语句控制循环，当变量 i 等于 10 时，跳出循环
        break;
    }
    echo $i;
    $i++;                               //递增循环变量
```

```
}
/*循环 4 */
for ($i = 1, $j = 0; $i <= 10; $j += $i, print $i, $i++);
?>
```

在上面代码中，第一种比较常用，后面三种在特殊情况下比较实用。建议读者灵活掌握它们，学会在 for 语句中灵活设计表达式。

4.2.4　foreach 语句

foreach 语句是在 PHP 4.0 版本中开始引入的，它是 for 语句的一种特殊形式，仅能够应用于数组和对象，如果将其应用于其他数据类型，或未初始化的变量，则将发出错误信息。foreach 语句的语法格式如下：

```
foreach (array_expression as $value)
    statements
```

或者

```
foreach (array_expression as $key => $value)
    statements
```

foreach 语句将迭代数组 array_expression，在循环时，当前单元的值被赋值给变量 $value，并且数组的指针会移到下一个单元，下一次循环将会得到下一个单元，以此类推，直到最后一个单元。在第二种语法格式中，不仅可以获取每个单元的值，还可以获取每个单元的键名，键名被赋给变量 $key。

从 PHP 5.0 版本开始，可以在 $value 前加 "&" 运算符进行引用赋值，而不是传值赋值。这样可以实现对原数组的修改。

【示例】使用 foreach 语句遍历数组 $arr，使用 &$value 引用每个元素的值，然后在循环体内修改数组的值。代码如下：

```
<?php
$arr = array(1, 2, 3, 4);
foreach ($arr as &$value) {
    $value = $value * 2;
}
var_dump($arr);
?>
```

执行上面代码，数组 $arr 的值变成 array(2, 4, 6, 8)，则输出显示：array(4) { [0]=> int(2) [1]=> int(4) [2]=> int(6) [3]=> &int(8) }。

4.2.5　while 语句和 for 语句的区别

while 语句和 for 语句都可以完成重复性操作，使用时不可随意替换。简单比较如下。

1. 语义

for 语句是以变量的变化来控制循环流程的，整个循环流程是预先定义好的，可以事先知道循环的次数、每次循环的状态等信息。

while 语句是根据特定条件来决定循环流程的，这个条件是动态的、无法预知的，存在不确定性，每次循环时都不知道下一次循环的状态如何，只能通过条件的检测来确定。

因此，for 语句常用于有规律的重复操作中，如数组、对象等迭代。while 语句更适用于特定条件的重复操作，以及依据特定事件控制的循环操作。

2. 模式

在 for 语句中，把循环的三要素（起始值、终止值和步长）定义为 3 个基本表达式，作为结构语法的一部分固定在 for 语句内，使用小括号进行语法分隔，这与 while 语句内的条件表达式截然不同，这样就更有利于 PHP 解释器进行快速编译。

for 语句适合简单的数值迭代操作。

【示例】下面代码使用 for 语句迭代输出 10 以内的正整数。

```
for($n = 1; $n < 10; $n ++ ) {    //循环操作的环境条件
    echo($n);                     //循环操作的语句
}
```

用户可以按以下方式对 for 循环进行总结。

执行循环条件：$1 < \$n < 10$、步长为 n++。

执行循环语句：echo($n);。

这种把循环操作的环境条件和循环操作语句分离开的设计模式能够提高程序的执行效率，同时也避免了因为把循环条件与循环语句混在一起而造成的失误。

如果循环条件比较复杂，for 语句就必须考虑如何把循环条件和循环语句联系起来才可以正确执行整个 for 结构。因为根据运算顺序，for 语句首先计算第一、第二个表达式，然后执行循环语句，最后返回执行 for 语句第三个表达式，如此周而复始。

由于 for 结构的特异性，导致在执行复杂条件时会大大降低效率。相对而言，while 语句天生就是为复杂的条件而设计的，它将复杂的循环控制放在循环体内执行，而 while 语句自身仅用于检测循环条件，这样就避免了结构分离和逻辑跳跃。

3. 目标

有些循环的次数在循环之前就可以预测，如计算 1～100 的和；而有些循环具有不可预测性，用户无法事先确定循环的次数，甚至无法预知循环操作的趋向。这些不确定性成了在设计循环结构时必须考虑的问题。

即使是相同的操作，如果达成目标的角度不同，可能重复操作的设计也就不同。例如，统计全班学生的成绩和统计合格学生的成绩就是两个不同的达成目标。

一般来说，在循环结构中动态改变循环变量的值时建议使用 while 语句，而对于静态的循环变量，则可以考虑使用 for 语句。

4.3　流程结构的特殊格式

在复杂的程序中，可能包含了无数个条件结构、循环结构、函数体等，仅查找匹配的大括号"{}"就非常麻烦。为此，PHP 提供了另一种书写格式，　if、while、for、foreach 和 switch 语句都可以使用。该书写格式的基本形式是：把左大括号（{）换成冒号（:)，把右大括号（}）分别换成 endif;、endswitch;、endwhile;、endfor;、endforeach;。

【示例】下面代码演示了如何求解 100 以内的所有素数。

```
<?php
```

```
//求 100 以内的所有素数
for ($i = 1; $i <= 100; $i++):              //遍历 100 以内的整数
    $k = 0;
    for ($j = 1; $j < $i; $j++):            //分别用 1 到当前值前一个整数，逐一整除当前数
        if ($i % $j == 0) {                 //被整除一次，则递增条件变量一次
            $k++;
        }
    endfor;
    if ($k == 1):                           //如果仅被 1 整除，则输出显示当前数字
        echo $i."  ";
    endif;
endfor;
?>
```

4.4 流程控制

使用 break、continue、goto 语句可以改变分支或循环的流程方向，让程序按需执行，以提高运行效率。

4.4.1 break 语句

break 语句可以结束当前 for、foreach、while、do-while 或 switch 语句的执行，还可以接收一个可选的数字参数来决定跳出几重嵌套的循环。其语法格式如下：

```
break $num;
```

break 语句流程控制如图 4.8 所示。

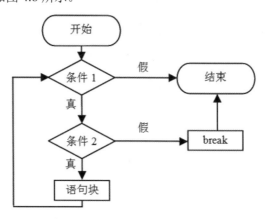

图 4.8 break 语句流程控制示意图

【示例】设计一个在 while 语句中嵌套 switch 语句的多重分支结构。当变量 i 的值为 5 时，跳出 switch 语句，进入下一个循环；如果变量 i 的值为 10，则直接跳出循环。

```
<?php
$i = 0;
while (++$i) {
    switch ($i) {
    case 5:
```

```
      echo " 5<br />\n";
      break 1;                              /*只跳出 switch 语句 */
   case 10:
      echo " 10 <br />\n";
      break 2;                              /*跳出 switch 和 while 循环*/
   default:
      break;
   }
}
?>
```

4.4.2　continue 语句

扫一扫，看视频

continue 语句仅用在循环结构体内，主要用于跳过本次循环中剩余的未执行代码，并在循环条件为真时，继续执行下一次循环。它可以接收一个可选的数字参数来决定跳出几重嵌套的循环。其语法格式如下：

```
continue $num;
```

continue 语句流程控制如图 4.9 所示。

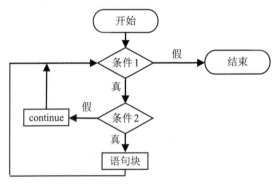

图 4.9　continue 语句流程控制示意图

【示例】下面代码演示了如何使用 while 语句设计 3 层嵌套的循环结构。

```php
<?php
$i = 0;
while ($i++ < 5) {
  echo "第 3 层循环<br />\n";
  while (1) {
    echo "  第 2 层循环<br />\n";
    while (1) {
      echo "  第 1 层循环<br />\n";
      continue 3;
    }
    echo "不输出该语句<br />\n";
  }
  echo "不执行该语句<br />\n";
}
?>
```

4.4.3　goto 语句

扫一扫，看视频

goto 语句用来将程序跳转到指定的位置，该位置可以用名称加冒号来标记。例如：

```php
<?php
goto a;
echo 1;
a:echo 2;
?>
```

在上面代码中，将输出显示 2，而忽略输出显示 1。

📝 提示：

在 PHP 中，goto 语句的使用有一定限制，只能在同一个作用域中跳转。也就是说，无法跳出一个函数或类方法，也无法跳入另一个函数，更无法跳入其他循环语句或 switch 语句中。常用于跳出循环语句或 switch 语句，可以代替多层嵌套结构中的 break 语句。

4.5　其他语句

4.5.1　include 和 require 语句

扫一扫，看视频

include 和 require 语句可以导入并运行指定的文件。它们的用法和功能基本相同，区别是：处理失败的方式不同，include 语句将产生一个警告，而 require 语句则会导致一个致命错误。

因此，如果想在遇到外部文件丢失时必须停止代码运行，就使用 require 语句。include 语句则不然，代码会继续运行。

【示例】新建 test1.php 文件。输入下面代码：

```php
<?php
$color = 'green';
$fruit = 'apple';
?>
```

再新建 test2.php 文件。输入下面代码：

```php
<?php
echo "A $color $fruit";                    //输出: A
include 'test1.php';
echo "A $color $fruit";                    //输出: A green apple
?>
```

运行 test2.php 文件，显示效果如图 4.10 所示。

图 4.10　显示效果（include 语句）

提示：

require_once 语句和 require 语句相同，唯一的区别是，require_once 语句会检查该文件是否已经被包含过，如果是，则不会再次请求该文件。

include_once 语句和 include 语句相同，唯一的区别是，include_once 语句中如果该文件已经被包含过，则不会再次包含。

4.5.2　declare 语句

declare 语句用于设定一段代码的执行指令。其语法格式如下：

```
declare (directive)
   statement
```

directive 是设定的 declare 代码段的行为，可以是多个指令，指令之间以逗号分隔。例如，declare(strict_types=1, encoding='UTF-8');。目前 PHP 只支持三个指令：

- ticks：时钟周期。在 declare 代码段中，解释器每执行 n 条可计时的低级语句就会发生的事件。n 的值通过 ticks=n 指定。
- encoding：为 declare 代码段指定编码方式，如 declare(encoding='UTF-8')指定本段代码的编码方式为 UTF-8。
- strict_types：是否开启类型严格模式，默认为 0，代表不开启；值为 1 代表开启严格模式。如 declare(strict_types=1)，开启严格模式，只接受完全匹配的类型，否则抛出 TypeError。

declare 语句的作用域为当前文件的全局，一般置于最顶端，会影响其后所有代码，但不会对包含它的父文件起作用。可以使用大括号或分号指定范围的代码块，例如：

```php
<?php

declare(ticks=1) {            //可以这样用
   //这里写完整的脚本
}
declare(ticks=1);            //也可以这样用
   //这里写完整的脚本
?>
```

【示例 1】设计求和函数 sum，声明参数类型为整数。在默认情况下，如果参数不为整数，可以进行强制转换，代码如下：

```php
<?php
function sum(int ... $ints){
   print_r($ints);
}
sum(2, '3',0.11);
?>
```

输出结果：

```
Array ( [0] => 2 [1] => 3 [2] => 0 )
```

如果开启严格模式，则会抛出异常。

```php
<?php
declare(strict_types=1);            //declare 语句必须位于文件的最顶端
function sum(int ... $ints){
   print_r($ints);
}
sum(2, '3',0.11);
?>
```

输出结果：

```
Fatal error: Uncaught TypeError: sum(): Argument #2 must be of type int, string given,
```

【示例 2】设计每执行一句代码，就去执行 check_timeout 函数。下面代码虽然是一个死循环，但是执行时间不会超过 5s。

```php
<?php
declare (ticks=1);
$time_start = time();                       //开始时间
function check_timeout(){                    //检查是否已经超时
    global $time_start ;                     //开始时间
    $timeout = 5;                            //超时时间为 5s
    if (time()- $time_start > $timeout ){
        exit ( "超时{$timeout}秒\n" );
    }
}
//引擎每执行一次语句就执行一次 check_timeout
register_tick_function( 'check_timeout' );
//模拟一段耗时的业务逻辑，虽然是死循环，但是执行时间不会超过 5s
while (1){
    $num = 1;
}
?>
```

4.5.3　match 语句

match 语句是 PHP 8.0 版本新增的，其结构类似于 switch 语句，用于匹配表达式。其语法格式如下：

```php
$return_value = match (expr) {
    expr1 => return_expr1,
    expr2 => return_expr2,
    ...;
};
```

如果 expr 的值匹配 expr 1，则返回 return_expr 1 的值；如果匹配 expr 2，则返回 return_expr 2 的值；以此类推。最后，把返回值赋给变量$return_value。

【示例 1】下面使用 match 语句设计一个多分支匹配。

```php
<?php
$input = "true";
$result = match($input) {
    "true" => 1,
    "false" => 0,
    "null" => NULL,
};
echo $result;                  //输出 1
?>
```

【示例 2】针对示例 1，可以使用 switch 语句进行替换。

```php
<?php
$input = "true";
switch ($input) {
    case "true":
        $result = 1;
    break;
```

```
    case "false":
        $result = 0;
    break;
    case "null":
        $result = NULL;
    break;
};
echo $result;
?>
```

相比 switch 语句，match 语句能够直接返回值，可以直接赋值给变量，且 match 语句更简洁，没有冗余的 break 语句。

类似于 switch 语句，match 语句的多个条件也可以写在一起。例如：

```
$result = match($input) {
    "true", "on" => 1,
    "false", "off" => 0,
    "null", "empty", "NaN" => NULL,
};
```

switch 语句使用宽松比较（==），而 match 语句使用严格比较（===）。严格比较时比较的表达式的值和类型要完全相等。当 match 语句中的所有条件不能满足时，match 语句会抛出一个 Unhandled MatchError 异常。

4.5.4   return 语句

扫一扫，看视频

return 语句不仅可以用在模块中，而且可以用在函数体中。在模块中，使用 return 语句可以设置终止点，一旦执行 return 语句，程序将退出正在执行的模块，并在调用模块中继续执行。

【示例】下面代码简单演示了如何使用 return 语句。

● a.php 文件中的代码如下：

```
<?php
include 'b.php';
echo 'a.php';
?>
```

● b.php 文件中的代码如下：

```
<?php
return;
echo 'b.php';
?>
```

执行 a.php 文件，将输出"a.php"；而 b.php 文件中的"b.php"未输出。

📝 提示：

如果在一个函数中调用 return 语句，将立即结束此函数的执行并将它的参数作为函数的值返回。return 也会终止 eval()语句或脚本文件的执行。

4.6　案例实战

下面通过 2 个案例练习灵活应用 PHP 语句。

4.6.1　输出金字塔

本案例主要练习如何使用循环语句和条件语句。循环语句和条件语句在程序中应用广泛，且相互嵌套，灵活使用可以解决很多复杂的逻辑问题。

【示例 1】编写一个小程序，在网页中输出金字塔的一半。代码如下：

```php
<?php
for($i = 0; $i <= 5; $i ++) {
    for($t = 0; $t < $i; $t ++) {
        echo '*';
    }
    echo '<br />';
}
?>
```

演示效果如图 4.11 所示。

图 4.11　输出一半金字塔

【示例 2】在示例 1 的基础上进一步完善代码，设计输出实心金字塔。

● 设计分析：

```
    *      ->1 层，2 个空格，1 个星号
   ***     ->2 层，1 个空格，3 个星号
  *****    ->3 层，0 个空格，5 个星号
```

● 空格个数=层数最大值-$i。

● 星号的个数=($i-1)*2+1。

根据上面的设计分析，重写嵌套循环代码。代码如下：

```php
<?php
for($i = 1; $i <= 5; $i ++) {
    //在输出星号前，先输出空格
    for($k = 1; $k <= 5 - $i; $k ++) {
        echo "   ";
    }
    //输出星号
    for($j = 1; $j <= ($i - 1) * 2 + 1; $j ++) {
        echo '*';
    }
    echo '<br />';
```

```
}
?>
```

演示效果如图 4.12 所示。

【示例 3】在示例 2 的基础上设计一个空心金字塔。

设计分析：在循环结构中嵌入分支结构，利用条件语句过滤掉中间的星号输出，仅输出边沿的星号。

代码如下：

```php
<?php
$n = 10;
for($i = 1; $i <= $n; $i ++) {
    //在输出星号前，先输出空格
    for($k = 1; $k <= 10 - $i; $k ++) {
        echo "  ";
    }
    //输出星号
    for($j = 1; $j <= ($i - 1) * 2 + 1; $j ++) {
        //第 1 层和最后 1 层没有变化，全部输出星号
        if ($i == 1 || $i == $n) {
            echo '*';
        } else {
            if ($j == 1 || $j == ($i - 1) * 2 + 1) {
                echo '*';
            } else {
                echo "  ";
            }
        }
    }
    echo '<br />';
}
?>
```

演示效果如图 4.13 所示。

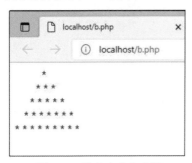

图 4.12　输出实心金字塔

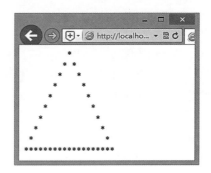

图 4.13　输出空心金字塔

4.6.2　设计杨辉三角形

本例通过设计杨辉三角形进一步练习如何使用循环结构和递归函数。杨辉三角形是一个经典、有趣的编程案例，它揭示了多次方二项式展开后各项系数的分布规律，如图 4.14 所示。

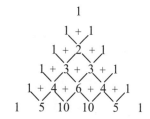

扫一扫，看视频

图 4.14　多次方二项式展开后各项系数的分布规律

从杨辉三角形的特点出发，可以总结出以下运算规律：

- 设起始行为第 0 行，第 n 行有 n+1 个值。
- 设 n>=2，对于第 n 行的第 j 个值：
    ◇ 当 j=1 或 j=n+1 时，其值为 1。
    ◇ 当 j!=1 且 j!=n+1 时，其值为第 n-1 行的第 j-1 个值与第 n-1 行第 j 个值之和。

使用递归算法求指定行和列交叉点的值。代码如下：

```
function c($x, $y) {                    //求指定行和列的数字，参数 x 表示行数，参数 y 表示列数
    if (($y == 1) || ($y == $x + 1))
        return 1;                       //如果是第 1 列或最后 1 列，则取值为 1
    //通过递归算法求指定行和列的值，x-1 表示上一行，返回上一行中第 y-1 列与第 y 列值之和
    return c ( $x - 1, $y - 1 ) + c ( $x - 1, $y );
}
```

然后输出每一行每一列的数字。代码如下：

```
for($i = 0; $i <= $n; $i ++) {          //遍历幂数
    for($j = 1; $j < $i + 2; $j ++) {   //遍历每一列
        printHTML ( c ( $i, $j ) );     //调用求值函数，输出每一个数字
    }
    printHTML ( "<br />" );             //换行
}
```

其中，printHTML() 是一个自定义函数，用来输出 HTML 字符串。代码如下：

```
function printHTML($v) {
/*输出函数。如果传递值为输出的数字，则包含在一个<span>标签中，以便 CSS 控制*/
    if (is_int ( $v )) {
        $w = 40;                                    // <span>标签的宽度
        $s = '<span style="padding:4px 2px;display:inline-block;text-align:center; width:' . $w .
'px;">' . $v . '</span>';
        echo $s;                                    //在页面中输出字符串
    } else {                                        //如果传递值为字符串
        echo $v;                                    //则直接输出
    }
}
```

使用递归算法思路比较清晰，代码简洁，但是它的缺点也很明显：执行效率非常低，特别是幂数很大时，其执行速度异常缓慢，甚至宕机。所以，有必要对其算法做进一步优化。优化思路如下：

定义两个数组，数组 1 为上一行数字列表，为已知数组；数组 2 为下一行数字列表，为待求数组。假设数组 1 为[1,1]，即图 4.14 中第 2 行数字。那么，数组 2 的元素值就等于数组 1 相邻两个数字的和，即为 2，然后将数组 2 两端的值设为 1，这样就可以求出数组 3，即图 4.14 中第 3 行数字。求第 4 行的值，可以把已计算出的数组 3 作为上一行；而数组 4 为待求行的上一行。

以此类推。

实现上述算法，可以使用双层循环嵌套结构，外层循环结构遍历高次方的幂数（即行数），内层循环遍历每次方的项数（即列数）。代码如下：

```
$n = 9;                                          //默认值为 9
$a1 = [ 1, 1 ];
$a2 = [ 1, 1 ];
printHTML ( '<div style="text-align:center;">');  //定义输出 HTML 布局格式
printHTML ( 1 );                                 //输出第 1 行中的数字
printHTML ( "<br />" );
for($i = 2; $i <= $n; $i ++) {                    //从第 2 行开始，遍历每一行
    printHTML ( 1 );                             //输出每一行中的第 1 个数字
    for($j = 1; $j < $i - 1; $j ++) {            //从第 2 个数字开始，遍历每一行
        $a2 [$j] = $a1 [$j - 1] + $a1 [$j];
        printHTML ( $a2 [$j] );                  //输出每一行中间的数字
    }
    $a2 [$j] = 1;                                //补上最后一个数组元素的值
    for($k = 0; $k <= $j; $k ++) {               //把上一行数组的值传递给下一行
        $a1 [$k] = $a2 [$k];
    }
    printHTML ( 1 );                             //输出每一行中的最后一个数字
    printHTML ( "<br />" );                      //输出换行符
}
printHTML ( "</div>" );                          //封闭 HTML 布局格式
```

演示效果如图 4.15 所示。

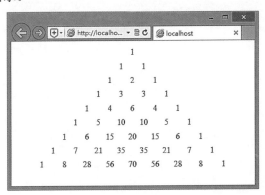

图 4.15　9 次幂杨辉三角形分布图

4.7　在 线 支 持

本节拓展线下学习空间，提供更丰富的习题、示例、案例、资料、参考内容，以及每章知识的复习和梳理，实时更新，及时互动，为读者提供多元学习渠道。

扫描，拓展学习

第 5 章

字符串

　　PHP 中内置了大量函数来操作字符串。在表单开发、HTML 文本解析、格式化字符串显示、Ajax 响应处理等方面会广泛涉及字符串的操作，因此正确操作字符串，对于 PHP 程序员来说非常重要。本章将围绕如何操作字符串，讲解 PHP 处理字符串的一般方法和技巧。

学习重点

- 认识字符串。
- 定义字符串。
- 操作字符串。
- 案例实战。

扫一扫，看视频

5.1　认识字符串

字符串是有限字符的序列，字符主要包括字母、数字、特殊字符（如空格符等），具体说明如下：

- 数字，如 1、2、3 等。
- 字母，如 a、b、c 等。
- 特殊字符，如 #、@、%、& 等。
- 不可见字符，如换行符、回车符、Tab 字符等。

不可见字符比较特殊，在源代码中用转义字符表示，在浏览器中不可见，只能看到字符串输出的格式化效果。

在程序设计中，会经常涉及字符串操作，常用在表单处理、HTML 文本解析、异步响应文本解析等中，与正则表达式配合使用，以提升字符串操作的灵活性。字符串操作包括字符匹配、查找、替换、截取、编码/解码、连接等。

5.2　定义字符串

定义字符串有 4 种方法：单引号、双引号、Heredoc 语法结构、Nowdoc 语法结构（PHP 5.3.0 开始支持），具体介绍如下。

5.2.1　单引号

扫一扫，看视频

定义字符串的最简单的方法是用单引号把字符串给包围起来。

【示例】下面代码定义了一个简单的字符串，然后在页面中输出。

```
$str = 'PHP is a popular general-purpose scripting language';
echo $str;
```

输出结果：

```
PHP is a popular general-purpose scripting language
```

📢 **注意：**

如果要在字符串中表达单引号自身，需要在它的前面加个反斜杠（\）来转义。如果要表达一个反斜杠自身，则用两个反斜杠（\\）。其他任何方式的反斜杠都会被当成反斜杠本身，也就是说，如果想使用其他转义序列（如 \r、\n 等），并不代表任何特殊含义，就单纯是这两个字符本身。

5.2.2　双引号

如果字符串被包围在双引号中，PHP 将对一些特殊的字符进行解析，说明见表 3.2。

与单引号字符串一样，转义任何其他字符都会导致反斜杠被显示出来。

📢 **注意：**

双引号中的内容是经过 PHP 的语法分析器解析过的，任何变量在双引号中都会被转换为它的值进行输出；而单引号的内容是"所见即所得"的，无论有无变量，都被当作普通字符串进行原样输出。因此，在进行 SQL 查询之前，所有字符串都必须加单引号，以避免可能的输入漏洞和 SQL 错误。

【示例】将两个子字符串连接在一起显示。代码如下：

```
$juice = "\"床前明月光，疑是地上霜。";
echo "$juice 举头望明月，低头思故乡。\"";
```

输出结果：

```
"床前明月光，疑是地上霜。举头望明月，低头思故乡。"
```

5.2.3 Heredoc 结构

Heredoc 结构就是在<<<运算符之后定义一个标识符，然后换行定义字符串本身，最后换行使用前面定义的标识符作为结束标志即可。

【示例 1】将两行信息视为 Heredoc 结构的字符串，最后通过变量把它显示出来。代码如下：

扫一扫，看视频

```
$str = <<<tangshi
"床前明月光，疑是地上霜。<br>
 举头望明月，低头思故乡。"
tangshi;
echo $str;
```

输出结果：

```
"床前明月光，疑是地上霜。
举头望明月，低头思故乡。"
```

最后一行结束标识符除了可以有一个分号（;）外，绝对不能包含其他字符。因此标识符不能缩进，分号的前后也不能有任何空格或制表符。

【示例 2】在 Heredoc 结构中显示变量信息。代码如下：

```
$s1 = "\"床前明月光，疑是地上霜。";
$s2 = "举头望明月，低头思故乡。\"";
$str = <<<tangshi
$s1<br>
$s2
tangshi;
echo $str;
```

输出结果：

```
"床前明月光，疑是地上霜。
举头望明月，低头思故乡。"
```

📢 注意：

Heredoc 结构不能用来初始化类的属性。

5.2.4 Nowdoc 结构

Nowdoc 结构与 Heredoc 结构类似，但在 Nowdoc 结构中不进行解析操作。如果说 Heredoc 结构类似于双引号字符串，那么 Nowdoc 结构就类似于单引号字符串。

Nowdoc 结构适合用于嵌入 PHP 代码或其他大段文本而无须对其中的特殊字符进行转义。Nowdoc 结构的标记为"<<<"，在后面的标识符要用单引号括起来（如<<<'EOT'）。Heredoc 结构的所有规则也同样适用于 Nowdoc 结构，如结束标识符的规则。

扫一扫，看视频

【示例】以示例 2 为基础，把开始标识符加上单引号，可定义一个 Nowdoc 结构。

```
$s1 = "\"床前明月光，疑是地上霜。";
$s2 = "举头望明月，低头思故乡。\"";
$str = <<<'tangshi'
$s1<br>
$s2
tangshi;
echo $str;
```

输出结果：

```
$s1
$s2
```

而不是：

```
"床前明月光，疑是地上霜。
举头望明月，低头思故乡。"
```

5.3　操作字符串

扫描，拓展学习

字符串操作在 PHP 编程中比较常用，几乎所有的输入、输出都需要与字符串打交道，因此了解并熟悉字符串的一般操作方法就显得很重要。

读者可以扫描右侧二维码了解 PHP 字符串处理函数的说明。

5.3.1　连接字符串

扫一扫，看视频

连接字符串可以使用连接（.）运算符，它能把两个或两个以上的字符串连接成一个字符串。

【示例 1】下面代码演示了如何连接字符串。

```
$s1 = "海内存知己，天涯若比邻。";
$s2 = "无为在歧路，儿女共沾巾。";
$str = $s1.$s2;
echo $str;
```

输出结果：

```
海内存知己，天涯若比邻。无为在歧路，儿女共沾巾。
```

【示例 2】PHP 允许用双引号包含字符串变量，因此可以使用这种方式实现字符串的连接操作。代码如下：

```
$s1 = "海内存知己，天涯若比邻。";
$s2 = "无为在歧路，儿女共沾巾。";
$str = "$s1$s2";
echo $str;
```

输出结果：

```
海内存知己，天涯若比邻。无为在歧路，儿女共沾巾。
```

扫一扫，看视频

5.3.2　去除首尾字符

当填写表单时，经常会无意输入多余的空格。而在代码中处理这些字符信息时，是不允许，用于出现空格和特殊字符的，此时就需要去除字符串中的空格和特殊字符。PHP 提供了以下 3 个函数，用于处理空字符问题：

- trim()：去除字符串首尾的空格和特殊字符。
- ltrim()：去除字符串开头的空格和特殊字符。
- rtrim()：去除字符串结尾的空格和特殊字符。

📢 注意：

空字符包括空格、制表符、换页符、回车符和换行符。

1. trim()函数

trim()函数用于去除字符串首尾的空格和特殊字符，并返回去除空格和特殊字符后的字符串。其语法格式如下：

```
string trim (string $str [, string $charlist = " \t\n\r\0\x0B" ])
```

参数说明：

- $str：待处理的字符串。
- $charlist：可选参数，列出所有希望过滤的字符，也可以使用".."列出一个字符范围。

在默认状态下，如果不指定第二个参数，trim()将去除下面这些字符：

- '': 普通空格符。
- \t: 制表符。
- \n: 换行符。
- \r: 回车符。
- \0: 空字节符。
- \x0B: 垂直制表符。

【示例 1】下面代码演示了如何使用 trim()函数去除指定字符串首尾的空格。

```
$s1 = "    白日依山尽，黄河入海流。
";
$s2 = "    欲穷千里目，更上一层楼。                  ";
$str = trim($s1) . trim($s2);
echo $str;
```

输出结果：

```
白日依山尽，黄河入海流。欲穷千里目，更上一层楼。
```

2. ltrim()函数

ltrim()函数用于去除字符串开头的空格和特殊字符。其语法格式如下：

```
string ltrim (string $str [, string $character_mask ])
```

该函数包含两个参数，参数说明参考 trim()函数。

【示例 2】下面代码演示了如何使用 ltrim()函数去除指定字符串开头的空格。

```
$s1 = "    白日依山尽，黄河入海流。
";
$s2 = "    欲穷千里目，更上一层楼。      ";
$str = ltrim($s1) . ltrim($s2);
echo "<pre>$str</pre>";
```

输出结果：

```
白日依山尽，黄河入海流。
欲穷千里目，更上一层楼。
```

3. rtrim()函数

rtrim()函数用于去除字符串结尾的空格和特殊字符。其语法格式如下：

```
string rtrim ( string $str [, string $character_mask ] )
```

该函数包含两个参数，参数说明参考 trim()函数。

【示例 3】下面代码演示了如何使用 trim()函数去除指定字符串结尾的空格。

```
$s1 = "  白日依山尽，黄河入海流。
";
$s2 = "  欲穷千里目，更上一层楼。              ";
$str = rtrim($s1) . rtrim($s2);
echo "<pre>$str</pre>";
```

输出结果：

```
  白日依山尽，黄河入海流。  欲穷千里目，更上一层楼。
```

扫一扫，看视频

5.3.3　转义、还原字符串

转义、还原字符串有 2 种方法：手动和自动。下面分别进行讲解。

1. 手动转义、还原

"\" 是转义字符，紧跟在 "\" 后面的第一个字符将变得没有意义，或者有特殊意义。例如，如果要在字符串中显示单引号或双引号，可以在这些字符前面加 "\" 转义为普通字符，这样就会在字符串中显示它们。更多转义序列见表 3.2。

【示例 1】下面代码演示了如何使用转义字符 "\" 对字符 """ 进行转义显示。

```
$s1 = "\"欲穷千里目，更上一层楼\"出自唐·王之涣《登鹳雀楼》。全诗：'白日依山尽，黄河入海流。欲穷千里目，更上一层楼。'";
echo $s1;
```

输出结果：

```
"欲穷千里目，更上一层楼"出自唐·王之涣《登鹳雀楼》。全诗：'白日依山尽，黄河入海流。欲穷千里目，更上一层楼。'
```

📋 提示：

对于简单的字符串建议手动进行字符串转义还原；而对于复杂的字符串，建议采用自动转义函数实现字符串的转义。

2. 自动转义、还原

PHP 提供了多个自动转义、还原字符串的函数以便用户使用，具体说明如下：

（1）addslashes()函数。addslashes()函数用于在某些字符前加转义字符，如单引号（'）、双引号（"）、反斜杠（\）和 NULL（NULL 字符）。其语法格式如下：

```
string addslashes ( string $str )
```

（2）stripslashes()函数，stripslashes()函数用于返回反转义后的字符串。其语法格式如下：

```
string stripslashes ( string $str )
```

【示例 2】下面代码演示了如何使用 addslashes()函数和 stripslashes()函数对变量$s1 中的字符串进行转义和还原操作。

```
$s1 = "\"欲穷千里目，更上一层楼\"出自唐·王之涣《登鹳雀楼》。全诗：'白日依山尽，黄河入海流。欲穷千里目，更上一层楼。'";
$s1 = addslashes($s1);
echo $s1 . "<br>";
$s1 = stripslashes($s1);
```

```
echo $s1 . "<br>";
```

输出结果：

\"欲穷千里目，更上一层楼\"出自唐·王之涣·《登鹳雀楼》。全诗：\'白日依山尽，黄河入海流。欲穷千里目，更上一层楼。\'
"欲穷千里目，更上一层楼"出自唐·王之涣《登鹳雀楼》。全诗：'白日依山尽，黄河入海流。欲穷千里目，更上一层楼。'

📑 **提示：**

> 在把用户提交的数据写入数据库之前，建议使用 addslashes()函数进行字符串转义，以免特殊字符在写入数据库时出现错误；当从数据库读取数据后，相应地要使用 stripslashes()函数进行还原，但数据在写入数据库之前必须再次进行转义。

3. 限定转义、还原

PHP 使用 addcslashes()函数和 stripcslashes()函数对指定范围内的字符串进行自动转义、还原。

（1）addcslashes()函数。addcslashes()函数用于在指定的字符范围对字符串进行转义。其语法格式如下：

```
string addcslashes ( string $str , string $charlist )
```

参数说明：

● $str：要转义的字符串。

● $charlist：定义的转义字符列表。

【示例 3】下面代码演示了如何使用 addcslashes()函数转义所有字母。代码如下：

```
$s1 = "abcdefg";
$s1 = addcslashes($s1,'A..z');              /所有字母均被转义
echo $s1;
```

输出结果：

\a\b\c\d\e\f\g

如果字符串中出现分隔符、换行符、回车符等特殊字符，也会被一并转义。

📑 **提示：**

> 当选择对字符 0、a、b、f、n、r、t 和 v 进行转义时需要小心，它们将被转换成\0、\a、\b、\f、\n、\r、\t 和\v。在 PHP 中，只有\0（NULL）、\r（回车符）、\n（换行符）和\t（制表符）是预定义的转义序列，而在 C 语言中，上述所有转换后的字符都是预定义的转义序列。

（2）stripcslashes()函数。stripcslashes()函数用于反转使用 addcslashes()函数转义的字符串。其语法格式如下：

```
string stripcslashes ( string $str )
```

【示例 4】下面代码演示了如何使用 stripcslashes()函数把所有转义字符反转为字符串。代码如下：

```
$s1 = "abcdefg";
$s1 = addcslashes($s1,'A..z');
echo $s1 . "<br>";
$s1 = stripcslashes($s1);
echo $s1 . "<br>";
```

输出结果：

\a\b\c\d\e\f\g
□□cde g

通过输出结果可以看到，部分转义后的字符无法反转回去，因为它们有特殊意义。

扫一扫，看视频

5.3.4   获取字符串长度

PHP 使用 strlen() 函数获取字符串的长度。其语法格式如下：

```
int strlen ( string $string )
```

如果 $ string 为空，则返回 0。

【示例】下面代码演示了如何使用 strlen() 函数获取字符串的长度。代码如下：

```
$s1 = "白日依山尽，黄河入海流。欲穷千里目，更上一层楼。";
echo strlen($s1);
```

输出结果：

```
72
```

📝 提示：

PHP 内置的 strlen() 函数无法正确处理中文字符串，它返回的只是字符串所占的字节数。对于 GB 2312 编码的中文，strlen() 函数返回的值是汉字个数的 2 倍；而对于 UTF-8 编码的中文，strlen() 函数返回的值是汉字个数的 3 倍。获取中文字符长度，建议使用 mb_strlen() 函数。

扫一扫，看视频

5.3.5   截取字符串

PHP 使用 substr() 函数实现字符串的截取。其语法格式如下：

```
string substr ( string $string , int $start [, int $length ] )
```

参数说明：

- $string：输入字符串。至少必须有一个字符。
- $start：如果 $start 是非负数，则返回的字符串将从 $string 的 $start 位置开始，从 0 开始计算。例如，在字符串"abcdef"中，在位置 0 的字符是 a，位置 2 的字符串是 c 等；如果 start 是负数，则返回的字符串将从 $string 结尾处向前数，从第 $start 个字符开始；如果 $string 的长度小于 $start，则将返回 False。
- $length：如果提供的 $length 是正数，则返回的字符串将从 $start 处开始，最多包括 $length 个字符（取决于 $string 的长度）。如果提供的 $length 是负数，则 $string 结尾处的许多字符将会被漏掉；如果 $start 是负数，则从字符串结尾处算起。如果 $start 不在这段文本中，则将返回一个空字符串；如果提供的 length 是 0、False 或 NULL，则将返回一个空字符串；如果没有提供 $length，则返回的子字符串将从 $start 位置开始，直到字符串结尾 $。

【示例】下面代码演示了如何使用 substr() 函数截取字符串，以及如何使用方括号语法获取单个字符。

```
echo substr('abcdef', 1);                              //bcdef
echo substr('abcdef', 1, 3);                           //bcd
echo substr('abcdef', 0, 4);                           //abcd
echo substr('abcdef', 0, 8);                           //abcdef
echo substr('abcdef', -1, 1);                          //f
//获取单个字符，也可以使用方括号
$string = 'abcdef';
echo $string[0];                                       //a
echo $string[3];                                       //d
echo $string[strlen($string)-1];                       //f
```

提示：

使用 substr() 函数截取中文字符串时，如果截取的字符串长度值是奇数，那么就会导致截取的中文字符串出现乱码，因为一个中文字符由 2 个或 3 个字节组成，所以 substr() 函数适用于对英文字符串的截取。如果想要对中文字符串进行截取，最好使用 mb_substr() 函数。

5.3.6　比较字符串

一般常用 "==" 运算符来比较两个字符串是否相等。如果要进行一些更复杂的比较，则建议使用字符串比较函数：使用 strcmp()、strcasecmp() 函数按照字节顺序比较；使用 strnatcmp() 函数按照自然排序法比较；使用 strncmp() 函数按照指定长度比较。下面分别对这 3 种方法进行详细讲解。

扫一扫，看视频

1. 按照字节顺序比较

按照字节顺序进行字符串比较的方法有两种，分别是 strcmp() 函数和 strcasecmp() 函数。其中 strcmp() 函数区分字符的大小写，而 strcasecmp() 函数不区分字符的大小写。由于这两个函数的实现方法基本相同，这里只介绍 strcmp() 函数。

strcmp() 函数的语法格式如下：

```
int strcmp ( string $str1, string $str2 )
```

如果 $str1 小于 $str2，则返回值小于 0；如果 $str1 大于 $ str2，则返回值大于 0；如果两者相等，则返回值等于 0。

【示例 1】简单比较两个字符串是否相等。代码如下：

```
$var1 = "Hello";
$var2 = "hello";
if (strcmp($var1, $var2) !== 0) {
    echo '两个字符串不相等';
}
```

输出结果：

```
两个字符串不相等
```

提示：

在 Web 开发中，字符串比较的应用是非常广泛的。例如，使用 strcmp() 函数比较用户输入的用户名和密码是否正确。如果在验证用户名和密码时不使用此函数，那么输入的用户名和密码不用分大小写即可登录，而 strcmp() 函数可以避免这种情况，从而提高网站的安全性。

2. 按照自然排序法比较

按照自然排序法比较的是字符串中的数字部分，即将字符串中的数字按照大小进行比较。PHP 使用 strnatcmp() 函数来实现，其语法格式如下：

```
int strnatcmp ( string $str1 , string $str2 )
```

该函数按照人类习惯实现对数值型字符串的比较，这就是自然顺序。注意，该比较区分大小写。返回值与 strcmp() 函数相同。

【示例 2】定义一个数组，其中包含一组图片文件名，然后使用自定义排序函数 usort() 对其进行排序，排序时调用的排序函数分别为 strcmp() 函数和 strnatcmp() 函数。代码如下：

```
$arr1 = $arr2 = array("img12.png", "img10.png", "img2.png", "img1.png");
echo "字符串标准比较: <br>";
usort($arr1, "strcmp");
```

```
print_r($arr1);
echo "<br>自然排序法: <br>";
usort($arr2, "strnatcmp");
print_r($arr2);
```

输出结果：

```
字符串标准比较:
Array (
    [0] => img1.png
    [1] => img10.png
    [2] => img12.png
    [3] => img2.png
)
自然排序法:
Array (
    [0] => img1.png
    [1] => img2.png
    [2] => img10.png
    [3] => img12.png
)
```

3. 按照指定长度比较

按照指定长度比较使用的是 strncmp() 函数。其语法格式如下：

```
int strncmp ( string $str1 , string $str2 , int $len )
```

参数 $str1 和 $str2 是两个比较的字符串，$len 表示最大比较长度。

【示例 3】简单比较两个文件的名称是否相等（不包括扩展名）。代码如下：

```
$var1 = "1.png";
$var2 = "1.jpg";
if (strncmp($var1, $var2, 2) !== 0) {
    echo '两个文件名不相等';
}else{
    echo '两个文件名相等';
}
```

输出结果：

```
两个文件名相等
```

扫一扫，看视频

5.3.7　检索字符串

PHP 提供多个检索字符串的函数，具体说明如下。

1. strstr() 函数

strstr() 函数用于查找字符串中的一部分，如果没有发现则返回 False。其语法格式如下：

```
string strstr ( string $haystack , mixed $needle [, bool $before_needle = False ] )
```

参数说明：

● $haystack：输入字符串。

● $needle：要查找的字符串，如果不是一个字符串，则将被转化为整型并且作为字符的序号
使用。

● $before_needle：如果是 True，则返回 $needle 在 $haystack 中所在位置之前的部分。

【示例 1】下面代码演示了如何使用 strstr() 函数。

```
$email = 'zhangsan@163.com';
$domain = strstr($email, '@');
echo $domain;
echo "<br>";
$user = strstr($email, '@', True);                //从 PHP 5.3.0 版本起支持
echo $user;
```

输出结果：

```
@163.com
zhangsan
```

提示：

strstr()函数区分大小写。如果不想区分大小写，可以使用 stristr()函数。另外，strrchr()函数与 strstr()函数正好相反，该函数是从字符串右侧的位置开始查找子字符串的。

2. substr_count()函数

substr_count()函数用于查找子字符串出现的次数。其语法格式如下：

```
int substr_count ( string $haystack , string $needle [, int $offset = 0 [, int $length ]] )
```

参数说明：

- $haystack：在此字符串中进行查找。
- $needle：要查找的子字符串。
- $offset：开始计数的偏移位置。
- $length：指定偏移位置之后的最大查找长度。如果 $offset 与 $length 的和大于 $haystack 的总长度，则抛出警告信息。

【示例 2】下面代码演示了如何使用 substr_count()函数比较不同参数设置的返回值。

```
$text = 'This is a test';
echo strlen($text);                               //14
echo substr_count($text, 'is');                   //2
//字符串被简化为 's is a test'，因此输出 1
echo substr_count($text, 'is', 3);
//字符串被简化为 's i'，因此输出 0
echo substr_count($text, 'is', 3, 3);
//因为 5+10 > 14，所以生成警告
echo substr_count($text, 'is', 5, 10);
//输出 1，因为该函数不计算重叠字符串
$text2 = 'gcdgcdgcd';
echo substr_count($text2, 'gcdgcd');
```

提示：

查找子字符串出现的次数的方法常用于搜索引擎中。

5.3.8　替换字符串

替换字符串可以通过下面两个函数来实现。

扫一扫，看视频

1. str_ireplace()函数

str_ireplace()函数使用新的字符串（子字符串）替换原始字符串中被指定要替换的字符串。其语法格式如下：

```
mixed str_ireplace ( mixed $search , mixed $replace , mixed $subject [, int &$count ] )
```

参数说明：

- $search：要查找的值。
- $replace：指定替换的值。
- $subject：要被查找和替换的字符串或数组。
- $count：可选参数，如果设定了，将会设置执行替换的次数。

如果参数 $search 和 $replace 为数组，那么 str_replace()函数将对 $subject 做映射替换。如果 $replace 的值的个数少于 $search 的个数，那么多余的替换将使用空字符串来进行。如果 $search 是一个数组，而 $replace 是一个字符串，那么 $search 中每个元素的替换将始终使用这个字符串。如果 $search 或 $replace 是数组，它们的元素将从头到尾逐个处理。

【示例 1】下面代码演示了如何使用 str_ireplace()函数将"BODY"替换为"black"。

```
$bodytag = str_ireplace("%body%", "black", "&lt;body text=%BODY%&gt;");
echo $bodytag;
```

输出结果：

```
<body text=black>
```

📝 提示：

str_ireplace()函数在执行替换操作时不区分大小写。如果需要对大小写加以区分，可以使用 str_replace()函数。

2. substr_replace()函数

substr_replace()函数对指定字符串中的部分字符串进行替换。其语法格式如下：

```
mixed substr_replace ( mixed $string, mixed $replacement , mixed $start [, mixed $length ] )
```

参数说明：

- $string：输入字符串。如果是一个数组，那么该函数也将返回一个数组。
- $replacement：替换字符串。
- $start：如果为正数，那么替换将从 $string 的 start 位置开始；如果为负数，那么替换将从 $string 的倒数第 $start 个位置开始。
- $length：如果设定了这个参数并且为正数，那么它表示 $string 中被替换的子字符串的长度；如果设定为负数，那么它表示待替换的子字符串结尾处距离 $string 末端的字符个数；如果没有提供此参数，那么它默认为 strlen(string)，即字符串的长度。当然，如果 length 为 0，那么这个函数的功能为将 $replacement 插入到 $string 的 $start 位置处。

【示例 2】下面代码演示了如何使用 substr_replace()函数设置不同的参数。

```
$var = 'ABCDEFGH:/MNRPQR/';
echo "原始字符串: $var<hr />\n";
/* 这两个例子使用 "bob" 替换整个 $var。*/
echo substr_replace($var, 'bob', 0) . "<br />\n";
echo substr_replace($var, 'bob', 0, strlen($var)) . "<br />\n";
/* 将 "bob" 插入到 $var 的开头处。*/
echo substr_replace($var, 'bob', 0, 0) . "<br />\n";
/* 下面两个例子使用 "bob" 替换 $var 中的 "MNRPQR"。*/
echo substr_replace($var, 'bob', 10, -1) . "<br />\n";
echo substr_replace($var, 'bob', -7, -1) . "<br />\n";
/* 从 $var 中删除 "MNRPQR"。*/
echo substr_replace($var, '', 10, -1) . "<br />\n";
```

演示效果如图 5.1 所示。

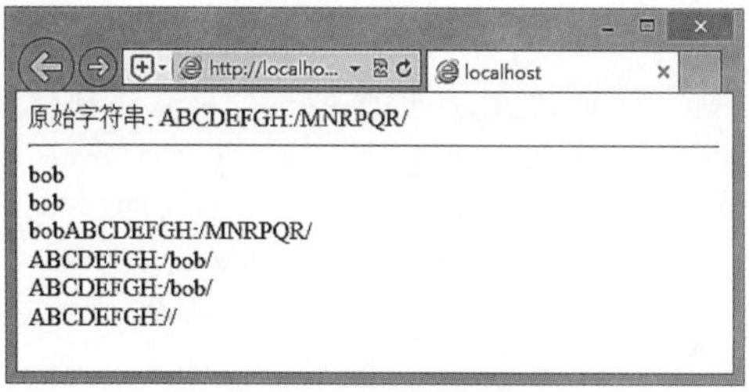

图 5.1　字符串替换操作

5.3.9　格式化字符串

PHP 定义了一系列可供使用的函数来格式化字符串，下面分别进行介绍。

1. HTML 格式化

nl2br()函数将字符串作为输入参数，用 HTML 中的
标记代替字符串中的换行符。这便于一个长字符串在浏览器中的显示。

【示例 1】下面代码演示了如何使用 nl2br()函数来格式化顾客反馈信息并将它显示在浏览器中。

```
<p><?php echo nl2br($text); ?> </p>
```

📝 提示：

HTML 将忽略纯空格，因此如果不使用 nl2br()函数来过滤输出结果，那么它看上去就是单独的一行。

2. 输出格式化

PHP 常用 echo 命令将字符串输出到浏览器。PHP 也支持 print()函数，它实现的功能与 echo 命令相同，但具有返回值，总是返回 1。

使用printf()和sprintf()函数，还可以实现一些更复杂的格式。它们的工作方式基本相同，只是printf()函数是将一个格式化的字符串输出到浏览器中，而 sprintf()函数是返回一个格式化了的字符串。

这两个函数的基本语法格式如下：

```
string sprintf (string format [, mixed args...])
int printf (string format [, mixed args...])
```

传递给这两个函数的第一个参数都是字符串格式，它们使用格式代码而不是变量来描述输出字符串的基本形状。其他参数是用来替换格式字符串的变量。

【示例 2】下面代码演示了如何使用 echo 命令。

```
echo "总订单数量是: $total.";
```

要使用 printf ()函数得到相同的结果，代码如下：

```
printf ("总订单数量是: %s.", $total);
```

格式化字符串中的%s 是转换说明，表示用一个字符串来代替。在这个例子中，它会被已解释成字符串的 $total 代替。如果保存在 $total 变量中的值是 12.4，这两种方法都将它输出为 12.4。

printf()函数的优点在于它可以使用更详细的转换说明来将 $total 指定为一个浮点数，如设置小数点后面有两位小数，代码如下：

```
printf ("总订单数量是: %.2f", $total);
```

经过这行代码的格式化处理，存储在$total 中的 12.4 将输出为 12.40。

可以在格式化字符串中使用多个转换说明。如果有 n 个转换说明，在格式化字符串后面就应该带有 n 个参数。每个转换说明都将按给出的顺序被一个重新格式化过的参数代替。

```
printf ("总订单数量是：%.2f (含运费%.2f) ",$total, $total_shipping);
```

在这里，第一个转换说明将使用变量 $total，而第二个转换说明将使用变量 $total_shipping。

提示：

每一个转换说明都遵循同样的格式。其语法格式如下：

%['padding_character][-][width][.precision]type

- 所有转换说明都以%开始。如果想输出一个%符号，必须使用%%。
- 参数 padding_character 是可选的。它将被用来填充变量至所指定的宽度。该参数的作用就像使用计算器那样在数字前面加 0。默认的填充字符是一个空格，如果指定了一个空格或 0，就不需要使用 "'" 作为前缀。对于任何其他填充字符，必须指定 "'" 作为前缀。
- 字符 "—" 是可选的。它指明该域中的数据应该左对齐，而不是默认的右对齐。
- 参数 width 表示为将被替换的变量留下多少空间（按字符计算）。
- 参数 precision 表示必须以一个小数点开始。它指明了小数点后面要显示的位数。
- 转换说明的最后一部分是一个类型码。

转换说明的类型码见表 5.1。

表 5.1　转换说明的类型码

类 型 码	说 明
b	解释为整型并作为二进制数输出
c	解释为整型并作为字符输出
d	解释为整型并作为带符号十进制数输出
f	解释为浮点数并作为单精度输出
o	解释为整型并作为八进制数输出
s	解释为字符串型并作为字符串输出
u	解释为整型并作为无符号十进制数输出
x	解释为整型并作为带有小写字母 a~f 的十六进制数输出
X	解释为整型并作为带有大写字母 A~F 的十六进制数输出

当在类型转换代码中使用 printf()函数时，参数的顺序并不一定要与转换说明中的顺序相同。

3. 字母格式化

可以重新格式化字符串中的字母大小写。例如，如果电子邮件中的主题行字符串是以 $subject 开始的，可以通过几个函数来改变它的大小写。这些函数的功能说明见表 5.2。

表 5.2　字母格式化函数及其返回值

函 数	说 明	使 用	返 回 值
strtoupper()	将字符串转换为大写	strtoupper($subject)	FEEDBACK FROM WEB SITE
strtolower()	将字符串转换为小写	strtolower($subject)	feedback from web site
ucfirst()	如果字符串的第一个字符是字母，就将该字符转换为大写	ucfirst($subject)	Feedback from web site
ucwords()	将字符串每个单词的第一个字母转换为大写	ucwords($subject)	Feedback From Web Site

4. 数字格式化

数字字符串的格式化也比较常用，PHP 定义 number_format()函数专用于数字的格式化显示。其语法格式如下：

```
string number_format ( float $number [, int $decimals = 0 ] )
string number_format ( float $number , int $decimals = 0 , string $dec_point = "." , string
$thousands_sep = "," )
```

参数说明：

- $number：要格式化的数字。
- $decimals：要保留的小数位数。
- $dec_point：指定小数点显示的字符。
- $thousands_sep：指定千位分隔符显示的字符。

本函数可以接受 1 个、2 个或 4 个参数。如果只提供第 1 个参数，$number 的小数部分会被去掉，并且每个千位分隔符都是英文逗号 "," ；如果提供两个参数，$number 将保留小数点后的位数到设定的值，其余同上；如果提供了 4 个参数，$number 将保留 $decimals 个长度的小数部分，小数点被替换为 dec_point，千位分隔符被替换为 $thousands_sep。

【示例 3】下面代码演示了如何使用 number_format()函数。

```
$number = 1234.56;
echo number_format($number) . "<br>";
echo number_format($number, 2, ',', ' ') . "<br>";
$number = 1234.5678;
echo number_format($number, 2, '.', '');
```

输出结果：

```
1,235
1 234,56
1234.57
```

5.3.10　分割字符串

扫一扫，看视频

在 PHP 中，explode()函数能够使用一个字符串分割另一个字符串。其语法格式如下：

```
array explode ( string $delimiter , string $string [, int $limit ] )
```

参数说明：

- $delimiter：边界上的分割字符。如果 $delimiter 为空字符串("")，explode()将返回数组。如果 $delimiter 所包含的值在 $string 中找不到，并且使用了负数的 $limit，那么会返回空的数组，否则返回包含 $string 单个元素的数组。
- $string：输入的字符串。
- $limit：如果设置了 $limit 参数且是正数，则返回的数组最多包含 $limit 个元素，而最后那个元素将包含 $string 的剩余部分；如果 $limit 参数是负数，则返回除了最后的-$limit 个元素外的所有元素；如果 $limit 是 0，则会被当作 1。

本函数返回由字符串组成的数组，每个元素都是 $string 的一个子字符串，它们被字符串 $delimiter 作为边界点分割出来。

【示例】下面代码演示了如何使用 explode()函数。

```
$str = 'one|two|three|four';
print_r(explode('|', $str, 2));
print_r(explode('|', $str, -1));
```

　　　　输出结果：

```
Array (
    [0] => one
    [1] => two|three|four
)
Array (
    [0] => one
    [1] => two
    [2] => three
)
```

扫一扫，看视频

5.3.11　合成字符串

　　　　implode()函数可以将数组的内容组合成一个新字符串。其语法格式如下：

```
string implode ( string $glue , array $pieces )
string implode ( array $pieces )
```

　　参数说明：

- ● $glue：默认为空的字符串。
- ● $pieces：要转换的数组。

　　该函数返回一个字符串，其内容为由 $glue 分割开的数组的值。

　　【示例】调用 implode()函数把数组 $array 的内容用"|"符号连接起来。代码如下：

```
$array = array('one', 'two', 'three', 'four');
$comma_separated = implode("|", $array);
echo $comma_separated;
```

　　　　输出结果：

```
one|two|three|four
```

5.4　案例实战

　　　　下面将结合 3 个案例学习字符串操作技巧。

扫一扫，看视频

5.4.1　查找字符串的公共前缀

　　本例设计查找字符串数组中每个字符串的公共前缀。例如，在数组 array("abcdefg", "abcdfio", "abcdqle")中，每个字符串都包含"abcd"前缀。

　　首先，从第 1 个字符串的第 1 个字符开始，依次与其他字符串的字符进行比较，都相等的将其保存起来，直到有 1 个不相等就结束后续操作。

　　但是，如果数组中某个字符串的长度比第 1 个字符串的长度小时，就有可能出现错误。因此，在进行比较之前，需要把数组中最短的字符串找到，然后以它为参考进行比较。

　　设计的提取字符串公共前缀的函数如下：

```
function commonPrefix($arr) {
    $count = strlen ( $arr [0] );              //先计算第 1 个字符串的长度
    for($i = 0; $i < count ( $arr ); $i ++) {  //遍历每个数组中的每个字符串
        if (strlen ( $arr [$i] ) <= $count) {  //找出最短的字符串
            $count = strlen ( $arr [$i] );      //存储最短字符串的长度
```

```
        }
    }
    $prefix = '';                          //公共前缀变量
    for($i = 0; $i < $count; $i ++) {      //以最短长度为迭代次数进行迭代
        $char = $arr [0] [$i];             //从左到右,逐一获取第 1 个字符串的每个字符
        $flag = True;                      //标识变量,初始为真
        foreach ( $arr as $val ) {         //迭代每个字符串
            //如果有个字符串的对应位置字符不同,则结束比较,并设置标识变量为假
            if ($char != $val [$i]) {
                $flag = False;
                break;
            }
        }
        if (! $flag)                       //如果标识变量为假,则跳出
            break;
        $prefix .= $char;                  //记录相同的前缀字符
    }
    return $prefix;                        //最后返回公共前缀字符串
}
```

设计如下字符串数组:

```
$arr = array (
    'abcde',
    'abc',
    'abcrhgh',
    'abcdfg',
    'abcfg'
);
```

调用函数 commonPrefix(),提取公共前缀字符串,输出"abc"。

```
echo commonPrefix($arr);                   //abc
```

5.4.2 URL 字符串的处理

在 PHP 开发中,经常需要处理 URL 字符串。本节介绍如何使用相关 PHP 函数解析 URL 字符串,获取其中的参数及相关信息。

扫一扫,看视频

1. parse_url()函数

parse_url()函数可以解析 URL,返回其组成部分。其语法格式如下:

```
array parse_url(string $url)
```

该函数返回一个关联数组,包含现有 URL 的各种组成部分。如果 URL 中缺少了其中一项,则不会为这项创建数组项。对相对路径的 URL 的组成部分说明如下:

- scheme: 协议,如 http。
- host: 域名,如 localhost。
- port: 端口号,如 80。
- user: 用户名。
- pass: 密码。
- path: 路径,如/parse_str.php。
- query: 查询字符串,在问号(?)之后,如?id=1&category=php&title=php-install。

● fragment：锚记，在"#"之后。

该函数可接收不完整的 URL 字符串，并尽量将其解析正确，但对相对路径的 URL 不起作用。

【示例1】下面代码演示如何使用 parse_url()函数解析 URL。

```php
<?php
$url = 'http://username:password@hostname/path?arg=value#anchor';
echo '<pre>';
print_r(parse_url($url));
echo '</pre>';
?>
```

输出结果：

```
Array(
    [scheme] => http
    [host] => hostname
    [user] => username
    [pass] => password
    [path] => /path
    [query] => arg=value
    [fragment] => anchor
)
```

【示例2】该函数有一个可选的常量参数，指定函数要返回的某个组成部分。代码如下：

```php
<?php
$url = 'http://username:password@hostname/path?arg=value#anchor';
echo parse_url($url, PHP_URL_SCHEME).'<br>';
echo parse_url($url, PHP_URL_HOST).'<br>';
echo parse_url($url, PHP_URL_PORT).'<br>';
echo parse_url($url, PHP_URL_USER).'<br>';
echo parse_url($url, PHP_URL_PASS).'<br>';
echo parse_url($url, PHP_URL_PATH).'<br>';
echo parse_url($url, PHP_URL_QUERY).'<br>';
echo parse_url($url, PHP_URL_FRAGMENT).'<br>';
?>
```

输出结果：

```
http
hostname
username
password
/path
arg=value
anchor
```

2. parse_str()函数

parse_str()函数可以解析 URL 中的查询字符串，等于$_SERVER['QUERY_STRING']取得的字符串值。例如，如果 URL 是 http://localhost/parse_str.php?id=1&category=php&title=php-install，那么$_SERVER['QUERY_STRING']返回的值为 id=1&category=php&title=php-install，而这种形式的字符串恰巧可以使用 parse_str()解析成关联数组的形式。其语法格式如下：

```
void parse_str(string $str [, array &$arr ])
```

参数 $str 为需要解析的字符串，$arr 是可选参数，为解析之后生成的值所存放的数组名，如果忽略，那么可以直接调用类似 $id、$category、$title 的变量。

【示例3】设计程序：当用户单击链接之后，跳回本页面，同时传入 3 个参数，然后捕获这 3

个参数并输出显示。代码如下：

```php
<?php
$query_str = $_SERVER['QUERY_STRING'];
parse_str($query_str, $query_arr);
parse_str($query_str); /* 这种方式可以直接使用变量$id、$category、$title */
?>
<a href="http://localhost/test3.php?id=1&category=php&title=php-install">单击我</a>
<pre><?php if( !empty($query_arr)) print_r($query_arr); ?></pre>
<p><?php if( isset($id)) echo $id; ?></p>
<p><?php if( isset($category)) echo $category; ?></p>
<p><?php if( isset($title)) echo $title; ?></p>
```

输出结果：

```
Array(
    [id] => 1
    [category] => php
    [title] => php-install
)
1
php
php-install
```

📖 拓展：

在已知 URL 参数的情况下，可以使用 PHP 预定义变量 $_GET 获取相应的参数信息，如 $_GET['name']。在未知情况下，还可以使用以下方法来获取 URL 参数信息。

3. $_SERVER 预定义变量

$_SERVER 预定义变量可以获取 URL 的参数。代码如下：

```
$_SERVER['QUERY_STRING']          //获取 URL 的参数，返回字符串类似于 name=tank&sex=1
$_SERVER["REQUEST_URI"]           //获取 URL 的参数，并包含文件名，如/index.php?name=tank&sex=1
```

4. pathinfo()函数

pathinfo()函数可以获取 URL 的详细信息。代码如下：

```php
<?php
$test = pathinfo("http://localhost/index.php");
echo "<pre>";
print_r($test);
?>
```

输出结果：

```
Array (
    [dirname] => http://localhost          //URL
    [basename] => index.php                //完整文件名
    [extension] => php                     //文件名后缀
    [filename] => index                    //文件名
)
```

5. basename()函数

basename()函数可以获取 URL 的参数。代码如下：

```php
<?php
$test = basename("http://localhost/index.php?name=tank&sex=1#top");
echo $test;
```

```
?>
```

输出结果：

```
index.php?name=tank&sex=1#top
```

另外，还可以使用正则表达式来获取需要的值，使用这种方式获取的值较为精确。代码如下：

```php
<?php
preg_match_all("/(\w+=\w+)(#\w+)?/i","http://localhost/index.php?name=tank&sex=
1#top",$match);
print_r($match);
?>
```

输出结果：

```
Array (
    [0] => Array (
        [0] => name=tank
        [1] => sex=1#top
    )
    [1] => Array (
        [0] => name=tank
        [1] => sex=1
    )
    [2] => Array (
        [0] =>
        [1] => #top
    )
)
```

扫一扫，看视频

5.4.3　表单字符串的处理

PHP 对表单提交的特殊字符的过滤和处理包含以下 8 种方法：

- htmlspecialchars()：将"&"、单双引号、大于号和小于号转换为 HTML 格式。例如，"&"转成"&"，"""转成"""，"'"转成"'"，"<"转成"<"，">"转成">"。
- htmlentities()：将所有字符都转成 HTML 格式，除特殊字符外，还包括将双字节字符显示成编码等。
- addslashes()：对单双引号、反斜杠、空格及特殊字符，加上转义字符转义。
- stripslashes()：去掉字符串中的转义字符。
- quotemeta()：加入引用符号，在字符串中的.、\\、+、*、?、[、^、]、(、$、)等字符的前面加转义字符。
- nl2br()：将换行字符转成
。
- strip_tags()：去掉字符串中所有 HTML 标记和 PHP 标记。
- mysql_real_escape_string()：转义 SQL 字符串中的特殊字符。

【示例】设计一个用户反馈表。当用户单击"提交"按钮后，在输入字段中显示值。在输入字段(name、email 和 website)的 value 属性中增加一小段 PHP 脚本。在 comment 文本框字段中，把脚本放在<textarea>与 </textarea>之间。这些脚本输出$name、$email、$website 和 $comment 变量的值。对于单选按钮组，根据 $gender 变量的值，确定哪个单选按钮设置 checked 属性，定义选中状态。代码如下：

```html
<form method="post" action="">
```

```
姓名: <input type="text" name="name" value="<?php echo $name;?>">
邮箱: <input type="text" name="email" value="<?php echo $email;?>">
网址: <input type="text" name="website"value="<?php echo $website;?>">
评论: <textarea name="comment" rows="5" cols="40"><?php echo $comment;?></textarea>
性别: <input type="radio" name="gender"
<?php if (isset($gender) && $gender=="female") echo "checked";?> value="female">女性
  <input type="radio" name="gender"
<?php if (isset($gender) && $gender=="male") echo "checked";?> value="male">男性
  <input type="submit" name="submit" value="提交">
</form>
```

在 PHP 脚本中，定义函数 test_input() 用来处理提交的表单的字符串，使用 trim() 函数去掉字符串两侧的空白（多余的空格、制表符、换行符）；使用 stripslashes() 函数删除用户输入数据中的反斜杠（\）；使用 htmlspecialchars() 函数转换特殊字符串。代码如下：

```
function test_input($data) {
  $data = trim($data);
  $data = stripslashes($data);
  $data = htmlspecialchars($data);
  return $data;
}
```

在当前页面获取用户提交的数据，并进行处理。代码如下：

```
//定义变量并将其设置为空值
$name = $email = $gender = $comment = $website = "";
if ($_SERVER["REQUEST_METHOD"] == "POST") {
  $name = test_input($_POST["name"]);
  $email = test_input($_POST["email"]);
  $website = test_input($_POST["website"]);
  $comment = test_input($_POST["comment"]);
  $gender = test_input($_POST["gender"]);
}
```

显示用户提交的信息，在显示前，先使用 isset() 函数检测是否存在对应信息。代码如下：

```
<?php
if ( isset($name) && $name) {echo "<p>姓名=".$name;}
if ( isset($email) && $email) {echo "<p>Email=".$email;}
if ( isset($website) && $website) {echo "<p>网址=".$website;}
if ( isset($gender) && $gender=="female") echo "<p>性别=女";
if ( isset($gender) && $gender=="male") echo "<p>性别=男";
?>
```

在浏览器中预览，填写表单，然后提交。演示效果如图 5.2 所示。

图 5.2　表单信息处理

5.5　在　线　支　持

　　PHP 字符串的功能非常强大，方法也是多种多样，处理时选择一种最简单、最理想的解决方法即可。本章介绍了 PHP 常用的字符串操作方法。当然，对于初学者来说，这仅仅是一个开始，读者应该加强对字符串处理能力的训练。

扫描，拓展学习

第6章

使用正则表达式

正则表达式是嵌入在 PHP 中的一种轻量级、专业的编程语言，可以匹配指定模式的文本。PHP 支持 Perl 风格的正则表达式语法，通过内置 PCRE 扩展函数实现支持。正则表达式的功能非常强大，熟练掌握正则表达式的应用方法，能够帮助用户提高字符串处理的效率，编写出更加简练的 PHP 代码。

学习重点

- 认识正则表达式。
- 正则表达式的基本语法。
- PCRE 扩展函数。
- 案例实战。

扫一扫，看视频

6.1　认识正则表达式

正则表达式又称规则表达式（regular expression），在代码中常简写为 regex、regexp 或 re，常被用来搜索、替换那些符合某个模式（规则）的文本。现代计算机编程语言都支持利用正则表达式进行字符串操作。

实际上，正则表达式是对字符串进行操作的一种逻辑公式，就是用事先定义的特定字符，以及这些特定字符的组合，组成一个"规则字符串"，这个"规则字符串"就是对字符串的一种过滤逻辑。

给定一个正则表达式和一个被操作的字符串，可以达到如下目的：

- 判断被操作的字符串是否符合正则表达式的过滤逻辑（匹配）。
- 通过正则表达式，从被操作字符串中获取想要的特定部分的内容。

PHP 支持两种风格的正则表达式语法：POSIX 和 Perl。这两种风格的正则表达式是 PHP 编译时的默认风格。在 PHP 5.3 版本中，Perl 风格不能被禁用。访问 http://www.php.net/pcre 可以了解更多关于 PCRE 的内容。

下面先了解与正则表达式相关的几项技术。

- grep：一种强大的文本搜索工具，它能使用特定模式匹配（包括正则表达式）搜索文本，并默认输出匹配行。但它的更新速度无法与技术更新的速度同步。
- egrep：由贝尔实验室推出，是扩展的 grep，大大增强了正则表达式的能力。
- POSIX：在 grep 发展的同时，一些开发人员也根据自己的喜好开发出了具有独特风格的版本。但问题也随之而来，有的程序支持某个元字符，而有的程序则不支持，因此就有了 POSIX。POSIX 是一系列标准，确保了操作系统之间的可移植性。但 POSIX 和 SQL 一样，没有成为最终的标准，而只能作为一个参考。
- Perl：1987 年，Larry Wall 发布了 Perl 编程语言，它汲取了多种语言精华，并内部集成了正则表达式的功能，以及巨大的第三方代码库 CPAN。Perl 经历了从 Perl 1.0 到现在的 Perl 6.0 的发展，最终成为了 POSIX 之后的另一个标准。
- PCRE：1997 年，Philip Hazel 开发了 PCRE 库，它是能够兼容 Perl 风格的一套正则引擎，开发人员可以将 PCRE 库整合到自己的语言中，为用户提供丰富的正则功能。PHP 默认支持 PCRE 库。

6.2　正则表达式的基本语法

正则表达式的语言规模较小，常被嵌入其他语言中使用，且应用范围有一定的限制，不是所有字符串处理任务都可以使用正则表达式完成。有一些任务可以用正则表达式完成，但表达式会非常复杂，而使用 PHP 代码直接处理，可能会更容易。

扫一扫，看视频

6.2.1　字符

一般情况下，正则表达式都被放在一对定界符中，如"/"，避免与其他字符串混淆。一个完整的正则表达式由两部分构成：普通字符和元字符。

大多数字符只会匹配自己，这些字符称为普通字符。例如，正则表达式"/PHP/"将完全匹配字符串"PHP"。有少量字符不能匹配自己，表示特殊的含义，称为元字符，例如：

.、^、$、*、+、?、{、}、[、]、\、|、(、)

如果要匹配元字符自身，可以在元字符左侧添加转义字符（\）进行转义。转义字符能够将元字符转义为普通字符。例如，下面字符组合将匹配元字符自身。

\.、\^、\$、*、\+、\?、\{、\}、\[、\]、\\、\|、\(、\)

表示字符的方法有多种，除了直接使用字符本身，还可以使用 ASCII 编码或 Unicode 编码来表示。

【示例】下面正则表达式定义了匹配 html、HTML、Html、hTmL 或 HTml 的字符类。

```
$pattern = '/[hH][tT][mM][lL]/';
```

POSIX 风格和 PCRE 风格都使用了一些预定义字符类，但表示方法略有不同，POSIX 风格的预定义字符类见表 6.1。注意，字符类就是一个字符列表。

表 6.1 POSIX 风格的预定义字符类

预定义字符类	说　　明
[:digit:]	匹配任何十进制数字，等价于[0-9]
[:xdigit:]	匹配任何十六进制数字
[:lower:]	匹配所有小写字母，等价于[a-z]
[:upper:]	匹配任何大写字母，等价于[A-Z]
[:alpha:]	匹配字母，等价于[a-z，A-Z]，或者[:lower:]和[:upper:]
[:alnum:]	匹配字母或数字，等价于[a-z，A-Z，0-9]，或者[:alpha:]和[:digit:]
[:blank:]	匹配空格和制表符
[:space:]	匹配所有空白字符，如空格、换行符、换页符、制表符
[:punct:]	匹配任何标点符号，包括所有特殊字符，如!、@、#、S、?等
[:print:]	匹配所有的可输出字符，包括空白字符
[:graph:]	匹配所有的可输出字符，不包括空白字符
[:cntrl:]	匹配控制字符

PCRE 风格的预定义字符类则使用转义字符来表示，转义字符的用法请参考 6.2.5 小节的内容。

6.2.2 字符类

1. 定义字符类

字符类也称为字符集，它表示匹配字符类中的任意一个字符。使用元字符"["和"]"可以定义字符类。例如，[set]可以匹配 s、e、t 字符类中的任意一个字母。

在字符类中，元字符不再表示特殊的含义。例如，[abc$]将匹配 a、b、c 或 $ 中的任意一个字符，$本是一个元字符，但在字符类中被剥夺了特殊性，仅能够匹配字符自身。

在字符类中，如果要匹配这 4 个元字符：[、]、- 或^，需要在它们左侧添加转义字符进行转义，或者把[、]或 - 其中之一作为字符类中的第一个字符，把"^"作为字符类中非第一个字符。

2. 定义字符范围

也可以使用一个范围来表示一组字符，即给出两个字符，并用"-"将它们分开，表示一个连续的、相同系列的字符类。连字符左侧字符为范围起点，连字符右侧字符为范围终点。例如，[a - c]可以匹配字符 a、b 或 c，它与[abc]功能相同。

📢 **注意：**

字符范围根据字符在字符编码表中的位置来确定。

【示例 1】定义多个范围字符类，匹配指定范围内的字符。代码如下：

```
$pattern = '/[a-z]/';              //匹配任意一个小写字母
$pattern = '/[A-Z]/';              //匹配任意一个大写字母
$pattern = '/[0-9]/';              //匹配任意一个数字
$pattern = '/[\u4e00-\u9fa5]/';    //匹配中文字符
$pattern = '/[\x00-\xff]/';        //匹配单字节字符
```

3. 定义排除范围

如果匹配字符类中未列出的字符，则可以使用元字符"^"，并将其作为字符类的第一个字符。例如，[^0]将匹配除 0 以外的任何字符。类似 PHP 运算中的逻辑非。但是，如果"^"在字符类的其他位置，则没有特殊含义。例如，[0^]将匹配 0 或^。

【示例 2】定义多个排除范围字符类，匹配指定范围外的字符。代码如下：

```
$pattern = '/[^0-9]/';              //匹配任意一个非数字类字符
$pattern = '/[^\x00-\xff]/';        //匹配非单字节字符
```

6.2.3 重复匹配

1. 限定符

扫一扫，看视频

简单的字符匹配无法体现正则表达式的优势，正则表达式另一个功能是可以重复匹配。重复匹配将用到几个限定符，来指定正则中一个字符、字符类，或者表达式可能重复匹配的次数。限定符见表 6.2。

表 6.2　限定符

限　定　符	说　　明
*	匹配 0 次或多次，等价于{0,}
+	匹配 1 次或多次，等价于{1,}
?	匹配 0 次或 1 次，等价于{0,1}
{n}	n 为非负整数，匹配 n 次
{m, n}	m 和 n 均为非负整数，且 m<=n，表示最少匹配 m 次，且最多匹配 n 次。如果省略 m，则表示最少匹配 0 次；如果省略 n，则表示最多匹配无限次

✍ **提示：**

限定符总是出现在它们所作用的字符或子表达式的后面。如果想作用于多个字符，则需要使用小括号将它们包裹在一起形成一个子表达式。

【示例 1】使用限定符匹配字符串"goooooogle"中的前面 4 个字符 o。代码如下：

```
$subject = "goooooogle";
$pattern = '/o{1,4}/';
preg_match($pattern, $subject, $matches, PREG_OFFSET_CAPTURE);
print_r($matches);
```

输出结果：

```
Array (
    [0] => Array (
        [0] => oooo
        [1] => 1
) )
```

2. 贪婪匹配

在上述限定符中，　*、+、?、{m,n}具有贪婪性。当重复匹配时，正则引擎将尝试尽可能多地重复它。如果模式的后续部分不匹配，则引擎将回退并以较少的重复次数再次尝试。

例如，定义正则表达式 a[bcd]*b，该表达式先匹配字符 a，然后匹配字符类[bcd]中的 0 个或多个字符，最后以字符 b 结尾。现在用该表达式匹配字符串"abcbd"，具体匹配过程如下：

第 1 步，字符串中第 1 个字符是 a，正则表达式的第 1 个字符也是 a，所以先匹配到"a"。

第 2 步，引擎尽可能多地在字符串中匹配[bcd]*，直到字符串结束，此时匹配到"abcbd"。

第 3 步，引擎匹配 b，但是当前位于字符串结束位置，结果匹配失败。

第 4 步，引擎回退一次，重新尝试，[bcd]*少匹配一个字符，匹配到"abcb"。

第 5 步，再次尝试匹配 b，但是当前位置是最后一个字符 d，结果仍然匹配失败。

第 6 步，引擎再次回退，重新尝试，[bcd]*只匹配 bc，匹配到"abc"。

第 7 步，再试一次 b，这次当前位置的字符是 b，则匹配成功，最后匹配到"abcb"。

这个过程简单演示了引擎最初如何进行匹配，如果没有找到匹配项，它将逐步回退，并一次又一次地重试正则的其余部分，直到[bcd]*尝试零匹配；如果失败，引擎将断定该字符串与正则完全不匹配。

3. 惰性匹配

与贪婪匹配相反的是惰性匹配，惰性匹配也称为非贪婪匹配。在限定符后面加上"?"，可以实现惰性匹配或者最小匹配。惰性匹配的限定符有*?　、　+?　、　??　、　{m,n}?。

例如，使用正则表达式"<.*>"匹配字符串"<a> b <c>"，它将找到整个字符串，而不是"<a>"。如果在"*"之后添加"?"，引擎将会采用最小算法从左侧开始，而不是从右侧开始尝试匹配，这样将会匹配尽量少的字符，因此使用正则表达式"<.*?>"仅会匹配"<a>"。

【示例 2】 使用惰性匹配的限定符匹配字符串"goooooogle"中的前面 1 个字符 o。代码如下：

```
$subject = "goooooogle";
$pattern = '/o{1,4}?/';
preg_match($pattern, $subject, $matches, PREG_OFFSET_CAPTURE);
print_r($matches);
```

输出结果：

```
Array (
```

```
    [0] => Array (
        [0] => o
        [1] => 1
) )
```

📋 提示：

6 种惰性匹配限定符描述如下：

- {m,n}?：尽量匹配 m 次，但是为了满足限定条件也可能最多重复 n 次。
- {n}?：尽量匹配 n 次。
- {n,}?：尽量匹配 n 次，但是为了满足限定条件也可能匹配任意次。
- ??：尽量匹配，但是为了满足限定条件也可能最多匹配 1 次，相当于{0,1}?。
- +?：尽量匹配 1 次，但是为了满足限定条件也可能匹配任意次，相当于{1,}?。
- *?：尽量不匹配，但是为了满足限定条件也可能匹配任意次，相当于{0,}?。

6.2.4　匹配任意字符

扫一扫，看视频

点号（.）能够匹配除换行符（\n）之外的所有字符。如果要匹配点号自身，则需要使用"\"进行转义。

【示例】使用点号匹配字符串"goooooogle"中的前面 6 个字符。代码如下：

```
$subject = "goooooogle";
$pattern = '/.{1,6}/';
preg_match($pattern, $subject, $matches, PREG_OFFSET_CAPTURE);
print_r($matches);
```

输出结果：

```
Array ( [0] => Array ( [0] => gooooo [1] => 0 ) )
```

6.2.5　转义元字符

扫一扫，看视频

转义字符（\）能够将特殊字符（如.、*、^、$等）转义为普通的字符，其功能与 PHP 中的转义字符类似。

【示例】使用转义字符把元字符点号进行转义，然后配合限定符匹配 IP 字符串。代码如下：

```
$subject = "127.0.0.1";
$pattern = '/([0-9]{1,3}\.?){4}/';
preg_match($pattern, $subject, $matches, PREG_OFFSET_CAPTURE);
print_r($matches);
```

输出结果：

```
Array ( [0] => Array ( [0] => 127.0.0.1 [1] => 0 ) [1] => Array ( [0] => 1 [1] => 8 ) )
```

在上面代码中，如果不使用转义字符，则点号将匹配所有字符。

"\"除了能转义，还具有其他功能，具体说明如下：

（1）定义非输出字符，具体说明见表 6.3。

表 6.3　非输出字符

非输出字符	说　　明
\cx	匹配由 x 指明的控制字符。例如，\cM 匹配一个控制字符。x 的值必须为 A～Z 或 a～z 其中之一。否则，将 c 视为一个原义的'c'字符
\f	匹配一个换页符，等价于\x0c 和\cL
\n	匹配一个换行符，等价于\x0a 和\cJ
\r	匹配一个回车符，等价于\x0d 和\cM
\s	匹配任何空白字符，包括空格、制表符、换页符等，等价于[\f\n\r\t\v]
\S	匹配任何非空白字符，等价于[^ \f\n\r\t\v]
\t	匹配一个制表符，等价于\x09 和\cI
\v	匹配一个垂直制表符，等价于\x0b 和\cK

（2）定义预定义字符，具体说明见表 6.4。

表 6.4　预定义字符

预定义字符	说　　明
\d	匹配一个数字字符，等价于[0-9]
\D	匹配一个非数字字符，等价于[^0-9]
\s	匹配任何空白字符，包括空格、制表符、换页符等，等价于[\f\n\r\t\v]
\S	匹配任何非空白字符，等价于[^ \f\n\r\t\v]
\w	匹配包括下划线的任何单词字符，等价于[A-Z, a-z, 0-9_]
\W	匹配任何非单词字符，等价于[^A-Z, a-z, 0-9_]

（3）定义断言限定符，具体说明见表 6.5。

表 6.5　断言限定符

断言限定符	说　　明
\b	单词定界符
\B	非单词定界符
\A	位于字符串开头，类似于"^"，但不受处理多行选项的影响
\Z	位于字符串结尾或行尾（换行符之前的位置），不受处理多行选项的影响
\z	位于字符串结尾，类似于"$"，不受处理多行选项的影响
\G	当前搜索的开头（起始位置）

6.2.6　捕获组

扫一扫，看视频

　　组由元字符"("和")"标记，将包含在其中的表达式组合在一起，使用重复限定符可以重复组的内容。例如，"(ab)*"表达式表示匹配"ab" 0 次或多次。

　　正则表达式可以包含多个组，组之间可以相互嵌套。要确定每个组的编号，只需从左到右计算左括号字符。将第一个左括号"("编号为 1，然后每遇到一个组的左括号"("，编号就加 1。

　　使用小括号标记的组也捕获它们匹配的文本的起始索引和结束索引，因此组的编号实际上是从 0

开始的，组 0 始终存在，它表示整个正则表达式。因此在匹配对象的方法中将组 0 作为默认参数。

在正则表达式中，组有两个作用，简单说明如下。

1. 改变作用范围

【示例】使用小括号改变组的作用范围。代码如下：

```
$pattern = '/(html)|(HTML)/';
$pattern = '/(goo){1,3}/';
```

在上面代码中，第一行正则表达式将两个单词定义为两个组进行匹配，而不是简单地按单个字符进行匹配；第二行正则表达式将 goo 3 个字符定义为一个组，限定符限定的是 1 个组，而不仅仅是 1 个字符。

2. 定义子表达式

使用小括号定义子表达式，子表达式相当于一个独立的正则表达式，6.2.7 小节要学的反向引用与子表达式有直接关系。子表达式具有存储功能，能够临时存储其匹配的字符，以便在后面进行引用。

6.2.7　反向引用

扫一扫，看视频

PHP 的引擎能够临时缓存所有组匹配的信息，并在正则表达式中从左至右进行编号，从 1 开始。每个缓冲区都可以使用 "\n" 访问，其中 n 为标识特定缓冲区的编号，可连续编号，直至 99。反向引用在执行字符串替换时非常有用。

【示例】定义一个字符串，然后使用 "/([ab])\1/" 匹配 "a" 或 "b"。代码如下：

```
$subject = "abcdebbcde";
$pattern = '/([ab])\1/';
preg_match($pattern, $subject, $matches, PREG_OFFSET_CAPTURE);
print_r($matches);
```

输出结果：

```
Array (
    [0] => Array (                      //匹配的结果和位置
        [0] => bb
        [1] => 5
    )
    [1] => Array (                      //子表达式匹配的结果和位置
        [0] => b
        [1] => 5
    )
)
```

对于正则表达式 "([ab])\1"，子表达式 "[ab]" 虽然可以匹配 "a" 或 "b"，但是捕获组一旦匹配成功，反向引用的内容也就确定了。如果捕获组匹配到 "a"，那么反向引用也就只能匹配 "a"；同理，如果捕获组匹配到 "b"，那么反向引用也就只能匹配 "b"。由于后面反向引用 "\1" 的限制，要求必须是两个相同的字符，因此只有 "aa" 或 "bb" 才能匹配成功。

📎 提示：

如果分组的目的仅是重复匹配表达式的内容，那么完全可以让引擎不缓存匹配的信息，这样能节省系统资源，提升执行效率。使用下面语法可以定义非捕获组：

(?:...)

对于必须使用子表达式但又不希望存储无用的匹配信息，或者希望提高匹配速度的情形，定义非捕获组是非常重要的方法。

6.2.8　行边界

正则表达式中大多数结构匹配的是文本，最终会出现在匹配结果中，但是有些结构并不真正匹配文本，匹配的是位置，或者仅判断某个位置的左侧或右侧是否符合要求，这种结构被称为断言（assertion），即零宽匹配。常见的断言有 3 种，分别是行边界、单词边界、环视，本小节重点介绍行边界。

扫一扫，看视频

行定界符用于描述一行字符串的边界。具体说明如下：

- ^：表示行的开始。
- $：表示行的结尾。

【示例】定义一个操作字符串"html、htm"，一个正则表达式"/^htm/"，然后调用 preg_match() 函数执行匹配操作，将匹配结果存储于 $matches 变量中，最后输出匹配结果及其所在位置。代码如下：

```
$subject = "html、htm";
$pattern = '/^htm/';
preg_match($pattern, $subject, $matches, PREG_OFFSET_CAPTURE);
print_r($matches);
```

输出结果：

```
Array (
    [0] => Array (                              //第一个匹配
        [0] => htm                              //匹配结果
        [1] => 0                                //所有位置
) )
```

上面示例将在操作字符串行的开始处匹配到"htm"字符串。如果使用下面的正则表达式，则可以匹配到行的结尾处的"htm"字符串。

```
$pattern = '/htm$/';
```

有关 preg_match() 函数的用法请参考 6.3.2 小节。

6.2.9　单词边界

单词定界符用于描述一个单词的边界。具体说明如下：

- \b：表示单词边界。
- \B：表示非单词边界。

【示例】使用"\b"定界符匹配一个完整的"htm"。代码如下：

```
$subject = "html、htm";
$pattern = '/\bhtm\b/';
preg_match($pattern, $subject, $matches, PREG_OFFSET_CAPTURE);
print_r($matches);
```

输出结果：

```
Array ( [0] => Array ( [0] => htm [1] => 7 ) )
```

6.2.10　环视

环视也是一种零宽匹配，是指在某个位置向左或向右判断，保证其左侧或右侧必须出现某类字符，包括单词字符"\w"和非单词字符"\W"。环视只是一个判断，匹配一个位置，本身不匹配任何字符。

1. 正前瞻

定义表达式后面必须满足特定的匹配条件，语法格式如下：

```
表达式(?=匹配条件)
```

例如，下面表达式仅匹配后面是数字的字母 a。

```
a(?=\d)
```

2. 负前瞻

定义表达式后面必须不满足特定的匹配条件，语法格式如下：

```
表达式(?!匹配条件)
```

例如，下面表达式仅匹配后面不是数字的字母 a。

```
a(?!\d)
```

3. 正回顾

ES2018（ECMAScript 2018，是 ECMA 协会在 2018 年 6 月发行的一个版本，也称 ES9）引入正回顾和负回顾断言语法。使用正回顾语法可以定义表达式前面必须满足特定的匹配条件，语法格式如下：

```
表达式(?<=匹配条件)
```

例如，下面表达式仅匹配前面是数字的字母 a。

```
(?<=\d)a
```

4. 负回顾

使用负回顾语法可以定义表达式前面必须不满足特定的匹配条件，语法格式如下：

```
表达式(?<!匹配条件)
```

例如，下面表达式仅匹配前面不是数字的字母 a。

```
(?<!\d)a
```

6.2.11　选择匹配

"|"是选择匹配符，类似于 PHP 运算中的逻辑或。如果 A 和 B 是正则表达式，那么 A|B 将输出所有与 A 或 B 匹配的字符串。"|" 优先级非常低，因此 A 和 B 将尽可能包含整个字符串。例如，Crow|Servo 将匹配"Crow"或"Servo"，而不是"Cro" "w" "S"或"ervo"。

扫一扫，看视频

要匹配字符"|"自身，可以使用转义字符将其转义（\|），或将其放在字符类中，如"[|]"。

【示例】定义一个既可以匹配"html"，又可以匹配"Html"的正则表达式。代码如下：

```
$pattern = '/h|Html/';
```

字符类一次只能匹配一个字符，而选择匹配符"|"一次可以匹配任意长度的字符。在子表达式中，我们会举例说明。

6.2.12　修饰符

修饰符也称模式修饰符，在正则表达式的定界符之外使用。修饰符主要用来调整正则表达式的匹配方式，扩展了正则表达式在匹配、替换等操作时的某些功能，增强了正则表达式的能力。每种语言都有自己的模式设置，PCRE 修饰符见表 6.6。其中，括号中的是修饰符在 PCRE 中的内部名称。修饰符中的空格、换行符会被忽略，如果有其他字符，则会导致错误。

扫一扫，看视频

表 6.6　PCRE 修饰符

修　饰　符	说　　明
i(PCRE_CASELESS)	匹配字符时不区分大小写
m(PCRE_MULTILINE)	将字符串视为多行。在默认情况下，正则表达式的元字符 "^" 和 "$" 将目标字符串作为单一的一行字符（甚至换行符也是如此）。如果在修饰符中加上 m，那么开始点和结束点将会指向字符串的每一行的开头和结束，也就是 "^" 和 "$" 将匹配每一行的开始点和结束点
s(PCRE_DOTALL)	将字符串视为一行，包括换行符，换行符被视为普通的字符
x(PCRE_EXTENDED)	忽略空白，除非进行转义的空白不被忽略
A(PCRE_ANCHORED)	匹配字符串中的开头部分
D (PCRE_DOLLAR_ENDONLY)	如果设置该修饰符，模式中的元字符 "$" 仅匹配目标字符串的结尾。没有此选项时，如果最后一个字符是换行符的话，美元符号也会匹配此字符之前（但不会匹配任何其他换行符之前）的内容。如果设定了 m 修饰符则忽略此选项
S	当一个模式需要多次使用时，为了提升匹配速度，值得花费一些时间对其进行一些额外的分析。如果设置了这个修饰符，这个额外的分析就会执行
E	与 m 相反，如果使用该修饰符，那么 "$" 将匹配绝对字符串的结尾，而不是换行符前面，默认打开该模式
X(PCRE_EXTRA)	该修饰符会打开 PCRE 的内容与 perl 不兼容的附件功能
J (PCRE_INFO_JCHANGED)	内部选项设置
U(PCRE_UNGREEDY)	非贪婪模式，与元字符 "？" 的作用相同，最大限度的匹配是贪婪模式，最小限度的匹配是非贪婪模式，即惰性模式
u (PCRE_UTF8)	该修正符打开一个与 Perl 不兼容的附加功能

修饰符既可以写在正则表达式的外面，也可以写在正则表达式的里面。例如，如果忽略大小写，则正则表达式可以写为 "/html/i" 和 "/(?i)html" 两种格式。

6.3　PCRE 扩展函数

正则表达式不能独立使用，它是一种用来操作字符串的规则的模式，只有在相应的正则表达式函数中应用，才能实现对字符串的匹配、查找、替换及分割等操作。在 PHP 中有两套正则表达式的函数库，而与 Perl 兼容的函数库的执行效率要略占优势，所以在本章中主要介绍以"preg_"开头的 PCRE 扩展函数。

扫一扫，看视频

6.3.1　数组过滤

preg_grep()函数能够使用正则表达式过滤数组中的元素。其语法格式如下：

```
array preg_grep ( string $pattern , array $input [, int $flags = 0 ] )
```

参数说明：

- $pattern：要搜索的模式，字符串形式。
- $input：输入的数组。
- $flags：如果设置为 PREG_GREP_INVERT，将返回输入的数组中与 pattern 不匹配的元素组成的数组。

preg_grep()函数将返回由数组 $input 中与模式 $pattern 相匹配的元素组成的数组。返回的数组将以 $input 数组中的 key 作为索引。

【示例】使用 preg_grep()函数过滤数组中所有的浮点数。代码如下：

```
$array = array(2,3,45,"a",4.5,8.7);
$pattern = '/^(\d+)?\.\d+$/';
// 返回所有包含浮点数的元素
$fl_array = preg_grep($pattern, $array);
print_r($fl_array );
```

输出结果：

```
Array (
   [4] => 4.5
   [5] => 8.7
)
```

扫一扫，看视频

6.3.2　执行一次匹配

preg_match()函数能够执行一次正则表达式匹配。其语法格式如下：

```
int preg_match ( string $pattern, string $subject [, array &$matches [, int $flags = 0 [, int $offset = 0 ]]] )
```

参数说明：

- $pattern：要搜索的模式，字符串形式。
- $subject：输入的字符串。
- $matches：如果提供了参数 $matches，它将被填充为搜索结果。其中，$matches[0]将包含完整模式匹配到的文本，$matches[1]将包含第 1 个捕获子组匹配到的文本，以此类推。
- $flags：可以被设置为 PREG_OFFSET_CAPTURE，表示对于每一个匹配返回时，都会附加字符串偏移量。注意，这会改变填充到 $matches 参数的数组，使其每个元素成为一个数组，数组的第 0 个元素是匹配到的字符串，第 1 个元素是该匹配字符串在目标字符串 $subject 中的偏移量。
- $offset：可选参数，用于指定从目标字符串的某个位置开始搜索，单位是字节。默认情况下，搜索从目标字符串的起始位置开始。

preg_match()函数将返回 pattern 的匹配次数。返回值将是 0（不匹配）或 1，因为 preg_match()

函数在第一次匹配后将会停止搜索。如果发生错误，则返回 False。

【示例 1】使用 preg_match()函数快速检测给定字符串中是否包含"php"，匹配字符不区分大小写。代码如下：

```
$subject = "PHP is a popular general-purpose scripting language that is especially suited to web
development.";
$pattern = "/php/i";
echo preg_match($pattern, $subject);
```

输出结果：

```
1
```

【示例 2】使用 preg_match()函数从 URL 字符串中匹配出域名子字符串。代码如下：

```
$subject = "http://www.php.net/index.html";
$pattern = '/^(?:http:\/\/)?([^\/]+)/i';
//从 URL 中获取主机名称
preg_match($pattern, $subject, $matches);
$subject = $matches[1];
$pattern = '/[^.]+\.[^.]+$/';
//获取主机名称的后面两部分
preg_match($pattern, $subject, $matches);
echo "域名: {$matches[0]}\n";
```

输出结果：

```
域名: php.net
```

【示例 3】使用 preg_match()函数命名子组。代码如下：

```
$subject = "abcde:12345";
$pattern = '/(?P<first>\w+):(?P<second>\d+)/';
preg_match($pattern, $subject, $matches);
print_r($matches);
```

输出结果：

```
Array (
    [0] => abcde:12345
    [first] => abcde
    [1] => abcde
    [second] => 12345
    [2] => 12345
)
```

提示：
　　如果只是检查一个字符串是否包含另外一个字符串，不建议使用 preg_match()函数，因为 strpos()或 strstr()函数会更快。

6.3.3　执行所有匹配

preg_match_all()函数能够执行一个全局正则表达式匹配。其语法格式如下：

```
int preg_match_all ( string $pattern , string $subject [, array &$matches [, int $flags
= PREG_PATTERN_ ORDER [, int $offset = 0 ]]] )
```

扫一扫，看视频

参数说明：

● $pattern：要搜索的模式。
● $subject：输入的字符串。
● $matches：多维数组，作为输出参数，输出所有匹配结果，数组排序通过 $flags 指定。
● $flags：可选参数，可以结合下面标记使用。如果没有给定排序标记，默认为 PREG_

PATTERN_ORDER。
- ◇ PREG_PATTERN_ORDER：结果排序为 $matches[0] 保存完整模式的所有匹配，$matches[1] 保存第一个子组的所有匹配，以此类推。
- ◇ PREG_SET_ORDER：结果排序为 $matches[0] 包含第一次匹配得到的所有匹配（包含子组），$matches[1] 是包含第二次匹配到的所有匹配（包含子组）的数组，以此类推。
- ◇ PREG_OFFSET_CAPTURE：如果设置该标记，每个发现的匹配返回时会增加它相对目标字符串的偏移量。
- ● $offset：可选参数，用于从目标字符串中指定位置开始搜索（单位是字节）。搜索从目标字符串的起始位置开始。

preg_match_all() 函数能够搜索 $subject 中所有匹配 $pattern 给定正则表达式的匹配结果，并且将它们以 $flag 指定顺序输出到 $matches 中。在第一个匹配找到后，子序列继续从最后一次匹配的位置开始搜索。

【示例】使用 preg_match_all() 函数匹配出 HTML 字符串中所有的标签及其包含的文本等信息。代码如下：

```
//\\2 是一个后向引用的示例，用于匹配正则表达式中第 2 个圆括号（这里是([\w]+)）匹配到的结果。这里使用两个反斜杠是因为这里使用了双引号
//$html = "<b>加粗文本</b><p>段落文本</p>";
preg_match_all("/(<([\w]+)[^>]*>)(.*?)(<\/\\2>)/", $html, $matches, PREG_SET_ORDER);
foreach ($matches as $val) {
    echo "匹配信息: " . $val[0] . "\n";
    echo "子组 1: " . $val[1] . "\n";
    echo "子组 2: " . $val[2] . "\n";
    echo "子组 3: " . $val[3] . "\n";
    echo "子组 4: " . $val[4] . "\n\n";
}
```

输出结果：

```
匹配信息: <b>加粗文本</b>
子组 1: <b>
子组 2: b
子组 3: 加粗文本
子组 4: </b>
匹配信息: <p>段落文本</p>
子组 1: <p>
子组 2: p
子组 3: 段落文本
子组 4: </p>
```

6.3.4　转义字符

扫一扫，看视频

preg_quote() 函数能够转义正则表达式字符。其语法格式如下：

```
string preg_quote ( string $str [, string $delimiter = NULL ] )
```

参数说明：
- ● $str：输入的字符串。
- ● $delimiter：可选参数，指定会被转义的字符。通常用于转义 PCRE 扩展函数使用的分隔

符，如 "/" 是最通用的分隔符。

preg_quote()函数在$str 中每个正则表达式语法中的特殊字符前添加一个 "\"，如\.、\+、*、\?、\[、\^、\]、\$、\(、\)、\{、\}、\=、\!、\<、\>、\|、\:、\-。

【示例】使用 preg_quote()函数对字符串进行转义，避免引发歧义。代码如下：

```
$keywords = '2017/5/5 5.68$';
$keywords = preg_quote($keywords, '/');
echo $keywords;
```

输出结果：

```
2017\/5\/5 5\.68\$
```

扫一扫，看视频

6.3.5　查找替换

preg_replace()函数能够执行一个用于搜索和替换的正则表达式。其语法格式如下：

```
mixed preg_replace ( mixed $pattern , mixed $replacement , mixed $subject [, int $limit = -1 [, int &$count ]] )
```

参数说明如下：

- $pattern：要查找的模式，可以是一个字符串或字符串数组。
- $replacement：用于替换的字符串或字符串数组。如果这个参数是一个字符串，并且 $pattern 是一个数组，那么所有的模式都使用这个字符串进行替换。如果 $pattern 和 $replacement 都是数组，每个 $pattern 使用 $replacement 中对应的元素进行替换。如果 $replacement 中的元素比 $pattern 中的少，多出来的 $pattern 使用空字符串进行替换。

提示：

$replacement 中可以包含后向引用，语法为\\n、$n，首选后者。 每个这样的引用将被匹配到的第 n 个捕获子组捕获到的文本替换。n 的取值范围为 0～99，\\0 和 $0 代表完整的模式匹配文本。捕获子组的序号计数方式为：对代表捕获子组的左括号从左到右，从 1 开始数。如果要在 $replacement 中使用反斜杠，则必须使用 4 个。

- $subject：要进行搜索和替换的字符串或字符串数组。
- $limit：每个模式在每个 subject 上进行替换的最大次数。默认是-1（无限制）。
- $count：如果指定，将会被填充为完成的替换次数。

如果 $subject 是一个数组，则 preg_replace()函数返回一个数组，其他情况下返回一个字符串。如果匹配被查找到，则替换后的 $subject 被返回，其他情况下返回没有改变的 $subject。如果发生错误，返回 NULL。

【示例】使用后向引用修改字符串中的数字和输出格式。代码如下：

```
$string = 'April 15, 2017';
$pattern = '/(\w+) (\d+), (\d+)/i';
$replacement = '$3-${1}-12';
echo preg_replace($pattern, $replacement, $string);
```

输出结果：

```
2017-April-12
```

当在替换模式下并且后向引用时，不能使用 "\\1" 这样的语法来描述后向引用，可以使用 "\${1}1"，这创建了一个独立的 $1 后向引用。

扫一扫，看视频

6.3.6　高级查找替换

preg_replace_callback()函数能够执行一个用于查找的正则表达式，并且使用一个回调函数对查找结果进行替换。其语法格式如下：

```
mixed preg_replace_callback ( mixed $pattern , callable $callback , mixed $subject [, int $limit
= -1 [, int &$count ]] )
```

参数说明如下：

- $pattern：要搜索的模式，可以是字符串或一个字符串数组。
- $callback：一个回调函数，在每次需要替换时调用，调用时函数得到的参数是从 subject 中匹配到的结果。回调函数返回真正参与替换的字符串。
- $subject：要搜索替换的目标字符串或字符串数组。
- $limit：对于每个模式用于每个 $subject 字符串的最大可替换次数，默认是-1（无限制）。
- $count：如果指定，这个变量将被填充为替换执行的次数。

如果 $subject 是一个数组，则 preg_replace_callback()函数将返回一个数组，其他情况返回字符串，发生错误时返回 NULL。如果查找到了，返回替换后的目标字符串（或字符串数组），其他情况 subject 将会无变化返回。

【示例】使用 preg_replace_callback()函数将日期字符串中的年份数字加 1。代码如下：

```
$pattern = "|(\d{1,2}/\d{1,2}/)(\d{4})|";
$text = "5/15/2017";
// 回调函数
function next_year($matches){
  // 通常，$matches[0]是完成的匹配结果，$matches[1]是第 1 个捕获子组的结果，以此类推
  return $matches[1].($matches[2]+1);
}
echo preg_replace_callback($pattern, "next_year", $text);
```

输出结果：

```
5/15/2018
```

扫一扫，看视频

6.3.7　分隔字符串

preg_split()函数能够通过一个正则表达式分隔字符串。其语法格式如下：

```
array preg_split ( string $pattern , string $subject [, int $limit = -1 [, int $flags = 0 ]] )
```

参数说明：

- $pattern：要搜索的模式，字符串形式。
- $subject：输入的字符串。
- $limit：如果指定，将限制分隔得到的子字符串最多只有 $limit 个，返回的最后一个子字符串将包含所有剩余部分。$limit 值为-1、0 或 NULL 时，代表无限制。
- $flags：可以是以下任何标记的组合（以位或运算符"|"组合）。
  - ◇ PREG_SPLIT_NO_EMPTY：返回分隔后的非空部分。
  - ◇ PREG_SPLIT_DELIM_CAPTURE：用于分隔模式中的括号表达式将被捕获并返回。
  - ◇ PREG_SPLIT_OFFSET_CAPTURE：返回结果会附加字符串偏移量。

该函数将返回一个由使用 pattern 边界分隔 subject 后得到的子串组成的数组。

【示例】使用 preg_split()函数将一个短语分隔为多个单词。代码如下：

```
$pattern = "/[\s,]+/";
$text = "Hi, how are you";
//使用逗号或空格（包含" "、\r、\t、\n、\f）分隔词语
$keywords = preg_split($pattern,$text );
print_r($keywords);
```

　　输出结果：

```
Array (
    [0] => Hi
    [1] => how
    [2] => are
    [3] => you
)
```

6.4　案　例　实　战

　　在 PHP 中，正则表达式应用最多的场景是对表单提交的数据进行验证，判断其是否合理、合法。下面结合案例进行说明。

6.4.1　验证电话号码

　　用户在进行注册时，往往需要填写电话号码，而电话号码是由 11 位数字组成的，所以一定要对电话号码的位数和格式进行限制。本例通过正则表达式和 preg_match_all()函数实现对电话号码格式的验证，运行结果如图 6.1 所示。

图 6.1　使用正则表达式验证电话号码

【操作步骤】

　　第 1 步，新建网页文档，保存为 test1.php。

　　第 2 步，构建一个简单的表单结构。设置<form>标签的 method 属性值为 post，提交的服务器文件为自身，通过 PHP 脚本动态定义：<?php echo htmlspecialchars($_SERVER["PHP_SELF"]);?>。代码如下：

```
<h2>PHP 正则表达式验证</h2>
<form method="post" action="<?php echo htmlspecialchars($_SERVER["PHP_SELF"]);?>">
    输入值：
    <input type ="text" name ="text" value ="输入电话号码" onfocus ="this.value=''">
```

```
<br><br>
<input type="submit" name="submit" value="验 证">
</form>
```

设置文本框的 name 属性值为 text，value 属性值为"输入电话号码"，通过 onfocus ="this.value= ''"属性设置当文本框获取焦点时，清除提示文本。

第 3 步，输入下面 PHP 代码，对提交的信息进行验证。

```php
<?php
// 定义变量并设置为空值
$text = "";
if ($_SERVER["REQUEST_METHOD"] == "POST") {
   $text = test_input($_POST["text"]);
   if( $text != "" ){
      echo "<h3>您输入的信息如下：</h3>";
      echo $text;
   }else{
      echo "<h3>您输入的信息非法。</h3>";
   }
}
function test_input($data) {
   $data = trim($data);                    //清除首尾空格
   $data = stripslashes($data);            //去除转义字符
   $data = htmlspecialchars($data);        //转义预定义 HTML 字符 "<" 和 ">"
   if(preg_match_all("/(\d{3}-)(\d{8})$|(\d{4}-)(\d{7})$/",$data,$counts)){
      return $data;
   }else{
      return "";
   }
}
?>
```

在上面 PHP 代码中，先定义一个变量 $text，初始化为空。设计当用户提交表单时，接收用户提交的表单信息，然后声明一个 test_input() 函数处理用户输入的信息。该函数对信息进行简单的处理，清除首尾空格，以及各种特殊字符。然后定义正则表达式：

```
"/(\d{3}-)(\d{8})$|(\d{4}-)(\d{7})$/"
```

该正则表达式用来验证输入的值是否都是数字，且长度为 11，格式为 nnn-nnnnnnnn 或者 nnnn-nnnnnnn。

最后，调用 preg_match_all()函数验证用户输入的所有信息。

6.4.2 验证邮箱

扫一扫，看视频

在网上填写信息时，一般都需要用户提供邮箱，无论申请的是 126 邮箱，还是 163 邮箱，邮箱的格式都是固定的。本实例通过 preg_match()函数和正则表达式验证邮箱格式是否正确，运行结果如图 6.2 所示。

图 6.2 使用正则表达式验证邮箱

【操作步骤】

第 1 步，新建网页文档，保存为 test1.php。

第 2 步，构建一个简单的表单结构。设置<form>标签的 method 属性值为 post，提交的服务器文件为自身，通过 PHP 脚本动态定义：<?php echo htmlspecialchars($_SERVER["PHP_SELF"]);?>。代码如下：

```
<h2>PHP 正则表达式验证</h2>
<form method="post" action="<?php echo htmlspecialchars($_SERVER["PHP_SELF"]);?>">
    输入邮箱: <br>
    <input name ="text" type ="text" placeholder="xxxxxx@xxx.xx"  onfocus ="this.value=''" value
="">
    <br>
    <br>
    <input type="submit" name="submit" value="验 证">
</form>
```

第 3 步，复制并修改 6.4.1 小节 test_input()函数的代码。代码如下：

```
function test_input($data) {
    $data = trim($data);                    //清除首尾空格
    $data = stripslashes($data);            //去除转义字符
    $data = htmlspecialchars($data);          //转义预定义 HTML 字符 "<" 和 ">"
    if(preg_match("/\w+([-+.']\w+)*@\w+([-.]\w+)*\.\w+([-.]\w+)*/",$data)){
      return $data;
    }else{
      return "";
    }
}
```

在上面自定义函数中，使用 preg_match()函数执行一次正则表达式，判断用户输入的信息是否符合邮箱格式。其中正则表达式如下：

```
"/\w+([-+.']\w+)*@\w+([-.]\w+)*\.\w+([-.]\w+)*/"
```

6.4.3 验证 IP 地址

IP 地址是 Web 用户可以访问互联网的身份凭证。每一个 IP 地址都是相互独立的。本例通过 preg_match()函数和正则表达式对 IP 地址进行验证，运行结果如图 6.3 所示。

扫一扫，看视频

图 6.3 使用正则表达式验证 IP 地址

【操作步骤】

第 1 步，新建网页文档，保存为 test1.php。

第 2 步，构建一个简单的表单结构。设置<form>标签的 method 属性值为 post，提交的服务器文件为自身，通过 PHP 脚本动态定义：<?php echo htmlspecialchars($_SERVER["PHP_SELF"]);?>。代码如下：

```
<form method="post" action="<?php echo htmlspecialchars($_SERVER["PHP_SELF"]);?>">
   输入 IP 地址: <input name ="text" type ="text" placeholder="nnn.nnn.nnn.nnn"  onfocus
="this.value=''" value ="">
   <br>
   <br>
   <input type="submit" name="submit" value="验 证">
</form>
```

第 3 步，重新定义 PHP 文本验证函数 test_input()。函数完整代码如下：

```
function test_input($data) {
   $data = trim($data);                        //清除首尾空格
   $data = stripslashes($data);                //去除转义字符
   $data = htmlspecialchars($data);            //转义预定义 HTML 字符 "<" 和 ">"
   $pattern = '/^(?:(?:2[0-4][0-9]\.)|(?:25[0-5]\.)|(?:1[0-9][0-9]\.)|
(?:[1-9][0-9]\.)|(?:[0-9]\.)){3}
(?:(?:2[0-5][0-5])|(?:25[0-5])|(?:1[0-9][0-9])|(?:[1-9][0-9])|(?:[0-9]))$/';
   if(preg_match($patten,$data)){
      return $data;
   }else{
      return "";
   }
}
```

每个主机都有唯一的 32 位地址，该地址称为 IP 地址，也称网际地址。IP 地址由 4 个数组成，每个数的取值范围为 0～255，每两个数之间用 "." 分隔。所以 IP 地址的格式是固定的，正则表达式 $pattern = '/^(?:(?:2[0-4][0-9]\.)|(?:25[0-5]\.)|(?:1[0-9][0-9]\.)|(?:[1-9][0-9]\.)|(?:[0-9]\.)) {3}(?:(?:2[0-5][0-5])|(?:25[0-5])|(?:1[0-9][0-9])|(?:[1-9][0-9])|(?:[0-9]))$/';可以验证所有 IP 地址。

扫一扫，看视频

6.4.4 统计关键字

统计关键字的方法有很多，本例通过 explode()函数和 count()函数实现关键字的统计，运行结果如图 6.4 所示。

图 6.4　统计关键字运行结果

【操作步骤】

第 1 步，新建网页文档，保存为 test1.php。

第 2 步，输入 PHP 脚本。首先，定义字符串变量 $str，并为 $str 赋值；然后，利用 explode() 函数检索字符"人"在 $str 中出现的次数，并通过 count()函数输出检索的结果。代码如下：

```php
<?php
$str = "明月几时有？把酒问青天。不知天上宫阙，今夕是何年。我欲乘风归去，又恐琼楼玉宇，高处不胜寒。起舞弄清影，何似在人间？
转朱阁，低绮户，照无眠。不应有恨，何事长向别时圆？人有悲欢离合，月有阴晴圆缺，此事古难全。但愿人长久，千里共婵娟。";
$b = explode("人",$str);
echo "<p style ='red'>";
echo $str."<br>";
echo "</p>";
echo "关键字：人<br>共出现: ".(count($b)-1)."次";
?>
```

explode()函数能够将字符串分割到数组中，该函数返回一个字符串数组，然后使用 count()函数统计数组中元素的个数。

explode()函数将字符串分割到数组中，如果字符串中有 n 个与关键字相匹配的项目，则返回的数组将包含 $n+1$ 个单元，所以 count()函数在计算时要减 1。

该函数对分割邮箱、域名或日期是非常有用的。一般而言，对于同样的功能，正则表达式函数运行效率要低于字符串函数。如果应用程序足够简单，那么就用字符串表达式。但是，对于可以通过单个正则表达式执行的任务来说，如果使用多个字符串函数，则是不对的。

扫一扫，看视频

6.4.5　检测上传文件的类型

本例使用 preg_match()函数实现对上传文件的类型的监测，运行结果如图 6.5 所示。

图 6.5　检测上传文件的类型

【操作步骤】

第 1 步，新建网页文档，保存为 test1.php。

第 2 步，设计表单结构，当单击"上传"按钮时，利用 preg_match()函数对上传的数据信息进行检测并输出结果。代码如下：

```
<form action ="" method="post">
    <input type="file" name="text"><input type="submit" name="sub" value ="上 传">
</form>
```

第 3 步，设计 PHP 代码。使用 if-else 语句嵌套设计多个检测类型。结构看起来不是很明朗，读者可以运用 switch 语句改写此实例，相信在系统运行效率上会有所提高。代码如下：

```php
<?php
if($_POST && $_POST['sub']){
    if(preg_match("/.jpg/",strtolower($_POST['text']))){
        echo "上传为 JPG 类型图片";
    }else if (preg_match("/.png/",strtolower($_POST['text']))){
        echo "上传为 PNG 类型图片";
    }else if (preg_match("/.gif/",strtolower($_POST['text']))){
        echo "上传为 GIF 类型图片";
    }
    else if(preg_match("/.rar/",strtolower($_POST['text']))){
        echo "上传为压缩包类型";
    }else{
        echo "没有可上传文件，或者是其他文件类型";
    }
}
?>
```

6.4.6　验证邮政编码

用户在网上购买商品时，一般都是通过邮寄的方式获得商品，所以如果用户不能正确地填写邮寄地址或邮政编码，就有可能造成不必要的损失。本例通过 preg_match()函数验证用户提交的邮政编码是否正确，运行结果如图 6.6 所示。

扫一扫，看视频

图 6.6　使用正则表达式验证邮政编码

【操作步骤】

第 1 步，新建网页文档，保存为 test1.php。

第 2 步，构建一个简单的表单结构。设置<form>标签的 method 属性值为 post，提交的服务器文件为自身，通过 PHP 脚本动态定义：<?php echo htmlspecialchars($_SERVER["PHP_SELF"]);?>。代码如下：

```
<form method="post" action="<?php echo htmlspecialchars($_SERVER["PHP_SELF"]);?>">
```

```
输入邮政编码:
<input name ="text" type ="text" placeholder="邮政编码"onfocus ="this.value=''" value ="">
<br><br>
<input type="submit" name="submit" value="验 证">
</form>
```

第 3 步，设计 PHP 代码。使用 preg_match()函数对文本框中的信息进行验证。代码如下：

```php
<?php
// 定义变量并设置为空值
$text = "";
if ($_SERVER["REQUEST_METHOD"] == "POST") {
    $text = test_input($_POST["text"]);
    if( $text != "" ){
        echo "<h3>您输入的信息如下: </h3>";
        echo $text;
    }else{
        echo "<h3>您输入的信息非法。</h3>";
    }
}
function test_input($data) {
    $data = trim($data);                       //清除首尾空格
    $data = stripslashes($data);               //去除转义字符
    $data = htmlspecialchars($data);           //转义预定义 HTML 字符 "<" 和 ">"
    if(preg_match("/[0-9]{6}/",$data)){
        return $data;
    }else{
        return "";
    }
}
?>
```

邮政编码是为了实现邮政分拣自动化和邮政网络数字化设置的，以加快邮件邮递速度。目前世界上有 40 多个国家先后实行了邮政编码制度，并将此作为衡量一个国家通信技术和邮政服务水平的标准之一。但是，各国邮政编码规则并不统一。

6.5　在 线 支 持

正则表达式是烦琐的，也是强大的。它与字符串操作相结合，除了提高效率外，还会帮助用户解决很多棘手的技术问题。对于初学者来说，本章内容仅是一个开始。因此，读者应该加强正则表达式的操作训练。

扫描，拓展学习

第 7 章

使用数组

数组是 PHP 中最重要的数据类型之一，在 PHP 中的应用非常广泛。因为 PHP 是弱数据类型的编程语言，所以 PHP 中的数组变量可以存储任意数目、任意类型的数据，并且可以实现其他强数据类型的编程语言中的堆、栈、队列等数据结构。使用数组就是将多个相互关联的数据组织在一起，作为一个集合使用，从而达到批量处理数据的目的。

学习重点

- 认识 PHP 数组。
- 数组类型。
- 定义数组。
- 操作数组。
- 操作元素。
- 案例实战。

扫一扫，看视频

7.1 认识 PHP 数组

数组是一组数据的集合，就是把一系列数据组织起来，形成一个可操作的整体。在 PHP 中，数组较为复杂，也更为灵活。

数组是一组有序的变量，每个变量称为数组的一个元素。每个元素由一个特殊的标识符来区分，这个标识符称为键，也称为下标或索引。

数组的元素都包含两部分内容：键和值。通过键来获取数组中相应元素的值，键可以是数字，也可以是字符串。

如果一个变量就是一个用来存储值的命名区域，那么一个数组就是一个用来存储一系列变量值的命名区域。因此，可以使用数组组织变量。

例如，一支球队通常包含很多运动员，别人可以通过号码将运动员对号入座。这时，我们可以假设球队就是一个数组，而号码就是数组的下标，当指明号码时，就能找到该运动员。

有了数组后，我们可以做很多事情。例如，使用循环语句实现对数组中每个元素的相同操作，这样就可以节省许多时间。此外，可以把数组当作一个集合，这样只要使用一行代码，数组中所有的元素就可以传递给一个函数。例如，按字母顺序对产品进行排序。要完成此操作，可以将整个数组传递给 PHP 的 sort()函数。

7.2 数 组 类 型

PHP 支持两种类型的数组：索引数组，以数字作为键；关联数组，以字符串作为键。

7.2.1 索引数组

扫一扫，看视频

索引是元素在数组中的位置，它由数字组成，默认从 0 开始，一般不需要特别指定，PHP 会自动为索引数组的键赋一个数字，然后从这个数字开始自动递增。用户也可以指定从某个位置开始保存数据。

【示例 1】下面代码演示了如何创建一个数组。

```
$products = array("a", "b", "c");
```

数组名称为 $products，它包含 3 个值： a、b、c。

用户可以使用运算符"="简单地将一个数组赋值给另一个数组。

【示例 2】下面代码演示了如何使用 range()函数自动创建一个从 1 到 10 的数组。

```
$numbers = range(1, 10);
```

range()函数包含 3 个参数，分别指定起始值、结束值和步长，其中第 3 个参数为可选。例如，建立一个 1～10 之间的奇数数组，可以使用如下代码：

```
$odds = range(1, 10, 2);
```

range()函数也可以对字符进行操作。代码如下：

```
$letters = range("a", "z");
```

可以使用索引访问索引数组，方法是将键放在数组名称后面，并用方括号（英文状态下）

括起来。

PHP 数组不需要预先初始化或创建，在第一次使用它们时，会自动创建。

【示例 3】下面代码演示了如何读/写索引数组。

```
$products[0] = 0 ;
$products[3] = 3 ;
echo "$products[0] $products[3]";
```

上面代码为 $products 数组增加了一个新的元素 3 到数组末尾，这样，可以得到一个具有 4 个元素的数组，然后再读取部分元素的值。

【示例 4】下面代码演示了如何使用 for 语句快速遍历数组，或者为一个数组赋值。

```
for($i = 0; $i < 10; $i++)
  $products[$i] = $i;
for($i = 0; $i < 10; $i++)
  echo "$products[$i]";
```

📋 **提示：**

也可以使用 foreach 循环，这个语句是专门为数组而设计的。针对上面示例，可以按如下方式设计：

```
for($i = 0;  $i < 10;  $i++)
    $products[$i] = $i;
foreach( $products as $current)
    echo "$current";
```

7.2.2 关联数组

扫一扫，看视频

关联数组的键是字符串，也可以是混合数字和字符串，而索引数组的键只能是数字。在一个数组中，只要键名中有一个不是数字，那么这个数组就是关联数组。关联数组使用字符串索引（或称为键）来访问存储在数组中各元素的值。

【示例 1】创建一个以产品名称为键、以价格为值的关联数组。代码如下：

```
$prices = array("a" =>100, "b"=>10, "c"=>1);
```

可以通过如下方式访问保存在 $prices 数组中的信息。

```
echo $prices["a"];
echo $prices["b"];
echo $prices["c"];
```

【示例 2】创建一个与 $prices 数组相同的数组，方法是先创建只有 1 个元素的数组，然后再向数组中添加 2 个元素。代码如下：

```
$prices = array("a" =>100);
$prices["b"] = 10;
$prices["c"] = 1;
```

上面代码与下面代码的功能相同：

```
$prices["a"] = 100;
$prices["b"] = 10;
$prices["c"] = 1;
```

关联数组的索引不是数字，因此无法使用 for 语句对数组进行操作。用户可以使用 foreach 循环或 list()函数和 each()函数对数组进行操作。

【示例 3】当使用 foreach 循环对关联数组进行操作时，可以模仿 7.2.1 节中的示例 4 使用循环语句，也可以按如下方式进行：

```
foreach( $prices as $key => $value)
  echo $key.'=>'.$value.'<br />';
```

【示例 4】使用 each()函数输出 $prices 数组中的内容。代码如下：

```
while($element = each($prices)){
    echo $element['key'];
    echo '=>';
    echo $element['value'];
    echo '<br />';
}
```

上面代码输出结果如图 7.1 所示。

each()函数能够返回数组的当前元素，并将下一个元素作为当前元素。因为在 while 语句中调用 each()函数，将按顺序返回数组中的每个元素，当它到达数组末尾时，循环操作终止。

在上面这段代码中，变量 $element 是 each()函数的输出结果。当调用 each()函数时，它将返回一个有 3 个元素及其索引的数组。$element['key']表示当前元素的键，$element['value']表示当前元素的值。

图 7.1　使用 each()函数遍历数组
输出结果

7.3　定　义　数　组

本节将介绍如何定义 PHP 数组。

7.3.1　定义简单数组

在 PHP 中定义数组的方法有以下两种：

扫一扫，看视频

- 使用 array()函数定义数组。
- 直接为元素赋值。

1. 使用 array()函数

array()函数的语法格式如下：

```
$array=array([mixed ...])
```

参数 mixed 表示元素，多个元素之间使用逗号分开。其中，mixed 可表示为 key=>value，key 表示键，value 表示值。

键可以是字符串或数字。如果省略键，则会自动为数组生成从 0 开始的整数索引；如果键是整数，则下一个键是当前整数索引+1；如果定义了两个完全一样的键，则后一个会覆盖前一个。

在数组中，每个元素的数据类型可以不同，可以是数组类型。当 mixed 是数组类型时，可以定义二维数组。

使用 array()函数定义的数组，可以是索引数组，也可以是关联数组。键与数组元素的值之间用 "=>" 符号进行连接。

【示例 1】使用 array()函数定义数组比较灵活，可以直接传递值，而不必传递键。代码如下：

```
<?php
$array = array("a", "b", "c");                //定义数组
print_r($array);                              //输出数组元素
?>
```

输出结果：

```
Array ( [0] => a [1] => b [2] => c )
```

提示：

在调用 array()函数时可以不传递任何参数。先创建一个空数组，再以"数组名称[]"的形式为数组添加元素。

【示例2】创建数组后，可以使用"数组名称[]"获取指定键的数组元素。

```php
<?php
$array = array("a", "b", "c");
echo $array[ 1 ];
?>
```

输出结果：

```
b
```

使用 array()函数定义数组时，键默认从 0 开始，然后依次递增。上面代码输出数组中的第 2 个元素。

【示例3】使用array()函数定义一个数组，包含两个元素，键分别为a和b，对应值分别为first和 second。代码如下：

```php
<?php
$array = array(
    "a" => "first",
    "b" => "second",
);
?>
```

2. 直接赋值

定义数组的另一种方法是直接为数组元素赋值。如果在创建数组时不知道所创建数组的大小，或在实际编写程序时数组的大小可能发生改变，采用这种方法比较好。

【示例4】使用直接赋值创建数组。代码如下：

```php
<?php
$array[1] = 1;
$array[2] = 2;
var_dump($array);
?>
```

输出结果：

```
array(2) {
    [1]=> int(1)
    [2]=> int(2)
}
```

注意：

为数组中的元素直接赋值时，要求同一元素的数组名必须相同。

7.3.2　定义多维数组

扫一扫，看视频

当数组元素也是一个数组时，创建的是一个二维数组；如果二维数组的元素也是一个数组时，就可以构成一个三维数组，以此类推。

【示例1】使用一个二维数组存储产品信息，每行代表一种产品，每列代表一个产品属性。代码如下：

```php
$products = array(array( 'TIR', 'Tires', 100),
         array( 'OIL', 'oil', 10),
         array( 'SPK', 'Spark Plugs', 4));
```

从上面代码可以看到 $products 数组包含 3 个子数组。

【示例 2】可以模仿访问一维数组的形式，访问多维数组的元素。代码如下：

```
echo '|'.$products[0][0].'|'.$products[0][1].'|'.$products[0][2].'|<br />';
echo '|'.$products[1][0].'|'.$products[1][1].'|'.$products[1][2].'|<br />';
echo '|'.$products[2][0].'|'.$products[2][1].'|'.$products[2][2].'|<br />';
```

【示例 3】可以使用嵌套 for 语句来访问多维数组。代码如下：

```
for($row=0 ;$row<3;$row++){
   for($colum=0; $colum<3; $colum++){
      echo '|'.$products[$row][$colum];
   }
   echo '|<br />';
}
```

示例 2 和示例 3 可以在浏览器中产生相同的输出结果，如图 7.2 所示。

图 7.2　二维数组输出结果

比较上面两个示例，可以看到示例 2 的代码更简洁一些。

【示例 4】通过创建列名来保存产品信息，更容易阅读。代码如下：

```
$products = array(array('Code' => 'TIR',
                        'Description' => 'Tires',
                        'Price' => 100),
           array('Code' => 'OIL',
                 'Description' => 'oil',
                 'Price' =>10),
           array('Code' => 'SPK',
                 'Description' => 'Spark Plugs',
                 'Price' =>4));
```

【示例 5】如果要检索某个值，比较容易找到。但是不能使用一个嵌套的 for 语句按顺序遍历每一列信息。代码如下：

```
for ( $row = 0; $row < 3; $row++ ){
   echo '|'.$products[$row]['Code'].
        '|'.$products[$row]['Description'].
        '|'.$products[$row]['Price'].'|<BR>';
}
```

【示例 6】for 语句和 while 语句结合使用可以快速访问示例 5 中的二维数组。在 while 语句中使用 each()函数和 list()函数遍历整个内部数组。代码如下：

```
for ( $row = 0; $row < 3; $row++ ){
   while ( list( $key, $value ) = each( $products[ $row ] ) ){
      echo "|$value";
   }
   echo "|<BR>";
}
```

【示例 7】定义一个三维数组。代码如下：

```
$categories = array( array ( array( "TIR", "Tires", 100 ),
```

```
                        array( "OIL", "Oil", 10 ),
                        array( "SPK", "Spark Plugs", 4 )
        ),
        array ( array( "TIR", "Tires", 100 ),
                array( "OIL", "Oil", 10 ),
                array( "SPK", "Spark Plugs", 4 )
        ),
        array ( array( "TIR", "Tires", 100 ),
                array( "OIL", "Oil", 10 ),
                array( "SPK", "Spark Plugs", 4 )
        )
    );
```

【示例 8】因为示例 7 定义的数组是索引数组，可以使用嵌套的 for 语句来输出它的内容。代码如下：

```
for ( $layer = 0; $layer < 3; $layer++ ) {
  echo "Layer $layer<BR>";
  for ( $row = 0; $row < 3; $row++ ) {
    for ( $column = 0; $column < 3; $column++ ) {
        echo "|".$categories[$layer][$row][$column];
    }
    echo "|<BR>";
  }
}
```

根据创建三维数组的方法，还可以创建四维、五维或六维数组。在 PHP 中，并没有数组维度的限制，但一般很少用到多于三维的数组。大多数的实际问题在逻辑上使用三维或更少维的数组结构就可以解决。以上代码在浏览器中的输出结果如图 7.3 所示。

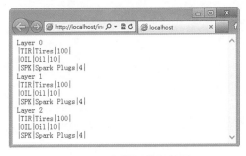

图 7.3　三维数组输出结果

扫描，拓展学习

7.4　操 作 数 组

为了方便用户操作数组，PHP 提供了大量函数，只要灵活使用这些函数，就可以轻松操作数组。读者可以扫码了解 PHP 的数组函数。

扫一扫，看视频

7.4.1　输出数组

在 PHP 中输出数组有两种方式：输出元素和输出整个数组。

● 输出元素可以使用输出语句实现，如 echo 语句、print 语句等。

- 输出整个数组可以使用 print_r() 和 var_dump() 函数等。

【示例】使用 print_r() 和 var_dump() 函数输出整个数组。代码如下：

```
$prices = array("a" =>100, "b"=>10, "c"=>1);
print_r($prices);
var_dump($prices);
```

输出结果：

```
Array (
    [a] => 100
    [b] => 10
    [c] => 1
)
array(3) {
    ["a"]=> int(100)
    ["b"]=> int(10)
    ["c"]=> int(1)
}
```

7.4.2　统计元素个数

扫一扫，看视频

使用 count() 函数可以统计数组中元素的个数。其语法格式如下：

```
int count ( mixed $var [, int $mode = COUNT_NORMAL ] )
```

参数说明：

- $var：数组或对象。
- $mode：可选参数，默认值为 0，表示不能识别无限递归。如果设置为 COUNT_RECURSIVE（或 1），count() 函数将递归地统计元素。

【示例 1】使用 count() 函数统计数组 $a 中元素的个数，返回值为 3。代码如下：

```
$a[0] = 1;
$a[3] = 3;
$a[6] = 5;
echo count($a);
```

【示例 2】使用 count() 函数统计二维数组 $products 中元素的个数，返回值为 12。代码如下：

```
$products = array(array( 'TIR', 'Tires', 100),
                  array( 'OIL', 'oil', 10),
                  array( 'SPK', 'Spark Plugs', 4));
echo count($products, 1);              //需要设置第 2 个参数值为 1
```

7.4.3　遍历数组

遍历数组就是逐一访问数组中的每个元素，是一种常用的操作数组的方法，在遍历过程中可以完成查询、更新等操作。

扫一扫，看视频

1. foreach() 函数

foreach() 函数是遍历数组元素最常用的方法。其语法格式如下：

```
foreach (array_expression as $value)
    statement
foreach (array_expression as $key => $value)
    statement
```

第 1 种格式遍历给定的 array_expression 数组。每次循环中，当前元素的值被赋给 $value，且数组内部的指针向前移一步，下一次循环中将会得到下一个元素。第 2 种格式不仅访问元素的值（$value），还将当前元素的键赋给变量 $key。

【示例 1】foreach 循环并非操作数组本身，而是操作数组的一个备份。用户可以通过在 $value 变量之前加上"&"实现引用赋值，而不是复制一个值，这样就可以修改数组的元素。代码如下：

```
$arr = array(1, 2, 3, 4);
foreach ($arr as &$value) {
    $value = $value * 2;
}
var_dump($arr);
```

输出结果：

```
array(4) {
    [0]=> int(2)
    [1]=> int(4)
    [2]=> int(6)
    [3]=> &int(8)
}
```

2. list()函数

list()函数是把数组中的值赋给一些变量。与 array()函数类似，list()函数不是真正的函数，而是一种语言结构。list()函数仅能用于索引数组，且键从 0 开始。其语法格式如下：

```
void list(mixed...)
```

参数 mixed 为被赋值的变量名称。

【示例 2】使用 list()函数将 each()函数返回的两个值分开。代码如下：

```
$prices["a"] = 100;
$prices["b"] = 10;
$prices["c"] = 1;
while(list($product, $price) = each($prices))
    echo "$product => $price<br />";
```

以上代码使用 each()函数从 $prices 数组中取出当前元素，并且将它作为数组返回，然后再指向下一个元素。再使用 list()函数将 each()函数返回的值分别赋给变量 $product 和 $price 的新变量。最后使用 while 语句逐一输出元素。

提示：

当使用 each()函数时，数组将记录当前元素。如果希望在同一代码中两次使用该数组，就必须先使用函数 reset() 将当前元素重新设置到数组开始处，再开始遍历。代码如下：

```
reset($prices) ;
while(list($product, $price) = each($prices))
    echo "$product => $price<br />";
```

7.4.4 数组与字符串的转换

扫一扫，看视频

PHP 使用 explode()函数和 implode()函数实现数组与字符串之间的相互转换。

1. explode()函数

explode()函数能够把字符串转换为数组。其语法格式如下：

```
array explode ( string $delimiter , string $string [, int $limit ] )
```

参数说明：

- $delimiter：边界分隔符。
- $string：输入的字符串。
- $limit：如果设置 $limit 参数，且是正数，则返回的数组包含最多$limit 个元素，而最后的元素将包含 $string 的剩余部分。如果 $limit 参数是负数，则返回除最后的-$limit 个元素外的所有元素；如果 $limit 是 0，则会被当作 1。

【示例 1】将字符串按词分隔为数组。代码如下：

```
$php = "PHP is a popular general-purpose scripting language";
$php1 = explode(" ", $php);
var_dump($php1);
```

输出结果：

```
array(7) { [0]=> string(3) "PHP" [1]=> string(2) "is" [2]=> string(1) "a" [3]=> string(7) "popular"
[4]=> string(15) "general-purpose" [5]=> string(9) "scripting" [6]=> string(8) "language" }
```

2. implode()函数

implode()函数能够将一个一维数组转换为字符串。其语法格式如下：

```
string implode ( string $glue , array $pieces )
string implode ( array $pieces )
```

参数说明：

- 参数 $glue 为分隔的字符串，默认为空字符串。
- 参数 $pieces 表示要转换的数组。

【示例 2】把数组 array('ASP', 'PHP', 'JSP')转换为字符串。代码如下：

```
$array = array('ASP', 'PHP', 'JSP');
$str = implode(",", $array);
echo $str;
```

输出结果：

```
ASP,PHP,JSP
```

7.4.5　数组排序

扫一扫，看视频

PHP 提供了多个对数组排序的方法，如 sort()、rsort()、asort()、arsort()、ksort()、krsort()、usort()、uksort()、uasort()，下面结合示例进行简单说明。

【示例 1】用 sort()函数进行排序，并将数组按字母升序方式进行排序。代码如下：

```
$products = array( "Tires", "Oil", "Spark Plugs" );
sort($products);
print_r($products);
```

输出结果：

```
Array ( [0] => Oil [1] => Spark Plugs [2] => Tires )
```

【示例 2】如果数组的元素是数字，则按数字升序方式进行排序。代码如下：

```
$prices = array( 100, 10, 4 );
sort($prices);
print_r($prices);
```

输出结果：

```
Array ( [0] => 4 [1] => 10 [2] => 100 )
```

📢 **注意：**

> sort()函数是区分字母大小写的。在 ASCII 码表中，大写字母在小写字母的前面。所以 A 小于 Z，而 Z 小于 a。

sort()函数包含一个可选参数，用于设置排序方式。这个可选参数的值为 SORT_REGULAR（默认值）、SORT_ NUMERIC 或 SORT_STRING。指定排序类型的功能是非常有用的。例如，当要比较可能包含有数字 2 和 12 的字符串时。从数字角度看，2 要小于 12，但是作为字符串，"12"却要小于"2"。

asort()函数和 ksort()函数可以对关联数组进行排序。如果使用关联数组存储各个项目和它们的价格，就需要用不同的排序函数使键和值在排序时仍然保持一致。

【示例 3】创建一个包含 3 个产品名称及其价格的数组，然后将数组按价格升序方式进行排序。代码如下：

```
$prices = array( "Tires"=>100, "Oil"=>10, "Spark Plugs"=>4 );
asort($prices);
print_r($prices);
```

输出结果：

```
Array ( [Spark Plugs] => 4 [Oil] => 10 [Tires] => 100 )
```

asort()函数将根据数组的值进行排序。在这个数组中，值为价格，而键为产品名称。

【示例 4】如果要按产品名称排序，就可以使用 ksort()函数，它是按键排序而不是按值排序。代码如下：

```
$prices = array( "Tires"=>100, "Oil"=>10, "Spark Plugs"=>4 );
ksort($prices);
print_r($prices);
```

输出结果：

```
Array ( [Oil] => 10 [Spark Plugs] => 4 [Tires] => 100 )
```

📝 **提示：**

> sort()、asort()和 ksort()这 3 个函数都使数组按升序方式排序，与之对应的反向排序的函数是 rsort()、arsort()和 krsort()。反向排序函数与排序函数的用法相同。函数 rsort()将一个一维数字索引组按照降序方式排序。函数 arsort()将一个一维关联数组的值按照降序方式排序。函数 krsort()将根据数组的键将一维数组按照降序方式排序。

【示例 5】定义一个二维数组，这个数组存储了 3 种产品的名称、说明和价格。代码如下：

```
$products = array( array( "TIR", "Tires", 100 ),
                   array( "OIL", "Oil", 10 ),
                   array( "SPK", "Spark Plugs", 4 ) );
```

然后定义一个排序函数，利用这个排序函数，按字母顺序对数组中的第二列进行排序。代码如下：

```
function compare($x, $y){
   if ( $x[1] == $y[1] )
      return 0;
   else if ( $x[1] < $y[1] )
      return -1;
   else
      return 1;
}
usort($products, "compare");
print_r($products);
```

输出结果：

```
Array (
    [0] => Array (
        [0] => OIL
        [1] => Oil
        [2] => 10 )
    [1] => Array (
        [0] => SPK
        [1] => Spark Plugs
        [2] => 4 )
    [2] => Array (
        [0] => TIR
        [1] => Tires
        [2] => 100 )
)
```

在上面代码中，compare()是排序函数，该函数有两个参数：$x、$y。该函数的作用是比较两个值的大小。$x 和$y 将是主数组中的两个子数组，分别代表一种产品。因为计数是从 0 开始的，而且是这个子数组的第 2 个元素的说明，所以为了访问子数组 $x 的说明，需要输入 $x[1]和$y[1] 来比较子数组的说明。

如果要让数组按另一种顺序存储，编写一个不同的比较函数即可。

【示例 6】定义一个排序函数，按价格进行排序，即按数组的第 3 列进行排序。代码如下：

```
function compare($x, $y){
    if ( $x[2] == $y[2] )
        return 0;
    else if ( $x[2] < $y[2] )
        return -1;
    else
        return 1;
}
```

当执行 usort($products, "compare")语句时，数组将按价格升序方式来排序。

【示例 7】定义一个排序函数进行反向排序。当 $x 小于 $y 时，函数返回 1；当 $x 大于 $y 时，函数返回-1。代码如下：

```
function reverseCompare($x, $y){
    if ( $x[2] == $y[2] )
        return 0;
    else if ( $x[2] < $y[2] )
        return 1;
    else
        return -1;
}
```

当执行 usort($products, "reverseCompare")语句时，数组将按价格降序方式来排序。

7.4.6　数组指针

在 PHP 中，每个数组内都有一个当前元素。当创建新数组时，当前元素将初始化为第一个元素。

- 调用 current($array_name)函数将返回当前元素。
- 调用 next()函数或 each()函数将使内部指针前移一个元素。
- 调用 each($array_name)函数将返回当前元素，并将内部指针前移一个元素。

扫一扫，看视频

- 调用 next($array_name)函数将内部指针前移，然后再返回新的当前元素。
- 使用 reset()函数将返回数组的第一个元素，并把它设置为当前元素。
- 调用 end($array_name)函数可以将内部指针移到数组末尾，并返回最后一个元素。
- 调用 prev()函数可以将当前指针往回移一个位置，然后再返回新的当前元素。

【示例】反向输出一个数组的内容。代码如下：

```php
$array = array(1, 2, 3);
$value = end($array);
while ($value){
   echo "$value<br>";
   $value = prev($array);
}
```

输出结果：

```
3
2
1
```

使用 each()、current()、reset()、end()、next()、pos()和 prev()函数可以实现按指定顺序浏览数组的功能。

7.5 操 作 元 素

用户可以操作数组中的元素，如对元素的添加、删除和查询。

7.5.1 查询指定元素

使用 array_search()函数可以查询数组中的指定元素，如果找到，则返回键，否则返回 False。在 PHP 4.2.0 版本之前，该函数在失败时返回 NULL，而不是 False。其语法格式如下：

```php
mixed array_search ( mixed $needle , array $haystack [, bool $strict =False ] )
```

参数说明：

- $needle：要查询的值。如果 $needle 是字符串，则查询时区分大小写。
- $haystack：被查询的数组。
- $strict：可选参数，如果值为 True，还将在数组中检查给定值的类型。

【示例】定义一个数组，并使用 array_search()函数查询指定元素。代码如下：

```php
$array = array(0 => 'blue', 1 => 'red', 2 => 'green', 3 => 'red');
echo array_search('green', $array);
echo array_search('red', $array);
```

输出结果：

```
2
1
```

7.5.2 获取最后一个元素

使用 array_pop()函数可以获取数组中的最后一个元素，并将数组的长度减 1，此过程也称出栈。如果数组为空，或者查询对象不是数组，将返回 NULL。其语法格式如下：

```
mixed array_pop ( array &$array )
```

参数 $array 表示被操作的数组。

【示例】使用 array_pop()函数获取数组中的最后一个元素。代码如下：

```
$stack = array("red", "green", "blue");
$fruit = array_pop($stack);
print_r($stack);
```

输出结果：

```
Array (
    [0] => red
    [1] => green
)
```

7.5.3 添加元素

扫一扫，看视频

使用 array_push()函数可以向数组中添加元素。array_push()函数将数组当作一个栈，并将传入的元素加入数组的末尾，数组的长度将根据入栈元素数量的增加而增加。其语法格式如下：

```
int array_push ( array &$array , mixed $var [, mixed $... ] )
```

参数 $array 表示要输入的数组，$var 表示要加入的值。返回结果是处理之后数组的元素个数。

【示例】使用 array_push()函数向数组中添加一个元素。代码如下：

```
$stack = array("red", "green", "blue");
$fruit = array_push($stack, "yellow");
print_r($stack);
```

输出结果：

```
Array ( [0] => red [1] => green [2] => blue [3] => yellow )
```

7.5.4 删除重复元素

扫一扫，看视频

使用 array_unique()函数可以删除数组中的重复元素。array_unique()函数先将元素作为字符串排序，然后对每个元素只保留第一个遇到的键，忽略后面所有的键。其语法格式如下：

```
$array=array_unique ( array $array [, int $sort_flags = SORT_STRING ] )
```

参数 $array 表示要操作的数组，$sort_flags 为可选参数，用于设置排序的方式，取值说明如下：

- SORT_REGULAR：按正常顺序比较元素，不改变类型。
- SORT_NUMERIC：比较元素数值。
- SORT_STRING：按字符串顺序比较元素。
- SORT_LOCALE_STRING：根据本地字符串顺序比较元素。

【示例】使用 array_unique()函数删除数组中的重复元素。代码如下：

```
$input = array("a" => "green", "red", "b" => "green", "blue", "red");
$result = array_unique($input);
print_r($result);
```

输出结果：

```
Array (
    [a] => green
    [0] => red
    [1] => blue
)
```

7.6 案 例 实 战

本节将通过多个案例展示 PHP 数组操作的一般应用。

7.6.1 定义特殊形式的数组

自 PHP 5.4.0 版本起，可以使用短数组定义语法。定义方法：使用 "[]" 替代 array()。

【示例 1】使用短数组定义语法定义数组。代码如下：

```php
<?php
$array = [
    "1" => "a",
    "2" => "b"
];
?>
```

📝 **提示：**

键可以为整数或字符串，值可以为任意类型的数据。PHP 能够对键进行强制转换，具体说明如下：

● 如果键为合法的整型值的字符串，则会被转换为整型，如 "8" 实际会被存储为 8，而 "08" 不是合法的整型。

● 如果键为浮点数，则会被转换为整型，如 8.0 实际会被存储为 8。

● 如果键为布尔值，则会被转换成整型，如 True 实际会被存储为 1，False 会被存储为 0。

● 如果键为 NULL，则会被转换为空字符串，如 NULL 实际会被储存为""。

● 如果键为数组或对象，则会抛出警告。

【示例 2】同一数组中，如果多个元素的键相同，则只有最后一个元素的键有效，之前的都会被覆盖。代码如下：

```php
<?php
$array = array(                                         //定义数组
      1   => "a",
    "1"   => "b",
    1.5   => "c",
    True  => "d"
);
print_r($array);                                        //输出数组元素
echo "<br>";
echo $array[0];                                         //抛出错误
echo $array[1];                                         //输出数组元素的值
?>
```

输出结果：

```
Array ( [1] => d )
Notice: Undefined offset: 0 in E:\www\test3.php on line 18
d
```

在上面代码中，所有的键都被强制转换为 1，则前一个键会被覆盖，最后的键的值是 "d"。

【示例 3】PHP 允许同一数组内有整型和字符串型的键。代码如下：

```php
<?php
$array = array(
    "a" => "first",
    "b" => "second",
    1  => 1,
    -1 => -1
```

```
);
var_dump($array);
?>
```

输出结果：

```
array(4) {
   ["a"]=> string(5) "first"
   ["b"]=> string(6) "second"
   [1]=> int(1)
   [-1]=> int(-1)
}
```

【示例 4】如果没有指定键，则取最大的键加 1 作为当前键；如果指定的键已经有值，则该值会被覆盖。代码如下：

```
<?php
$array = array("a", "1");
var_dump($array);
?>
```

输出结果：

```
array(2) {
   [0]=> string(1) "a"
   [1]=> string(1) "1"
}
```

【示例 5】为部分元素指定键与值。代码如下：

```
<?php
$array = array("a", 5 => "1", "b");
var_dump($array);
?>
```

输出结果：

```
array(3) {
   [0]=> string(1) "a"
   [5]=> string(1) "1"
   [6]=> string(1) "b"
}
```

在上面代码中，可以看到最后一个值"b"被自动赋予键 6，因为之前最大的整数键是 5。

7.6.2　设计购物车

扫一扫，看视频

本例综合运用 PHP 各种数组函数，实现更新数组元素的功能。案例为设计一个购物车，通过数组函数对存储的商品数量进行修改，演示效果如图 7.4 所示。

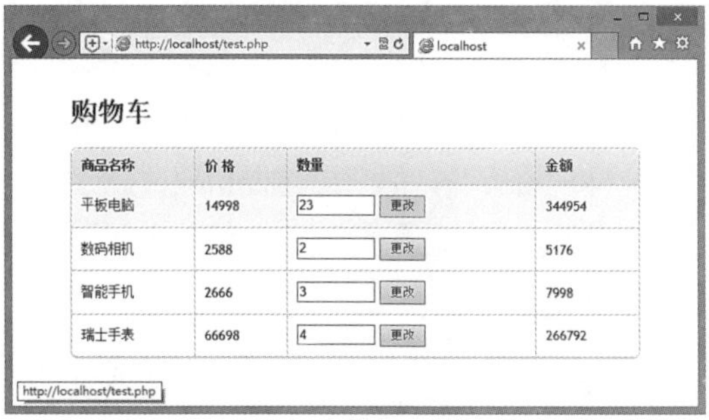

图 7.4　设计购物车演示效果

代码如下：

```php
<?php
//初始化变量
$name = "平板电脑@数码相机@智能手机@瑞士手表";          //定义字符串
$price ="14998@2588@2666@66698";
$counts = "1@2@3@4";
$arrayid=explode("@",$name);                        //将字符串"商品名称"转换为数组
$arraynum=explode("@",$price);                      //将字符串"价格"转换为数组
$arraycount=explode("@",$counts);                   //将字符串"数量"转换为数组
//获取用户更新的数据
if(isset($_POST["Submit"]) && $_POST["Submit"]==True){
    $id=$_POST["name"];                             //获取要更改元素的名称
    $num=$_POST["counts"];                          //获取要更改的值
    $key=array_search($id, $arrayid);               //在数组中搜索给定的值，如果成功返回键
    $arraycount[$key]=$num;                         //更改数量
    $counts=implode("@",$arraycount);               //将更改后的数量添加到购物车中
}
?>
<h1>购物车</h1>
<table>
    <tr>
        <th>商品名称</th>
        <th>价 格</th>
        <th>数量</th>
        <th>金额</th>
    </tr>
<?php
for($i=0;$i<count($arrayid);$i++){                  //for 语句读取数组中的数据
?>
    <form name="form1_<?php echo $i;?>" method="post" action="">
        <tr>
            <td><?php echo $arrayid[$i]; ?></td>
            <td><?php echo $arraynum[$i]; ?></td>
            <td><input name="counts" type="text" id="counts" value="<?php echo $arraycount[$i]; ?>"
size="8">
                <input name="name" type="hidden" id="name" value="<?php echo $arrayid[$i]; ?>">
                <input type="submit" name="Submit" value="更改"></td>
            <td><?php echo $arraycount[$i]*$arraynum[$i]; ?></td>
        </tr>
    </form>
<?php
}
?>
</table>
```

上面代码首先初始化变量 $name、$price 和 $counts，将其分别以字符串形式存储商品名称、价格和数量。其次，使用 explode()函数将它们转换为数组。然后，使用 for 语句将它们显示在页面中。

当用户修改数量，并单击"更改"按钮后，使用 array_search()函数找到用户修改的商品，更新其中的数量，同时更新显示。最后，使用 implode()函数把数组转换为字符串进行存储。

7.6.3 设计多文件上传

本例综合运用数组函数，同时实现将任意多个文件上传到服务器的功能。其中，使用 move_uploaded_file()函数完成文件上传操作（关于文件操作的详细介绍，请参考后面章节内容）；使用 array_push()函数向数组中添加元素；使用 array_unique() 函数删除数组中的重复元素；使用 array_pop()函数获取数组中的最后一个元素；使用 count()函数获取数组中元素的个数。演示效果如图 7.5 所示。

扫一扫，看视频

图 7.5 设计多文件同时上传演示效果

【操作步骤】

第 1 步，在 test.php 文件中创建表单，设置以 post 方式提交数据，定义 enctype="multipart/ form-data"属性，添加表单元素和 5 个文件域，完成表单设计操作。代码如下：

```html
<form action="ok.php" method="post" enctype="multipart/form-data" name="form1">
  <tr>
    <td>内容1：</td>
    <td><input name="picture[]" type="file" id="picture[]" size="30"></td>
  </tr><tr>
    <td>内容2：</td>
    <td><input name="picture[]" type="file" id="picture[]" size="30"></td>
  </tr><tr>
    <td>内容3：</td>
    <td><input name="picture[]" type="file" id="picture[]" size="30"></td>
  </tr><tr>
    <td>内容4：</td>
    <td><input name="picture[]" type="file" id="picture[]" size="30"></td>
  </tr><tr>
    <td>内容5：</td>
    <td><input name="picture[]" type="file" id="picture[]" size="30"></td>
  </tr><tr>
    <td colspan="2"><input type="image" name="imageField" src="images/btn.jpg"></td>
  </tr>
</form>
```

第 2 步，在 ok.php 文件中，通过 $_FILES 预定义变量获取表单提交的数据，通过数组函数完成对上传文件元素的操作。

第 3 步，使用 move_uploaded_file()函数将上传的文件添加到服务器指定的文件夹中。代码如下：

```php
<?php
if(!is_dir("./upfile")){                          //判断服务器中是否存在指定的文件夹
    mkdir("./upfile");                            //如果不存在，则创建文件夹
}
array_push($_FILES["picture"]["name"],"");        //向表单提交的数组中增加一个空元素
$array=array_unique($_FILES["picture"]["name"]);  //删除数组中的重复元素
array_pop($array);                                //删除数组中的最后一个元素
for($i=0;$i<count($array);$i++){                  //根据元素个数执行 for 语句
    $path="upfile/".$_FILES["picture"]["name"][$i];    //定义上传文件存储位置
    if(move_uploaded_file($_FILES["picture"]["tmp_name"][$i],$path)){
                                                  //执行文件上传操作
        $result=True;
    }else{
        $result=False;
    }
}
if($result==True){
    echo "文件上传成功，请稍等...";
    echo "<meta http-equiv=\"refresh\" content=\"1; url=test.php\">";
}else{
    echo "文件上传失败，请稍等...";
    echo "<meta http-equiv=\"refresh\" content=\"1; url=test.php\">";
}
?>
```

7.7　在 线 支 持

数组是有效管理数据的工具之一，借助数组的强大功能，可以对大量类型相同的数据进行读/写、排序、插入和删除等操作，从而提高程序的执行效率，优化程序代码。PHP 提供了大量数组操作函数，对于初学者来说，需要强化训练以期掌握它们的用法和应用技巧。

扫描，拓展学习

第8章

使用函数

函数是一段封装的代码，可以被反复执行。定义函数的目的是将程序按功能分块，方便程序的使用、管理、阅读和调试。函数可以分为两种，一种是别人写好的或系统内部提供的函数，使用者只需知道这个函数的功能，不用熟悉内部代码的实现；另一种函数是自己定义的，用来实现个人开发需求。

学习重点

- 定义函数。
- 灵活调用函数。
- 正确使用函数参数和返回值。
- 灵活使用函数的作用域、闭包和箭头函数。
- 使用生成器。

扫一扫，看视频

8.1 定义函数

在 PHP 语言中，定义函数的语法格式如下：

```
function fun_name($arg_1, $arg_2, ..., $arg_n){
    fun_body;
}
```

参数说明：

- function：声明自定义函数时必须使用的关键字。
- fun_name：函数的名称。与 PHP 其他标识符命名规则相同，有效的函数名以字母或下划线开头，后面跟字母、数字或下划线。
- $arg_1, $arg_2, ..., $arg_n：函数的参数，参数之间通过逗号分隔，参数个数不限，也可以省略参数。
- fun_body：函数体，可以包含一行或多行代码，这些代码是函数的主体，用于实现指定功能。任何有效的 PHP 代码都可以出现在函数内部，甚至包括其他函数和类定义代码。

定义函数后，就可以调用函数了，调用函数的方法比较简单。

📝 提示：

PHP 中的所有函数和类都具有全局作用域，即定义在函数内部可以在函数外部调用，反之亦然。PHP 不支持函数重载，也不能取消定义或重定义函数。

【示例1】定义一个函数 square()，计算传入参数的平方，然后输出结果。代码如下：

```php
<?php
function square($num){                        /* 定义函数 */
    return "$num * $num = ".$num * $num;       /* 返回计算的结果 */
}
echo square (10);                             /* 调用函数，并传递参数值为 10 */
//输出结果: 10 * 10 = 100
?>
```

【示例2】定义一个嵌套函数，然后分别进行调用。代码如下：

```php
<?php
function foo(){
    function bar() {
        echo "直到 foo()被调用后，我才可用。\n";
    }
}
/* 现在还不能调用 bar()函数，因为它还不存在 */
foo();
/* 现在可以调用 bar()函数了，因为 foo()函数的执行使得 bar()函数变为已定义的函数 */
bar();
?>
```

【示例3】下面代码演示了如何设计递归函数，在函数体内调用函数自身。代码如下：

```php
<?php
function recursion($a){
    if ($a < 20) {                            //设置递归终止条件
        echo "$a\n";
        recursion($a + 1);                    //调用函数自身
```

```
    }
}
recursion(1);                                //启动递归函数
//输出:
?>
```

在调用递归函数时，应该设置循环调用的条件或次数，避免死循环调用自身，耗尽系统资源。

8.2　函数的参数

如果定义的函数有参数，则在调用函数时，需要向函数传递参数值。参数是从左向右求值的。

扫一扫，看视频

📝 提示：
被传入的参数称为实参，在定义函数时指定的参数称为形参。

8.2.1　按值传递参数

在传递参数时，实参和形参应该个数相等、类型一致，与 C 或 Java 等强类型编程语言中的参数使用方法一样，但是 PHP 是弱类型编程语言，用法更加灵活。

在默认情况下，函数按值传递参数。按值传递参数，就是将实参传递给对应的形参，在函数内部操作形参，操作的结果不会影响实参，即形参的值发生变化，实参的值不会改变。因而即使在函数内部改变参数的值，都不会改变函数外部的值。

📝 提示：
从 PHP 8.0 版本开始，函数的参数列表尾部可以包含一个逗号，这个逗号将被忽略。这在参数列表较长或包含较长的变量名的情况下特别有用，这样可以方便地垂直列出参数。例如：

```
function takes_many_args(
    $first_arg,
    $second_arg,
    $a_very_long_argument_name,
    $arg_with_default = 5,
    $again = '默认字符串',        // 在 PHP 8.0 版本之前，这个尾部的逗号是不允许的
){// ...}
```

【示例】定义一个函数 fun($m)，分别在函数体内和函数体外输出形参 $m 和实参 $m 的值。代码如下：

```php
<?php
function fun($m){
    $m = $m * 2 +1;                          //改变形参的值
    echo "在函数体内: \$m = ".$m;             //显示形参值为11
}
$m = 5;                                      //定义实参并赋值
fun($m);                                     //调用函数
echo "在函数体外: \$m = ".$m;                //显示实参值为 5
?>
```

8.2.2　按引用传递参数

如果希望函数可以修改参数值，或者想要函数的一个参数总是通过引用传递，就可以在函数定义中设置按引用传递参数，即将实参的内存地址传递给形参。

实现方法：定义函数时，在需要引用的形参前面添加"&"符号。这时在函数内，对形参的所有操作，都会影响到实参的值，如果改变形参，调用函数后，也会发现实参的值发生变化。

【示例】定义一个函数 fun($m)，按引用传递参数，分别在函数体内和函数体外输出形参 $m 和实参 $m 的值。代码如下：

```php
<?php
function fun(&$m){
    $m = $m * 2+1;                    //改变形参的值
    echo "在函数体内：\$m = ".$m;      //显示形参值为 11
}
$m = 5;                               //定义实参并赋值
fun($m);                              //调用函数
echo "在函数体外：\$m = ".$m;          //显示实参值为 11
?>
```

8.2.3　默认参数

在定义函数时声明了参数，而在调用函数时没有指定参数或者少指定了参数，运行时就会出现缺少参数的警告。在 PHP 中，支持函数以默认方式调用，即为参数指定一个默认值。在调用函数时如果没有指定参数的值，在函数中会使用参数的默认值。

参数的默认值必须是常量表达式，不能是变量、类成员或函数调用。PHP 还允许使用数组和特殊类型 NULL 作为默认参数。

【示例】使用可选参数设计一个简单的多态函数。在调用函数时，如果仅传递一个参数值，则仅显示该参数值；如果传递两个参数值，则显示两个参数值之和。代码如下：

```php
<?php
function fun(&$m, $n=0){          //$m 为引用参数，$n 为可选参数
    $l = $m+$n;                   //内部求两个参数和
    if($n == 0)                   //如果第 2 个参数为 0，则仅输出第 1 个参数值
        echo "\$m = ".$l."<p>";

                                  //如果第 2 个参数非 0，或者没有传递参数，则输出两个参数值的和
    else
        echo "\$m + \$n = ".$l."<p>";
}
$m = 5;
$n = 5;
fun($m);                          //输出：$m = 5
fun($m, $n);                      //输出：$m + $n = 10
?>
```

📋 提示：

当使用默认参数时，默认参数必须放在非默认参数的右侧；否则，函数将不会按照预期的情况运行。引用参数也可以有默认值。

8.2.4　可变参数

在自定义函数中，PHP 支持数量可变的参数列表。实现方法：在定义函数时，在可变形参的前面添加"..."符号，就会将其转换为指定参数变量的数组。

✏️ 提示：

可以使用以下函数来获取可变参数：func_num_args()、 func_get_arg()和 func_get_args()，不过建议使用"..."符号来替代。

【示例1】定义一个求和函数，由于无法确定用户需要计算的参数个数，此时可以使用可变参数进行表示。代码如下：

```php
<?php
function sum(...$numbers) {
   $acc = 0;
   foreach ($numbers as $n) {          //$numbers 为一个数组，包含所有参数
      $acc += $n;
   }
   return $acc;
}
echo sum(1, 2, 3, 4);                  //输出: 10
?>
```

【示例2】在调用函数时，也可以使用"..."符号来传递数组或可迭代对象。

```php
<?php
function add($a, $b) {
   return $a + $b;
}
echo add(...[1, 2]);                    //输出: 3
$a = [1, 2];
echo add(...$a);                        //输出: 3
?>
```

✏️ 提示：

● 可以在"..."之前指定正常的位置参数。在这种情况下，只有不符合位置参数要求的尾部参数才会被添加到使用"..."符号生成的数组中。
● 也可以在"..."符号前添加一个类型声明。如果存在这种情况，那么"..."符号捕获的所有参数必须是该类型的对象。
● 还可以给参数传递引用变量，通过在"..."符号前添加一个"&"符号来实现。

8.2.5　命名参数

PHP 8.0 版本开始引入命名参数，对默认的位置参数进行扩展。命名参数允许根据参数名而不是参数位置向函数传参,这使得参数的含义自成体系，参数与顺序无关，并允许任意跳过默认值。

实现方法:通过在参数名前面加上冒号来传递。允许使用保留关键字作为参数名。参数名必须是一个标识符，不允许动态指定。其语法格式如下：

```
myFunction(paramName: $value);
```

其中，myFunction 表示函数名，paramName 表示参数名，$value 表示为参数传递的值。

【示例】使用命名参数的传递值。代码如下：

```php
<?php
function show($name,$age){
   echo "$name,$age";
```

```
}
show(name:'张三', age:24);                    //输出：张三,24
show(age:24, name:'张三');                    //输出：张三,24
?>
```

通过上面示例可以看出，是否指定参数的传递顺序并不重要。

📋 提示：

命名参数可以与位置参数结合使用，但是必须确保命名参数在位置参数之后。也可以只指定一个函数的部分可选参数，而不考虑它们的顺序。

8.3　函数的返回值

扫一扫，看视频

使用 return 语句可以定义函数的返回值。

如果在函数体内调用 return 语句，会立即结束其后代码的执行，返回 return 的参数值，并将程序控制权交给调用对象的作用域。

【示例 1】先定义一个函数 values()，作用是输入物品的单价、税率，然后计算实际金额，最后使用 return 语句返回计算的值。代码如下：

```
<?php
function values($price,$tax=0.45){       //定义一个函数，函数中的一个参数有默认值
    $price=$price+($price*$tax);         //计算实际金额
    return $price;                       //返回实际金额
}
echo values(100);                        //调用函数
?>
```

函数的返回值可以是数组、对象等任意类型的值。但是函数不能返回多个值，如果要返回多个值，可以通过返回一个数组来达到类似的效果。

【示例 2】设计一个函数 small()，并输出 3 个值。代码如下：

```
<?php
function small(){
    return array (0, 1, 2);              //以数组的形式返回 3 个值
}
list ($zero, $one, $two) = small();      //把返回的 3 个值存储到 3 个变量中
echo "\$zero=". $zero;                   //输出：$zero=0
echo "<br>\$one=". $one;                 //输出：$one=1
echo "<br>\$two=". $two;                 //输出：$two=2
?>
```

如果定义函数的返回值为引用类型，则必须在函数声明和变量赋值时都使用"&"符号。

【示例 3】在下面代码中，尽管声明函数的方式是 function &test()，但通过 $a = test() 的函数调用方式，得到的其实不是函数的引用返回，只是将函数的值赋给 $a，而 $a 做任何改变都不会影响到函数中的 $b。

而通过 $a = &test() 方式调用函数，它的作用是将 return $b 中的 $b 变量的内存地址赋值给 $a 变量，也就是它们的内存地址指向了同一个地方，即相当于 $a=&$b 的效果，所以改变 $a 的值也同时改变了 $b 的值。

```
<?php
function &test(){
    static $b = 0;                       //定义一个静态变量
```

```
    $b = $b+1;                           //递增$b 的值
    echo $b;                             //输出变量$b 的值
    return $b;                           //返回变量$b 的值
}
$a = test();                             //$b 的值为 1
$a = 5;
$a = test();                             //$b 的值为 2
$a = &test();                            //$b 的值为 3
$a = 5;
$a = test();                             //$b 的值为 6
?>
```

扫一扫，看视频

8.4　可变函数

　　PHP 支持可变函数。可变函数就是，如果一个变量名后有小括号，PHP 将寻找与变量的值同名的函数，并且尝试执行它。可变函数可以用来实现回调函数、函数表等。

📢 **注意：**

可变函数不能用于 echo、print、unset()、isset()、empty()、include、require 语句，以及类似的语言结构。需要使用自己的包装函数来将这些结构用作可变函数。

　　【示例】使用可变函数。代码如下：

```
<?php
function f($arg = ''){
    echo "调用 f(), argument 是'$arg'<br>";
}
$a = "f";                                //给变量$a 赋值，值为函数 f()名称的字符串
$a(1);                                   //调用 f()函数
$b = "f";                                //给变量$b 赋值，值为函数 f()名称的字符串
$b(2);                                   //调用 f()函数
?>
```

　　通过上面代码可以看到，函数的调用是通过改变变量名实现的，通过在变量名后面加上一对小括号，PHP 就会自动寻找与变量名相同的函数，并且执行它。如果找不到对应的函数，则系统会自动报错。

8.5　匿名函数

扫一扫，看视频

　　匿名函数，也称为闭包函数，就是没有指定名称的函数，一般是临时创建的。当匿名函数用作参数的值时，则可称为回调函数。

📢 **注意：**

从 PHP 8.0 版本开始，作用域继承的变量列表可以包含一个尾部的逗号，这个逗号将被忽略。

　　【示例 1】匿名函数与可变函数有点关联。把一个匿名函数赋值给变量 $fun，在变量 $fun 后

面加上小括号后，就可以调用这个匿名函数。代码如下：

```php
<?php
//将一个没有名字的函数赋值给一个变量$fun
$fun = function($a){
echo $a;
};
//变量后加括号并传入参数，调出匿名函数并输出
$fun("php.cn");
?>
```

【示例 2】把匿名函数作为参数的值传递给函数 callback()，实现回调函数。代码如下：

```php
<?php
/* 定义函数 callback，需要传递一个匿名函数作为参数 */
function callback($back){
    echo $back();                    //参数是一个函数时才能在这里调用
}
callback(function(){                 //调用函数的同时直接传入一个匿名函数
    echo "闭包函数";
});
?>
```

闭包有一个重要功能：可以在内部函数中使用外部变量。实现方法：使用关键字 use 来连接闭包函数和外部变量，这些变量都必须在函数的头部声明。

【示例 3】定义函数 callback()，并传递一个匿名函数作为参数（这里的参数只有是函数时才可调用）。闭包通过 use 关键字在内部函数中使用外部变量，调用函数的同时直接传入匿名函数。代码如下：

```php
<?php
/*定义函数 callback()，需要传递一个匿名函数作为参数 */
function callback($back){
    echo $back();                    //参数只有是一个函数时才能在这里调用
}
$var = "测试数据";

                                     //闭包的一个重要概念就是在内部函数中使用外部变量
                                     //在匿名函数头部使用 use 关键字绑定外部变量
callback(function() use(&$var){      //调用函数的同时直接传入一个匿名函数
    echo "闭包数据的:{$var}";
});
?>
```

在上面代码中，use 引用的变量是 $var 的副本，如果要完全引用，就使用"&"符号。

扫一扫，看视频

8.6　变量作用域

变量必须在有效的范围内使用，如果超出有效范围，变量就会失去意义。这个有效范围就是变量作用域，见表 8.1。

表 8.1　变量作用域

作　用　域	说　　明
局部变量	在函数内部定义的变量，其作用域是所在函数
全局变量	被定义在所有函数以外的变量，其作用域是整个 PHP 文件，但在自定义函数内部是不可用的。如果希望在自定义函数内部使用，则应该使用 global 关键字声明变量
静态变量	能够在函数调用结束之后仍保留变量值，当再次回到作用域时，又可以继续使用原来的值。一般的变量，在函数调用结束后，其存储的数据将被清除，所占用的内存空间将被释放。但是静态变量不会，静态变量必须使用 static 关键字声明变量

【示例 1】在下面代码中，函数体内无法引用全局变量。

```php
<?php
$a = 1;                          //声明全局变量
function test(){
    echo $a;                     //引用全局变量，无效
}
test();                          //调用函数，显示为空
?>
```

【示例 2】使用 global 关键字声明全局变量。代码如下：

```php
<?php
$a = 1;                          //声明全局变量
function test(){
    global $a;                   //声明全局变量
    echo $a;                     //引用全局变量，有效
}
test();                          //调用函数，显示为 1
?>
```

静态变量仅在局部函数域中存在，但当程序执行离开此作用域时，静态变值并不丢失。

【示例 3】使用静态变量 $count 持续存储叠加的值。代码如下：

```php
<?php
function test(){
    static $count = 0;           //声明静态变量
    $count++;                    //递增变量值
    echo $count;                 //显示变量值
    if ($count < 10) {           //如果变量值小于 10，则继续调用函数
        test();
    }
}
test();                          //调用函数
echo "<p>";
test();                          //第 2 次调用函数
?>
```

静态变量提供了一种处理递归函数的方法。递归函数是一种调用自己的函数，用户在使用递归函数时要小心，因为可能会出现无穷递归的情况，所以必须确保有充分的方法来中止递归。这个简单的递归函数计数到 10，使用静态变量 $count 来判断何时停止。即便函数中止，如果继续调用函数，$count 的值是从 11 开始的，而不是 0，演示效果如图 8.1 所示。

图 8.1　递归函数演示效果

8.7　箭头函数

从 PHP 7.4 版本开始支持箭头函数，它是一种更简洁的匿名函数写法，也称为短闭包。匿名函数和箭头函数都是 closure（闭包）类的实现。其语法格式如下：

```
fn (argument_list) => expr
```

参数说明：

- fn 为箭头函数的标识，原 function 关键字在箭头函数里只需简写为 fn。
- argument_list 表示参数列表。fn 和括号不能省略。
- expr 表示函数表达式，只能包含一个表达式，即返回表达式，不能写多个语句，不接受语句块。return 关键字可忽略。

📋 **提示：**

箭头函数与匿名函数的功能和用法相同，只是其父作用域的变量总是自动的。若表达式中使用的变量是在父作用域中定义的，它将被隐式地按值捕获。

【示例 1】 下面示例演示了函数 $fn1 和 $fn2 的行为是一样的。

```php
$fn1 = fn($x, $y) => $x + $y;
$fn2 = function ($x, $y) {
    return $x + $y;
};

var_export($fn1(3, 4));               // => 7
var_export($fn2(3, 4));               // => 7
```

与匿名函数一样，箭头函数同样允许通过标准的函数声明，包括参数和返回类型、默认值、变量，以及通过引用传递和返回。例如：

```php
<?php
fn(array $x) => $x;                   //参数类型限定
static fn(): int => $x;              //返回值类型限定
fn($x = 42) => $x;                   //设置参数默认值
fn(&$x) => $x;                       //参数引用传递
fn&($x) => $x;                       //返回值引用
fn($x, ...$rest) => $rest;           //可变参数
?>
```

总之，除了只允许一个表达式以外，简短闭包和普通闭包的功能是一样的。这意味着箭头函数不允许有多行语法，其目的是减少冗余。

箭头函数会自动绑定上下文变量，这相当于对箭头函数内部使用的每一个变量 $x 执行了一个 use($x) 函数。这意味着不可能修改外部作用域的任何值，若要实现对值的修改，可以使用匿名函数来替代。

【示例 2】 下面示例演示了不能在箭头函数中修改外部变量。

```php
<?php
$x = 1;
$fn = fn() => $x++;                   //不会影响 x 的值
$fn();
var_export($x);                       // => 1
?>
```

【示例 3】 下面示例演示了箭头函数的作用域。

```php
<?php
```

```
$discount = 5;
$items = [1,2,3];
$items = array_map(fn($item) => $item + $discount, $items);
var_export($items);
?>
```

输出结果：

```
array (
  0 => 6,
  1 => 7,
  2 => 8,
)
```

【示例 4】下面示例演示了箭头函数的嵌套用法。

```
<?php
$z = 1;
$fn = fn($x) => fn($y) => $x * $y + $z;
echo $fn(3)(4);                         // => 13
?>
```

8.8　内置函数

从 PHP 内置了大量的标准函数，还有一些函数需要特定 PHP 扩展模块的支持，否则在使用它们的时候就会提示"未定义函数"错误。例如，如果使用 image 扩展模块中的 imagecreatetruecolor() 函数，需要在编译 PHP 的时候加入 GD 库提供支持；如果使用 mysqli_connect()函数，就需要在编译 PHP 的时候加入 MySQLi 库提供支持。

有 很 多 核 心 函 数 已 包 含 在 PHP 中， 如 字 符 串 和 变 量 函 数。 调 用 phpinfo() 或 get_loaded_extensions()函数可以获取 PHP 加载的扩展库的信息。

注意，很多扩展库默认就是有效的，详细说明可以参考 PHP 参考手册。通过 PHP 参考手册可以确认一个函数的功能、需要的参数以及返回什么值。例如，str_replace()函数将返回修改过的字符串，而 usort()函数却直接作用于传递的参数变量本身。

💡 提示：

如果传递给函数的参数类型与实际类型不一致，如将一个 array 数组传递给一个 string 类型的变量，那么函数的返回值是不确定的。在这种情况下，通常函数会返回 NULL。

8.9　生成器函数

从 PHP 5.5 版本开始引入生成器的概念。生成器提供了一种对象迭代的方法，它比类的 Iterator 接口更高效、简洁。生成器是一个函数，很像普通函数，区别在于普通函数返回一个值，而生成器可以生成任意多个想要的值。任何包含 yield 的函数都是一个生成器函数。其语法格式如下：

```
function generator() {
  ...
  yield 表达式;                 //状态1
  yield 表达式;                 //状态2
  ...
  return;
```

```
}
```

生成器的核心是 yield 关键字，它类似于 return 关键字，区别在于 return 会返回一个值，并终止函数的执行；而 yield 会返回一个值，为循环调用该生成器的代码，并且只是暂停执行生成器。

【示例 1】下面示例演示了如何定义和使用生成器。

```php
<?php
function gen() {
    yield 1;
}
$generator = gen();
foreach ($generator as $value) {
    echo "$value\n";
}
?>
```

输出结果：

```
1
```

在上面代码中，gen()函数是一个生成器，仅能够返回一个值。调用生成器后会返回一个内部的 generator（生成器）对象，该对象实现了 iterator（迭代器）接口，它提供的方法可以操控生成器的状态，包括发送值、返回值。然后，使用 foreach 循环遍历迭代器，获取每个值。

【示例 2】下面示例演示了如何在生成器函数中返回 3 个值。

```php
<?php
function gen_one_to_three() {
    for ($i = 1; $i <= 3; $i++) {
        yield $i;                    //注意变量$i 的值在不同的 yield 之间是保持传递的
    }
}
$generator = gen_one_to_three();
foreach ($generator as $value) {
    echo "$value\n";
}
?>
```

输出结果：

```
1
2
3
```

生成器支持关联键值对。生成键值对与定义一个关联数组十分相似。

【示例 3】下面示例演示了如何将多行字符串通过生成器转换为键值对输出。每一行用分号分隔的字段组合，第一个字段将被用作键名。

```php
<?php
$input = <<<'EOF'
1;PHP;Likes dollar signs
2;Python;Likes whitespace
3;Ruby;Likes blocks
EOF;
function input_parser($input) {
    foreach (explode("\n", $input) as $line) {
        $fields = explode(';', $line);
        $id = array_shift($fields);
        yield $id => $fields;
    }
}
foreach (input_parser($input) as $id => $fields) {
```

```
    echo "$id:\n";
    echo "  $fields[0]\n";
    echo "  $fields[1]\n";
}
?>
```

输出结果:

```
1:
  PHP
  Likes dollar signs
2:
  Python
  Likes whitespace
3:
  Ruby
  Likes blocks
```

注意，在一个表达式上下文中生成键值对需要使用小括号把表达式包含起来，例如:

```
$data = (yield $key => $value);
```

📝 提示:

如果 yield 在没有参数传入的情况下被调用，会生成一个 NULL 值并自动匹配一个键名。例如:

```
<?php
function gen_three_nulls() {
    foreach (range(1, 3) as $i) {
        yield;
    }
}
var_dump(iterator_to_array(gen_three_nulls()));
?>
```

输出结果:

```
array(3) {
  [0]=> NULL
  [1]=> NULL
  [2]=> NULL
}
```

生成器也可以像值一样来引用。这个与从函数返回一个引用一样：在函数名前面加一个引用符号。例如:

```
<?php
function &gen_reference() {
    $value = 3;
    while ($value > 0) {
        yield $value;
    }
}
foreach (gen_reference() as &$number) {
    echo (--$number).'... ';
}
?>
```

输出结果:

```
2... 1... 0...
```

可以在循环中修改 $number 的值，因为生成器是使用引用值来生成的，所以 gen_reference()

内部的 $value 值也会跟着变化。

8.10　案　例　实　战

下面通过多个案例进行 PHP 函数的灵活应用。

扫一扫，看视频

8.10.1　递归函数

递归函数就是函数对自身的调用，是循环运算的一种算法模式。

📝 提示：

（1）递归和迭代都是循环的一种。在实际应用中，能不用递归就不用递归，递归都可以用迭代来代替。

（2）要避免递归超过 100～200 层，否则会使堆栈崩溃从而终止当前代码的运行。无限递归可视为编程错误。

1. 常见的递归问题

递归函数主要用于一些数学运算，如计算阶乘函数、幂函数和斐波那契数列。

【示例 1】斐波那契数列就是一组数字，从第 3 项开始，每一项都等于前两项之和。例如，

1、1、2、3、5、8、13、21、34、55、89、144、233、377、610、987、1597、2584、4181。

使用递归函数计算斐波那契数列，其中最前面的两个数字是 0 和 1。

```
function fbnq($n){
    if($n <= 0) return 0;
    if($n == 1 || $n == 2) return 1;
    return fbnq($n - 1) + fbnq($n - 2);
}
echo fbnq(19);                          //4181
```

尝试传入更大的数字，会发现递归运算的次数加倍递增，速度加倍递减，返回值加倍放大。如果尝试计算实参为 100 的斐波那契数列，浏览器则基本瘫痪。

使用迭代算法来设计斐波那契数列。由于数字小，测试瞬间完成，基本没有任何延迟。代码如下：

```
function fbnq($n){                          //数列中数字的个数
    if($n <= 0){
        return 0;
    }
    $array[1] = $array[2] = 1;              //设第 1 个值和第 2 个值为 1
    for($i=3;$i<=$n;$i++){                   //从第 3 个值开始
        $array[$i] = $array[$i-1] + $array[$i-2];   //后一个值是前两个值的和
    }
    return $array;
}
echo fbnq(19)[19];                          //4181
```

2. 常见的递归型数据结构

很多数据结构都具有递归特性，如 DOM 文档树、多级目录结构、多级导航菜单、家族谱系结构等。对于这类数据结构，使用递归算法进行遍历比较合适。

【示例 2】下面示例演示了如何使用递归函数遍历嵌套数组。

```php
$data = [
  1 => [11, 12, 13 ],
  2 => [21, 22, 23 =>[231, 232, 233]]
];
function travel_array($array){
  $sep = "";
  if (is_array($array)){
    foreach($array as $key=>$value){
      if(is_array($value)){
        travel_array($value);
      } else {
        $sep = $sep . "   ";
        echo $sep. $key . "=>". $value .PHP_EOL;
      }
    }
  } else {
    echo $sep . $array .PHP_EOL;
  }
}
travel_array($data);
```

3. 适合使用递归法解决的问题

有些问题最适合采用递归的方法求解，如汉诺塔问题。

【示例 3】下面演示了如何使用递归法解决汉诺塔问题。参数说明：n 表示盘子数；a、b、c 表示柱子，注意排列顺序。返回说明：当指定盘子数，以及柱子名称后，将输出整个移动过程。

```php
function f( $n, $a, $b, $c ){
  if( $n == 1 )                                    //当为1个时，直接移动
    echo "移动【盘子$n】从【$a 柱】到【$c 柱】<br>"; //直接将参数a移给c
  else{
    f( $n - 1, $a, $c, $b );                        //调整参数顺序，将参数a移给b
    echo "移动【盘子$n 】从【$a 柱】到【$c 柱】<br>";
    f( $n - 1, $b, $a, $c );                        //调整参数顺序，将参数b移给c
  }
}
f( 3, "A", "B", "C" );                              //调用汉诺塔函数
```

输出结果：

```
移动【盘子1】从【A柱】到【C柱】
移动【盘子2】从【A柱】到【B柱】
移动【盘子1】从【C柱】到【B柱】
移动【盘子3】从【A柱】到【C柱】
移动【盘子1】从【B柱】到【A柱】
移动【盘子2】从【B柱】到【C柱】
移动【盘子1】从【A柱】到【C柱】
```

8.10.2　尾递归

尾递归是递归的一种优化算法，递归函数执行时会形成一个调用记录，当子一层的函数代码执行完成后，父一层的函数才会销毁调用记录，这样就形成了调用栈，栈的叠加

扫一扫，看视频

可能会产生内存溢出。而尾递归函数的每子一层函数不再需要使用父一层的函数变量，所以当父一层的函数执行完毕后就会销毁栈记录，避免了内存溢出，节省了内存空间。

【示例】下面演示了如何使用普通线性递归方法计算阶乘。

```php
function f( $n ){
  return ( $n == 1 ) ? 1 : $n * f( $n - 1 );
}
echo(f(5));              //120
```

使用尾递归算法，代码如下：

```php
function f( $n, $a ){
  return( $n == 1 ) ? $a : f( $n - 1, $a * $n );
}
echo( f(5 , 1) );        //120
```

很容易看出，普通线性递归比尾递归更加消耗资源，重复的过程调用会使得调用链条不断加长，系统不得不使用栈进行数据保存和恢复。而尾递归就不存在这样的问题，因为它的状态完全由变量 n 和 a 保存。

提示：

从理论上分析，尾递归也是递归的一种类型，不过它的算法具有迭代算法的特征。上面的阶乘尾递归可以改写为下面的迭代循环。

```php
$n = 5;
$w = 1;
for( $i = 1; $i <= 5; $i ++ ){
   $w = $w * $i;
}
echo( $w );
```

尾递归由于直接返回值，不需要保存临时变量，所以不会产生运算量线性增加的问题，同时 PHP 引擎会将尾递归形式优化成非递归形式。

8.10.3　函数式编程

函数式编程是与面向对象编程、过程式编程并列的编程范式，其最主要的特征是将计算过程分解成可复用的函数，典型应用就是数据过滤、映射、归约。在函数式编程中，只有纯的、没有副作用的函数才是合格的函数。

下面结合示例简单练习 PHP 函数式编程。

首先，定义如下数据结构：

```php
$grade = array(
  array('id' => 1, 'subject' => 'chinese', 'score' => 82),
  array('id' => 2, 'subject' => 'math', 'score' => 98),
  array('id' => 3, 'subject' => 'english', 'score' => 78),
);
```

【示例 1】使用 array_filter()函数过滤数组中的元素，获取成绩大于 80 分的学科。代码如下：

```php
$arrayFilter = array_filter($grade, function($item){
  return $item['score'] > 80 ;
});
var_export($arrayFilter );
```

【示例 2】使用 array_map()函数映射数组，为数组的每个元素应用回调函数。执行过程不影响原数组，返回一个新数组。代码如下：

```
$arrayMap = array_map(function($item){
    return array(
        'id' => $item['id'],
        'subject' => $item['subject'],
        'score' => $item['score'],
        'grade' => $item['score'] >= 60 ? '合格' : '不合格',
    );
}, $grade);
var_export( $arrayMap );
```

【示例 3】使用 array_reduce() 函数迭代数组，将数组简化归约为单一的值。代码如下：

```
// 求分数最高的学科并返回
$maxScore = array_reduce($grade, function($init, $val){
    return $init['score'] > $val['score'] ? $init : $val;
}, array('score' => 0));
// 求平均成绩
$avgScore = array_reduce($grade, function($init, $item){
    return $init + $item['score'];
}, 0) / count($grade);
```

【示例 4】使用 array_walk() 函数对数组中的每个元素做回调处理，执行过程中会修改原数组。代码如下：

```
array_walk($grade, function(&$item, $index){
    $item['grade'] = $item['score'] >= 60 ? '合格' : '不合格';
});
```

高阶函数是函数式编程最显著的特征，它有如下特点：

函数式编程有两种最基本的运算：compose（函数合成）和 curry（柯里化）。

● 函数可以作为参数来使用，也称为回调函数，如函数合成运算。
● 函数可以将返回函数作为输出值，如函数柯里化运算。

扫一扫，看视频

8.10.4　闭包

闭包属于 closure 类，closure 类代表匿名函数的类。该类带有一些操作匿名函数的方法。

在普通函数中将匿名函数作为参数传入，或者作为值返回，就实现了一个简单的闭包。

【示例 1】下面示例演示了如何使用闭包实现计数器。

```
function counts() {
    $a = 1;
    return function() use(&$a) {      // 闭包，引用变量$a
        return $a++;
    };
}
$countFunc = counts();
echo $countFunc();                    // 1
echo $countFunc();                    // 2
echo $countFunc();                    // 3
echo $countFunc();                    // 4
```

在默认情况下，匿名函数不能直接调用所在代码块的上下文变量，而需要使用 use 关键字。使用 use 关键字也可以连接闭包和外界变量，闭包可以保存所在代码块上下文的一些变量和值。

【示例 2】下面示例演示了匿名函数如何使用 use 关键字访问上下文变量。

```
function getMoney() {
```

```
   $rmb = 1;
   $dollar = 6;
   $func = function() use ( $rmb ) {
      echo $rmb;                // 1
      echo $dollar;             // 提示错误
   };
   $func();
}
getMoney();
```

可以看到，$dollar 没有在 use 关键字中声明，在匿名函数中也就不能获取到它。use 关键字引用的是变量的一个副本，要完全引用变量，可以在变量前加一个"&"符号（参考示例 1）。

PHP 闭包的使用场景包括：在动态调用静态类时；在回调函数中使用时；在赋值给一个普通的变量时；在使用 use 关键字从父域中继承、传递参数时；在 OO（面向对象）中使用时；在函数中调用时。下面演示闭包的应用场景。

● 在动态调用静态类时。代码如下：

```
class test{
   public static function getinfo(){
      var_dump(func_get_args());
   }
}
call_user_func(array('test', 'getinfo'), 'hello world');
```

● 在回调函数中使用时。代码如下：

```
echo preg_replace_callback('~-([a-z])~', function ($match) {
   return strtoupper($match[1]);
}, 'hello-world');         // 输出 helloWorld
```

● 在赋值给一个普通的变量时。代码如下：

```
$greet = function($name){
   printf("Hello %s\r\n", $name);
};
$greet('World');
$greet('PHP');
```

● 在使用 use 关键字从父域中继承时。代码如下：

```
$message = 'hello';
// 继承 $message
$example = function () use ($message) {
   var_dump($message);
};
echo $example();
// 通过引用继承
$example = function () use (&$message) {
   var_dump($message);
};
echo $example();
//在父域中更改的值将反映在函数调用中
$message = 'world';
echo $example();
```

● 在使用 use 关键字从父域中传递参数时。代码如下：

```
$message = 'hello';
$example = function ($arg) use ($message) {
   var_dump($arg . ' ' . $message);
};
```

```
$example("hello");
```

● 在 OO（面向对象）中使用时。代码如下：

```
class factory{
   private $_factory;
   public function set($id,$value){
      $this->_factory[$id] = $value;
   public function get($id){
      $value = $this->_factory[$id];
      return $value();
   }
}
class User{
   private $_username;
   function __construct($username="") {
      $this->_username = $username;
   }
   function getUserName(){
      return $this->_username;
   }
}
$factory = new factory();
$factory->set("zhangsan",function(){
   return new User('张三');
});
$factory->set("lisi",function(){
  return new User("李四");
});
echo $factory->get("zhangsan")->getUserName();
echo $factory->get("lisi")->getUserName();
```

● 在函数中调用时。代码如下：

```
function call($callback){
  $callback();
}
call(function() {
   var_dump('hello world');
});
```

8.11 在 线 支 持

扎实的语言基本功是后期 PHP 开发的前提，为了帮助读者快速提升 PHP 编程能力，本节特意提供了大量在线小程序训练题，感兴趣的读者请扫码练习。

扫描，拓展学习

第 9 章

面向对象程序设计

面向对象程序设计（Object Oriented Programming，OOP）是一种计算机编程架构。它比面向过程编程有更强的灵活性和扩展性。对于复杂的 Web 应用和网站来说，使用面向对象的思维方式进行设计会更便捷、高效。本章将结合案例详细介绍使用 PHP 进行面向对象编程的基本方法和应用技巧。

学习重点

- 认识面向对象编程。
- 使用类和 Trait。
- 使用对象。
- 使用魔术方法。
- 使用命名空间。

9.1 认识面向对象编程

从 PHP 5.0 版本开始完全引入了面向对象的编程机制，并且保留了向下兼容性。下面先来认识一下面向对象程序设计的相关概念。

9.1.1 设计原则和目标

OOP 的设计原则：计算机程序由多个独立的单元或对象组合而成。

OOP 的设计目标：重用性、灵活性和扩展性。为了实现整体运算，每个对象都能够独立接收信息、处理数据和向其他对象发送信息。

9.1.2 面向对象的编程优势

面向对象具有如下开发优势：
- 符合人类看待事物的一般规律。
- 可以使系统各部分各司其职、各尽所能。为编程人员敞开了一扇大门，使其编写的代码更简洁、更易于维护，并且具有更强的可重用性。

9.1.3 类和对象

类的概念源于人们认识自然、认识社会的过程。例如，人是动物的一种，是一种富有思维的高级动物，而张三、李四、王五等就是具体的人，这些具体的人就是对象，人就是一类，而动物又是人的父类。类和对象之间的关系如图 9.1 所示。

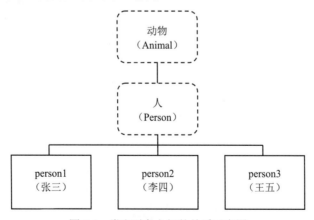

图 9.1 类和对象之间的关系示意图

总之，类是对象的抽象，对象是类的实例。类的内部状态，是指类集合中对象的共同状态；类的运动规律，是指类集合中对象的共同运动规律。

9.1.4 类成员

类成员描述了在类的内部可能存在的各种概念，如常量、变量、字段、构造器、方法、属性、事件、操作符、重载、类型等。在 PHP 中主要包括 3 种基本成员：常量、成员变量和方法。

- 常量，是一个固定的值，不可以改变。
- 成员变量，与普通的变量相同，其值可以改变，用来存储数据。成员变量常被称为属性，用来描述对象的状态。
- 方法，其结构与函数相同，表示一种行为，定义类的具体功能，也就是类要完成的事情。

例如，定义一个 Person 类，设计该类包含成员变量 name、sex 和 age，包含成员方法 say()，如图 9.2 所示。

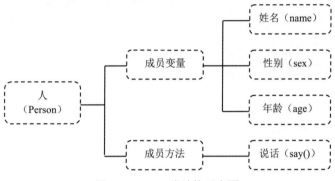

图 9.2 Person 类结构示意图

实例化 Person 类，获得一个具体实例 person1。定义该对象的属性：name 为"张三"、sex 为"男"、age 为 20。调用该对象的方法 say()，输出 name 属性值，则显示为"我是张三"，如图 9.3 所示。

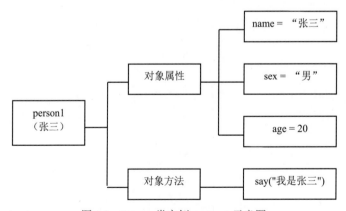

图 9.3 Person 类实例 person1 示意图

再实例化 Person 类，获得另一个具体实例 person2。定义该对象的属性：name 为"李四"、sex 为"女"、age 为 18。调用该对象的方法 say()，输出 name 属性值，则显示为"我是李四"，如图 9.4 所示。

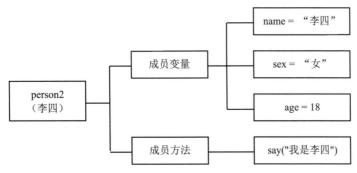

图 9.4　Person 类实例 person2 示意图

9.1.5　类的基本特性

类的本质是对象的抽象，抽象是一个分析的过程。抽象的过程就是定义类知道和要完成的事情的过程，即面向对象设计。面向对象具有以下 3 个基本特性：

（1）继承。不同类之间可能会存在部分相似性。例如，共享相同的属性或方法。但是，我们又不想重写代码，于是就利用继承机制来快速实现代码的"复制"。

继承机制简化了对象和类的创建，提高了代码的可重用性。继承分单继承和多继承，PHP 仅支持单继承，也就是说，一个子类有且只有一个父类。

（2）封装。封装也称为信息隐藏，就是将一个类的使用和实现分开，只保留有限的接口（方法）与外部联系。

对于开发人员来说，只要知道这个类如何使用即可，而不用去关心这个类是如何实现的。这样做可以让开发人员把更多的精力集中于高级设计部分，同时也避免了程序之间的相互依赖和耦合。

（3）多态。多态是指同一个类的不同对象，调用同一个方法可以获得不同的结果，这种技术称为多态性。多态性增强了软件的灵活性和重用性。

9.2　使　用　类

从 PHP 5.0 版本开始引入了新的对象模型，重写并优化了 PHP 处理对象的方式。本节将具体介绍 PHP 类的定义和使用。

9.2.1　定义类

PHP 使用 class 关键字定义类。其语法格式如下：

扫一扫，看视频

```
class 类名{
    //...
}
```

每个类的定义都以关键字 class 开头，后面跟着类名，然后跟着一对花括号，里面包含类的成员变量与方法的定义。 类名可以是任何非 PHP 保留字的合法标签。一个合法类名以字母或下划线开头，后面跟着若干字母、数字或下划线。

一个类可以包含属于自己的常量、成员变量（称为属性）和函数（称为方法）。

【示例】定义一个简单的类 Site，在类的内部使用 public 声明两个成员变量。代码如下：

```php
<?php
class Site {
  /* 成员变量 */
  public $url;
  public $title;
}
?>
```

Site 是一个最简单的空类，没有实现任何功能。

提示：

类的全部内容都必须写在一个代码段中，即在一对 "<?php" 和 "?>" 之间。下面写法是错误的。

```php
<?php
class Site {
  /* 成员变量 */
  public $url;
  public $title;
?>
<?php
}
?>
```

提示：

从 PHP 7.0 版本开始支持匿名类。 匿名类很有用，可以创建一次性的简单对象，可以传递参数到匿名类的构造器，也可以继承（extends）其他类实现接口，以及像其他普通的类一样使用。代码如下：

```php
<?php
class Outer{                                              //外部类
    private $prop = 1;
    protected $prop2 = 2;
    protected function func1(){
        return 3;
    }
    public function func2(){
        return new class($this->prop) extends Outer {        //嵌套的匿名类
            private $prop3;
            public function __construct($prop){
                $this->prop3 = $prop;
            }
            public function func3(){
                return $this->prop2 + $this->prop3 + $this->func1();
            }
        };
    }
}
echo (new Outer)->func2()->func3();                      //6
?>
```

匿名类被嵌套进普通类后，不能访问其外部的 private（私有）、protected（受保护）方法或属性。为了访问外部的 protected 方法或属性，匿名类可以 extend 此外部类。为了使用外部类的 private 属性，参数必须通过构造器传入。

9.2.2　定义成员方法

在类中声明的函数被称为成员方法。成员方法类似于函数，两者语法格式相同，但是函数与成员方法也有区别，简单比较如下：

- 函数实现独立的功能，可以自由调用。
- 成员方法实现类的一个行为，必须与类结合在一起使用。只能通过该类及其实例化的对象访问。

【示例】定义一个简单的类 Site，然后为该类定义了 4 个成员方法，这些方法用来设置和获取类的 $url 和 $title。代码如下：

```php
<?php
class Site {
  /* 成员变量 */
  var $url;
  var $title;
  /* 成员方法 */
  function setUrl($par){
    $this->url = $par;
  }
  function getUrl(){
    echo $this->url . PHP_EOL;
  }
  function setTitle($par){
    $this->title = $par;
  }
  function getTitle(){
    echo $this->title . PHP_EOL;
  }
}
?>
```

$this 是一个伪变量，表示类的实例对象，PHP_EOL 是一个系统常量，表示换行符。

9.2.3　实例化对象

定义类之后，可以使用 new 关键字来实例化类，获取实例对象。其语法格式如下：

```
实例对象 = new 类名;
```

在类定义内部，可以用 new self 和 new parent 创建新对象。

【示例 1】以 9.2.2 小节示例为基础，使用 new 关键字获取 Site 类的 3 个实例。

```
$runoob = new Site;
$taobao = new Site;
$google = new Site;
```

以上代码创建了 3 个相互独立的对象。

当把一个对象已经创建的实例赋给一个新变量时，新变量会访问同一个实例，就像用该对象赋值一样。此行为与给函数传入实例一样。可以将实例通过克隆给一个已创建的对象的方法建立一个新实例。

获得实例对象之后，可以使用对象调用成员方法。其语法格式如下：

```
实例对象 -> 成员方法
```

【示例 2】以示例 1 的实例对象为基础，调用类 Site 的成员方法。代码如下：

```
//调用成员方法，设置标题和 URL
$runoob->setTitle( "菜鸟" );
$taobao->setTitle( "淘宝" );
$google->setTitle( "Google 搜索" );
$runoob->setUrl( 'www.cainiao.com' );
$taobao->setUrl( 'www.taobao.com' );
$google->setUrl( 'www.google.com' );
//调用成员方法，获取$title和$url
$runoob->getTitle();
$taobao->getTitle();
$google->getTitle();
$runoob->getUrl();
$taobao->getUrl();
$google->getUrl();
```

输出结果：

```
菜鸟
淘宝
Google 搜索
www.cainiao.com
www.taobao.com
www.google.com
```

📝 **提示：**
每个实例对象的成员方法只能操作该对象的成员变量。

扫一扫，看视频

9.2.4 定义成员变量

成员变量也称为属性、字段、特征等，一般称为属性。可以使用关键字 public、protected、private、static 或 final 声明属性。其语法格式如下：

```
关键字 变量名;
```

声明属性时，可以初始化，但是初始化的值必须是常数，这里的常数是指在编译阶段时就为常数，而不是在编译阶段之后在运行阶段运算出的值。

- 由 public 关键字定义的类成员可以在任何地方被访问。
- 由 protected 关键字定义的类成员可以被其所在类的子类和父类访问，当然该成员所在的类也可以被访问。
- 由 private 关键字定义的类成员则只能被其所在类访问。

📝 **提示：**
为了兼容 PHP 4.0 版本，PHP 5.0 版本声明属性时依然可以直接使用关键字 var，或者放在 public、protected、private 之前，但是 var 并不是必需的。如果直接使用 var 声明属性，而没有 public、protected 或 private，PHP 5.0 版本会认为这个属性为 public。

访问成员变量的方法与访问成员的方法是一样的。其语法格式如下：

```
对象名 -> 成员变量
```

在类的非静态方法里面，可以通过下面的方法来访问类的属性或方法：

```
$this-> property
```

其中，$this 表示伪变量，引用调用该方法的实例对象；property 表示属性名。

　　如果要访问类的静态属性，或者在静态方法里面访问属性，需要使用下面的方法：

```
self::$property
```

　　【示例】定义类 MyClass，使用不同关键字声明 3 个不同类型的成员变量：$public、$protected 和$private；然后定义一个成员方法 printHello()，用于输出变量信息；最后，实例化类，通过实例化返回对象调用指定的方法，同时尝试访问不同的成员变量，会发现返回了不同的结果。代码如下：

```php
class MyClass{
    public $public = 'Public';
    protected $protected = 'Protected';
    private $private = 'Private';
    function printHello() {
        echo $this->public;
        echo $this->protected;
        echo $this->private;
    }
}
$obj = new MyClass();
$obj->printHello();                      //输出：Public、Protected 和 Private
echo $obj->public;                       //正常执行，输出：Public
echo $obj->protected;                    //会产生一个致命错误
echo $obj->private;                      //会产生一个致命错误
```

　　✎ 提示：

　　　无论是使用 $this，还是使用对象名访问属性，成员变量前面都没有 "$" 符号，如 $this->public。

9.2.5　定义类常量

扫一扫，看视频

　　在类中还可以定义常量，常量的值将始终保持不变，不能是变量、属性或者其他操作（如函数调用）的结果。定义常量使用 const 关键字。其语法格式如下：

```
const 常量名 = 常量值;
```

　　在定义和使用常量的时候不需要使用"$"符号，常量的值不能为关键字 self、parent 或 static。

　　【示例】定义并使用一个类常量。代码如下：

```php
class MyClass{
    const constant = '常量值';                  //声明常量
    function showConstant() {
        echo self::constant;                   //在类方法中引用常量
    }
}
echo MyClass::constant . "<br>";               //直接读取常量
$class = new MyClass();
$class->showConstant();                        //调用类的方法显示常量值
```

　　输出结果：

```
常量值
常量值
```

　　通过上面示例可以看到，常量不需要实例化对象，直接由"类名::常量名"调用即可。常量输出的格式如下：

```
类名::常量名
```

　　类名和常量名之间的两个冒号"::"称为作用域操作符，使用这个操作符可以在不创建对象的情况下调用类中的常量、变量和方法。

9.2.6　定义构造函数

构造函数，是一种特殊的方法，当类实例化时用来初始化对象，一般为成员变量初始化赋值。它与 new 关键字一起在每次创建对象时自动被调用。PHP 定义构造函数语法格式如下：

```
void __construct ([ mixed $args [, $... ]] ){
    //为成员变量初始化赋值
    //其他需要初始化的操作
}
```

【示例 1】以 9.2.5 小节的示例为基础，通过构造函数来初始化 $url 和 $title 变量。代码如下：

```
class Site {
    /* 成员变量 */
    var $url;
    var $title;
    function __construct( $par1, $par2 ) {
        $this->url = $par1;
        $this->title = $par2;
    }
    ...
}
```

有了构造函数，用户就不用再调用 setTitle()和 setUrl()方法了，可以直接在实例化过程中为成员变量赋值。

```
$runoob = new Site('www.cainiao.com', '菜鸟');
$taobao = new Site('www.taobao.com', '淘宝');
$google = new Site('www.google.com', 'Google 搜索');
//调用成员方法，获取$title和$url
$runoob->getTitle();
$taobao->getTitle();
$google->getTitle();
```

【示例 2】如果子类中定义了构造函数，则不会自动调用父类构造函数。要执行父类构造函数，需要在子类的构造函数中调用 parent::__construct()函数。代码如下：

```
class BaseClass {
    function __construct() {
        print "对象初始化构造函数";
    }
}
class SubClass extends BaseClass {
    function __construct() {
        parent::__construct();
        print "初始化子类";
    }
}
$obj = new BaseClass();                          //自动显示，对象初始化构造函数
$obj = new SubClass();                           //自动执行父类和子类的构造函数
```

📝 提示：

为了实现向后兼容性，如果 PHP 在类中找不到__construct() 函数，它会尝试寻找旧式的构造函数，也就是和类同名的函数。

9.2.7　定义析构函数

扫一扫，看视频

析构函数与构造函数相反，在对象结束生命周期时使用。例如，在对象的所有引用都被删除，或者当对象被显式销毁时，系统会自动执行析构函数。

PHP 定义析构函数的语法格式如下：

```
void __destruct ( void ) {
    //清理内存，保存数据
    //其他需要结束的操作
}
```

【示例】在下面代码中，将会自动执行构造函数和析构函数。

```
class MyClass {
    function __construct() {
        print "构造函数\n";
        $this->name = "MyClass";
    }
    function __destruct() {
        print "销毁" . $this->name . "\n";
    }
}
$obj = new MyClass();
```

输出结果：

```
构造函数
销毁MyClass
```

提示：
与构造函数一样，父类的析构函数不会被引擎自动调用。要执行父类的析构函数，必须在子类的析构函数中显式调用 parent::__destruct()函数。

提示：
PHP 使用的是一种垃圾回收机制，自动清除不再使用的对象，释放内存。因此一般情况下是不需要手动创建析构函数的。

9.2.8　类的继承

扫一扫，看视频

继承是面向对象编程的基本特性，PHP 的对象模型也支持继承，但不支持多继承。继承将会影响到类与类、对象与对象之间的关系。当扩展一个类时，子类就会继承父类的所有公有的和受保护的成员变量和方法，包括构造函数和析构函数。但是子类的方法会覆盖父类的成员变量和方法。

PHP 使用关键字 extends 来继承一个类。其语法格式如下：

```
class Child extends Parent {
    //代码部分
}
```

【示例 1】在下面代码中，子类 bar 继承父类 foo 的 printPHP()方法，同时重写了父类的 printItem()方法。

```
class foo{
    public function printItem($string) {
        echo 'Foo: ' . $string;
    }
```

```php
  public function printPHP(){
      echo 'PHP is great.';
  }
}
class bar extends foo{
  public function printItem($string) {
      echo 'Bar: ' . $string;
  }
}
$foo = new foo();
$bar = new bar();
$foo->printItem('baz');                     //输出: Foo: baz
$foo->printPHP();                           //输出: PHP is great
$bar->printItem('baz');                     //输出: Bar: baz
$bar->printPHP();                           //输出: PHP is great
```

继承对于功能的设计和抽象是非常有用的，如果从父类继承的方法不能满足子类的需求，可以对其进行改写，这个过程叫方法的覆盖（override），也称为方法的重写。

当子类被实例化时，PHP 会先在子类中查找属性和方法，如果子类有自己的属性和方法，PHP 会先调用子类中的属性和方法；当子类中没有时，PHP 则去调用父类中的属性和方法。

从 PHP 7.4.0 版本开始支持完整的协变和逆变：

● 协变使子类的方法比起父类的方法能返回更具体的类型。

● 逆变使子类的方法比起父类的方法，其参数类型能接受更模糊的类型。

【示例 2】创建一个名为 Animal 的简单的抽象父类，用于演示什么是协变。Cat 类和 Dog 类继承（extends）了 Animal 类。代码如下：

```php
<?php
abstract class Animal{
  protected string $name;
  public function __construct(string $name) {
      $this->name = $name;
  }
  abstract public function speak();
}
class Dog extends Animal{
  public function speak(){
      echo $this->name . " barks";
  }
}
class Cat extends Animal {
  public function speak(){
      echo $this->name . " meows";
  }
}
```

【示例 3】以示例 2 为基础，除了 Animal、Cat、Dog 类，再添加 Food、AnimalFood 类，同时为抽象类 Animal 添加了一个 eat(AnimalFood $food) 方法。为了演示什么是逆变，Dog 类重写（overridden）了 eat()方法，允许传入任意 Food 类的对象，而 Cat 类保持不变。代码如下：

```php
<?php
class Food {}
class AnimalFood extends Food {}
abstract class Animal{
  protected string $name;
```

```php
public function __construct(string $name) {
    $this->name = $name;
}
public function eat(Food $food) {
    echo $this->name . " eats " . get_class($food);
}
}
```

9.2.9　类的多态

扫一扫，看视频

多态是指在面向对象中能够根据使用类的上下文来重新定义或改变类的性质和行为。多态存在两种形式，简单说明如下：

- 覆盖：在子类中重写父类的方法，在子类的实例对象中虽然调用的是与父类相同的方法，但返回的结果是不同的。
- 重载：指一个标识符被用作多个函数名，且能够通过函数的参数个数或参数类型，将这些同名的函数区分开来，使调用不发生混淆。

重载的好处是可以实现代码重用，即不用为了对不同的参数个数或参数类型而写多个函数。PHP 不支持通过重载实现多态，但是 PHP 可以变相地实现多态重载效果。

【示例 1】由于 PHP 是弱类型编程语言，所以在下面代码中，$i 可以是任何类型的变量，这样一个函数就可以实现类似 Java 等强类型编程语言中基于参数类型重载方法的多态形式。

```php
class a{
    function test($i){                          //$i 可以是任何类型的变量
        print_r($i);
    }
}
```

这种形式比 Java 的参数类型重载更便捷高效，但也存在问题。

【示例 2】在下面代码中，教师类 Teacher 有一个 drawPolygon()方法，需要一个 Polygon 类用来画多边形。在该方法内部调用多边形的 draw()方法，但由于其是弱类型，我们可以传入 Circle 类，就会调用 Circle 类的 draw()方法，这样就事与愿违。如果传入的类没有 draw()方法，还会报错。

```php
class Teacher{
    function drawPolygon($polygon){
        $polygon->draw();
    }
}
class Polygon{
    function draw(){
        echo "绘制多边形";
    }
}
class Circle{
    function draw(){
        echo "绘制圆形";
    }
}
```

从上面代码中可以看到，要实现这样灵活的多态，需要一些控制，在 PHP 5.3 版本以后可以对参数做类型限制。

【示例 3】下面代码模仿 Java，在参数前加一个限制类名，这样参数类型就被限制为只能是

Polygon 及其子类。

```
function drawPolygon(Polygon $polygon){
   $polygon->draw();
}
```

还有一种形式的多态，就是通过改变参数个数实现重载，同样是因为 PHP 也不支持方法的重载，所以也需要些变通的方法实现。

【示例 4】下面代码通过可变参数来达到改变参数数量重载的目的，如果参数不是必须传入的，则必须在函数定义时赋初始值。

```
function open_database($DB, $cache_size_or_values=null, $cache_size=null){
   //计算传入参数的个数，根据个数来判断接下来的操作
   switch (function_num_args()){
      case 1:
         $r = select_db($DB);
         break;
      case 2:
         $r = select_db($DB, $cache_size_or_values);
         break;
      case 3:
         $r = select_db($DB, $cache_size_or_values, $cache_size);
         break;
   }
   return is_resource($r);
}
```

9.2.10　使用 $this

扫一扫，看视频

在 PHP 中，一般是先声明一个类，再用这个类去实例化对象。然而，在声明类时，根本无法预知对象的名称是什么，想在类的内部使用属性或方法，只能使用一个特殊的变量来引用将来的对象名。

$this 是一个伪变量，它表示类实例化后的具体对象，所以 $this 只能够在类的内部使用。

【示例】声明一个 User 类，它包含一个属性 $name 和一个 getName()方法，在 getName()方法中输出 $name 属性的值。代码如下：

```
class User {
   public $name;
   function getName(){
      echo $this->name;
   }
}
//实例化
$user1 = new User();
$user1->name = '张三';
$user1->getName();                              //输出 "张三"
$user2 = new User();
$user2->name = '李四';
$user2->getName();                              //输出 "李四"
```

上面代码实例化了两个 User 对象，分别是 $user1 和 $user2，当调用 $user1->getName()时，User 类中的代码 echo $this->name;相当于 echo $user1->name;。

9.2.11　使用作用域限定操作符

扫一扫，看视频

"::"（双冒号）表示作用域限定操作符，该操作符可以在没有实例化的情况下访问类中的成员方法或变量。其语法格式如下：

```
关键字::变量名;
关键字::常量名;
关键字::方法名;
```

关键字可以是以下 3 种情况：

- parent：可以调用父类中的成员变量、成员方法和常量。
- self：可以调用当前类中的静态成员和常量。
- 类名：可以调用本类中的成员变量、成员方法和常量。

【示例 1】用变量在类外访问其常量。代码如下：

```
class Fruit {
   const CONST_VALUE = 'Fruit Color';
}
$classname = 'Fruit';
echo $classname::CONST_VALUE;                        //PHP 5.3.0+
echo Fruit::CONST_VALUE;
```

输出结果：

```
'Fruit Color'
```

在类外使用的话，使用类名调用。在 PHP 5.3.0 版本中，可以使用变量代替类名。

【示例 2】在子类外面访问父类信息。代码如下：

```
class Fruit {
   const CONST_VALUE = 'Fruit Color';
}
class Apple extends Fruit{
   public static $color = 'Red';
   public static function doubleColor() {
      echo parent::CONST_VALUE . "\n";
      echo self::$color . "\n";
   }
}
Apple::doubleColor();
```

输出结果：

```
Fruit Color
Red
```

【示例 3】在子类中通过 parent 关键字调用父类的函数。代码如下：

```
class Fruit{
   protected function showColor() {
      echo "Fruit::showColor()\n";
   }
}
class Apple extends Fruit{
   //重写父定义
   public function showColor(){
      //但仍然调用父函数
      parent::showColor();
      echo "Apple::showColor()\n";
   }
}
```

```
}
$apple = new Apple();
$apple->showColor();
```

输出结果：

```
Fruit::showColor()
Apple::showColor()
```

【示例 4】调用基类的方法，而不是子类。代码如下：

```
class Fruit{
    static function color(){
        return "color";
    }
    static function showColor() {
        echo "show " . self::color();
    }
}
class Apple extends Fruit{
    static function color(){
        return "red";
    }
}
Apple::showColor();
```

输出结果：

```
show color
```

扫一扫，看视频

9.2.12　访问控制

　　PHP 对属性或方法的访问控制，是通过关键字 public、protected 或 private 来实现的。具体说明如下：
- public（公有）：公有的类成员，可以在任何地方被访问。
- protected（受保护）：受保护的类成员，可以被其自身，以及其子类和父类访问。
- private（私有）：私有的类成员，只能被其所在的类访问。

1. 成员变量的访问控制

　　在定义类时，成员变量可以定义为公有、受保护或私有。如果使用 var 定义，则被视为公有。

　　【示例 1】定义父类 MyClass，其中包含 3 个成员变量，分别设置为 public、protected 和 private，再定义子类 MyClass2，其中重写成员变量 $protected，然后在父类和子类中都定义 printHello()方法，来访问这些成员变量。代码如下：

```
class MyClass{                                    //父类
    public $public = 'Public';                    //公有变量
    protected $protected = 'Protected';           //受保护变量
    private $private = 'Private';                 //私有变量
    function printHello(){                        //方法
        echo $this->public;
        echo $this->protected;
        echo $this->private;
    }
}
$obj = new MyClass();
```

```
echo $obj->public;                          //这行能被正常执行
echo $obj->protected;                       //这行会产生一个致命错误
echo $obj->private;                         //这行也会产生一个致命错误
$obj->printHello();                         //输出 Public、Protected 和 Private
class MyClass2 extends MyClass{             //子类
    //可以对 public 和 protected 进行重定义，但是不能重定义 private 变量
    protected $protected = 'Protected2';
    function printHello(){                   //重定义方法
        echo $this->public;
        echo $this->protected;
        echo $this->private;
    }
}
$obj2 = new MyClass2();
echo $obj2->public;                         //这行能被正常执行
echo $obj2->private;                        //未定义 private
echo $obj2->protected;                      //这行会产生一个致命错误
$obj2->printHello();                        //输出 Public、Protected2 和 Undefined
```

　　通过测试可以发现，在实例对象中只能访问公有变量，要访问受保护的变量或私有变量，则只能通过公有方法在内部访问。

2. 成员方法的访问控制

　　在定义类时，成员方法可以定义为公有、受保护或私有。如果没有设置这些关键字，则该方法默认为公有。

　　【示例 2】在示例 1 的基础上，把成员变量转换为成员方法，分别使用不同的关键字定义多个方法。

```
class MyClass{                              //父类
    public function __construct(){          //声明一个公有的构造函数
        echo "__construct";
    }
    public function MyPublic(){             //声明一个公有的方法
        echo "MyPublic";
    }
    protected function MyProtected(){       //声明一个受保护的方法
        echo "MyProtected";
    }
    private function MyPrivate() {           //声明一个私有的方法
        echo "MyPrivate";
    }
        function Foo(){                      //此方法为公有
        $this->MyPublic();
        $this->MyProtected();
        $this->MyPrivate();
    }
}
$myclass = new MyClass;
$myclass->MyPublic();                       //这行能被正常执行
$myclass->MyProtected();                    //这行会产生一个致命错误
$myclass->MyPrivate();                      //这行也会产生一个致命错误
```

```
$myclass->Foo();                                    //公有、受保护、私有都可以执行
class MyClass2 extends MyClass{                      //子类
    function Foo2() {                                //此方法为公有
        $this->MyPublic();
        $this->MyProtected();
        $this->MyPrivate();                          //这行会产生一个致命错误
    }
}
$myclass2 = new MyClass2;
$myclass2->MyPublic();                               //这行能被正常执行
$myclass2->Foo2();                                   //公有的和受保护的都可执行，但私有的不行
```

通过测试可以发现，在实例对象中只能访问公有方法，要访问受保护的方法或私有方法，则只能通过公有方法在内部调用。

扫一扫，看视频

9.2.13　使用静态变量和静态方法

使用 static 关键字可以声明类的静态成员，如静态变量和静态方法。其语法格式如下：

```
static 变量名
static 方法
```

静态成员不需要实例化类，就可以直接访问。访问静态成员的语法格式如下：

```
关键字 :: 静态成员
```

关键字可以是以下两种情况之一：

- self：在类的内部调用静态成员时使用。
- 类名：静态成员所在的类名，在类外调用类内部的静态成员时使用。

【示例 1】先声明一个静态变量 $num，再声明一个方法，在方法的内部调用静态变量，然后给变量加 1。依次实例化这个类生成两个对象，并调用该方法。可以发现两个对象中的方法返回的结果是不同的。最后，直接使用类名输出静态变量，则结果呈递增显示。代码如下：

```
class MyClass{                                       //MyClass 类
    static $num = 0;                                 //声明一个静态变量$num，初值为 0
    public function show(){                           //声明一个方法
        echo self::$num;                             //输出静态变量
        self::$num++;                                //将静态变量加 1
    }
}
$book1 = new MyClass();                              //实例化对象$MyClass1
$book1 -> show();                                    //调用 show()方法
echo "<br>";
$book2 = new MyClass();                              //实例化对象$book2
$book2 -> show();                                    //再次调用 show()方法
echo "<br>";
echo MyClass::$num;                                  //直接使用类名调用静态变量
```

输出结果：

```
0
1
2
```

【示例 2】本例演示了如何定义静态方法，以及如何在一个静态方法中调用其他静态方法。定义一个 Math 类，用来进行数学计算，为 Math 类设计一个方法用来求最大值。既然是数学运

算，就没有必要去实例化这个类，如果这个方法可以拿过来就用，就方便多了。因此适合作为静态方法。代码如下：

```
class Math{                                          //定义数学运算 Math 类
  public static function Max($num1, $num2){           //定义静态方法: 求两个值的最大值
    return $num1 > $num2 ? $num1 : $num2;
  }
  public static function Max3($num1, $num2, $num3){   //定义静态方法: 求三个值的最大值
    $num1 = self::Max($num1, $num2);                  //调用静态方法 Max()
    $num2 = self::Max($num2, $num3);                  //调用静态方法 Max()
    $num1 = self::Max($num1, $num2);                  //调用静态方法 Max()
    return $num1;
  }
}
$a = 99;
$b = 77;
$c = 88;
echo Math::Max3($a, $b, $c);
```

输出结果：

```
99
```

📝 提示：

（1）在静态方法中，可以使用 self:: 调用本类的静态变量。

（2）静态方法不能调用非静态变量。例如，不能使用 self:: 调用非静态变量。

（3）在静态方法中不能使用 $this 调用非静态方法。

（4）当在一个类中有非静态方法被 self:: 调用时，系统会自动将这个方法转换为静态方法。

（5）使用静态成员，除了可以不需要实例化类，还可以在对象被销毁后，仍然保存被修改的静态数据，以便下次继续使用。

9.2.14　使用 final 关键字

扫一扫，看视频

PHP 5.0 版本新增了 final 关键字，被 final 关键字修饰过的类和方法就是最终版本。如果父类中的方法被声明为 final，则子类无法覆盖该方法。如果一个类被声明为 final，则不能被继承。其语法格式如下：

```
final class class_name{
  //说明该类不可以被继承，也不可能有子类
}
final function method_name(){
  //说明该方法在子类中不可以进行重写，也不可以被覆盖
}
```

【示例】使用 MyObject 类设置 final 关键字，并生成一个子类 MyBook，使其继承 MyObject 类。代码如下：

```
final class MyObject{                        //定义父类
  function __construct(){                     //父类的构造函数
    echo "initialize object";
  }
}
class MyBook extends MyObject{                //定义子类
  static function exam(){                     //子类的静态方法
    echo "you can't see me.";
```

```
    }
}
MyBook::exam();
```

可以看到程序报错，无法执行。

扫一扫，看视频

9.2.15　定义抽象类

抽象类是一种不能被实例化的类，只能作为其他类的父类来使用。抽象类使用 abstract 关键字来声明。其语法格式如下：

```
abstract class abstractname{
    //抽象类代码
}
```

抽象类和普通类相似，都包含成员变量、成员方法。两者之间的区别为：抽象类至少要包含一个抽象方法；抽象方法没有方法体，其功能的实现只能在子类中完成。

抽象方法也是使用 abstract 关键字修饰的。其语法格式如下：

```
abstract  function abstractname(){
    //抽象方法
};  //在抽象方法后面要有分号"；"
```

【示例】 先定义一个简单的抽象类，用于计算矩形的面积，再定义一个矩形子类，以在该类中实现用抽象方法创建计算矩形面积。代码如下：

```
abstract class Shape {                                //定义抽象类
    abstract protected function get_area();
    //抽象方法没有大括号，不能创建抽象类的实例
    $Shape_Rect = new Shape();
}
class Rectangle extends Shape{                        //定义抽象类的子类
    private $width;                                   //私有变量
    private $height;                                  //私有变量
    function __construct($width=0,$height=0){         //把初始化参数存入私有变量
        $this -> width = $width;
        $this -> height = $height;
    }
    function get_area(){                              //实现抽象方法
        echo $this -> width * $this -> height;        //返回矩形面积
    }
}
$Shape_Rect = new Rectangle(20,30);                   //实例化矩形类
$Shape_Rect->get_area();                             //求矩形面积
```

当然，读者还可以扩展这个抽象类，设计三角形、圆形等形状类的求面积方法。

9.2.16　使用接口

扫一扫，看视频

接口（interface）是另一种特殊形式的抽象类，用户需要指定某个类必须实现哪些方法，但不需要定义这些方法如何具体实现。

使用 interface 关键字可以定义一个接口，接口的结构与标准类结构一样，但其中只能包含未实现的方法和一些成员变量。其语法格式如下：

```
interface interfaceName{
```

```
    function interfaceFunction1();
    function interfaceFunction2();
    ...
}
```

✐ 提示：

不要用 public 以外的关键字来修饰接口中的类成员，对于方法，不写关键字也可以。

　　PHP 只支持单一继承，如果想实现多重继承，就要使用接口。PHP 可以实现多个接口。

　　子类通过 implements 关键字来实现接口，如果要实现多个接口，那么每个接口之间使用逗号
"，"分隔。而且所有未实现的方法需要在子类中全部实现，否则 PHP 将会报错。其语法格式如下：

```
class subclass implements interfaceName1, interfaceName2{
    function interfaceFunction 1(){
        //功能实现
    }
    function interfaceFunction 2(){
        //功能实现
    }
    ...
}
```

　　【示例】首先声明一个接口 IFather，接着声明一个类 Son，Son 类继承 IFather 接口。在 Son
类中实现成员方法 iMeth1()后，实例化对象 $is，最后调用实现的方法。代码如下：

```
interface IFather {                              //定义接口
    public $iVar1="iVar1";                       //此处接口定义中不能包含成员变量
    public static $iVar2="iVar2";                //此处接口定义中不能包含静态变量
    const iVar3="iVar3";
    function iMeth1();
}
class Son implements IFather {                   //实现接口的类
    function iMeth1() {                          //实现接口方法
        echo "iMeth1...<br>";
    }
}
$is=new Son();                                   //实例化对象
$is -> iMeth1();                                 //调用接口方法
echo IFather::iVar3;                             //直接访问接口常量
```

　　通过上面代码可以发现，抽象类和接口的功能十分相似，简单比较如下：

● 接口使用关键字 implements 声明；抽象类使用关键字 abstract 声明。当然接口也可以通过
关键字 extends 继承。

● 接口中不可以声明成员变量（包括静态变量），但是可以声明常量；抽象类中可以声明
各种类型的成员变量，实现数据的封装。

● 接口没有构造函数，抽象类可以有构造函数。

● 接口中的方法默认都是 public 类型的，而抽象类中的方法可以使用 private、protected、
public 来修饰。

● 一个类可以同时实现多个接口，但一个类只能继承于一个抽象类。

　　在开发实践中进行选择的方法如下：

● 如果创建一个模型，这个模型由一些紧密相关的对象构成，就可以使用抽象类；如果创
建由一些不相关对象构成的功能，就使用接口。

● 如果必须从多个来源继承行为，就使用接口。
● 如果所有类都共同实现一个公共的方法，就使用抽象类。

9.3　使 用 对 象

扫一扫，看视频

下面介绍对象的一些基本操作。

9.3.1　克隆对象

在 PHP 4.0 版本中，如果要引用对象，需要使用 "&" 符号来声明，否则将以默认的方式按值进行传递。但是，在 PHP 5.0 版本中，对于对象来说默认以引用进行传递，下面结合示例进行说明。

【示例 1】实例化一个 MyObject 类的对象 book1，book1 的默认值是 book，然后将对象 book1 使用普通数据类型的赋值方式给对象 book2 赋值。将 book2 的值改为 computer，再输出对象 book1 的值。代码如下：

```php
class MyObject{                              //类 MyObject
   private $object_type = 'book';           //声明私有变量$object_type，并赋初值 book
   public function setType($type){          //声明成员方法 setType，为变量$object_type 赋值
      $this -> object_type = $type;
   }
   public function getType(){               //声明成员方法 getType，返回变量$object_type 的值
      return $this -> object_type;
   }
}
$book1 = new MyObject();                     //实例化对象$book1
$book2 = $book1;                             //使用普通方法给对象$book2 赋值
$book2 -> setType('computer');              //改变对象$book2 的值
echo $book1 -> getType();                    //输出对象$book1 的值
```

在上面代码中，对象 book1 的返回值为 computer。因为 book2 只是 book1 的一个引用，而在 PHP 4.0 版本中的返回值是 book，因为对象 book2 是 book1 的一个副本。

在 PHP 5.0 版本中如果需要复制对象，也就是克隆对象，需要使用关键字 clone 来实现。克隆一个对象的格式如下：

```php
$object1 = new classname();
$object2 = clone $object1;
```

有时除了单纯地克隆对象外，还需要使克隆出来的对象拥有自己的属性和方法，这时应该使用__clone()方法来实现。

__clone()方法的作用：可以使克隆出来的对象保持自己的一些行为及属性。

【示例 2】下面对示例 1 进行修改，在类 MyObject 中创建__clone()方法。该方法实现的功能是将变量 $object_type 的默认值从 book 修改为 computer。这样使用对象 $book1 克隆出对象 $book2，输出 $book1 和 $book2 的 $object_type 值就截然不同。代码如下：

```php
class MyObject{                              //类 MyObject
   private $object_type = 'book';           //声明私有变量$object_type，并赋初值 book
   public function setType($type){          //声明成员方法 setType，为变量$object_type 赋值
      $this -> object_type = $type;
   }
```

```
  public function getType(){              //声明成员方法 getType，返回变量$object_type 的值
    return $this -> object_type;
  }
  public function __clone(){              //声明__clone()方法
    $this ->object_type = 'computer';     //将变量$object_type 的值修改为 computer
  }
}
$book1 = new MyObject();                  //实例化对象$book1
$book2 = clone $book1;                     //使用普通数据类型的方法给对象$book2 赋值
echo $book1 -> getType();                  //输出对象$book1 的值
echo $book2 -> getType();                  //输出对象$book2 的值
```

从上面代码可以看到，对象 $book2 克隆了对象 $bookl 的全部行为和属性，也拥有了属于自己的成员变量值。

9.3.2 比较对象

使用比较运算符 "=="和 "==="可以比较两个对象，其中 "=="（两个等号）可以比较两个对象的内容，"==="（3 个等号）可以比较对象的引用地址。

【示例】首先实例化一个对象 $book，然后分别创建一个克隆对象和引用对象，接着使用 "=="和 "==="判断它们之间的关系，最后输出结果。代码如下：

```
class myobject{
    private $name;
    function __construct($name){
        $this->name=$name;
    }
}
$book = new myobject("book");                          //实例化对象
$clonebook = clone $book;                               //克隆对象
$referbook = $book;                                     //引用对象
if($clonebook==$book){
    echo "\$clonebook 和\$book 两个对象的内容相等<br>";
}
if($referbook===$book){
    echo "\$referbook 和\$book 两个对象的引用地址相等";
}
输出结果:
$clonebook 和$book 两个对象的内容相等
$referbook 和$book 两个对象的引用地址相等
```

9.3.3 检测对象类型

PHP 使用 instanceof 关键字检测当前对象是属于哪个类的。其语法格式如下：
```
objectname instanceof classname
```
【示例】创建两个类：MyObject 是基类，MyBook 是子类。然后，实例化一个子类对象，最后，判断对象 $book 是否属于该子类，再判断对象 $book 是否属于基类。代码如下：
```
class MyObject{}
class MyBook extends MyObject{
    private $type;
```

扫一扫，看视频

```php
}
$book = new MyBook();
if($book instanceof MyBook){
    echo "对象\$book 属于 MyBook 类<br>";
}
if($book instanceof MyObject){
    echo "对象\$book 属于 MyObject 类";
}
```

　　输出结果：

```
对象$book 属于 MyBook 类
对象$book 属于 MyObject 类
```

9.3.4　对象序列化

　　使用 serialize()函数可以以字符串的形式来序列化表示任意值；反之使用 unserialize()函数能够反序列化。序列化一个对象将会保存对象的所有变量，但是不会保存对象的方法。

🖋 提示：

反序列化一个对象的前提是，这个对象的类必须已经定义过。如果序列化类 A 的一个对象，将会返回一个跟类 A 相关，而且包含了对象所有变量值的字符串。如果想在另外一个文件中反序列化一个对象，这个对象的类必须在反序列化之前定义，可以通过包含一个定义该类的文件或使用函数 spl_autoload_register()来实现。

　　【示例】下面代码简单演示如何序列化一个对象。

```php
<?php
// classa.inc:
 class A {
    public $one = 1;
    public function show_one() {
        echo $this->one;
    }
 }
// page1.php:
 include("classa.inc");
 $a = new A;
 $s = serialize($a);
 // 把变量$s 保存起来以便文件 page2.php 能够读到
 file_put_contents('store', $s);
// page2.php:
 // 要正确反序列化，必须包含下面一个文件
 include("classa.inc");
 $s = file_get_contents('store');
 $a = unserialize($s);
 // 现在可以使用对象$a 里面的函数 show_one()
 $a->show_one();
?>
```

9.4　使用魔术方法

　　在 PHP 中，存在很多以两个下划线开头的方法，如__construct()、__destruct()、__call()、 __callStatic()、__get()、__set()、__isset()、__unset()、__sleep()、__wakeup()、__serialize()、__unserialize()、__toString()、__invoke()、__set_state()、__clone() 和 __debugInfo()等，这些方法被称为魔术方法。

魔术方法为编程提供了很多便利，它们不需要显式调用，而由某种特定的条件触发。因此，在命名自己的类方法时不能使用这些方法名，除非是想使用其魔术功能。下面简单介绍一些常用的魔术方法。

9.4.1　__set()和__get()方法

当试图写入一个不存在或不可见的成员变量时，PHP 就会执行__set()方法来写入变量值。__set()方法包含两个不可省略的参数，分别表示变量名称和变量值。

当试图调用一个未定义或不可见的成员变量时，PHP 就会执行__get()方法来读取变量值。__get()方法有一个参数，表示要调用的变量名。

📢 注意：

如果希望 PHP 调用这些魔术方法，那么首先必须在类中进行定义，否则 PHP 不会执行未创建的魔术方法。

【示例】声明类 MyObject，并在类中创建一个私有变量 $type 和两个魔术方法：__get($name)和__set($name,$value)，当用户读写不可见或不存在的成员变量时，用来返回和存储值。

```
class MyObject{                                      //声明类
  private $type="type";                              //声明私有变量
  public function __get($name){                      //声明魔术方法
    if(isset($this->name)){                          //如果存在指定属性，则直接返回其值
      return $this-> name;
    }else{                                           //否则，返回私有变量$type 的值
      return $this -> type;
    }
  }
  public function __set($name,$value){               //声明魔术方法
    if(isset($this->name)){                          //如果存在指定属性，则直接赋值
      $this->name=$value;
    }else{                                           //否则，初始化并赋值
      $this->name=$value;
    }
  }
}
$mycomputer=new MyObject();                          //实例化对象
$mycomputer->type="new";                             //为对象的 type 属性赋值
echo $mycomputer->type;                              //访问公有变量 type，返回 new
echo $mycomputer->name;                              //访问公有变量 name，返回 new
```

输出结果：

```
new
new
```

在上面代码中，如果没有定义__get($name)和__set($name,$value)方法，那么运行上面代码将会抛出异常。有了__get($name)和__set($name,$value)方法之后，MyObject 类能够自动调用这两个方法处理未知的变量。

9.4.2   __call()方法

扫一扫，看视频

当试图调用不存在或不可见的成员方法时，PHP 会先调用__call()方法，来存储方法名及其参数。__call()方法包含两个参数：方法名和方法参数，其中方法的参数是以数组形式存在的。

【示例】声明一个类 MyObject，然后在类中定义__call()方法，以便用户误用不存在或不可见的方法时，进行友好提示，避免系统抛出异常。代码如下：

```php
class MyObject{
    public function __call($method,$parameter){
        echo "很遗憾，你调用的方法不存在或不可见<br>";
        echo "方法名: ".$method."<br>";
        echo "方法参数: ";
        var_dump($parameter);
    }
}
$exam=new MyObject();
$exam->why(1,2,3);
```

输出结果：

```
很遗憾，你调用的方法不存在或不可见
方法名: why
方法参数: array(3) { [0]=> int(1) [1]=> int(2) [2]=> int(3) }
```

9.4.3   __sleep()和__wakeup()方法

扫一扫，看视频

当调用 serialize()函数时，该函数会先检查类中是否存在__sleep()方法。如果存在，则先调用__sleep()方法，再执行序列化操作。sleep()方法返回一个数组，数组中包含对象中所有应被序列化的变量名称。如果该方法未返回任何内容，则 NULL 被序列化，并产生一个错误。

当调用 unserialize()函数时，该函数会先检查是否存在__wakeup()方法。如果存在，则在成功重构对象之后调用__wakeup()方法。

📝 **提示：**

__sleep()方法常用于在保存对象的值时，执行清理操作，避免保存过多冗余数据。__wakeup()方法与之相反，常用在反序列化操作中，执行对象的初始化操作。由于这两个方法与序列化和反序列化操作紧密相关，针对这个专题的详细讲解请扫码阅读。

【示例】声明一个数据库连接类 Connection，在类的构造函数中调用 connect()方法连接数据库，当连接数据库时，首先会触发__sleep()方法，返回相关的数据库连接参数；在反序列化操作中，调用__wakeup()方法，重新建立数据库连接。代码如下：

```php
class Connection {                                    //数据库连接类
    protected $link;                                  //受保护变量，保存数据库连接标识
    private $server, $username, $password, $db;        //私有变量
    public function __construct($server, $username, $password, $db) {  //构造函数
        $this->server = $server;
        $this->username = $username;
        $this->password = $password;
        $this->db = $db;
        $this->connect();                             //打开 MySQL 连接
```

```
    }
    private function connect(){                            //私有方法，连接数据库方法
        $this->link = mysqli_connect($this->server, $this->username, $this->password);
        mysqli_select_db($this->link, $this->db);
    }
    public function __sleep(){                             //声明魔术方法__sleep()
        return array('server', 'username', 'password', 'db');      //返回数据库连接信息
    }
    public function __wakeup(){                            //声明魔术方法__wakeup()
        $this->connect();                                 //连接数据库
    }
}
```

9.4.4　__toString()方法

扫一扫，看视频

__toString()方法用于定义当一个类表示为字符串时的回应内容，因此__toString()
方法必须返回一个字符串，否则将抛出致命异常。

【示例】定义当 MyObject 类的对象以字符串形式进行显示时，通过__toString()定义要显示的
字符串。代码如下：

```
class MyObject{                                           //声明类
    public $foo;
    public function __construct($foo) {                   //构造函数
        $this->foo = $foo;                                //保存参数
    }
    //声明魔术方法__toString()
    //定义当类的对象以字符串形式显示时，返回参数值
        return $this->foo;
    public function __toString() {
    }
}
$class = new MyObject('test...');                         //实例化对象
echo $class;                                              //以字符串形式读取实例对象
```

输出结果：
```
test...
```

9.4.5　__autoload()方法

扫一扫，看视频

__autoload()方法可以自动加载需要实例化的类。如果在脚本中实例化一个类，但
该类还没有被声明时，PHP 将调用__autoload()方法，在指定的路径下自动查找与该实例化类名相
同的文件。如果找到，则程序继续执行；否则，抛出异常。

【示例】本例演示了如何使用__autoload()方法。

第 1 步，新建 myobject.php 文件，存储于网站根目录下。模仿 9.4.4 小节中的示例，声
明类 MyObject。代码如下：

```
<?php
class MyObject{                                           //声明定义类
    public $foo;
    public function __construct($foo) {                   //构造函数
```

```
        $this->foo = $foo;                       //保存参数
    }
    public function __toString() {               //声明魔术方法__toString()
        return $this->foo; .                     //定义当类的对象以字符串形式显示时，返回参数值
    }
}
?>
```

第2步，新建 test1.php 文件。先声明__autoload()方法，在该方法中尝试导入 myobject.php 文件。然后，实例化类 MyObject，再以字符串形式显示实例对象。代码如下：

```
<?php
function __autoload($class_name){                //声明魔术方法__autoload()
    $class_path=$class_name.'.php';              //字符串加载外部类文件路径
    if(file_exists($class_path)){                //判断路径是否存在，然后加载外部文件
        include_once($class_path);
    }else{
        echo "类路径错误。";
    }
}
$class = new myobject('test...');                //实例化对象
echo $class;                                     //以字符串形式读取实例对象
?>
```

将一个独立、完整的类保存到一个 PHP 文件中，并且文件名和类名保持一致，这是每个开发者需要养成的良好习惯。这样，在下次重复使用某个类时就能很轻易地找到它。但是，如果在一个页面中引入很多类，需要使用 include_once()函数或 require_once()函数一个一个地引入，这样比较麻烦。但是魔术方法__autoload()可以根据需要自动加载。

扫一扫，看视频

9.4.6 __invoke()方法

当尝试以调用函数的方式调用一个对象时，__invoke()方法会被自动调用。

【示例】声明类 MyObject，然后实例化该类，获得对象 $obj，最后使用小括号以函数形式调用该对象，则__invoke()方法被自动调用。代码如下：

```
class MyObject{
    function __invoke($x) {
        var_dump($x);
    }
}
$obj = new MyObject;
$obj(5);
```

输出结果：

```
int(5)
```

9.5 使用 Trait

PHP 一直都是单继承的语言，无法同时从两个或多个基类中继承属性和方法，为了解决这个问题，PHP 5.4.0 版本开始推出 Trait 特性，使开发人员能够自由地在不同层次结构内、独立的类中复用方法。

使用 trait 关键字可以声明 Trait 结构，通过在类中使用 use 关键字，声明要组合的 Trait 结构。

【示例 1】下面代码简单演示了如何使用 Trait 结构。

```php
<?php
trait Dog{                              // 声明 Trait 结构
   public $name="dog";
   public function bark(){
      echo "This is dog";
   }
}
class Animal{                           // 声明 Animal 类，父类
   public function eat(){
      echo "This is animal eat";
   }
}
class Cat extends Animal{               // 声明 Cat 类，子类，Animal 类
   use Dog;                             // 组合 Trait 结构
   public function drive(){
      echo "This is cat drive";
   }
}
$cat = new Cat();
$cat->drive();
echo "<br/>";
$cat->eat();
echo "<br/>";
$cat->bark();
?>
```

输出结果：

```
This is cat drive
This is animal eat
This is dog
```

【示例 2】下面代码演示了基类和本类如何处理同名属性或方法。

```php
<?php
trait Dog{
   public $name="dog";
   public function drive(){
      echo "This is dog drive";
   }
   public function eat(){
      echo "This is dog eat";
   }
}
class Animal{
   public function drive(){
      echo "This is animal drive";
   }
   public function eat(){
      echo "This is animal eat";
   }
}
class Cat extends Animal{
   use Dog;
   public function drive(){
```

```
      echo "This is cat drive";
   }
}
$cat = new Cat();
$cat->drive();
echo "<br/>";
$cat->eat();
?>
```

输出结果：

```
This is cat drive
This is dog eat
```

注意，Trait 结构的方法会覆盖基类中的同名方法，而本类会覆盖 Trait 结构中的同名方法。

当使用 trait 关键字定义了属性后，类就不能定义同样名称的属性，否则会产生错误，除非设置为相同可见度、相同默认值。不过在 PHP 7.0 版本前，即使这样设置，也会产生 E_STRICT 的提示。

一个类可以组合多个 Trait 结构，语法格式如下：

```
use trait1,trait2
```

使用 use 关键字声明多个 Trait 结构型参数，并通过逗号分隔，插入一个类，就可以使一个类组合多个 Trait 结构。

如果将两个 trait 参数插入一个同名的方法或属性中，当没有明确解决冲突时，则会产生一个致命异常。为了避免多个 Trait 结构在同一个类中的命名冲突，需要使用 insteadof 操作符来明确指定使用哪一个方法。也可以使用 as 操作符，为某个方法引入别名。注意，as 操作符不会对方法重命名，也不会影响方法。

【示例 3】下面代码简单演示了如何解决两个 Trait 结构同名时的冲突。

```
<?php
trait trait1{
   public function eat(){
      echo "This is trait1 eat";
   }
   public function drive(){
      echo "This is trait1 drive";
   }
}
trait trait2{
   public function eat(){
      echo "This is trait2 eat";
   }
   public function drive(){
      echo "This is trait2 drive";
   }
}
class cat{
   use trait1,trait2{
      trait1::eat insteadof trait2;
      trait1::drive insteadof trait2;
   }
}
class dog{
   use trait1,trait2{
      trait1::eat insteadof trait2;
      trait1::drive insteadof trait2;
```

```
    trait2::eat as eaten;
    trait2::drive as driven;
    }
}
$cat = new cat();
$cat->eat();
echo "<br/>";
$cat->drive();
echo "<br/>";
echo "<br/>";
echo "<br/>";
$dog = new dog();
$dog->eat();
echo "<br/>";
$dog->drive();
echo "<br/>";
$dog->eaten();
echo "<br/>";
$dog->driven();
?>
```

输出结果：

```
This is trait1 eat
This is trait1 drive

This is trait1 eat
This is trait1 drive
This is trait2 eat
This is trait2 drive
```

as 操作符除了可以为某个方法引入别名，还可以修改方法的访问控制。

【示例 4】下面代码演示了如何使用 as 操作符修改方法的访问控制权限。

```
<?php
trait Animal{
    public function eat(){
        echo "This is Animal eat";
    }
}
class Dog{
    use Animal{
        eat as protected;
    }
}
class Cat{
    use Animal{
        Animal::eat as private eaten;
    }
}
$dog = new Dog();
$dog->eat();                    //报错，因为已经把 eat() 方法的访问控制权限改成了受保护
$cat = new Cat();
$cat->eat();                    //正常运行，不会修改原先的访问控制权限
$cat->eaten();                  //报错，已经改成了私有的访问控制权限
?>
```

【示例 5】下面代码演示了 Trait 结构如何在抽象方法中应用。Trait 结构可以互相组合，可以

将其应用在抽象方法、静态属性、静态方法等中。

```php
<?php
trait Cat{
    public function eat(){
        echo "This is Cat eat";
    }
}
trait Dog{
    use Cat;
    public function drive(){
        echo "This is Dog drive";
    }
    abstract public function getName();
    public function test(){
        static $num=0;
        $num++;
        echo $num;
    }
    public static function say(){
        echo "This is Dog say";
    }
}
class Animal{
    use Dog;
    public function getName(){
        echo "This is animal name";
    }
}
$animal = new animal();
$animal->getName();
echo "<br/>";
$animal->eat();
echo "<br/>";
$animal->drive();
echo "<br/>";
$animal::say();
echo "<br/>";
$animal->test();
echo "<br/>";
$animal->test();
?>
```

输出结果：

```
This is animal name
This is Cat eat
This is Dog drive
This is Dog say
1
2
```

9.6　命 名 空 间

命名空间是一种封装事物的方法。例如，在操作系统中使用目录将相关文件分组，对于目录中的文件来说，目录就扮演了命名空间的角色。在 PHP 中，命名空间用来避免在编写类库或应用程序时产生可复用代码。主要解决两个问题：

- 用户编写的代码与 PHP 内部的类、方法、常量或第三方类、方法、常量之间的名称冲突。
- 为很长的标识符名称创建一个别名（或简短的名称），提高源代码的可读性。

9.6.1　定义命名空间

PHP 命名空间提供了一种将相关的类、方法和常量组合到一起的途径。使用 namespace 关键字可以声明命名空间。其语法格式如下：

```
namespace 命名空间的名称;
```

要想在一个文件中包含命名空间，必须在所有代码之前声明命名空间。在声明命名空间之前的代码，唯一合法的是定义源文件编码方式的 declare 语句（见示例 3）。所有非 PHP 代码，包括空白符，都不能出现在命名空间的声明之前。

所有合法的 PHP 代码都可以包含在命名空间中，但是只有类（包括抽象类和 Trait）、接口、方法和常量受命名空间的影响。

【示例 1】下面代码演示了如何声明单个命名空间。

```php
<?php
namespace MyProject;
const CONNECT_OK = 1;
class Connection { /* ... */ }
function connect() { /* ... */ }
?>
```

📝 **提示：**

同一个命名空间可以定义在多个文件中，即允许将同一个命名空间的内容分割存放在不同的文件中。

与目录和文件的层次结构一样，PHP 命名空间也允许层次化指定命名空间的名称。

【示例 2】下面代码演示了如何层次化制定命名空间的名称。

```php
<?php
namespace MyProject\Sub\Level;
const CONNECT_OK = 1;
class Connection { /* ... */ }
function connect() { /* ... */ }
?>
```

上面代码中创建了 3 个成员：

- 常量：MyProject\Sub\Level\CONNECT_OK。
- 类：MyProject\Sub\Level\Connection。
- 方法：MyProject\Sub\Level\connect()。

也可以在同一个文件中定义多个命名空间。主要有 2 种语法形式：

- 简单的语法组合。代码如下：

```php
<?php
namespace MyProject;
const CONNECT_OK = 1;
class Connection { /* ... */ }
function connect() { /* ... */ }
namespace AnotherProject;
const CONNECT_OK = 1;
```

```
class Connection { /* ... */ }
function connect() { /* ... */ }
?>
```

● 大括号语法。代码如下：

```
<?php
namespace MyProject {
   const CONNECT_OK = 1;
   class Connection { /* ... */ }
   function connect() { /* ... */ }
}
namespace AnotherProject {
   const CONNECT_OK = 1;
   class Connection { /* ... */ }
   function connect() { /* ... */ }
}
?>
```

在上面 2 种语法形式中，建议选用大括号语法。

📝 提示：

在实际编程实践中，不提倡在同一文件中定义多个命名空间。这种方式主要用于将多段 PHP 代码合并在同一个文件中。

将全局的非命名空间中的代码与命名空间中的代码组合在一起，只能使用大括号语法。全局代码必须使用一个不带名称的 namespace 语句并用大括号括起来。

【示例 3】下面代码演示了如何在同一个文件中定义多个命名空间，以及如何定义非命名空间中的代码。

```
<?php
declare(encoding='UTF-8');
namespace MyProject {                    //命名空间的代码
   const CONNECT_OK = 1;
   class Connection { /* ... */ }
   function connect() { /* ... */ }
}
namespace {                              //全局代码
   session_start();
   $a = MyProject\connect();
   echo MyProject\Connection::start();
}
?>
```

除了开始的 declare 语句外，命名空间的括号外不得有任何 PHP 代码。

9.6.2　使用命名空间

命名空间的用法与目录文件的路径用法相似。以类为例，命名空间中的类名可以通过 3 种方式引用：

● 非限定名称，或不包含前缀的类名称。

例如，$a=new Foo();或 Foo::staticmethod();。如果当前命名空间是 currentnamespace，Foo 将被解析为 currentnamespace\Foo。如果使用 Foo 的代码是全局的，不包含任何命名空间中的代码，则 Foo 会被解析为 Foo。

注意,如果命名空间中的函数或常量未定义,则该非限定的函数名称或常量名称会被解析为全局的方法名称或常量名称。

● 限定名称,或包含前缀的名称。

例如, $a = new subnamespace\Foo();或 subnamespace\Foo::staticmethod();。如果当前的命名空间是 currentnamespace,则 Foo 会被解析为 currentnamespace\subnamespace\Foo。如果使用 Foo 的代码是全局的,不包含任何命名空间中的代码,则 Foo 会被解析为 subnamespace\Foo。

● 完全限定名称,或包含了全局前缀操作符的名称。

例如, $a = new \currentnamespace\Foo(); 或 \currentnamespace\Foo::staticmethod();。在这种情况下,Foo 总是被解析为代码中的文字名(literal name)currentnamespace\Foo。

【示例 1】下面代码简单演示了如何使用以上 3 种方式。

file1.php 中的代码如下:

```php
<?php
namespace Foo\Bar\subnamespace;
const FOO = 1;
function foo() {}
class Foo{
    static function staticmethod() {}
}
?>
```

file2.php 中的代码如下:

```php
<?php
namespace Foo\Bar;
include 'file1.php';
const FOO = 2;
function foo() {}
class Foo{
    static function staticmethod() {}
}
/* 1. 非限定名称 */
foo();                              //解析为方法 Foo\Bar\foo
Foo::staticmethod();                //解析为类 Foo\Bar\Foo 的静态方法 staticmethod()
echo FOO;                           //解析为常量 Foo\Bar\FOO
/* 2. 限定名称 */
subnamespace\foo();                 //解析为方法 Foo\Bar\subnamespace\foo
subnamespace\Foo::staticmethod();   //解析为类 Foo\Bar\subnamespace\Foo,
                                    //以及类的方法 staticmethod()
echo subnamespace\FOO;              //解析为常量 Foo\Bar\subnamespace\FOO
/* 3. 完全限定名称 */
\Foo\Bar\foo();                     //解析为方法 Foo\Bar\foo
\Foo\Bar\Foo::staticmethod();       //解析为类 Foo\Bar\Foo,以及类的方法 staticmethod()
echo \Foo\Bar\FOO;                  //解析为常量 Foo\Bar\FOO
?>
```

✍ 提示:
访问任意全局的类、方法或常量,都可以使用完全限定名称,如\Exception、\strlen()或\INI_ALL。

【示例 2】下面代码演示了如何在命名空间内部访问全局的类、函数和常量。

```php
<?php
namespace Foo;
```

```php
function strlen() {}
const INI_ALL = 3;
class Exception {}
$a = \strlen('hi');              //调用全局方法 strlen()
$b = \INI_ALL;                  //访问全局常量 INI_ALL
$c = new \Exception('error');    //实例化全局类 Exception
?>
```

如果没有定义任何命名空间，所有的类与方法的定义都是在全局空间中，与 PHP 引入命名空间概念前一样。在名称前加上前缀"\"表示该名称是全局空间中的名称，该名称位于其他的命名空间中时也是如此。

PHP 命名空间允许使用别名，别名是通过操作符 use 和 as 来实现的。代码如下：

```php
<?php
use My\Full\Classname as Another, My\Full\NSname;
$obj = new Another;             //实例化 My\Full\Classname 对象
NSname\subns\func();            //调用函数 My\Full\NSname\subns\func()
?>
```

使用常量 __NAMESPACE__ 可以访问当前命名空间的名称，返回一个字符串，这在动态创建名称时很有用。

9.7　案　例　实　战

第 16 章将介绍文件上传的过程，但其实现代码比较烦琐。为了节省开发时间，通常都会将反复使用的功能代码封装到一个类中，这样在以后的开发中，只要编写几行简单的代码就可以实现复杂的文件上传功能。

建议在学习完第 16 章之后，再回头阅读本节内容。

9.7.1　设计需求

扫一扫，看视频

本文件上传类设计需求如下：
- 支持单个文件上传。
- 支持多个文件上传。
- 允许设置上传文件的保存位置、大小、类型和命名（如随机命名或保留原名）。

9.7.2　程序设计

扫一扫，看视频

根据设计需求，为文件上传类声明 4 个成员属性，让用户在使用时设置，简单说明如下：
- path：上传文件保存的路径，默认为当前目录下的 uploads 目录。如果指定的目录不存在，要求系统自动创建。
- size：允许上传文件的尺寸，默认允许的大小在 1000000B 以内。
- allowtype：设置文件类型，默认为图片格式，如.jpg、.gif、.png。
- israndname：设置文件名称是由系统命名，还是使用原文件名。

为了避免属性的值被赋予非法值，需要将这些成员属性封装起来，不能从外部访问，只能通过类中声明的 set() 方法为以上 4 个成员属性赋值。set() 方法有 2 个参数，第 1 个参数是成员属性名称（不区分大小写），第 2 个参数是前面参数中属性对应的值。set() 方法调用后，会返回本对象（$this），所以除了可以单独为每个属性赋值外，还可以进行链式语法操作，为多个属性赋值。

除了 set() 方法外，还需 3 个公有方法来实现文件上传操作，简单说明如下：

- upload()：处理文件上传的方法。只需要一个字符串参数，即上传文件的表单名称。
- getFileName()：文件上传成功后，可以通过该方法获取上传后由系统自动命名的名称。如果同时上传多个文件，将返回一个名称字符串数组。
- getErrorMsg()：如果文件上传失败，则可以通过该方法返回错误报告。如果是多文件上传，出错时，则以数组的形式返回多条错误信息。

提示：

在上传多个文件时，如果任意一个文件出错，上传则将全部撤销。

除了上面提及的 4 个成员属性和 4 个成员方法，编写文件上传类还需要其他成员属性和成员方法。但它们只在内部使用，并不需要外部操作，所以将其声明为 private（私有）封装在对象内部即可。

9.7.3　代码实现

扫一扫，看视频

【操作步骤】

第 1 步，新建 PHP 文件，保存为 fileupload.class.php，作为类文件。

第 2 步，声明文件上传类 FileUpload，并声明成员变量。代码如下：

```php
class FileUpload {
    private $path = "./uploads";                        //上传文件保存的路径
    private $allowtype = array('jpg','gif','png');      //设置限制上传文件的类型
    private $maxsize = 1000000;                          //限制文件上传大小（字节）
    private $israndname = True;                          //设置为随机重命名文件，False 为不随机
    private $originName;                                 //源文件名
    private $tmpFileName;                                //临时文件名
    private $fileType;                                   //文件类型（文件后缀名）
    private $fileSize;                                   //文件大小
    private $newFileName;                                //新文件名
    private $errorNum = 0;                               //错误号
    private $errorMess="";                               //错误报告消息
}
```

第 3 步，设计 set() 方法。set() 方法用于设置成员属性，如 $path、$allowtype、$maxsize、$israndname。允许链式调用，一次设置多个属性值，因此设置返回值为 $this，即当前实例对象。包含两个参数：$key 用于设置成员属性的名称，不区分大小写；$val 用于设置成员属性的值。代码如下：

```php
function set($key, $val){
    $key = strtolower($key);
    if( array_key_exists( $key, get_class_vars(get_class($this) ) ) ){
        $this->setOption($key, $val);
    }
    return $this;
}
```

第 4 步，设计文件上传操作的方法。该方法包含一个字符串参数，用于指定要上传文件的表单名称，返回布尔值。如果上传成功，则返回 True，否则返回 False。代码如下：

```php
function upload($fileField) {
    $return = True;
    /* 检查文件路径是否合法 */
    if (! $this->checkFilePath ()) {
        $this->errorMess = $this->getError ();
        return False;
    }
    /* 将上传文件的信息取出赋给变量 */
    $name = $_FILES [$fileField] ['name'];
    $tmp_name = $_FILES [$fileField] ['tmp_name'];
    $size = $_FILES [$fileField] ['size'];
    $error = $_FILES [$fileField] ['error'];
    /* 如果是多个文件上传，则$file["name"]是一个数组 */
    if (is_Array ( $name )) {
        $errors = array ();
        /* 多个文件上传处理，这个循环只有检查上传文件的作用，并没有真正上传 */
        for($i = 0; $i < count ( $name ); $i ++) {
            /* 设置文件信息 */
            if($this->setFiles( $name [$i], $tmp_name [$i], $size [$i], $error [$i])){
                if (! $this->checkFileSize () || ! $this->checkFileType ()) {
                    $errors [] = $this->getError ();
                    $return = False;
                }
            } else {
                $errors [] = $this->getError ();
                $return = False;
            }
            /* 如果有问题，则重新初始化属性 */
            if (! $return)
                $this->setFiles ();
        }
        if ($return) {
            /* 存放所有上传文件后的变量数组 */
            $fileNames = array ();
            /* 如果上传的多个文件都是合法的，则通过循环向服务器上传文件 */
            for($i = 0; $i < count ( $name ); $i ++) {
                if($this->setFiles($name[$i],$tmp_name[$i],$size[$i],$error[$i])){
                    $this->setNewFileName ();
                    if (! $this->copyFile ()) {
                        $errors [] = $this->getError ();
                        $return = False;
                    }
                    $fileNames [] = $this->newFileName;
                }
            }
            $this->newFileName = $fileNames;
        }
        $this->errorMess = $errors;
        return $return;
        /* 上传单个文件处理方法 */
    } else {
```

```
        /* 设置文件信息 */
        if ($this->setFiles ( $name, $tmp_name, $size, $error )) {
            /* 上传之前先检查一下文件大小和文件类型 */
            if ($this->checkFileSize () && $this->checkFileType ()) {
                /* 为上传文件设置新文件名 */
                $this->setNewFileName ();
                /* 上传文件，返回 0 为成功，小于 0 都为错误 */
                if ($this->copyFile ()) {
                    return True;
                } else {
                    $return = False;
                }
            } else {
                $return = False;
            }
        } else {
            $return = False;
        }
        //如果$return 为 False，则出错，错误信息将保存在属性errorMess 中
        if (! $return)
            $this->errorMess = $this->getError ();
        return $return;
    }
}
```

第 5 步，设计其他公共方法，分别用来获取上传成功后的文件名称和上传失败的错误信息。代码如下：

```
//获取上传成功后的文件名称
public function getFileName(){
    return $this->newFileName;
}
//上传失败后，调用该方法则返回错误信息
public function getErrorMsg(){
    return $this->errorMess;
}
```

第 6 步，在类的底部设计各种私有方法，用来协助完成其他任务，简单说明如下，详细代码请参考示例源代码。

```
/* 设置上传失败的错误信息 */
private function getError()
/* 设置与$_FILES 有关的内容 */
private function setFiles($name="", $tmp_name="", $size=0, $error=0)
/* 为单个成员属性设置值 */
private function setOption($key, $val)
/* 设置上传成功后的文件名称 */
private function setNewFileName()
/* 检查上传的文件类型是否是合法类型 */
private function checkFileType()
/* 检查上传的文件大小是否合法*/
private function checkFileSize()
/* 检查是否有存放上传文件的目录 */
private function checkFilePath()
/* 设置随机文件名 */
private function proRandName()
```

```
/* 复制上传文件到指定的位置 */
private function copyFile()
```

9.7.4 应用类

扫一扫，看视频

【操作步骤】

第 1 步，新建应用文件 upload.php，引入 fileupload.class.php。代码如下：

```
require "fileupload.class.php";                    //加载文件上传类
```

第 2 步，实例化类。代码如下：

```
$up = new FileUpload ();                           //实例化文件上传对象
```

第 3 步，通过 set()方法设置上传的属性。设置多个属性时，可以单独调用 set()方法，也可以连贯操作多个属性（本步为可选步骤）。代码如下：

```
$up -> set('path', './newpath/')                   //设置上传文件保存的路径
$up -> set('size', 1000000)                        //限制上传文件的大小
$up -> set('allowtype', array('gif', 'jpg', 'png'))//限制上传文件的类型
$up -> set('israndname', False);                   //使用原文件名，不让系统命名
```

第 4 步，调用 $up 对象的 upload()方法上传文件，myfile 是表单名称。如果上传成功则返回 True，否则返回 False。代码如下：

```
if ($up->upload ( 'myfile' )) {
  //如果上传多个文件，则返回数组，存放所有文件名称；单个文件上传则直接返回文件名称
  print_r ( $up->getFileName () );
} else {
  //如果上传多个文件，则返回数组，存放多条出错信息；单个文件上传则直接返回一条错误信息
  print_r ( $up->getErrorMsg () );
}
```

第 5 步，新建表单页面，设置表单提交的程序为 upload.php。代码如下：

```
<form action="upload.php" method="post" enctype="multipart/form-data">
  <input type="hidden" name="MAX_FILE_SIZE" value="1000000">
  选择文件: <input type="file" name="myfile">
  <input type="submit" value="上传文件">
</form>
```

9.8 在 线 支 持

本节为拓展学习，感兴趣的读者请扫码进行强化训练。

扫描，拓展学习

第 10 章

错误和异常处理

在 PHP 开发中，错误和异常并不是同一概念。错误可能是在开发阶段由一些失误而引起的程序问题；而异常则是项目在运行阶段遇到的一些意外，导致程序不能正常运行。在开发时，如果遇到了错误，开发人员可以根据错误提示及时排除；要避免程序在运行时可能遇到异常，就必须为这种异常编写出另外的一种或几种解决方案。本章将详细介绍这两个技术话题。

学习重点

- 错误处理。
- 异常处理。

10.1　错 误 处 理

在 PHP 中，默认处理错误的方式很简单：一条消息会被发送到浏览器，这条消息带有文件名、行号，以及一条描述错误的消息，开发人员能够根据这条信息准确定位错误并及时排除。

10.1.1　认识 PHP 错误处理

扫一扫，看视频

在创建脚本和 Web 应用程序时，错误处理是一个重要的部分。如果忽略错误检测，那么程序看上去就很不专业，也加大了安全风险。

在 PHP 程序中一般会出现以下 3 种错误：

- 语法错误：语法错误最常见，并且最容易修复。例如，遗漏了一个分号，就会显示错误信息。这类错误会阻止脚本执行，通常发生在程序开发时，可以通过错误报告进行修复，再重新运行。
- 运行时错误：这种错误一般不会阻止 PHP 脚本的运行，但是会阻止脚本做它希望做的任何事情。例如，在调用 header() 函数前如果有字符输出，PHP 通常会显示一条错误消息，虽然 PHP 脚本会继续运行，但 header() 函数并没有执行成功。
- 逻辑错误：这种错误实际上是最麻烦的，不但不会阻止 PHP 脚本的执行，也不会显示出错误消息。例如，在 if 语句中判断两个变量的值是否相等，如果错把比较运算符号"=="写成赋值运算符号"="，就是一种逻辑错误，很难被发现。

错误处理的基本方法有以下 3 种。

- 使用简单的 die() 函数。
- 自定义错误处理器。
- 错误报告。

10.1.2　使用 die() 函数

扫一扫，看视频

【示例 1】下面代码演示了如何打开文本文件。

```php
<?php
$file=fopen("welcome.txt","r");
?>
```

如果文件不存在，则会显示类似这样的错误：

```
Warning: fopen(welcome.txt): failed to open stream: No such file or directory in E:\www\test.php
on line 2
```

【示例 2】为了避免出现类似错误消息，可以在访问文件之前检测该文件是否存在。代码如下：

```php
<?php
if(!file_exists("welcome.txt")){
   die("文件不存在");
}else {
   $file=fopen("welcome.txt","r");
}
?>
```

如果文件不存在，则会显示以下的错误消息：

文件不存在

示例 2 代码更有效，它采用了一个简单的错误处理机制：在错误发生后就终止脚本的运行。

10.1.3 自定义错误处理器

扫一扫，看视频

在应用中创建一个专用函数，可以在 PHP 发生错误时调用该函数。注意，该函数必须有能力处理至少 2 个参数（error_level 和 error_message），最多可以处理 5 个参数（除了 error_level 和 error_message，还有可选的 file、line_number 和 error_context）。其语法格式如下：

```
error_function(error_level, error_message, error_file, error_line, error_context)
```

参数说明：

- error_level：必需，规定错误报告级别。必须是一个整型数。
- error_message：必需，规定错误消息。
- error_file：可选，规定错误发生的文件名。
- error_line：可选，规定错误发生的行号。
- error_context：可选，规定一个数组，包含了当错误发生时在用的每个变量及它们的值。

这些错误报告级别是错误处理程序要处理的不同错误类型，错误报告级别见表 10.1。

表 10.1 错误报告级别

值	常 量	描 述
2	E_WARNING	非致命的 run-time 错误。不暂停脚本执行
8	E_NOTICE	run-time 通知。脚本发现可能有错误发生，但也可能在脚本正常运行时发生
256	E_USER_ERROR	致命的用户生成的错误。类似于程序员使用 PHP 函数 trigger_error() 设置的 E_ERROR
512	E_USER_WARNING	非致命的用户生成的警告。类似于程序员使用 PHP 函数 trigger_error() 设置的 E_WARNING
1024	E_USER_NOTICE	用户生成的通知。类似于程序员使用 PHP 函数 trigger_error() 设置的 E_NOTICE
4096	E_RECOVERABLE_ERROR	可捕获的致命错误。类似于 E_ERROR，但可被用户定义的处理程序捕获。参见 set_error_handler()
8191	E_ALL	所有错误和警告，除级别 E_STRICT 以外。在 PHP 6.0 版本中，E_STRICT 是 E_ALL 的一部分

【示例 1】创建一个错误处理的函数。代码如下：

```php
<?php
function customError($errno, $errstr) {
    echo "<b>错误:</b> [$errno] $errstr<br />";
    echo "终止脚本";
    die();
}
?>
```

上面示例代码是一个简单的错误处理函数。当被触发时，它会取得错误级别和错误消息。然后输出错误级别和错误消息，并终止脚本。

PHP 默认内建了错误处理程序，不过用户可以修改错误处理程序，使其仅应用到某些错误，这样脚本就能够以不同的方式来处理不同的错误。

通过 set_error_handler()函数可以设置用户自定义的错误处理程序，然后通过 trigger_error()函数，或在应用程序发生严重错误时，触发错误处理程序。

set_error_handler()函数的语法格式如下：

```
set_error_handler(errorhandler,E_ALL|E_STRICT);
```

参数说明：

- errorhandler：必需，规定用户错误处理函数的名称。
- E_ALL|E_STRICT：可选，规定显示何种错误报告级别的用户定义错误。默认是 E_ALL。

【示例 2】通过尝试输出不存在的变量，来测试这个错误处理程序。代码如下：

```php
<?php
function customError($errno, $errstr) {            //错误处理程序
   echo "<b>错误:</b> [$errno] $errstr";
}
set_error_handler("customError");                  //设置错误处理程序
echo($test);                                        //触发错误
?>
```

上面代码的输出类似：

```
错误: [8] Undefined variable: test
```

扫一扫，看视频

10.1.4 触发错误

在 PHP 中，可以使用 trigger_error()函数主动触发一个错误处理程序。其语法格式如下：

```
trigger_error(error_message,error_types)
```

参数说明：

- error_message：必需，规定错误消息。长度限制为 1024 个字符。
- error_types：可选，规定错误消息的错误类型。可能的错误类型说明如下：
  - ◇ E_USER_ERROR：运行时致命错误，不能恢复，将停止执行脚本。
  - ◇ E_USER_WARNING：运行时非致命警告，脚本不停止执行。
  - ◇ E_USER_NOTICE：默认值，运行时的通知，可能是一个错误，也可能在脚本正常运行时发生。

如果指定了一个不合法的错误类型，该函数返回 False，否则返回 True。

【示例 1】下面代码演示了如何使用 trigger_error()函数主动触发错误。

```php
<?php
$test=2;
if ($test>1) {
   trigger_error("变量必须小于等于1");
}
?>
```

上面代码的输出结果类似：

```
Notice: 变量必须小于等于1 in E:\www\test1.php on line 4
```

【示例 2】下面代码演示了如何设置错误处理程序。

```php
<?php
//错误处理函数
function customError($errno, $errstr) {
    echo "<b>错误:</b> [$errno] $errstr<br />";
    echo "停止脚本";
    die();
}
//设置错误处理程序
set_error_handler("customError",E_USER_WARNING);
//触发错误
$test=2;
if ($test>1) {
    trigger_error("变量必须小于等于1",E_USER_WARNING);
}
?>
```

如果 $test 变量大于 1，则发生 E_USER_WARNING 错误。如果发生了 E_USER_WARNING 错误，将触发自定义错误处理程序并结束脚本。

上面代码的输出结果类似：

```
错误: [512] 变量必须小于等于1
停止脚本
```

10.1.5　错误记录

扫一扫，看视频

在默认情况下，PHP 会根据在 php.ini 中的 error_log 配置，向服务器的错误记录系统或文件发送错误记录。error_log 配置项目说明如下：

```
error_reporting=E_ALL;                    //将会向 PHP 报告发生的每个错误
display_errors = Off;                      //关闭错误回显，避免泄露服务器端敏感信息
log_errors = On;                           //开启错误日志
log_errors_max_len = 1024;                 //设置每个日志项的最大长度
error_log = E:/php_log/php_error.log;      //指定产生的错误报告写入的日志文件位置
```

通过使用 error_log() 函数，可以向指定的文件或位置发送错误记录。其语法格式如下：

```
error_log(message,type,destination,headers);
```

参数说明：

● message：必需，规定要发送的错误记录。

● type：可选，规定错误记录要发送的位置。可选值说明如下：

◇ 0：默认，错误记录被发送到 PHP 的系统日志，使用的是操作系统的日志机制还是文件，取决于 php.ini 中的 error_log 指令。

◇ 1：错误记录被发送到参数 destination 设置的邮件地址。只有当 type=1 时，第 4 个参数 headers 才会被用到。

◇ 2：不再使用（仅用在 PHP 3.0 版本中）。

◇ 3：错误记录被发送到位置为 destination 的文件里。字符 message 默认不会被当作新的一行。

◇ 4：错误记录被直接发送到 SAPI 日志处理程序中。

● destination：可选，规定错误记录的发送位置。该值由 type 参数的值决定。

● headers：可选，规定额外的头，如 From、Cc 和 Bcc。该信息类型使用了 mail() 的同一个内置函数。仅当 message_type 设置为 1 时使用。应当使用 CRLF (\r\n) 来分隔多个头。

【示例】下面代码演示了如何发送带有错误消息的电子邮件。

```php
<?php
//错误处理函数
function customError($errno, $errstr) {
    echo "<b>错误:</b> [$errno] $errstr<br />";
    echo "已经通知了网站管理员。";
    error_log("错误: [$errno] $errstr",1,"someone@example.com","From: webmaster@example.com");
}
//设置错误程序
set_error_handler("customError",E_USER_WARNING);
//触发错误
$test=2;
if ($test>1){
    trigger_error("变量必须小于等于1",E_USER_WARNING);
}
?>
```

上面代码的输出结果类似：

错误: [512] 变量必须小于等于 1
已经通知了网站管理员。

接收自以上代码的邮件类似：

错误: [512] 变量必须小于等于 1

提示：

这个方法不适合所有的错误。常规错误应当使用 PHP 默认的错误记录系统在服务器上进行记录。

10.2　异　常　处　理

异常处理是 PHP 5.0 版本一个新的重要特性，用于在指定的错误发生时改变代码的执行流程。

10.2.1　认识 PHP 异常

扫一扫，看视频

异常（Exception）就是一个程序在执行过程中出现的一个例外或一个事件，它中断了正常代码，跳转到其他程序模块继续执行。异常处理经常被当作程序的控制流程使用。无论是错误，还是异常，应用程序都必须能够以妥善的方式处理，并作出相应的反应，避免丢失数据或者导致程序崩溃。

当异常被触发时，通常会发生以下几种情况：

● 当前代码状态被保存。

● 代码执行被切换到预定义的异常处理器函数。

● 根据情况，处理器也许会从保存的代码状态重新开始执行代码、终止代码执行，或者从代码中另外的位置继续执行。

10.2.2　异常的基本使用

扫一扫，看视频

当异常被抛出时，其后的代码不会继续执行，PHP 会尝试查找匹配的 catch 代码块。如果异常没有被捕获，而且没有使用 set_exception_handler()函数做出相应的处理，将会发生一个严重的错误（致命错误），并且输出 Uncaught Exception（未捕获异常）的错误消息。

【示例 1】下面代码演示了如何抛出一个不被捕获的异常。

```php
<?php
function checkNum($number){                    //定义异常处理函数
    if($number>1){
        throw new Exception("值必须小于等于1.");
    }
    return True;
}
checkNum(2);                                    //触发异常
?>
```

上面代码的输出结果类似：

```
Fatal error: Uncaught Exception: 值必须小于等于1. in E:\www\test1.php:5 Stack trace: #0
E:\www\test1.php (10): checkNum(2) #1 {main} thrown in E:\www\test1.php on line 5
```

要避免以上错误，用户需要编写适当的代码来处理异常。正确的处理流程应当包括以下 3 个代码块：

- try：异常处理函数的调用应该位于 try 代码块内。如果没有触发异常，则代码将正常执行；如果异常被触发，则抛出一个异常。
- throw：throw 代码块规定如何触发异常。一个 throw 代码块必须对应至少一个 catch 代码块。
- catch：catch 代码块会捕获异常，并创建一个包含异常信息的对象。

【示例 2】下面代码演示了如何抛出并捕获一个异常。

```php
<?php
function checkNum($number){                    //定义异常处理函数
    if($number>1){
        throw new Exception("值必须小于等于1.");
    }
    return True;
}
try{                                           //在try代码块中触发异常
    checkNum(2);
    echo '如果你看到我，说明值是小于等于1的.';      //如果抛出异常，则不会显示下面文本
}
catch(Exception $e){                           //捕获异常
    echo '友情提示： ' .$e->getMessage();
}
?>
```

上面代码的输出结果类似：

```
友情提示：值必须小于等于1.
```

上面的代码抛出了一个异常，并捕获了它。具体设计步骤如下：

第 1 步，创建 checkNum()函数，检测数字是否大于 1。如果是，则抛出一个异常。

第 2 步，在 try 代码块中调用 checkNum()函数。

第 3 步，checkNum()函数中的异常被抛出。

第 4 步，catch 代码块接收到该异常，并创建一个包含异常信息的对象（$e）。

第 5 步，通过调用 Exception 类的$e->getMessage()方法，输出来自该异常的错误消息。

📝 提示：

为了遵循"一个 throw 必须对应一个 catch"的设计原则，可以设置一个顶层的异常处理器来处理漏掉的错误。

扫一扫，看视频

10.2.3 自定义 Exception 类

自定义异常处理程序非常简单。下面将简单创建一个专门的类，当 PHP 中发生异常时，可以调用其函数。

📝 提示：

创建的类必须是 Exception 类的扩展，其继承 PHP 的 Exception 类的所有属性，可再自定义函数。

【示例】下面代码演示了如何创建 customException 类。

```php
<?php
class customException extends Exception {
   public function errorMessage() {
      //要输出的错误信息
      $errorMsg = "<pre>错误行号:" . $this->getLine () . " \n 错误文件:" . $this->getFile () . " \n
错误邮箱:<b>" . $this->getMessage () . "</b></pre>";
      return $errorMsg;
   }
}
$email = "someone@example...com";
try {
   //检查邮箱格式
   if (filter_var( $email, FILTER_VALIDATE_EMAIL ) === False) {
      //如果是非法的邮箱格式，则抛出异常
      throw new customException ( $email );
   }
} catch ( customException $e ) {
   //获取异常，显示错误信息
   echo $e->errorMessage ();
}
?>
```

上面代码输出的错误信息如下：

```
错误行号:14
错误文件:E:\www\test1.php
错误邮箱:someone@example...com
```

customException 类是 Exception 类的扩展，并添加了 errorMessage()函数。此外，它继承了 Exception 类的属性和方法，如 getLine()、getFile()和 getMessage()。

在上面代码中，先抛出了一个异常，并通过一个自定义的 Exception 类来捕获它。具体设计步骤如下：

第 1 步，定义 customException()类，作为 Exception 类的扩展，继承其所有属性和方法。

第 2 步，创建 errorMessage()函数。如果邮箱格式不合法，则该函数返回一条错误信息。

第 3 步，把 $email 变量设置为不合法的邮箱格式字符串。

第 4 步，执行 try 代码块，因为邮箱格式不合法，所以抛出一个异常。

第 5 步，catch 代码块捕获异常，并显示错误信息。

10.2.4　定义多个异常

扫一扫，看视频

可以使用多个 if-else 代码块或一个 switch 代码块，或者嵌套多个异常。这些异常能够使用不同的 Exception 类，并返回不同的错误信息。为一段代码定义使用多个异常，来检查多种情况。

【示例】下面代码演示了如何使用多个 if 语句定义多个异常。

```php
<?php
class customException extends Exception {
    public function errorMessage() {
        //要输出的错误信息
        $errorMsg = "<pre>错误行号:" . $this->getLine () . " \n 错误文件:" . $this->getFile () . " \n
错误邮箱:<b>" . $this->getMessage () . "</b></pre>";
        return $errorMsg;
    }
}
$email = "someone@example.com";
try {
    //检查邮箱格式
    if (filter_var( $email, FILTER_VALIDATE_EMAIL ) === False) {
        //如果是非法的邮箱格式，则抛出异常
        throw new customException ( $email );
    }
    //check for "example" in mail address
    if (strpos ( $email, "example" ) !== False) {
        throw new Exception ( "$email is an example e-mail" );
    }
} catch ( customException $e ) {
    //获取异常，显示错误信息
    echo $e->errorMessage ();
}
catch ( Exception $e ) {
    echo $e->getMessage ();
}
?>
```

上面的代码检查了两个条件，只要有一个条件不成立，就抛出一个异常。具体设计步骤如下：

第 1 步，定义 customException()类，作为 Exception 类的扩展继承其所有属性和方法。

第 2 步，创建 errorMessage()函数。如果邮箱格式不合法，则该函数返回一条错误信息。

第 3 步，执行 try 代码块，在第一个条件下，不会抛出异常。

第 4 步，由于邮箱格式中含有字符串 example，第二个条件会触发异常。

第 5 步，catch 代码块会捕获异常，并显示恰当的错误信息。

第 6 步，如果没有捕获 customException 类中定义的异常，仅捕获了基本的 Exception 类中的异常，则由 Exception 类处理异常。

扫一扫，看视频

10.2.5　重新抛出异常

有时当异常被抛出时，会希望以其他方式处理，此时可以在一个 catch 代码块中再次抛出异常。

脚本应该对用户隐藏系统错误。对程序员来说，系统错误也许很重要，但是用户对它们并不感兴趣。为了让用户更容易使用，可以再次抛出带有对用户比较友好的信息的异常。

【示例】以下代码演示了如何重新抛出异常。

```php
<?php
class customException extends Exception {
    public function errorMessage() {
        //要输出的错误信息
        $errorMsg = $this->getMessage () . ' is not a valid E-Mail address.';
        return $errorMsg;
    }
}
$email = "someone@example.com";
try {
    try {
        //检查 example 是否存在邮箱格式中
        if (strpos ( $email, "example" ) !== False) {
            //抛出异常
            throw new Exception ( $email );
        }
    } catch ( Exception $e ) {
        //重新抛出异常
        throw new customException ( $email );
    }
}
catch ( customException $e ) {
    //获取异常，显示错误信息
    echo $e->errorMessage ();
}
?>
```

上面代码检查在邮箱格式中是否含有字符串 example。如果有，则重新抛出异常。具体设计步骤如下：

第 1 步，定义 customException()类，作为 Exception 类的一个扩展，继承其所有属性和方法。

第 2 步，创建 errorMessage()函数。如果邮箱格式不合法，则该函数返回一条错误信息。

第 3 步，把 $email 变量设置为一个有效的邮件格式，但含有字符串 example。

第 4 步，try 代码块包含另一个 try 代码块，这样就可以重新抛出异常。

第 5 步，由于邮箱格式中包含字符串 example，因此触发异常。

第 6 步，catch 捕获到该异常，并重新抛出。

第 7 步，捕获到 customException 异常，并显示一条错误信息。

第 8 步，如果在目前的 try 代码块中的异常没有被捕获，则它将在更高层级上查找 catch 代码块。

扫一扫，看视频

10.2.6　定义顶层异常处理器

set_exception_handler()函数可处理所有未捕获的异常。

【示例】下面代码演示了如何使用 set_exception_handler()函数。

```php
<?php
function myException($exception){
   echo "<b>异常:</b> " , $exception->getMessage();
}
set_exception_handler('myException');
throw new Exception('主动抛出一个异常.');
?>
```

上面代码的输出结果类似：

异常：主动抛出一个异常.

在上面代码中，不存在 catch 代码块，触发了顶层的异常处理器。可以使用此函数来捕获所有未被捕获的异常。

设计异常的规则如下：

● 需要进行异常处理的代码应该放入 try 代码块内，以便捕获潜在的异常。
● 每个 try 或 throw 代码块必须至少拥有一个对应的 catch 代码块。
● 使用多个 catch 代码块可以捕获不同种类的异常。
● 可以在 try 代码块内的 catch 代码块中重新抛出异常。

总之，如果抛出了异常，就必须捕获它。

10.3　在　线　支　持

本节为拓展学习，感兴趣的同学请扫码进行强化训练。

扫描，拓展学习

第 11 章

PHP 与 Web 页面交互

网页与 PHP 的互动，主要是通过表单来实现的。用户可以通过表单提交数据，或者通过 URL 附加参数，向 PHP 传递信息。PHP 通过预定义变量来接收这些信息。本章将详细介绍 PHP 如何获取客户端的请求，以及如何响应用户的交互操作。

学习重点

- 定义表单。
- PHP 数据交互基础。
- 案例实战。

11.1　定　义　表　单

表单是一个复杂的 HTML 结构，不仅包含<form>标签，还包含各种类型的表单对象。只有正确定义表单结构，才能够实现 PHP 与网页交互的目的。

11.1.1　设计表单结构

完整的表单一般应该包含表单框（<form>标签）、表单域（各种输入域）和表单操控对象（提交按钮、重置按钮等）。

由于表单设计不是 PHP 开发的重点，设计表单结构仅作为拓展内容放在网上，有需要的读者请扫码阅读。

11.1.2　设置表单属性

表单属性众多，不过大部分表单对象都有最基本的属性，这些属性具有通用性。

限于篇幅，设置表单属性仅作为拓展内容放在网上，有需要的读者请扫码阅读。

11.1.3　使用表单对象

大部分表单对象主要用来接收用户的输入或选择信息，它们在页面中呈现不同的样式，具有不同的操作体验。PHP 也将表单对象作为独立单元来接收表单提交的数据。

限于篇幅，关于不同表单对象的设置、使用和注意问题仅作为拓展内容放在网上，有需要的读者请扫码阅读。

11.2　PHP 数据交互基础

下面介绍 PHP 中服务器与客户端实现数据交互的基本方法，包括表单提交数据的方法和服务器接收表单数据的方法。

11.2.1　定义数据传输类型

<form>标签包含一个 enctype 属性，该属性可以定义表单数据的编码类型。除了以下 2 种常用类型，还可以设置为 text/plain 类型，直接以字符形式进行传递，该类型不常用。

1. application/x-www-form-URLencoded

application/x-www-form-URLencoded 是默认编码类型。表单数据被编码为"名/值"对的形式

（这是标准的编码格式）。

这种编码方式将空格用"+"代替，非字母和数字字符用以"%hh"表示的字符的 ASCII 编码代替（汉字就是这种形式），而变量和值使用"="连接在一起，各个"名/值"对之间使用"&"连接。通过这种方式把表单中输入的数据进行打包，并发送到服务器端，如图 11.1 所示。

图 11.1　数据传输格式

application/x-www-form-URLencoded 编码方式不能传递二进制数据，不适合文件上传，它只能提交符合 ASCII 编码的文本字符串。

2. multipart/form-data

multipart/form-data 编码可以把表单数据编码为多条消息，其中每个表单域对应一个消息块。这种方式传输的消息包含了一系列数据块，每一个数据块代表表单中的一个表单域变量，并且数据块的排列顺序与页面中表单域的排列顺序是一一对应的。数据块与数据块之间使用特殊字符分隔，如图 11.2 所示。

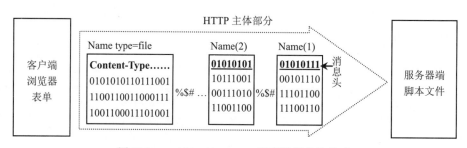

图 11.2　multipart/form-data 编码数据传输格式

multipart/form-data 编码方式可以用来传输二进制数据或非 ASCII 字符的文本（如图片、不同格式的文件等）。注意，只有使用 multipart/form-data 方式，才能完整地传递文件数据。但是这种编码方式在客户端和服务器端都会有很多限制。

提示：

multipart/form-data 编码方式，必须使用 post 方法，get 方法无法处理这样的表单数据。

11.2.2　定义表单发送方法

指定表单数据的编码类型后，还需要设置表单数据的发送方法。<form>标签通过 method 属性定义发送数据的方法。method 属性的值包括 get 和 post（默认）。这两种方法在数据传输过程中分别对应于 HTTP 协议中的 get 和 post 方法。简单区别如下：

● get 方法，是将表单数据作为字符串附加到 URL 后面，用"?"符号进行区分，每个表单域（"名/值"对）之间用"&"符号隔开，然后把整个字符串发送到服务器端。例如：

`http://www.baidu.com/s?id=1&method=get`

📝 提示：
> （1）这些被传递的参数，也被称为查询字符串，详细说明请参考 11.2.3 小节。
> （2）由于系统环境变量的长度限制了输入字符串的长度，因此 get 方法所发送的信息不能太长，一般在 4000 个字符左右，而且不能含有非 ASCII 码字符。
> （3）由于 get 方法是在浏览器的地址栏中以显式方式传递表单数据的，也带来了信息传递的安全性问题，因此使用时务必小心。一般 get 方法用于传递简单的、非重要的参数信息。

- post 方法，将表单数据进行加密，并随 HTTP 数据流一同发送到服务器。这种方法发送的数据量基本上没有什么限制，因此在表单设计中作为推荐方法进行设置。如果设计上传文件，必须设置为 post 方法。

11.2.3　认识查询字符串

如果在<form>标签中，设置 method 属性值为 get，则表单数据将通过 URL 附加的查询字符串把数据传递给服务器。

查询字符串由一个或多个"名/值"对的字符串组成，多个"名/值"对之间通过"&"符号连接在一起，构成长字符串，常被用来传递一些简单的参数。其语法格式如下：

```
name1=value1&name2=value2&...&namen=valuen
```

其中，name1=value1 就表示一个"名/值"对。在所有参数中，name 表示查询字符串的参数名称，而 value 表示查询字符串的参数值。指定其中参数的名称就可以获取该参数的值。

查询字符串附加在 URL 后面，存储在 HTTP 请求的头部区域。因此，所传输的数据结构就比较简单，不能存储大容量信息，一般能够发送最大约 2000 个字符，是作为查询字符串的一部分发送的，超过这个数目的其他数据将不会被处理。

查询字符串与 URL 通过"?"符号连接在一起。这样 PHP 脚本就能够准确获取查询字符串的内容，而 URL 也能够正确定位到指定目标。代码如下：

```
<a href="detail.php?id=1&class=3&subclass=24&key=li">显示查询信息</a>
```

上面的超链接中提供了 4 个参数，detail.php 页面能够通过这 4 个参数在数据库中查询到指定记录。

当查询字符串中的参数同名时，HTTP请求仍然能够把所有参数传递出去，不管这些参数名是否重复。代码如下：

```
<a href="detail.php?id=1&class=3&subclass=24&key=li&id=3&class=2&subclass=21&key = wang ">显示查询信息</a>
```

11.2.4　设置 PHP 处理程序

当用户提交表单后，浏览器会把表单数据上传到服务器，这个操作实际上就是把表单数据传递给另一个代码文件。

在设计表单时，必须明确数据提交的目标，这个目标就是准备接收表单数据的 PHP 文件。

扫一扫，看视频

使用<form>标签的 action 属性，可以定义要接收表单数据的页面。代码如下：

```
<form id="form1" name="form1" method="post" action="text.php">
 ...
</form>
```

上面代码定义了将表单数据提交给同一目录中的 text.php 文件。URL 可以是相对路径，也可以是绝对路径。

action 属性还可以设置电子邮件地址。当要设为电子邮件地址时，要使用"action=mailto:邮件地址"的格式来表示，例如：

```
action="mailto:zhangsan@163.com"
```

11.2.5　PHP 接收表单数据的方法

扫一扫，看视频

PHP 接收表单数据主要是通过预定义变量 $_POST 和 $_GET 来实现的。其中 $_POST 变量是一个数据集合，负责接收表单以 post 方法提交的数据，而 $_GET 变量负责接收 URL 字符串后面附加的查询字符串参数值。

$_POST 和 $_GET 的语法格式如下：

```
$_GET["name"]
$_POST["name"]
```

其中，name 为表单对象 name 的属性值。

📝 提示：

（1）使用 $_POST 和 $_GET 方法获取表单对象的值时，为了避免异常，应该先使用 isset()函数检测 $_POST 和 $_GET 变量是否存在。只有存在，才可以获取 $_POST 和 $_GET 变量的值。

（2）isset()函数语法格式如下：

```
bool isset ( mixed $var [, mixed $... ] )
```

如果 $var 存在，并且值不是 NULL，则返回 True，否则返回 False。

（3）在 11.3 节案例实战中，将详细介绍使用 $_POST 和 $_GET 变量获取表单数据的具体方法。

11.2.6　在表单中嵌入 PHP 代码

扫一扫，看视频

通过在表单中嵌入 PHP 代码，可以动态设计表单对象的默认值，或者动态设计表单结构。在表单中嵌入 PHP 代码有以下 3 种形式：

在标签中嵌入"<?PHP …?>"，相当于动态设计需要显示的信息或表单对象。代码如下：

```
<h2>性别:
<?php
if (isset($gender) && $gender=="female") echo "女";
if (isset($gender) && $gender=="male") echo "男";
?>
</h2>
```

在属性中嵌入"<?PHP…?>"，相当于动态设置属性。代码如下：

```
性别: <input type="radio" name="gender"
<?php if (isset($gender) && $gender=="female") echo "checked";?>
value="female">女性
    <input type="radio" name="gender"
<?php if (isset($gender) && $gender=="male") echo "checked";?>
value="male">男性
```

在属性值中嵌入"<?PHP…?>"，相当于为属性动态赋值。代码如下：

```
姓名: <input type="text" name="name" value="<?php echo $name;?>">
```

11.3　案例实战

本节结合案例来学习 PHP 接收用户数据的基本方法，以及数据处理的相关技巧。

扫一扫，看视频

11.3.1　获取文本框的值

使用 PHP 的预定义变量 $_POST 可以获取文本框的值。

提示：
> PHP 的 $_POST 变量实际上是一个预定义的关联数组，键名对应表单元素的 name 属性值，键值就是 value 属性值。

【示例】在站点根目录下新建页面，保存为 index.html；设计一个表单，在其中添加一个文本框。设置 method 属性为 post，以便 $_POST 变量能够接收到数据；设置表单的 action 属性为 request.php；定义提交数据的处理程序，request.php 将接收数据并响应给用户。演示效果如图 11.3 所示。

 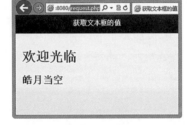

（a）提交表单　　　　　　　　（b）响应信息

图 11.3　演示效果

设计 index.html 页面的表单结构。代码如下：

```
<form id="form1" name="form1" method="post" action="request.php">
   <label>用户名<input name="user" type="text" id="user" /></label>
     <input type="submit" value="提交数据" />
</form>
```

创建 request.php 程序处理页面，输入如下代码，用来接收 index.html 页面提交的文本框的值。

```
<div data-role="content">
   <h1>欢迎光临</h1>
   <h2><?php if(isset($_POST["user"])) echo $_POST["user"]; ?></h2>
</div>
```

在代码中先使用 isset()函数判断 $_POST["user"]变量是否存在，如果存在则读取并显示。

提示：
> 获取表单数据，实际上就是获取不同表单元素的数据。<form>标签中的 name 是所有表单元素必须要设置的属性，用来定义表单元素的名称。因此，在为表单元素命名时不要重复，以免获取的数据出错。
> 在开发过程中，获取文本框、密码域、隐藏域、按钮、文本区域，以及其他 HTML5 不同类型的输入文本框的值的方法是相同的，都是使用 name 属性来获取相应的 value 属性值。

扫一扫，看视频

11.3.2 获取复选框的值

当多个复选框组成一个复选框组时，获取它们的值和方法就略有不同。

【示例】下面将演示如何快速获取复选框组中被选中的值。演示效果如图 11.4 所示。

（a）提交表单

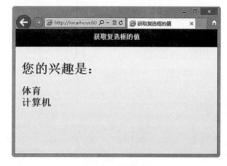

（b）响应信息

图 11.4 演示效果

新建 index.html 页面，设计一个表单。先为<form>标签设置 action 和 method 属性，定义请求文件为同目录下的 request.php，请求方式为 post。

在<form>标签内插入 3 个复选框和 1 个提交按钮，定义复选框的 name 属性值都为 interest[]，而 value 属性值分别为"体育""音乐""计算机"；定义提交按钮的 value 属性值为"提交数据"。完整的表单结构代码如下：

```html
<form id="form1" name="form1" method="post" action="request.php">
  <fieldset data-role="controlgroup">
    <legend>兴趣</legend>
    <label><input name="interest[]" type="checkbox" value="体育" />体育</label>
    <label><input name="interest[]" type="checkbox" value="音乐" />音乐</label>
    <label><input name="interest[]" type="checkbox" value="计算机" />计算机</label>
  </fieldset>
  <input type="submit" value="提交数据" />
</form>
```

📝 提示：

在复选框组和单选按钮组中，其 name 属性值必须定义为数组类型，即名称后面要加一个方括号，表示该变量为一个数组类型，这样才能够储存多个值。

创建 request.php 程序处理页面，输入如下代码，用来接收 index.html 页面提交的复选框的值。

```php
<div data-role="content">
   <h1>您的兴趣是: </h1>
   <h2><?php
      if( isset($_POST["interest"])){              //先检测用户是否提交了值
         $interest = $_POST["interest"];           //获取所有选项
         if($interest != null){                    //检测是否选择了选项
            for($i=0;$i<count($interest);$i++)      //循环输出显示每个选项值
               echo $interest[$i]."<br />" ;
         }
      }
      ?></h2>
```

```
</div>
```

📝 提示：

使用 $_POST 变量获取复选框组的值时，必须设置 name 值为 interest，而不是 interest[]，否则将不识别复选框组的值。

使用 count()函数计算 $_POST["interest"]数组的元素个数，使用 for 循环语句逐一输出所有被选中的复选框的值。

11.3.3　获取下拉菜单的值

获取下拉菜单的值与获取文本框的值的方法完全相同。

【示例】下面将演示如何快速获取表单中下拉菜单的选取值。演示效果如图 11.5 所示。

扫一扫，看视频

（a）提交表单

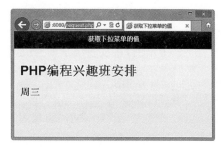
（b）响应信息

图 11.5　演示效果

新建 index.html 页面，设计一个表单。先为<form>标签设置 action 和 method 属性，定义请求文件为同目录下的 request.php，请求的方式为 post。

在<form>标签内插入一个下拉菜单和一个提交按钮，定义下拉菜单的 name 属性值为 interest，下拉菜单选项的 value 属性值分别为"周一""周二""周三""周四""周五"，考虑到会出现没有安排的情况，再添加一个空选项；定义提交按钮的 value 属性值为"提交数据"。完整的表单结构代码如下：

```
<div data-role="content">
  <form id="form1" name="form1" method="post" action="request.php">
    <label for="interest">PHP 编程兴趣班安排在周几? </label>
    <select name="interest" id="interest">
      <option value=""></option>
      <option value="周一">周一</option>
      <option value="周二">周二</option>
      <option value="周三">周三</option>
      <option value="周四">周四</option>
      <option value="周五">周五</option>
    </select>
    <input type="submit" value="提交数据" />
  </form>
</div>
```

创建 request.php 程序处理页面，输入如下代码，用来接收 index.html 页面提交的下拉菜单的值。使用 if 语句对下拉菜单的值进行判断，最后输出响应信息。

```php
<?php
if(isset($_POST["interest"])){                //先检测用户是否提交了值
   $interest = $_POST["interest"];            //获取下拉菜单的值
   if($interest != null){                     //如果不为空，则显示
     echo $interest;
   }
   else{                                      //如果为空，则特别提示
     echo "没有安排";
   }
}
?>
```

11.3.4 获取列表框的值

扫一扫，看视频

如果列表框没有设置 multiple 属性，可以采用 11.3.3 节的方法来获取值。如果列表框设置了 multiple 属性，允许多选，可以模仿复选框组的方法获取值。

【示例】下面将演示如何快速获取用户提交的列表框的值，并以按钮的形式显示出来。演示效果如图 11.6 所示。

（a）提交表单　　　　　　　　　　　　（b）响应信息

图 11.6　演示效果

新建 index.html 页面，设计一个表单。先为<form>标签设置 action 和 method 属性，定义请求文件为同目录下的 request.php，请求的方式为 post。

在<form>标签内插入一个列表框和一个提交按钮，定义列表框的 name 属性值为 interest[]，添加 multiple 属性，允许多选。定义列表选项的属性值分别为"体育""音乐""计算机""英语"；定义提交按钮的 value 属性值为"提交数据"。完整的表单结构代码如下：

```html
<div class="container">
   <form id="form1" name="form1" method="post" action="request.php">
     <label for="interest">兴趣</label>
     <select name="interest[]" id="interest" size="4" multiple class="form-control">
        <option value="体育">体育</option>
        <option value="音乐">音乐</option>
        <option value="计算机">计算机</option>
        <option value="英语">英语</option>
     </select><br>
     <input type="submit" value="提交数据" class="btn btn-success btn-block" />
   </form>
</div>
```

创建 request.php 程序处理页面，输入如下代码，用来接收 index.html 页面提交的列表框的值。

使用 $_POST["interest"]读取用户选择的值，使用 for 语句循环输出所有被选中的值。

```php
<?php
    if(isset($_POST["interest"])){                    //先检测用户是否提交了值
        $interest = $_POST["interest"];
        if($interest != null){                        //判断列表框的返回值是否为空
            for($i=0;$i<count($interest);$i++)        //通过 for 循环输出选中的列表框的值
                echo '<div class="btn btn-primary">'.$interest[$i].'</div>';
        }
    }
?>
```

11.3.5　获取密码域和隐藏域的值

扫一扫，看视频

获取密码域和隐藏域的值的方法与获取文本框的值方法相同。

【示例】下面将演示如何获取用户提交的用户名和密码，并根据隐藏域提交的值进行适当提示。演示效果如图 11.7 所示。

新建 index.html 页面，设计一个表单。先为<form>标签设置 action 和 method 属性，定义请求文件为同目录下的 request.php，请求的方式为 post。

（a）提交表单　　　　　　　　　　　（b）响应信息

图 11.7　演示效果

在<form>标签内，插入一个文本框、一个密码域、一个隐藏域和一个提交按钮，定义输入文本域的 name 属性值分别为 user、pass、grade；定义提交按钮的 value 属性值为"提交数据"。完整的表单结构代码如下：

```html
<div class="container">
    <form id="form1" name="form1" method="post" action="request.php">
        <div class="input-group input-group-lg">
            <span class="input-group-addon"><span class="glyphicon glyphicon-user"> </span></span>
            <input type="text" name="user" class="form-control" placeholder="请输入用户名">
        </div><br>
        <div class="input-group input-group-lg">
            <span class="input-group-addon"><span class="glyphicon glyphicon-lock"></span></span>
            <input type="password" name="pass" class="form-control" placeholder="请输入密码">
        </div><br>
        <input name="grade" type="hidden" value="1" />
        <input type="submit" value="提交数据" class="btn btn-success btn-block" />
    </form>
</div>
```

创建 request.php 程序处理页面，输入如下代码，用来接收 index.html 页面提交的隐藏域的值。使用 $_POST 方法在标签中嵌入从客户端获取的隐藏域的值。

```
<div class="container">
   <h2><?php echo $_POST["user"] ?>，您好</h2>
    <p>你的密码是 <span class="btn btn-primary"><?php if(isset($_POST["pass"])) echo $_POST
["pass"] ?></span>，请牢记。</p>
    <p>你目前是 <code><?php if(isset($_POST["grade"])) echo $_POST["grade"] ?> </code>级用户，请继
续努力。</p>
</div>
```

扫一扫，看视频

11.3.6　获取单选按钮的值

　　　　单选按钮虽然以组的形式出现，并且有多个可供选择的值，但是在同一次操作中只能选择一个值，所以获取单选按钮值的方法与获取文本框的值的方法相同。

　　为用户提供一个单选按钮组，当用户提交不同的选项后，后台服务器显示不同风格的图片效果。

　　【示例】下面将演示如何快速获取单选按钮的值，并以图片形式显示出来。演示效果如图 11.8 所示。

（a）提交表单

（b）响应信息

图 11.8　演示效果

　　新建 index.html 页面，设计一个表单。先为<form>标签设置 action 和 method 属性，定义请求文件为同目录下的 request.php，请求的方式为 post。

　　在<form>标签内插入一个单选按钮组和一个提交按钮，定义单选按钮组的 name 属性值为 sex，选项的 value 属性值分别为 men、women。完整的表单结构代码如下：

```
<div data-role="content">
·  <form id="form1" name="form1" method="post" action="request.php">
     <fieldset data-role="controlgroup" data-type="horizontal">
        <legend>选择外套风格</legend>
        <label><input name="sex" type="radio" value="men" checked />男款</label>
        <label><input name="sex" type="radio" value="women" />女款</label>
     </fieldset>
   · <input type="submit" value="提交数据" />
   </form>
</div>
```

　　创建 request.php 程序处理页面，输入如下代码，用来接收 index.html 页面提交的单选按钮的值，并进行处理，根据选择条件，显示不同的图文信息。

```php
<?php
  if(isset($_POST["sex"])){                            //先检测用户是否提交了值
    $interest = $_POST["sex"];
    if($interest == "men"){                            //判断用户选择的值
      echo '<h1>男款外套</h1>';
      echo '<img src="images/3.jpg" alt=""/>';
    }else{
      echo '<h1>女款外套</h1>';
      echo '<img src="images/2.jpg" alt=""/>';
    }
  }
?>
```

11.3.7　获取文件域的值

扫一扫，看视频

使用文件域，可以将本地文件上传到服务器。文件域有一个特有的属性 accept，用于指定上传文件的类型，如果要限制上传文件的类型，则可以设置该属性。

【示例】下面代码为用户提供了简单的文件上传操作，当用户上传文件后，后台服务器将以响应的方式显示用户提交的文件名。演示效果如图 11.9 所示。

（a）提交表单　　　　　　　　　　　　　（b）响应信息

图 11.9　演示效果

新建 index.html 页面，设计一个表单。先为<form>标签设置 action 和 method 属性，定义请求文件为同目录下的 request.php，请求的方式为 post。

在<form>标签内，插入一个文件域和一个提交按钮，定义文件域的 name 属性值为 file，提交按钮的 value 属性值为"提交数据"。完整的表单结构代码如下：

```html
<form action="request.php" data-ajax="False" method="post" name="form1" id="form1">
  <label>选择照片
    <input name="file" type="file" />
  </label>
  <input type="submit" data-theme="e" data-icon="check" value="提交数据" />
</form>
```

创建 request.php 程序处理页面，输入如下代码，用来接收 index.html 页面提交的文件域的值，并进行处理，显示用户提交的文件信息。

```php
if(isset($_POST["file"])){                             //先检测用户是否上传了文件
  $file = $_POST["file"];
  echo "你上传的文件是: ";
  echo $file ;                                         //显示文件信息
}
```

提示：

$_FILES 预定义变量是一个关键数组，包含上传文件的所有信息，具体说明如下（其中 userfile 是 name 的属性值，表示文件域的名称）：

● $_FILES['userfile']['name']：文件的原名称。
● $_FILES['userfile']['type']：文件的 MIME 类型，如 image/gif。
● $_FILES['userfile']['size']：文件的大小，单位为字节。
● $_FILES['userfile']['tmp_name']：临时存储的文件名。
● $_FILES['userfile']['error']：与该文件上传相关的错误代码。

文件被上传后，默认会被存储到服务器端的默认临时目录中，可以在 php.ini 中的 upload_tmp_dir 内设置存储路径。当然，一般还需要读取临时存储文件，并另存到指定目录中才会有效。

扫一扫，看视频

11.3.8　获取查询字符串的值

使用 $_GET 预定义变量可以获取查询字符串的值，其用法与 $_POST 相同。

【示例】下面将演示如何使用 $_GET 变量获取用户提交的用户名和密码。演示效果如图 11.10 所示。

（a）提交表单　　　　　　　　　　　　（b）响应信息

图 11.10　演示效果

新建 index.html 页面，设计一个表单。先为<form>标签设置 action 和 method 属性，定义请求文件为同目录下的 request.php，请求的方式为 get。

在<form>标签内，插入一个文本域、一个密码域和一个提交按钮，定义输入文本域的 name 属性值分别为 user 和 pass；定义提交按钮的 value 属性值为"提交数据"。完整的表单结构代码如下：

```
<form id="form1" name="form1" method="get" action="request.php">
    <div class="input-group input-group-lg">
        <span class="input-group-addon"><span class="glyphicon glyphicon-user"> </span></span>
        <input type="text" name="user" class="form-control" placeholder="请输入用户名">
    </div><br>
    <div class="input-group input-group-lg">
        <span class="input-group-addon"><span class="glyphicon glyphicon-lock"> </span></span>
        <input type="password" name="pass" class="form-control" placeholder="请输入密码">
    </div><br>
    <input type="submit" value="提交数据" class="btn btn-success btn-block" />
</form>
```

提示：

也可以在超链接中附加要传递的信息。以问号（？）为标识前缀，后面跟随一个或多个名/值对，名和值之间使用等号（＝）相连，名/值对之间用 "&" 号分隔。例如：

```
<a href="request.php?user=zhangsan&pass=12345678">显示查询信息</a>
```

创建 request.php 程序处理页面，输入如下代码，用来接收 index.html 页面提交的查询字符串的值，并进行处理，显示提示信息。代码如下：

```
<div class="container">
    <h2><?php if(isset($_GET["user"])) echo $_GET["user"] ?>，您好</h2>
    <p>你的密码是<span class="btn btn-primary"><?php if(isset($_GET["pass"]))echo$_GET
["pass"] ?></span>，请牢记。</p>
</div>
```

11.3.9　对查询字符串进行编码

扫一扫，看视频

使用 URL 传递数据，在默认状态下，查询字符串会以明码的形式进行传递，这种方法会泄露用户信息，同时参数中的一些特殊字符也容易引发错误。因此，一般在设计时会要求对 URL 传递的参数进行编码。

URL 编码是一种浏览器用来打包表单数据的格式，是对用地址栏传递参数进行规范的一种编码规则。例如，在参数中带有空格，则用 URL 传递参数时就会发生错误，而用 URL 编码后，空格转换成 "%20"，这样错误就不会发生了；对于 2 字节的中文等信息进行编码，所进行的也是同样的处理；另外，还可以简单地隐藏所传递的参数。

📝 提示：

对于服务器而言，URL 编码前后的字符串并没有什么区别，服务器能够自动识别编码信息。此外，URL 编码不是一种绝对保密的措施，仅是一种简单的信息隐藏方式。在实际设计中，不要指望使用 URL 编码来保护重要信息的安全。

在 PHP 中对字符串进行 URL 编码，可以通过 urlencode() 函数实现。其语法格式如下：

```
string urlencode ( string $str )
```

【示例】下面将演示对两条超链接是否进行 URL 编码的区别。演示效果如图 11.11 和图 11.12 所示。

index.html 页面主要代码如下：

```
<a href="request.php?name=这是秘密信息，需编码" data-role="button">未编码信息</a>
<a href="request.php?name=<?PHP echo URLencode("这是秘密信息，需编码传输"); ?>" data-role="button">
编码信息</a>
```

（a）提交表单

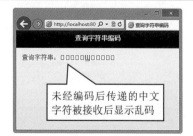

（b）响应信息

图 11.11　未经编码的查询字符串

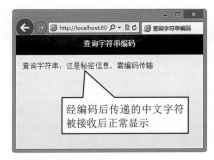

（a）提交表单　　　　　　　　　（b）响应信息

图 11.12　经编码的查询字符串

request.php 程序页面主要代码如下：

```php
<?php
if(isset($_GET["name"])){                      //如果查询字符串存在，则显示参数值
    $name = $_GET["name"];
    echo "查询字符串：";
    echo $name ;
}
?>
```

11.3.10　对查询字符串进行解码

对于 URL 编码的查询字符串，可以使用 urldecode()函数进行解码。该函数的语法格式如下：

```
string urldecode ( string $str )
```

该函数对于任何"%##"形式的编码，都会解码为可辨识的普通字符，加号（+）也被解码成一个空格字符。

【示例】在 index.php 页面中，定义一个超链接文本。代码如下：

```php
<a href="request.php?name=<?PHP echo urlencode("这是秘密信息，需编码传输"); ?>" data-role="button">
显示查询信息</a>
```

然后，在 request.php 文件中输入以下代码：

```php
<?PHP
if(isset($_GET["name"] )){
    $name = urldecode($_GET["name"]);
    echo "查询字符串：";
    echo $name ;
}
?>
```

输出结果如图 11.13 所示。

（a）提交表单　　　　　　　　（b）响应信息

图 11.13　经解码的查询字符串

11.3.11　案例实战：个人信息登记与处理

扫一扫，看视频

本小节是 PHP 与 Web 表单的综合应用，设计一个个人简历表。在页面中设计一个表单，要求用户输入个人信息，提交表单后，将在页面底部显示用户填写的具体信息，以便用户进行核实。演示效果如图 11.14 所示。

图 11.14　个人简历表

首先，新建 index.php 文档，在页面中设计一个表单。代码如下：

```
<form action="" method="post" name="form1" enctype="multipart/form-data">
  <fieldset>
    <legend>个人简历表</legend>
    <table>
      <tr><td>姓名: </td>
        <td><input name="user" type="text" id="user" size="20" maxlength="100"> </td></tr>
      <tr><td>性别: </td>
        <td><input name="sex" type="radio" value="男" checked>男
          <input type="radio" name="sex" value="女">女</td></tr>
      <tr><td>密码: </td>
        <td><input name="pwd" type="password" id="pwd" size="20" maxlength="100"> </td></tr>
      <tr><td>学历: </td>
        <td><select name="select">
            <option value="初中">初中</option>
```

```
            <option value="高中">高中</option>
            <option value="专科">专科</option>
            <option value="本科" selected>本科</option>
            <option value="研究生">研究生</option>
            <option value="博士生">博士生</option>
            <option value="硕士生">硕士生</option>
         </select></td></tr>
      <tr><td>爱好: </td>
         <td><input name="fond[]" type="checkbox" id="fond[]" value="电脑">电脑
            <input name="fond[]" type="checkbox" id="fond[]" value="音乐">音乐
            <input name="fond[]" type="checkbox" id="fond[]" value="旅游">旅游
            <input name="fond[]" type="checkbox" id="fond[]" value="其他">其他
      </td></tr><tr><td>个人写真: </td>
         <td><input name="photo" type="file" size="20" maxlength="1000"
      id="photo"></td></tr><tr><td>个人简介: </td>
         <td><textarea name="intro" cols="28" rows="4" id="intro">
      </textarea></td></tr><tr align="center">
         <td colspan="2"><input type="submit" name="submit" value="提交">
            <input type="reset" name="submit2" value="重置"></td>
      </tr>
   </table>
   </fieldset>
</form>
```

然后，在页面底部输入以下代码，用来接收用户提交的各种表单数据。

```php
<?php
if(isset($_POST["submit"])){                          //判断用户是否是提交表单
   echo "个人信息核实: ";
   echo "<p>姓名: ".$_POST["user"];                    //显示用户名
   echo "<p>性别: ".$_POST["sex"];                     //显示性别
   echo "<p>密码: ".$_POST["pwd"];                     //显示密码
   echo "<p>学历: ".$_POST["select"];                  //显示学历
   echo "<p>爱好: ";
   if(isset($_POST["fond"])){                          //如果用户选择了爱好
      for($i=0;$i<count($_POST["fond"]);$i++)          //使用 for 循环读出并显示爱好
         echo $_POST["fond"][$i]."  ";
   }
   if(!is_dir("upfile")){                              //判断服务器中是否存在指定文件夹
      mkdir("upfile");                                 //如果不存在,则创建文件夹
   }
   $path="upfile/".$_FILES["photo"]["name"];           //定义上传文件存储位置
   if(move_uploaded_file($_FILES["photo"]["tmp_name"],$path)){
                                                       //执行文件上传操作
      $result=True;
   }else{
      $result=False;
   }
   if($result==True){
      echo "<p>个人写真: ".$path;                       //个人照片的路径
   }else{
      echo "文件上传失败.";
   }
```

```
    echo "<p>个人简介: ".$_POST["intro"];                //显示个人简介
}
?>
```

11.4　在 线 支 持

本节为拓展学习，感兴趣的同学请扫码进行强化训练。

扫描，拓展学习

第 12 章

PHP 与 JavaScript 交互

JavaScript 是客户端语言，PHP 是服务器端语言。在 PHP 开发中，经常需要混用 JavaScript 代码，以便实现更强大的功能。本章将介绍 PHP 与 JavaScript 混用的一般方法。

学习重点

- 认识 JavaScript。
- 使用 PHP 输出 JavaScript 代码。
- PHP 与 JavaScript 相互传值。
- 案例实战：PHP+JavaScript 表单验证。

12.1　认识 JavaScript

JavaScript 是最流行的网页脚本语言，它由客户端浏览器解释执行，可以应用到 PHP 等技术类型的网站中。JavaScript 借助 Ajax 技术可以便捷地与 PHP 进行通信，因此，熟练掌握并应用 JavaScript，可以弥补 PHP 的短板。

12.1.1　JavaScript 的优势

在 PHP 开发中，JavaScript 的优势体现如下：
- 便于网站与用户之间的沟通，能够及时响应用户的操作。例如，直接在客户端对表单进行验证，避免 PHP 验证的低效等。
- 更容易设计各种网页特效。例如，定义动态菜单、灯箱广告，设计页面内容智能响应，为页面增添绚丽的动态视觉效果，使网页内容更加丰富、活泼。
- 可以配合其他 HTML5 技术，扩展网页的应用范围，创建复杂的用户体验，增强 PHP 的功能。
- 借助 Ajax 技术，显著提高客户端与服务器端的沟通效率，减少 JavaScript 与 PHP 之间的技术壁垒。

12.1.2　JavaScript 与 PHP 基本用法比较

扫描，拓展学习

JavaScript 和 PHP 这两种语言的语法规则和用法有很多相似之处，但也有一些不同之处。感兴趣的读者可以扫描右侧二维码在线阅读，了解二者的一些常规用法差异。

12.2　使用 PHP 输出 JavaScript 代码

扫一扫，看视频

在 PHP 中，可以通过 echo 语句把 JavaScript 代码以字符串的形式输出到客户端。浏览器接收到 JavaScript 代码字符串后，会自动识别并执行这段代码。例如：

```php
<?php
echo "<script>alert('我来了')</script>";
?>
```

如果浏览器未成功解析这段 JavaScript 代码，可以添加一行代码：

```php
<?php
header('Content-Type:text/html;charset=utf-8');
echo "<script>alert('我来了')</script>";
?>
```

因为部分浏览器不解析 text/plain 的 MIME，这时可以使用 PHP 的 header() 方法显式输出 HTML 类型。

【示例】下面代码演示了如何使用 PHP 的 Nowdoc 结构输出大段 JavaScript 代码，并在浏览器中直接运行。

```php
<?php
echo <<<'JS'                          //使用 Nowdoc 结构输出大段格式化的 JavaScript 代码
```

```
<script>
function func() {
    if(confirm("是否确定?")) {
        document.write("你单击了【确定】按钮!");
    }
    else {
        document.write("你单击了【取消】按钮!");
    }
}
func();
</script>
JS;
?>
```

12.3　PHP 与 JavaScript 相互传值

下面介绍如何在 PHP 与 JavaScript 中相互传递值。

12.3.1　PHP 给 JavaScript 变量赋值

扫一扫，看视频

在同一页面中，PHP 可以以嵌入的方式为 JavaScript 代码赋值。

【示例】在页面中直接嵌入一段 JavaScript 脚本，然后以嵌入的方式将 PHP 的变量赋值给 JavaScript 变量。代码如下：

```
<script>
<?php $php=10; ?>                 //PHP 的变量$php
var js = 10;                      //JavaScript 的变量js
var php = <?php echo $php ?>;     //PHP 的值赋值给 JavaScript 变量
//PHP 的值既可以赋值给 JavaScript 变量，也可以在 JavaScript 中运用
document.write(js + php);
</script>
```

PHP 的值可以赋值给 JavaScript 变量，是因为 PHP 是在服务器端被解析的。服务器端不会解析 JavaScript 代码，JavaScript 代码和 HTML 代码在服务器端都是源码输出的。

12.3.2　HTML 超链接传值

扫一扫，看视频

通过 HTML 超链接实现跳转，再通过 JavaScript 获取 PHP 传递的值。

【示例】下面演示如何通过超链接把 PHP 的值传递给 JavaScript 脚本。

● test1.php。代码如下：

```
<?php
$result=10001;
?>
<A href="test2.php?newid=<?php echo $result; ?>" >跳转链接</A>
```

● test2.php。代码如下：

```
<input id="new_id" type="hidden">
<script language=javascript runat="server">
var src = document.getElementById("new_id").value = location.href;
```

```
var params = src.split('?');
//输出 newid=10001 中的 id
if(params[1]) {
   var idparams = params[1].split('=');
}
</script>
<P>输出 src 完整路径: <script>document.write(src);</script>
<P>输出 params[1]获取参数: <script>document.write(params[1]);</script>
<P>输出 id值: <script>document.write(idparams[1]);</script>
```

在设置 URL 链接时，注意在 HTML 中嵌套 PHP 变量，然后在 test2.php 中通过 JavaScript 显示其值。其中 test1.php 是超链接，test2.php 是获取的传递值。演示效果如图 12.1 所示。

图 12.1　使用超链接传值

扫一扫，看视频

12.3.3　JavaScript 给 PHP 变量赋值

JavaScript 是客户端语言，可以在浏览器中直接运行；PHP 是服务器端语言，在后台运行。因此，JavaScript 变量不能直接赋值给 PHP。解决方法：一般使用 Ajax 定义一个 JavaScript 变量，将变量赋值给 data，再将 data 的参数赋值给 PHP 变量。

【示例】下面演示如何在 test1.php 页面中通过 Ajax 技术，把 JavaScript 变量 js 的值传递给 test2.php 页面中的 PHP 变量 $js，把 JavaScript 变量和 PHP 变量的值求和并返回。

● test1.php。代码如下：

```
<script src="js/jquery-1.8.0.min.js"></script>
<script>
$(function(){
   $('button').click(function(){
      var js = 10;
      $.ajax({
         type:'GET',
         url:"test2.php",
         data:{val:js},
         success: function(data){
            alert(data)
         }
      });
      return False;
   });
});
</script>
<button>JavaScript 给 PHP 变量赋值</button>
```

● test2.php。代码如下：

```
<?php
$js = $_GET['val'];
```

```php
$php = 10;
echo $php + $js;
?>
```

12.4　案例实战：PHP+JavaScript 表单验证

在第 5.4.3 节示例中，演示了如何使用 PHP 过滤表单中的特殊字符。本节继续以这个表单页为例，演示如何使用 PHP 和 JavaScript 验证表单，并分析两种验证方式哪个更具优势。

12.4.1　PHP 表单验证

扫一扫，看视频

首先，复制第 5.4.3 节示例到站点根目录。在每个表单对象后面插入一个验证错误提示信息框<span class="error">。代码如下：

```html
<form method="post" action="">
  姓名: <input type="text" name="name" value="<?php echo $name;?>">
  <span class="error">* <?php echo $nameErr;?></span> <br><br>
  邮箱: <input type="text" name="email" value="<?php echo $email;?>">
  <span class="error">* <?php echo $emailErr;?></span><br><br>
  网址: <input type="text" name="website"value="<?php echo $website;?>">
   <span class="error"><?php echo $websiteErr;?></span><br><br>
  评论: <textarea name="comment" rows="5" cols="40"><?php echo $comment;?> </textarea>
  <br><br>
  性别: <input type="radio" name="gender" <?php if (isset($gender) && $gender== "female") echo
"checked";?> value="female">女性<input type="radio" name="gender" <?php if (isset($gender) &&
$gender=="male") echo "checked";?> value="male">男性<span class="error">* <?php echo
$genderErr;?></span>
  <input type="submit" name="submit" value="提交">
</form>
```

这些信息通过 $nameErr、$emailErr、$genderErr、$websiteErr 来跟踪，初始化这些变量为空。代码如下：

```php
$nameErr=$emailErr=$genderErr=$websiteErr="";
```

然后，设计多条件嵌套结构，在服务器端逐一验证每个文本框的值是否符合要求。代码如下：

```php
if($_SERVER["REQUEST_METHOD"]=="POST"){
  if(empty($_POST["name"])){
    $nameErr="姓名是必填的";
  }else{
    $name=test_input($_POST["name"]);
    if(!preg_match("/^[a-zA-Z ]*$/",$name)){
      $nameErr="用户名只能为数字和空格";
    }
  }
  if (empty($_POST["email"])){
    $emailErr = "邮箱是必填的";
  }else{
    $email = test_input($_POST["email"]);
    //check if e-mail address syntax is valid
    if (!preg_match("/([\w\-]+\@[\w\-]+\.[\w\-]+)/",$email)){
```

```
            $emailErr = "不是邮箱格式";
        }
    }
    if (empty($_POST["website"])){
        $website = "";
    }else{
        $website = test_input($_POST["website"]);
        if (!preg_match("/\b(?:(?:https?|ftp):\/\/|www\.)[-a-z0-9+&@#\/%?=
~_|!:,.;]*[-a-z0-9+&@#\/%=~_|]/i",$website)){
            $websiteErr = "不是网址";
        }
    }
    if (empty($_POST["comment"])){ $comment = "";
    }else{ $comment = test_input($_POST["comment"]); }
    if (empty($_POST["gender"])){
        $genderErr = "性别是必选的";
    }else{
        $gender = test_input($_POST["gender"]); }
}
```

　　通过 PHP 验证，页面数据首先传递给服务器，由 PHP 代码进行验证，然后再响应一个验证后的表单页。不管用户是否输入数据，整个页面代码需要从客户端到服务器端，再从服务器端到客户端转一圈。不管用户是否输入了数据，都需要经历请求、响应的全过程，如图 12.2 所示。

图 12.2　PHP 表单验证

12.4.2　JavaScript 表单验证

扫一扫，看视频

　　使用 PHP 验证是一种低效的方法，除非涉及服务器端数据验证，如用户名验证、密码验证等特殊要求，对于一般格式、基本限定性验证，建议使用 JavaScript 代码来完成。

　　下面以 12.4.1 节的表单结构为基础，清除 PHP 验证的脚本，仅保留表单结构。然后输出下面的 JavaScript 代码，即可实现比 12.4.1 节 PHP 验证更敏捷的验证方法。

```
<script>
window.addEventListener("load",load,False);
//表单验证监控变量，当值大于等于 3 时，说明通过了用户名、邮箱和网址的验证
//如果选中了"性别"单选按钮，则允许提交表单数据
var key = 0;
function load(){
    //检查用户名
```

```
    var name = document.myform.name;
    name.addEventListener("change",function(){
        check(this, isname, "*请输入真实的中文名字！" )
    },False);
    //检查邮箱格式
    var email = document.myform.email;
    email.addEventListener("change",function(){
        check(this, isemail, "*请输入合法的邮箱地址！" )
    },False);
    //检查网址
    var url = document.myform.website;
    url.addEventListener("change",function(){
        check(this, isurl, "* 请输入合法的网站！" )
    },False);
    document.myform["submit"].addEventListener("click",function(event){
        //检查性别是否选中
        var sex = document.myform.gender;                //获取单选按钮组
        var err_ele = get_title( sex[1] );               //找到单选按钮组后面的错误提示框
        if (!sex[0].checked && !sex[1].checked){         //如果没有选中，则提示错误信息
            err_ele.innerHTML = "*请选择性别!";
        }else{                                           //选中后，则执行下面操作
            err_ele.innerHTML = "*";                     //清除错误提示信息
            if(!sex.added){                              //递增一次表单验证监控变量值
                key += 1;
                sex.added = True;                        //禁止再次递增
            };
        };
        //根据验证监控变量确定是否允许提交表单，只有通过了 4 个必填项目才允许
        if(key < 4 ){
            var event = event || window.event;           //兼容事件对象
            event.preventDefault();                      //兼容标准浏览器
            window.event.returnValue = False;            //兼容 IE6~8
            return False;                                //禁止默认的表单提交操作
        }
    },False);
}
//检查函数，包含参数：id 表示要验证的表单框，isfn 表示验证函数，err 表示错误信息
function check(id, isfn, err ){
    var ele = (typeof id == "object")?id:document.getElementById( id );
    var isfn = isfn; var err = err;                      //初始化参数变量
    var err_ele = get_title(ele);                        //找到文本框后面的错误提示框
    if (isfn(ele.value)==null) {                         //如果验证没有通过
        if(ele.added){                                   //如果已经递增了监控值
            key - = 1;                                    //则扣除递增值，避免重复递加
            ele.added = False;                           //同时在当前对象上添加一个临时识别标志
        };
        err_ele.innerHTML = err;                         //提示错误信息
    }
    else{                                                //如果通过验证
        if(!ele.added){                                  //如果没有递增变量
            key += 1;                                    //则递增变量
```

```
        ele.added = True;                              //同时改变当前对象的临时识别标志值
    };
    err_ele.innerHTML = "*";                           //清除错误提示信息
  }
}
//找到表单对象 ele 后面的错误提示框
function get_title(ele){
  var _ele = ele.nextSibling;                          //根据表单对象，找到下一个节点对象
  while(_ele){                                         //循环找下一个节点，直到为错误提示框
    if(_ele.nodeType == 1 && _ele.className == "error") return _ele;
    _ele = _ele.nextSibling;
  }
  return null;
}
function isname(str){                                  //检查用户名的验证函数
  var reg = /^[\u4E00-\u9FA5]{2,5}(?:·[\u4E00-\u9FA5]{2,5})*$/;
  return reg.exec(str);
}
function isurl(str){                                   //检查网址的验证函数
  var reg = /^((http|https):\/\/(\w+:{0,1}\w*@)?(\S+)|)(:[0-9]+)?(\/|\/
([\w#!:.?+=&%@!\-\/]))?$/;
  return reg.exec(str);
}
function isemail(str){                                 //检查邮箱的验证函数
  var reg = /^[a-zA-Z0-9.!#$%&'*+/=?^_`{|}~-]+@[a-zA-Z0-9](?:[a-zA-Z0-9-]{0,61}
[a-zA-Z0-9])?(?:\.[a-z A-Z0-9](?:[a-zA-Z0-9-]{0,61}[a-zA-Z0-9])?)*$/;
  return reg.exec(str);
}
</script>
```

12.5　在 线 支 持

　　本节为拓展学习，适合零基础的读者练习 JavaScript 基础知识。感兴趣的读者请扫描下方的二维码在线练习。

扫描，拓展学习

第 13 章

PHP 会话管理

Cookie 和 Session 是两种不同的会话机制，网站可以根据会话记录跟踪用户的行为。例如，在某购物网站上选购商品时，需要在多个页面之间来回切换，不同页面都可以显示与用户关联的信息。这种在网站中跟踪一个用户，可以处理同一个用户在不同页面的信息，就是使用会话机制来完成的。本章将重点介绍 Cookie 和 Session 会话的使用方法和技巧。

学习重点

- 认识 PHP 会话机制。
- 使用 Cookie。
- 使用 Session。
- 案例实战。

13.1　认识 PHP 会话机制

PHP 会话机制用于保存用户连续访问网站时的相关数据，以便能够根据用户的信息定制程序，增加站点的吸引力。

扫一扫，看视频

13.1.1　为什么要使用会话

在浏览网站时，访问的每一个页面都需要使用 HTTP 协议来实现。HTTP 协议是无状态协议，当一个用户请求一个页面之后，再请求同一个网站上的其他页面时，HTTP 协议不知道这两个请求是来自同一个用户，会被当作独立的请求，不会将这两次访问联系在一起。

会话机制能够允许服务器跟踪同一个客户端发出的连续请求。这样，就可以很容易地做到用户登录的支持，而不是在每浏览一个网页时都去重复执行登录的动作。当然，除了使用会话在同一个网站中跟踪用户外，还可以在多个页面中为同一个访问者提供共享数据。

13.1.2　PHP 会话的方式

PHP 提供了 3 种会话方式，具体说明如下：

扫一扫，看视频

（1）使用超链接或 header() 函数等重定向的方式。通过在 URL 的 GET 请求中附加参数的形式，将数据从一个页面传递给另一个页面。也可以通过表单的隐藏域，将用户信息在提交表单时传递给其他页面。

（2）使用 Cookie。将用户的状态信息存储在客户端的计算机之中，让其他程序能通过存取客户端计算机的 Cookie，来存取用户信息。

（3）使用 Session。将访问者的状态信息存放于服务器之中，让其他程序能够通过服务器中的文件或数据库，来存取用户信息。

📝 **提示：**
随着新技术的出现，实现会话的方式也会越来越多，如 HTML5 的 Web Storage 等。

在上面 3 种会话方式中，URL 的 GET 或 POST 方式，适合两个页面之间的简单数据传递。如果传递的数据比较多，页面传递的次数比较频繁，使用这种方式就比较烦琐，也容易出错。通常情况下，多选用 Cookie 或 Session 方式。

13.2　使用 Cookie

本节将介绍什么是 Cookie，以及如何使用 Cookie 等问题。

13.2.1　认识 Cookie

Cookie 是存储在客户端中的一个文本文件，包含一组字符串。当用户访问网站时，PHP 会在用户的计算机上创建一个文本文件，把用户信息保存其中，作为持续跟踪用户的一种方式。

Cookie 信息一般不加密，存在泄露风险。为了防止类似的问题，Cookie 设置了一套机制只允许客户端 Cookie 被创建它的域读写，其他浏览器或网站都无法读写 Cookie 文件。例如，www.baidu.com 只能访问 baidu.com 创建的 Cookie。

所有 Cookie 都被存放在客户端临时文件夹中，存放 Cookie 的文本文件命名规则如下：

用户名@网站名.txt

例如，访问百度网站之后，就会在 Cookies 目录下发现名为 "user name@baidu[1].txt" 的文本文件。有些文件可能会使用 IP 地址来描述网站，如 "user_name@220.1518.60.111[1].txt"。这些文件可以被任意文本编辑器打开，显示类似于图 13.1 所示的长字符串。

图 13.1　Cookie 文本文件

Cookie 文件是临时文件，在默认情况下，当用户离开网站时就被自动删除。可以通过脚本设置，让一些文件长久保存，当用户再次访问站点时，可以继续进行读取操作。

扫一扫，看视频

13.2.2　创建 Cookie

在 PHP 中可以使用 setcookie() 函数创建 Cookie。使用 setcookie() 函数的前提是客户端浏览器支持 Cookie；如果浏览器禁用 Cookie，setcookie() 函数将返回 False。其语法格式如下：

```
setcookie(name,value,expire,path,domain,secure)
```

setcookie() 函数向客户端发送一个 HTTP cookie。如果成功，则该函数返回 True，否则返回 False。setcookie() 函数参数说明见表 13.1。

表 13.1　setcookie() 函数参数说明

参　　数	说　　明
name	必需，定义 Cookie 的名称
value	必需，定义 Cookie 的值
expire	可选，定义 Cookie 的有效期
path	可选，定义 Cookie 的服务器路径
domain	可选，定义 Cookie 的域名
secure	可选，定义是否通过安全的 HTTPS 连接来传输 Cookie

📝 提示：

Cookie 是 HTTP 头标的组成部分，而头标必须在页面其他内容之前发送，因此它必须最先输出。如果在 setcookie() 函数前输出一个 HTML 标记、echo 语句，甚至空行都会导致程序出错。

【示例 1】下面代码演示了如何设置一个简单的 Cookie。

```php
<?php
$value = "my cookie value";
```

```
//设置一个简单的Cookie
setcookie("TestCookie",$value);
?>
```

✍ **提示：**

在发送 Cookie 时，Cookie 的值会自动进行 URL 编码。接收时会进行 URL 解码。如果不需要这样，可以使用 setrawcookie()函数进行代替。

【示例2】下面代码演示了如何设置一个有效期为 24 小时的 Cookie。

```
<?php
$value = "my cookie value";
//设置有效期为24小时的Cookie
setcookie("TestCookie",$value, time()+3600*24);
?>
```

【示例3】下面代码演示了如何把 Cookie 设置为浏览器进程（即浏览器关闭后就失效）。

```
<?php
$value = "my cookie value";
// 设置一个浏览器进程，只需要把expire设为0
setcookie("TestCookie",$value, 0);
?>
```

参数 path 定义 Cookie 的服务器路径，默认为被调用页面所在目录。这里还有一点需要说明，当网站有几个不同的目录，如一个购物目录、一个论坛目录等时，如果只用不带路径的 Cookie，一个目录下的页面的 Cookie 在另一个目录下的页面中是看不到的，也就是说，Cookie 是面向路径的。实际上，即使没有指定路径，Web 服务器也会自动将当前的路径传递给浏览器，指定路径会强制服务器使用该路径。

解决这个问题的办法是，在调用 setcookie()函数时加上路径和域名，域名的格式可以是"http://www.phpuser.com/"，也可以是".phpuser.com"。

参数 domain 定义 Cookie 的域名，默认为被调用页面的域名。这个域名必须包含两个"."，所以如果指定顶级域名，则必须使用".mydomain.com"。设定域名后，必须使用该域名访问网站 Cookie 才有效。如果使用多个域名访问该页，那么这个地方可以为空或访问这个 Cookie 的域名都是一个域下面的。

参数 secure 如果设为 1，表示 Cookie 被用户的浏览器认为是安全的并记录。

如果将 secure 参数设为 1，则表示 Cookie 只能被 HTTPS 协议使用，任何语言都不能获取 PHP 所创建的 Cookie，这就有效削弱了来自 XSS 的攻击。

✍ **提示：**

value、path、domain 3 个参数可以用空字符串（""）代替，表示没有设置。expire 和 secure 2 个参数是数值型的，可以用 0 表示；expire 参数是一个标准的 UNIX 时间戳，可以用 time()或 mktime()函数取得，以秒为单位；secure 参数用于表示该 Cookie 是否通过加密的 HTTPS 协议在网络上传输。

当前设置的 Cookie 不是立即生效的，而是要等到下一个页面或刷新后才能看到。这是由于在设置的这个页面里，Cookie 由服务器传递给客户浏览器，在下一个页面或刷新后浏览器才能把 Cookie 从客户端的计算机中传回服务器。

13.2.3　读取 Cookie

在 PHP 中可以使用$_COOKIE 预定义变量读取 Cookie。

扫一扫，看视频

【示例】下面代码演示了如何读取 Cookie。演示效果如图 13.2 所示。

```php
<?php
if(!isset($_COOKIE["vtime"])){          //如果 Cookie 不存在
    setcookie("vtime",date("y-m-d H:i:s"));   //设置一个 Cookie 变量
    echo "第一次访问"."<br>";          //输出字符串
}else{                                  //如果 Cookie 存在
    echo "上次访问时间为: ".$_COOKIE["vtime"];  //输出上次访问网站的时间
    echo "<br>";
    setcookie("vtime",date("y-m-d H:i:s"),time()+60);  //设置 Cookie 失效时间
}
echo "本次访问时间为: ".date("y-m-d H:i:s");   //输出本次访问时间
?>
```

上面代码首先检测了 Cookie 文件是否存在，如果不存在，则新建一个 Cookie；如果存在，则读取 Cookie 值，并显示用户上次访问时间。

图 13.2　读取 Cookie 信息

扫一扫，看视频

13.2.4　删除 Cookie

创建 Cookie 后，如果没有设置失效时间，则在关闭浏览器时会被自动删除。如果要在关闭浏览器之前删除 Cookie，有两种方法。

1. 使用 setcookie()函数

使用 setcookie()函数删除 Cookie，只需将该函数的第 2 个参数设置为空，将第 3 个参数设置为小于当前系统的时间。

【示例】下面代码演示了如何使用 setcookie()函数删除 Cookie。

```php
setcookie("vime","",date("y-m-d H:i:s"),time()-1);
```

在上面代码中，time()函数返回以秒为单位的当前时间戳，把当前时间减 1s 就会得到过去的时间，从而删除 Cookie。

✏️ 提示：

如果把第 3 个参数设置为 0，则表示直接删除 Cookie 值。

2. 手动删除

使用 Cookie 时，Cookie 会自动生成一个文本文件存储在浏览器的 Cookies 临时文件夹中。在浏览器中删除 Cookie 文件非常便捷。

【操作步骤】

第 1 步，启动浏览器。

第 2 步，在菜单栏中，选择设置选项，打开设置页面，找到"Cookie 和已存储数据"选项。

第 3 步，单击"删除"按钮，打开"删除浏览历史记录"对话框，在其中勾选"Cookie 和网

站数据"复选框。

　　第 4 步，单击"确定"按钮即可删除。注意，由于不同浏览器以及不同版本差异性很大，本节不再演示操作界面截图。

13.2.5　Cookie 的生命周期

　　如果不设置失效时间，则 Cookie 的生命周期默认为浏览器会话期，只要关闭浏览器，Cookie 就会自动消失。这种 Cookie 被称为会话 Cookie，一般不保存在硬盘上，而是保存在内存中。

　　如果设置了失效时间，那么浏览器会把 Cookie 保存在硬盘中。当再次打开浏览器时 Cookie 依然有效，直到它的有效期超时。

　　虽然 Cookie 可以长期保存在客户端浏览器中，但也不是一成不变的。因为浏览器最多允许存储 300 个 Cookie 文件，每个 Cookie 文件支持的最大容量为 4KB，每个域名最多支持 20 个 Cookie。如果达到限制，浏览器会自动、随机地删除 Cookie 文件。

13.3　使用 Session

　　Session 保存的数据在 PHP 中是以变量的形式存在的，创建的 Session 变量在生命周期中可以跨页引用。由于 Session 是存储在服务器端的，相对安全，并且没有存储长度的限制。

13.3.1　认识 Session

　　Session 表示会话的意思，在 PHP 中，Session 代表服务器与客户端之间的一个会话。它从用户单击进入站点开始，到用户离开网站结束。也可以使用 PHP 提前、主动结束会话，终止 Session 变量的运行。

　　Session 会话具有针对性，不同的用户拥有不同的会话。一旦进入网站，PHP 都会自动为每一个用户建立独立的 Session 变量，Session 变量通过 session_id 属性进行标识，每一次会话都会生成一个永不重复的随机值。用户在网站内只能访问自己的 Session 变量，而不能访问其他的。

　　使用 Session 可以存储用户信息，如用户姓名、访问时间、访问页面，以及每个页面的停留时间等，通过这些基本信息能够统计出用户的浏览习惯、个人爱好等。在购物时，也可以将 Session 作为购物车，记录已选购的每件商品及相关信息。

　　Session 适合存储少量信息，不能长期存储。如果要长期存储，建议把 Session 信息存储到服务器端的文件或数据库中。

13.3.2　启动 Session

　　【操作步骤】
　　创建一个 Session 可以通过以下 4 步实现：
　　第 1 步，启动 Session。
　　第 2 步，注册和读取 Session。
　　第 3 步，传递 Session。
　　第 4 步，销毁 Session。
　　启动 Session 的方式有两种：一种是使用 session_start()函数，另一种是使用 session_register()

函数创建一个变量。通常，session_start()函数在页面开始处调用，并登入$_SESSION。

在 PHP 配置文件（php.ini）中，有一组与 Session 相关的配置选项。用户可以对这些配置选项进行重新设置。

1. session_start()函数

Session 的创建不同于 Cookie，Session 必须先启动。在 PHP 中，创建 Session 前必须调用 session_start()函数，以便 PHP 核心程序将与 Session 相关的内建环境变量预先载入内存。session_start()函数的语法格式如下：

```
Bool session_start ( void )          //启动 Session
```

函数 session_start()有两个作用：一是启动 Session，二是返回已经存在的 Session。该函数没有参数，且返回值均为 True。

如果使用基于 Cookie 的 Session，与 setcookie()函数一样，在使用该函数启动 Session 前，不能有任何输出的内容，空格或空行也不行。因为基于 Cookie 的 Session 在调用 session_start()函数启动 Session 时，会生成一个唯一的 Session ID，并保存在客户端的 Cookie 中。

如果已经启动 Session，当再次调用 session_start()函数时，不会再创建一个新的 Session ID。因为当用户再次访问服务器时，该函数会通过从客户端携带过来的 Session ID，返回已经存在的 Session。所以在会话期间，同一个用户在访问服务器上任何一个页面时，都是使用同一个 Session ID。

如果不想每次都使用 session_start() 函数来启动 Session，可以在 php.ini 里设置 session.auto_start=1，这样就无须在每次使用 Session 前调用 session_start()函数。但设置该选项后也有一些限制：不能将对象放入 Session 中，因为类定义必须在启动 Session 之前加载。所以不建议使用 php.ini 中的 session.auto_start 属性来启动 Session。

2. session_register()函数

session_register()函数用于为 Session 创建一个变量。启动 Session，将 php.ini 文件的属性 register_globals 设置为 on，然后重新启动 Apache 服务器。

使用 session_register()函数时，不需要手动调用 session_start()函数，PHP 会在创建变量后调用 session_start()函数。

扫一扫，看视频

13.3.3 注册和读取 Session

在 PHP 中使用 Session 变量，除了必须要启动之外，还要经过注册。注册和读取 Session 变量，都要通过访问 $_SESSION 数组完成。

自 PHP 6.1.0 版本起，$_SESSION 与 $_POST、$_GET 或 $_COOKIE 等一样成为超全局数组，但必须通过调用 session_start()函数启动 Session 后才能使用。与 $HTTP_SESSION_VARS 不同，$_SESSION 总是具有全局范围，因此不必对 $_SESSION 使用 global 关键字。$_SESSION 关联数组中的键名的命名规则与普通变量的命名规则相同。

【示例】下面代码演示了如何注册 Session 变量。

```php
<?php
session_start();                      //启动 Session 并初始化
$_SESSION["username"]="skygao";       //注册 Session 变量，为用户名称赋值
$_SESSION["password"]="123456";       //注册 Session 变量，为用户密码赋值
?>
```

执行上面代码后，两个 Session 变量就会被保存在服务器端的某个文件中。PHP 会根据 php.ini 文件中的 session.save_path 属性为这个访问用户单独创建一个文件，用来保存注册的 Session 变量。例如，某个保存 Session 变量的文件名为"sess_040958e2514bf112d61- a03ab8adc8c74"，文件名中含 Session ID，所以每个访问用户在服务器中都有保存自己的 Session 变量的文件。这个文件可以直接使用文本编辑器打开。该文件的内容结构如下：

```
变量名|类型:长度:值;                                //每个变量都使用相同的结构保存
```

本例在 Session 中注册了两个变量，如果在服务器中找到为该用户保存 Session 变量的文件，打开后可以看到如下内容：

```
username|s:6:"skygao";password|s:6:"123456";    //保存的 Session 变量的内容
```

13.3.4　传递 Session

扫一扫，看视频

使用 Session 跟踪一个用户的方法是在各个页面之间传递唯一的 Session ID，并通过其提取该用户在服务器中保存的 Session 变量。常见的传递 Session ID 的方法有以下 2 种：

- 基于 Cookie 的方式传递 Session ID，这种方法相对较好，但不总是可用，因为用户在客户端可以屏蔽 Cookie。
- 通过 URL 参数进行传递，即直接将 Session ID 嵌入 URL。

传递 Session 通常采用基于 Cookie 的方式，客户端保存的 Session ID 就是一个 Cookie。然而，一旦客户端禁用 Cookie，Session ID 就不能再在 Cookie 中保存，也就不能在页面之间传递，此时 Session 失效。不过 PHP 5.0 版本在 Linux 系统可以自动检查 Cookie 状态，当客户端禁用 Cookie 时，系统会自动把 Session ID 附加到 URL 上传送；而 Windows 系统中则无此功能。

1. 通过 Cookie 传递 Session ID

如果客户端没有禁用 Cookie，则在 PHP 脚本中通过 session_start()函数进行初始化后，服务器会自动发送 HTTP 头标，将 SessionID 保存到客户端的 Cookie 中。代码如下：

```
setcookie(session_name(),session_id(),0,'/')    //虚拟向 Cookie 中存入 Session ID 的过程
```

在第 1 个参数中调用 session_name()函数，返回当前 Session 的名称作为 Cookie 的标识名称。Session 的默认名称为 PHPSESSID，是 php.ini 文件 session.name 属性的指定值。也可以在调用 session_name()函数时提供参数改变当前的 Session 名称。

在第 2 个参数中调用 session_id()函数，返回当前 Session ID 作为 Cookie 的值。也可以在调用 session_id()函数时提供参数改变当前的 Session ID。

第 3 个参数的值 0，是 php.ini 文件 session.cookie_lifetime 属性的指定值。默认为 0，表示 Session ID 将在客户端的 Cookie 中持续存在，直到浏览器关闭。

最后一个参数"/"，也是 PHP 配置文件的指定值，是 php.ini 文件 session.cookie_path 属性的指定值。默认为"/"，表示在 Cookie 中要设置的路径在整个域内都有效。

如果服务器成功将 Session ID 保存在客户端的 Cookie 中，当用户再次请求服务器时，就会把 Session ID 发送回来。所以当在代码中再次使用 session_start()函数时，就会根据 Cookie 中的 Session ID 返回已经存在的 Session。

2. 通过 URL 传递 Session ID

如果客户端禁用 Cookie，则浏览器中就不存在作为 Cookie 的 Session ID，因此在客户请求中

不包含 Cookie 信息。当调用 session_start()函数时，无法从客户端浏览器中取得 Session ID，则会创建一个新的 Session ID，也就无法跟踪客户状态。因此，每次客户请求支持 Session 的 PHP 代码，session_start()函数在启动 Session 时都会创建一个新的 Session，这样就失去了跟踪用户状态的功能。

PHP 提出了跟踪 Session 的另一种机制，如果客户端浏览器不支持 Cookie，PHP 则可以重写客户请求的 URL，把 Session ID 添加到 URL 信息中。可以手动在每个超链接的 URL 中都添加一个 Session ID。代码如下：

```php
<?php
session_start();
echo '<a href="demo.php?'.session_name().'='.session_id().'">链接演示</a>';
?>
```

【示例】使用两个脚本程序，演示 Session ID 的传递方法。在第一个脚本 test1.php 中，在输出链接时将 SID 常量附加到 URL 上，并将一个用户名称通过 Session 传递给目标页面输出。代码如下：

```php
<?php
session_start();                                  //开启 Session
$_SESSION["username"]="admin";                    //注册 Session 变量
echo "Session ID: ".session_id()."<br>";          //在当前页面输出 Session ID
?>
<a href="test2.php?<?php echo SID ?>">通过 URL 传递 Session ID</a> <!-- 在 URL 中附加 SID -->
```

在 test2.php 中，输出 test1.php 在 Session 变量中保存的用户名称。在该页面中输出一次 Session ID，通过对比可以判断两个文件是否使用了同一个 Session ID。另外，在启动或销毁 Session 时，注意浏览器地址栏中 URL 的变化。代码如下：

```php
<?php
session_start();                                  //启动 Session
echo $_SESSION["username"]."<br>";                //输出 Session 的值
echo "Session ID: ".session_id()."<br>";          //输出 Session ID
?>
```

如果禁用客户端的 Cookie，单击 test1.php 页面中的超链接，在地址栏中，URL 会以 session_name = session_id 的格式添加 Session ID。

如果客户端的 Cookie 可以使用，则会把 Session ID 保存到客户端的 Cookie 中，而 SID 就成为了一个空字符串，不会在地址栏中的 URL 后面显示。此时启动客户端的 Cookie，重复前面的操作。

扫一扫，看视频

13.3.5　销毁 Session

当完成一个 Session 后，可以删除 Session 变量，也可以将其销毁。当用户想退出网站时，网站就需要提供一个注销的功能，把所有信息在服务器中销毁。

可以调用 session_destroy()函数结束当前 Session，并清空 Session 中的所有信息。其语法格式如下：

```
bool session_destroy ( void )            //销毁与当前 Session 有关的所有信息
```

相对于 session_start()函数，该函数用来销毁 Session，如果成功则返回 True，否则返回 False。

该函数并不会释放与当前 Session 相关的变量，也不会删除保存在客户端 Cookie 中的 Session

ID。因为 $_SESSION 数组和自定义的数组在使用上是相同的，不过可以使用 unset()函数来删除在 Session 中注册的单个变量。代码如下：

```
unset($_SESSION["username"]);                //删除在 Session 中注册的用户名称变量
unset($_SESSION["passwrod"]);                //删除 Session 中注册的用户密码变量
```

提示：
不要使用 unset($_SESSION)删除整个 $_SESSION 数组，否则将不能再通过 $_SESSION 超全局数组注册变量。如果想删除某个用户在 Session 中注册的所有变量，则可以将数组变量 $_SESSION 赋为空数组。代码如下：
```
$_SESSION=array();                //将某个用户在 Session 中注册的变量全部删除
```

PHP 默认的 Session 是基于 Cookie 的，Session ID 被服务器存储在客户端的 Cookie 中，所以在销毁 Session 时也需要删除 Cookie 中保存的 Session ID，而这就必须借助 setcookie()函数完成。

【示例】下面演示如何删除客户端 Cookie 中保存的 Session 信息。

在 Cookie 中，保存 Session ID 的 Cookie 标识名称就是 Session 的名称，这个名称是在 php.ini 中通过 session.name 属性指定的值。在 PHP 中，可以通过调用 session_name()函数获取 Session 的名称。删除保存在客户端 Cookie 中的 Session ID。代码如下：

```
<?php
  if (isset($_COOKIE[session_name()])) {            //如果 Cookie 中保存了 Session ID
    setcookie(session_name(),'',time()-3600,'/');    //删除包含 Session ID 的 Cookie
  }
?>
```

通过前面的介绍可以总结出，Session 的销毁过程共需要 4 个步骤。在下面的代码文件 destroy.php 中，提供了 4 个步骤的完整代码，运行该文件就可以关闭 Session 并销毁与本次会话有关的所有资源。代码如下：

```
<?php
//第 1 步，启动 Session 并初始化
session_start();
//第 2 步，删除所有 Session 的变量，也可用 unset($_SESSION[xxx])逐个删除
$_SESSION = array();
//第 3 步，如果使用基于 Cookie 的 Session，使用 setcooike()函数删除包含 Session ID 的 Cookie
if (isset($_COOKIE[session_name()])) {
  setcookie(session_name(), '', time()-42000, '/');
}
//第 4 步，彻底销毁 Session
session_destroy();
?>
```

13.3.6　设置 Session 有效期

在大多数网站和应用程序中需要限制 Session 的时间，如 12 个小时、一个星期、一个月等，这时就需要设置 Session 的有效期限，过了有效期限，用户会话就被关闭。

1. 客户端没有禁用 Cookie

使用 session_set_cookie_params()设置 Session 失效时间，此函数是 Session 结合 Cookie 设置失效时间的。例如，设置 Seesion 在 1min 后失效。代码如下：

```
<?php
$time = 60;
```

扫一扫，看视频

```
session_set_cookie_params($time);
session_start();
$_SESSION["unsename"] = 'Mr';
?>
```

session_set_cookie_params()必须在 session_start()之前调用。不过不推荐大家使用该函数，因为这两个函数配合使用容易导致浏览器出现问题，所以一般推荐手动设置失效时间。

【示例 1】手动设置 Session 失效时间。代码如下：

```
<?php
session_start();
$time = 60;
setcookie(session_name(),session_id(),time()+$time,"/");        //手动设置 Session 失效时间
$_SESSION["unsename"] = 'Mr';
?>
```

setcookie()函数中，session_name()表示获取 Session 的名称；session_id()表示获取客户端用户的标识；因为 session_id 是随机产生的唯一名称，所以 Session 是相对安全的，失效时间和 Cookie 的失效时间一样；最后一个参数为可选参数，是放置 Cookie 的路径。

2. 客户端禁用 Cookie

当客户端禁用 Cookie 时，页面间的 Session 传递会失效，解决这个问题有以下 4 种方法：

（1）在登录之前提醒用户必须开启 Cookie，这是很多论坛采用的做法。

（2）设置 php.ini 文件中的 session.use_trans_sid = 1，或者编译时打开-enable-trans-sid 选项，让 PHP 自动跨页传递 Session ID。

（3）通过 $_GET 方法，使用隐藏域传递 Session ID。

（4）使用文件或数据库存储 Session ID，在页面传递中手动调用。

第 2 种情况比较被动，因为普通开发者无法修改服务器中的 php.ini 配置文件；第 3 种方法的不足是不能使用 Cookie 设置保存时间，但是登录情况没有变化；第 4 种方法比较重要，特别是在企业级开发中，经常使用到。

【示例 2】使用 $_GET 方法进行 Session 传递。代码如下：

```
<form method="post" action="session1.php?<?=session_name();?>=<?=session_id();?>">
   用户名：<input type="text" name="user" size="20"><br />
   密  码：<input type="password" name="password" size="20"><br />
   <input type="submit" value="提交" />
</form>
```

在 session1.php 文件中设置要接收的 session_id 的值，并进行处理。代码如下：

```
<?php
$sess_name = session_name();                          //获取 Session 名称
$sess_id = $_GET[$sess_name];                         //以 GET 方式获取 session_id
session_id($sess_id);                                 //把 session_id 值存储到 Session 对象中
session_start();
$_SESSION["admin"] = "Mr";
?>
```

13.4　案　例　实　战

本节将通过案例介绍 Cookie 和 Session 的应用。

13.4.1　用户登录

本例在设计用户登录页面时，使用 Cookie 保存用户信息，并设置了 Cookie 的失效时间，实现在登录时控制用户登录的过期时间。演示效果如图 13.3 所示。

（a）用户登录页面　　　　　　　　　　（b）登录提示页面

图 13.3　用户登录演示效果

【操作步骤】

第 1 步，新建网页文件，保存为 index.php，编写用户登录页面，将用户登录信息提交到 index_ok.php 文件。代码如下：

```
<h2>用户登录</h2>
<form name="form1" method="post" action="index_ok.php">
   <p> 用户名:
      <input name="user" type="text" size="20">
   </p>
   <p> 密   码 :
      <input name="pass" type="password" maxlength="20">
   </p>
   <p>
      <input type="submit" name="Submit" value="提交">
   </p>
</form>
```

第 2 步，新建网页文件，保存为 index_ok.php 文件，获取表单提交的用户登录信息，并且判断用户名和密码是否正确。如果正确，则将用户名和密码赋给指定的 Cookie 变量，并设置 Cookie 的失效时间，再跳转到 cookie.php 页面；否则，直接给出提示信息，并重新跳转到用户登录页面（index.php）。代码如下：

```
<?php
header( "Content-type: text/html; charset=UTF-8" );          //设置文件编码格式
if($_POST['user']!="" && $_POST['pass']!=""){
if($_POST['user']=="admin" && $_POST['pass']=="admin"){
   setCookie("user",$_POST['user'],time()+60)or die("禁止 cookie");
   setCookie("pass",$_POST['pass'],time()+60)or die("禁止 cookie");
   echo "<script>alert('登录成功! '); window.location.href='cookie.php';</script>";
}else{
   echo "<script>alert('用户名或者密码不正确! '); window.location.href='index.php'; </script>";
}
}else{
   echo "<script>alert('用户名或者密码不能为空! '); window.location.href='index.php'; </script>";
```

```
}
?>
```

第 3 步，新建网页文件，保存为 cookie.php 文件，判断 Cookie 变量的值是否存在。如果存在则输出本页内容；否则，给出提示信息并跳转到用户登录页面（index.php）。代码如下：

```
<h2>登录提示</h2>
<?php
    if($_COOKIE['user']=="admin" && $_COOKIE['pass']=="admin"){
        echo "欢迎".$_COOKIE['user']."光临! ";
    }else{
        echo "<script>alert('Cookie 已经过期，请重新登录'); window.location.href=
'index.php';</script>";
    }
?>
```

13.4.2　自动登录

用户如果是第一次登录，则需要填写登录名称和登录密码；如果是再次登录，那么就不需要重新输入登录名称和登录密码，因为 $_COOKIE 会从 Cookie 中读取这些信息，用户直接单击"提交"按钮，进入 main.php 页面。自动登录演示效果如图 13.4 所示。

　　　　（a）第一次登录页面　　　　　　　　　　　　（b）第二次进入页面

图 13.4　自动登录演示效果

【操作步骤】

第 1 步，创建 index.php 文件。编写用户登录页面，将用户登录信息提交到 index_ok.php 文件。代码如下：

```
<h2>自动登录</h2>
<form id="form1" name="form1" method="post" action="index_ok.php">
    <p>登录名称:
        <input name="name" type="text" class="txt" id="lgname" value="<?php if
(! empty ( $_COOKIE['name'] )) echo $_COOKIE['name'];?>" size="20">
    </p>
    <p>登录密码:
        <input name="pwd" type="password" class="txt" id="lgpwd" value="<?php if
(! empty ( $_COOKIE['pwd'] )) echo $_COOKIE['pwd'];?>" size="20">
    </p>
    <p>保存时间:
        <input name="times" type="radio" value="3600" checked="checked">
        1 小时
        <input type="radio" name="times" value="86400">
        1 天 </p>
```

```
    <p>
        <input type="submit" name="submit" value="提 交">
        <input type="reset" name="reset" value="重 置">
    </p>
</form>
```

第 2 步，创建 index_ok.php 文件。通过 $_POST 方法获取表单中提交的数据，验证用户输入的登录名称和登录密码是否正确。如果正确，则通过 setcookie()函数创建 Cookie，存储登录名称和登录密码，然后根据表单提交的时间设置 Cookie 的保存时间，并跳转到 main.php 页面；如果不正确，则给出提示信息，并跳转到 index.php 页面。

```php
<?php
header("Content-type: text/html; charset=UTF-8");    //设置文件编码格式
//判断登录名称和登录密码是否为空
if (! empty ( $_POST ['name'] ) and ! empty ( $_POST ['pwd'] )) {
    if ($_POST ['name'] == "admin" && $_POST ['pwd'] == "admin") {
        //设置 Cookie 保存时间为 1 小时
        setcookie ( "name", $_POST ['name'], time () + $_POST ['times'] );
        //设置 Cookie 保存时间为 1 小时
        setcookie ( "pwd", $_POST ['pwd'], time () + $_POST ['times'] );
        echo "<script>alert('succeed!');window.location.href='main.php';</script>";
    } else {
        echo "<script>alert('false!');window.location.href='index.php';</script>";
    }
} else {
    echo "<script>alert('登录名称和登录密码不能为空! ');window.location.href='index.php';</script>";
}
?>
```

第 3 步，创建 main.php 文件。首先根据 $_COOKIE 变量获取 Cookie 值，判断用户是否具有访问权限，如果有，则可以看到本页内容；否则将给出提示信息，并跳转到 index.php 页面。

```php
<?php
if($_COOKIE['name']==""){                //根据 Cookie 的值，判断用户是否具有访问该页面的权限
    echo "<script>alert('您不具有访问该页面的权限! ');
    //跳转到登录页面，输入正确的登录信息
    window.location.href='index.php';</script>";
    }else{                               //如果正确则输出主页内容
?>
<!doctype html>
<html>
<head>
<meta charset="UTF-8">
<title></title>
</head>
<body>
<h2>登录提示</h2>
<p><?php echo $_COOKIE['name'] ?> 成功登录</p>
</body>
</html>
<?php
}
?>
```

13.4.3　限制访问时间

在互联网发布的网站可能有成百上千次的浏览量，在线浏览的用户量可能会持续增加，如果不对用户访问网站的时间进行限制，会造成服务器资源耗尽、网站瘫痪的结果。本例通过设置 Cookie 限制用户访问时间，演示效果如图 13.5 所示。

（a）有效状态页面　　　　　　　　　　　　（b）失效状态页面

图 13.5　限制访问时间演示效果

【操作步骤】

第 1 步，创建 index.php 文件。首先初始化 $_SESSION 变量并获取 Session ID，然后通过 setcookie()函数创建 Cookie，并将 Session ID 作为 Cookie 值，设置 Cookie 的有效时间为 10s。代码如下：

```php
<?php
if(!isset($_SESSION)){
    session_start();
}
$session_id=session_id();                                   //获取 Session ID
setcookie("start",$session_id,time()+10);
?>
```

第 2 步，在页面中通过判断 $_COOKIE 变量是否为空来限制用户访问网站的时间。代码如下：

```php
<?php
    if(isset($_COOKIE['start']) && $_COOKIE['start']==$session_id){
?>
<img src="images/index.jpg">
<?php
    }else{
?>
<img src="images/login.jpg">
<?php
}
?>
```

13.4.4　用户注册

本例设计一个简单的用户注册页面，使用 Cookie 保存用户信息，如用户名、密码等。用户注册演示效果如图 13.6 所示。

（a）填写信息页面　　　　　　　　　　　（b）注册成功页面

图 13.6　用户注册演示效果

【操作步骤】

第 1 步，创建 index.php 文件。在页面添加表单、表单元素，完成用户注册页面的设计。同时能够对提交的用户名进行检测，对验证码进行刷新操作。代码如下：

```php
<?php
if(!isset($_SESSION)){
    session_start();
}
?>
<form name="form1" method="post" action="index_ok.php">
    用户名: <input name="name" type="text" value="<?php if (! empty ( $_COOKIE['name'] )) echo
$_COOKIE['name'];?>" size="15">   
    <input name="check" type="submit" id="check" value="检测当前用户名是否已被注册" /> <br><br>
    密  码: <input name="pwd" type="password" size="15" value="<?php if (! empty
( $_COOKIE['pw'] )) echo $_COOKIE['pwd'];?>" /><br><br>
    验证码: <input name="ym" type="text" size="5">
    <?php
    $array = array(1 =>"pic/1.jpg",2 =>"pic/2.jpg",3 =>"pic/3.jpg",4 =>"pic/4.jpg", 5
=>"pic/5.jpg");
    $rand = "";
    for($a = 0;$a < 4;$a++){
        $rand .= rand(1,5)." ";
    }
    $rands = explode(" ",$rand);
    $rande = implode($rands);
    $_SESSION['ym']=$rande;
    for($b = 0;$b < 4;$b++){
        echo "<img src=pic/".$rands[$b].".jpg>";
    }
?>
    <a href='index.php'>刷新</a> <br><br>  
    <input type="submit" name="sub" value="注册" />  
    <input type="reset" name="res" value="重置" />
</form>
</body>
</html>
```

第 2 步，创建 index_ok.php 文件，获取表单中提交的数据，完成用户注册的操作。首先，初

始化 $_SESSION 变量，连接数据库，为了简化操作，本例没有涉及数据库知识，直接通过一个固定值 admin 进行比较；然后，对表单中提交的数据进行判断，判断注册信息是否为空、用户名是否被占用；最后，将用户注册信息保存，通过 setcookie()函数创建 $_COOKIE 变量存储用户名和密码。代码如下：

```php
<?php
if(!isset($_SESSION)){
  session_start();
}                                                    //初始化$_SESSION 变量
header ( "Content-type: text/html; charset=UTF-8" );    //设置文件编码格式
if ( ! empty ( $_POST ['name'] ) && $_POST ['sub']) {   //判断按钮的值，执行不同的操作
  //判断注册信息是否为空
  if ($_POST ['name'] == "" || $_POST ['pwd'] == "" || $_POST ['ym'] == "") {
    echo "<script>alert('注册信息不能为空');location.href='index.php'</script>";
  }
  if ($_POST ['ym']==$_SESSION['ym']) {                 //判断验证码是否正确
    setcookie('name',$_POST ['name']);                  //创建 Cookie 变量
    setcookie('pwd',$_POST['pwd'],time()+60);           //创建 Cookie, 设置有效时间
    echo "<script>alert('注册成功');window.location.href='main.php';</script>";
  } else {
    echo "<script>alert('验证码错误');window.location.href='index.php';</script>";
  }
}
if( ! empty ( $_POST ['check'] ) && $_POST['check']){    //检测用户名是否被占用
  if ($_POST ['name'] == "" ) {
    echo "<script>alert('用户名不能为空');location.href='index.php'</script>";
  }
  else if ($_POST ['name'] == "admin" ) {
    echo "<script>alert('用户名被占用');location.href='index.php';</script>";
  }else{
    setcookie('name',$_POST ['name']);
    echo "<script>alert('用户名可用');location.href='index.php';</script>";
  }
}
?>
```

第 3 步，创建 main.php 文件。注册成功后通过 $_COOKIE 变量获取 Cookie 中存储的用户名和密码。代码如下：

```php
<h2>用户注册成功! </h2>
<?php
  echo "用户名: ".$_COOKIE['name']."<br>";
  echo "密  码: ". $_COOKIE['pwd'];
?>
```

13.4.5 用户权限管理

扫一扫，看视频

本例将演示如何对用户的权限进行判断。主要通过 $_SESSION 变量判断用户的权限。如果是管理员登录，则可以添加公告信息，而如果是普通用户，则只可以浏览论坛中的帖子。用户权限管理演示效果如图 13.7 所示。

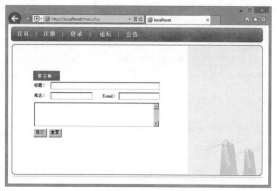

（a）普通用户浏览信息页面　　　　　　　　　（b）管理员发布公告页面

图 13.7　用户权限管理演示效果

【操作步骤】

第 1 步，创建 index.php 文件。添加表单，设计用户登录页面并获取表单提交的用户名和密码，在本页中对用户提交的数据进行判断。首先，初始化 $_SESSION 变量，判断用户提交的值是否为空，若不为空，判断用户身份。如果是管理员，则为 $_SESSION 变量的 type 属性赋值 0；如果为普通用户，则为 $_SESSION 变量的 type 属性赋值 1。代码如下：

```php
<?php
if(!isset($_SESSION)){
   session_start();
}
if( ! empty ( $_POST ['sub'] ) && $_POST['sub']==True){
   if($_POST['user']!="" && $_POST['pwd']!=""){
      if($_POST['user']=="admin" && $_POST['pwd']=="admin"){
         $_SESSION['type'] = 0;
         echo "<script>alert('管理员登录成功！'); window.location.href='main.php'; </script>";
      }else{
         $_SESSION['type'] = 1;
         echo "<script>alert('普通用户登录成功！'); window.location.href='main.php'; </script>";
      }
      $_SESSION['user'] = $_POST['user'];
      $_SESSION['pwd'] = $_POST['pwd'];
   }else{
      echo "<script>alert('用户名和密码不能为空！'); window.location.href='index.php';
</script>";
   }
}
?>
<form action="" method="post">
   用户名: <input type="text" name="user"><br><br>
   密 码: <input type="password" name="pwd"><br><br>
   <input type="submit"name="sub"value="确 定">  
   <input type="reset"name="res"value="重 置">
</form>
```

第 2 步，创建 main.php 文件，编写网站的主页面。首先初始化 $_SESSION 变量，然后根据 $_SESSION 变量的 type 属性定义页面的输出内容。如果 $_SESSION 变量的值为 0，则说明登录用户是管理员，那么具备发布公告的权限；如果 $_SESSION 变量的值为 1，则说明登录用户是普通用户，那么就不具备发布公告的权限，即控制发布公告的超链接不输出。代码如下：

```php
<?php
if(!isset($_SESSION)){
    session_start();
}
if($_SESSION['type']=="0"){
?>
<img src="images/mes.jpg"  border="0" usemap="#Map">
<map name="Map" id="Map">
    <area shape="rect" coords="327,12,394,41" href="mes.php">
    <area shape="rect" coords="11,10,64,43" href="main.php">
</map>
<?php
}else{
    echo "<script>alert('您不能发布信息');window.location.href='index.php';</script>";
}
?>
```

第 3 步，创建 mes.php 文件，编写发布公告信息的页面，根据 $_SESSION 变量的 type 属性决定用户是否具有访问此页面的权限。

13.4.6　防刷计数器

在本例中，设计当用户访问页面时计数器的值会增加一次，之后无论如何刷新页面，计数器的值都不会再次增加，只有重新打开页面才会发生变化。防刷计数器演示效果如图 13.8 所示。

设计方法：在当前页面被访问时，初始化一个 $_SESSION 变量，判断 $_SESSION 变量的值是否为空，如果 $_SESSION 变量的值已经不为空，无论如何刷新，其值都不会改变，计数器的值也不会增加。

图 13.8　防刷计数器演示效果

【操作步骤】

第 1 步，创建 index.php 文件。输出网页当前的访问量，首先初始化一个 $_SESSION 变量，然后判断 $_SESSION 变量的值是否为空，如果值为空，则打开指定的文本文件，读取其中存储的数据，并且将文本文件中的数据值增加 1，同时将新的数据写入文本文件中，关闭文件。最后将 $_SESSION 变量赋值为 1。代码如下：

```php
<?php
if(!isset($_SESSION)){
    session_start();
}
//判断$_SESSION[temp]==""的值是否为空，其中的 temp 为自定义的变量
```

```
if( isset( $_SESSION['temp'] ) && $_SESSION['temp']==""){
    if(($fp=fopen("counter.txt","r"))==False){
        echo "打开文件失败!";
    }else{
        $counter=fgets($fp,1024);              //读取文件中的数据
        fclose($fp);                           //关闭文本文件
        $counter++;                            //计数器增加 1
        $fp=fopen("counter.txt","w");          //以写的方式打开文本文件
        fputs($fp,$counter);                   //将新的统计数据增加 1
        fclose($fp);                           //关闭
    }                                          }
    //登录以后, $_SESSION[temp]的值不为空, 给 $_SESSION[temp]赋值为 1
    $_SESSION['temp']=1;                       }
?>
```

第 2 步，在 index.php 文件中，创建 img 标签，在 src 属性中调用 gdl .php 文件，完成网站访问量的输出。代码如下：

```
<h2>防刷计数器</h2>
<img src="gd1.php">
```

第 3 步，创建 gdl.php 文件，通过文件系统函数读取存储在 counter.txt 中的网站访问量的数据，并通过 GD2 函数输出网站访问量的数据，有关知识参考后面有关 PHP 绘图章节的内容。

13.4.7　跨页访问 Session 信息

扫一扫，看视频

Session 是一种服务器端的会话机制，也就是说，在用户与网站断开连接之前，分配给用户的 Session ID 不会改变，数据可以在不同页面之间相互传递。这样的机制不仅大大减少了程序员的工作量，还使程序运行效率得到了提升，使代码结构更加清晰。本例通过 Session 机制实现跨页面访问 Session 信息，演示效果如图 13.9 所示。

（a）用户登录页面　　　　　　　　　（b）管理员信息页面

图 13.9　跨页访问 Session 信息演示效果

【操作步骤】

第 1 步，创建 index.php 文件。设计用户登录页面，并将用户登录信息提交到 index_ok.php 文件进行处理。代码如下：

```
<h2>用户登录</h2>
```

```
<form action="index_ok.php" method="post">
   用户名: <input type="text" name="user">
   密 码: <input type="password" name="pwd">
   记住密码: <input name="check" type="radio" value="10" checked="checked">10 秒
   <input name="check" type="radio" value="86400">24 小时
   <input name="check" type="radio" value="604800">一星期<br><br>
   <input type="submit"name="sub"value="确定">  
   <input type="reset"name="res"value="重置">
</form>
```

第 2 步，创建 index_ok.php 文件，完成对表单中提交数据的处理。首先，应用 session_set_cookie_params()函数根据表单中的提交值设置 Session 失效时间，并初始化 $_SESSION 变量。然后，在本页中获取表单中提交的用户登录信息，判断管理员的用户名和密码是否正确。如果正确，通过 $_POST 方法将用户名和密码存储到指定的 $_SESSION 变量中，同时跳转到网站主页面；如果不正确，则给出提示信息，并跳转到用户登录页面。

```
<?php
session_set_cookie_params($_POST['check']);               //设置 Session 的过期时间
if(!isset($_SESSION)){
   session_start();
}                                                        //初始化$_SESSION 变量
if( ! empty ( $_POST ['sub'] ) && $_POST['sub']){
   if($_POST['user']!="" && $_POST['pwd']!=""){          //判断用户名和密码是否为空
      //判断管理员的用户名和密码是否正确
      if($_POST['user']=="admin" && $_POST['pwd']=="admin"){
         $_SESSION['user'] = $_POST['user'];
         $_SESSION['pwd'] = $_POST['pwd'];
         $_SESSION['check'] = $_POST['check'];
         echo "<script>alert('管理员登录成功! ');window.location.href='ini.php' </script>";
      }else{
         echo "<script>alert('用户名或者密码不正确! ');window.location.href= 'index.php'</script>";
      }
   }else{
      echo "<script>alert('用户名或者密码不能为空! ');window.location.href= 'index.php'</script>";
   }
}
?>
```

第 3 步，创建 ini.php 文件，编写网站的主页面。在网站主页面中应用 $_SESSION 变量获取"Session"中存储的用户名、密码和 Session 失效时间，同时创建用户退出的超链接，跳转到 logout.php 文件。

```
<h2>管理员信息</h2>
<?php
echo "当前时间: ". date('Y-m-d H:i:s')."<br><br>";
echo "用户名: ".$_SESSION['user']."<br><br>";
echo "密码: ".$_SESSION['pwd']."<br><br>";
echo "时效: ".$_SESSION['check']."秒<br><br>";
echo "<a href='logout.php'>退出</a>";
?>
```

第 4 步，创建 logout.php 文件，使用 session_destroy()函数结束当前的 Session，即退出登录。

```
<?php
if(!isset($_SESSION)){
   session_start();
```

```
}
session_destroy();
echo "<script>alert('退出登录! ');window.location.href='index.php';</script>";
?>
```

13.4.8　设置页面访问权限

扫一扫，看视频

在网站开发过程中，需要对不同的用户设置不同的权限。如果是管理员，则可以登录网站后台管理系统，管理网站的数据；如果是普通用户，则只有浏览网站的权限，不能进入网站的后台管理系统。本例设计当用户输入正确的用户名 admin、密码 admin 时，才能够访问页面 main.php，否则返回用户登录页面，提示用户登录。设置页面访问权限演示效果如图 13.10 所示。

（a）main.php 页面　　　　　　　　　　　　　（b）用户登录页面

图 13.10　设置页面访问权限演示效果

【操作步骤】

第 1 步，创建 index.php 文件。编写用户登录页面，将用户登录信息提交到 index_ok.php 文件中。代码如下：

```
<h2>用户登录</h2>
<form name="form1" method="post" action="index_ok.php">
   <p>用户名: <input name="user" type="text" id="user" size="28">
      <span class="red">*  </span></p>
   <p>密  码: <input name="pass" type="password" id="pass" size="30">
      <span class="red">*  </span></p>
   <p>
      <input type="submit" name="sub" value="登 录" />  
      <input type="reset" name="res" value="重 置" />
   </p>
</form>
```

第 2 步，创建 index_ok.php 文件，初始化 $_SESSION 变量，通过 $_POST 方法获取表单提交的用户名和密码，完成对用户名和密码的验证。如果正确，则将用户名和密码赋给 $_SESSION 变量，并通过 JavaScript 代码跳转到 main.php 页面；否则，通过 JavaScript 代码给出提示信息，跳转到 index.php 页面，要求用户重新登录。代码如下：

```
<?php
if(!isset($_SESSION)){
   session_start();
}                                              //初始化$_SESSION 变量
if($_POST['user']=="admin" && $_POST['pass']=="admin"){
                                               //判断提交的用户名和密码是否正确
```

```
$_SESSION['user']=$_POST['user'];                          //如果正确，将其赋给$_SESSION 变量
$_SESSION['pass']=$_POST['pass'];
   echo "<script>alert('欢迎您的到来!');window.location.href='main.php';</script>";
}else{
     echo "<script>alert('您输入的用户名和密码不正确!');window.location.href='index.php';
</script>";
}
?>
```

第3步，创建 main.php 页面，初始化 $_SESSION 变量，通过 $_POST 方法获取 $_SESSION 变量的值，并判断其是否为真。如果为真，则输出该页面的内容；否则，通过 JavaScript 代码给出提示信息，跳转到 index.php 页面。代码如下：

```
<?php
if(!isset($_SESSION)){
   session_start();
}                                                          //初始化$_SESSION 变量
//判断$_SESSION 变量的值是否正确
if($_SESSION['user']=="admin" || $_SESSION['pass']=="admin"){
echo $_SESSION['user']."管理员登录成功! ";
}else{                                                     //如果值不正确，则跳转到首页
   echo "<script>alert('您不具备访问本页面的权限!');window.location.href='index.php';
</script>";
}
?>
```

本例通过 SESSION 变量控制用户访问权限，只是对一个简单的 main.php 页面设置访问权限，在实际的程序开发过程中，可以将其扩展到整个网站的后台管理系统中，即对网站后台管理系统中的所有文件增加权限的访问控制，从而确保后台管理系统不被普通用户访问，保证网站数据的安全。

13.4.9　设计网页皮肤

扫一扫，看视频

$_SESSION 变量可以实现数据在页面之间的传递，并且在 Session 的生命周期中一直有效。本例将运用 $_SESSION 变量的这个特性，编写一个简单的网页换肤功能。在网页中，用户可以单击选择一种网页背景色，程序将根据提交的颜色值更换背景颜色。设计网页皮肤演示效果如图 13.11 所示。

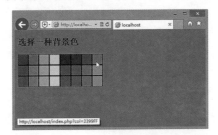

图 13.11　设计网页皮肤演示效果

【操作步骤】

第1步，创建 index.php 文件。设计一个简单的页面，在页面中插入一个颜色选项卡，并为每种颜色设置矩形热点链接，链接到 index.php 文件，同时定义超链接参数 col 参数值是热点链接对

应的颜色值。代码如下：

```
<img src="images/1.jpg" width="240" height="89" border="0" usemap="#Map">
<map name="Map" id="Map">
    <area shape="rect" coords="4,3,27,26" href="index.php?col=0066FF">
    <area shape="rect" coords="64,5,87,26" href="index.php?col=00CCFF">
    <area shape="rect" coords="31,34,55,56" href="index.php?col=999900">
    <area shape="rect" coords="218,64,237,85" href="index.php?col=CC9933">
    <area shape="rect" coords="184,33,209,55" href="index.php?col=CC6600">
    <area shape="rect" coords="214,7,237,28" href="index.php?col=3399FF">
    <area shape="rect" coords="8,63,27,87" href="index.php?col=996633">
    <area shape="rect" coords="65,61,88,87" href="index.php?col=99CC33">
    <area shape="rect" coords="152,61,177,87" href="index.php?col=CC3333">
</map>
```

第 2 步，在 index.php 文件中获取超链接中传递的参数值，然后将参数值赋给指定的 $_SESSION 变量，最后将 $_SESSION 变量设置为页面背景颜色 bgcolor 的值，实现聊天室背景颜色的更换。

在 body 标记中，通过 if 语句判断 $_SESSION 变量的值。如果值为空，则设置 bgcolor 的值为 white；否则，直接将 $_SESSION 变量值作为 bgcolor 的值。代码如下：

```
<?php
if( ! empty ( $_GET['col'] ) ){
    $_SESSION['bgcolor']=$_GET['col'];
}
?>
<body bgcolor="<?php if($_SESSION['bgcolor']==""){echo "white";}else{echo
$_SESSION['bgcolor'];}?>">
```

本例设计方法虽然很简单，但是体现的是页面换肤的基本原理，在具体的实战开发中，读者可以将这个技术升华，不但可以改变背景的颜色，而且可以对图片进行更换。程序设计的原理非常简单，难的是如何在原理的基础上让内容更加丰富，这就要求程序开发者有自己的开发思想。

13.4.10　管理缓存

当第一次浏览网页后，页面的部分内容在规定的时间内就被存储在客户端的临时文件夹中，这样下次访问此页面时，就可以直接读取缓存中的内容，从而提高网站的浏览效率。但是，如果不对 Session 缓存做定期处理，也会给服务器带来压力。本例介绍 Session 缓存的运用和清理方法，演示效果如图 13.12 所示。

扫一扫，看视频

图 13.12　管理缓存演示效果

【操作步骤】

第 1 步，创建 index.php 文件。首先，定义 Session 临时缓存文件夹路径，并启动缓存，设置缓存时间为 30 分钟，启动 Session，并设置 $_SESSION 变量。代码如下：

```
<?php
$path = './tmp/';                                    //定义缓存文件的临时存储路径
```

```php
session_save_path($path);                                    //设置缓存文件存储路径
session_cache_limiter('private');                            //设置缓存方式
$session_cache = session_cache_limiter();                    //启动缓存
session_cache_expire(30);                                    //定义缓存时间
$session_expire = session_cache_expire();                    //设置缓存的失效时间
if(!isset($_SESSION)){
   session_start();
}                                                            //初始化$_SESSION 变量
$_SESSION['cache'] = $session_cache;                         //为$_SESSION 变量赋值
$_SESSION['expire'] = $session_expire;
?>
```

在上面代码中，调用 session_cache_limiter()函数启动缓存，调用 session_save_path()函数设置缓存文件的存储路径，调用 session_cache_expire()函数设置缓存的失效时间。

（1）session_cache_limiter()函数。session_cache_limiter()函数用于创建 Session 缓存。其语法格式如下：

```
string session_cache_limiter ([ string $cache_limiter ] )
```

参数 $cache_limiter 用于设置缓存的方式，其取值如下：

- nocache：不设置缓存。
- private：私有方式。
- private nocache：私有方式，但不过期。
- public：公有方式。

（2）session_cache_expire()函数。session_cache_expire()函数用于设置当前缓存的失效时间。其语法格式如下：

```
int session_cache_expire ([ string $new_cache_expire ] )
```

参数 $new_cache_expire 是可选的，设置 Session 的失效时间，单位为分钟。默认过期时间是 180 分钟，即不设置参数值的情况。

（3）session_save_path()函数。在服务器中，如果将所有用户的 Session 都保存到临时文件夹中，会降低服务器的安全性和效率，打开服务器存储的站点会非常慢。在 PHP 中，使用 session_save_path()函数可以解决这个问题。

session_save_path()函数用于取得或者重新配置目前 Session 的存储路径。其语法格式如下：

```
string session_save_path ([ string $path ] )
```

如果设置参数 $path，表示重新设置 Session 的存储路径；如果不设置参数 $path，表示直接获取当前 Session 的存储路径。

第 2 步，在 index.php 文件中，获取并输出缓存中存储的数据，创建超链接，执行清理缓存的操作。清理方法：为 $_SESSION 赋值一个空数组，并应用 session_destroy()函数彻底销毁 Session。代码如下：

```php
<?php
echo "<p>缓存限制为: <span style='color:red;font-size:30px'>".$session_cache. "</span></p>";
echo "<p>缓存时间为: <span style='color:red;font-size:30px'>".$session_expire. "</span>分钟</p>";
echo "<a href = 'index.php?cache=1'>清理缓存</a>";
if( ! empty( $_GET['cache'] ) && $_GET['cache'] == "1"){
   $_SESSION = array();
   session_destroy();
   echo "<script>alert('清理 Session 缓存成功');</script>";
}
?>
```

Session 缓存被存储于客户端。如果用户未设定 Session 缓存的临时目录，默认情况下存储于客户端的临时文件夹下。用户虽然可以通过缓存时间函数设置缓存过期时间，但是在过期之后并不能删除存储在客户端缓存文件夹中的缓存文件，缓存文件的删除由 Windows 操作系统自行控制，或者由用户手动删除。

提示：
session_cache_limiter()、session_cache_expire() 和 session_save_path() 函数都必须在 session_start() 函数之前调用，否则会出现错误。

13.5　在 线 支 持

本节为拓展学习，感兴趣的同学请扫码进行强化训练。

扫描，拓展学习

第 14 章

日期和时间处理

在 Web 开发中，经常需要处理日期和时间。例如，在存储和显示数据时，需要日期和时间的参与；网页静态化需要判断缓存的时间；页面访问消耗的时间需要计算；根据不同的时间段提供不同的业务等。PHP 为我们提供了强大的日期和时间处理功能，通过内置的日期和时间函数库，不仅能够得到 PHP 程序在运行时所在服务器中的日期和时间，还可以对它们进行任意检查和格式化，以及在不同格式之间进行转换等。

学习重点

- 设置系统时区。
- 日期和时间处理操作。
- 案例实战。

14.1　设置系统时区

扫一扫，看视频

本节将简单介绍时区的相关知识，以及如何配置 PHP 系统时间。

14.1.1　认识时区

整个地球分为二十四个时区，每个时区都有自己的本地时间。在国际无线电通信领域，使用一个统一的时间，称为通用协调时（Universal Time Coordinated，UTC），又称为世界标准时间。UTC 与格林尼治平均时（Greenwich Mean Time，GMT）一样，都与英国伦敦的本地时间相同。

例如，北京时区是东八区，领先 UTC 八个小时，在电子邮件信头的 Date 域记为+0800。如电子邮件信头中有这么一行：

```
Date: Fri, 15 Apr 2022 09:42:22 +0800
```

说明信件的发送地的地方时间是二〇二二年四月十五日，星期五，早上九点四十二分二十二秒，这个地方的本地时间领先 UTC 八个小时（+0800，就是东八区时间）。电子邮件信头的 Date 域使用二十四小时的时钟，而不使用 AM 和 PM 来标记上下午。

以这个电子邮件的发送时间为例，如果要把这个时间转化为 UTC，可以使用以下公式：

$$UTC + 时区差 = 本地时间$$

时区差东为正，西为负。在此，把东八区时区差记为+0800，公式如下：

$$UTC + (+0800) = 本地（北京）时间$$

那么，UTC = 本地时间（北京时间）- 0800，即：

$$0942 - 0800 = 0142$$

也就是说，UTC 时间是当天凌晨一点四十二分二十二秒。

如果结果是负数就意味着是 UTC 时间的前一天，把这个负数加上 2400 就是 UTC 在前一天的时间。例如，本地（北京）时间是 0432 （凌晨四点三十二分），那么，UTC 就是 0432 - 0800 = -0368，负号意味着是前一天，-0368 + 2400 = 2032，即前一天的晚上八点三十二分。

在显示时间时，应该把时间先转换成本地时间再显示。例如：

```
Date: Fri, 15 Apr 2022 09:42:22 +0000
```

上面为格林尼治标准时间，在北京时区就显示为

```
Date: Fri, 15 Apr 2022 05:42:22 pm
```

把 24 小时制的时间转换成了 12 小时制。当然，为了时间转换正确，发送方和接收方的计算机的时区都要设置正确。

✍ **提示：**

> UTC 使用 24 小时制来标识时间，但是可以转换为 12 小时制标识的（用 AM 和 PM 来区分上午和下午）。

14.1.2　配置系统时间

PHP 5.0 版本对 data()函数进行了重写，因此，目前的日期时间比系统时间少 8 个小时。在 PHP 中默认设置的是格林尼治标准时间，所以要获取本地当前的时间必须更改 PHP 中的时区设置。

扫一扫，看视频

更改 PHP 中的时区设置有以下两种方法。

1. 修改 php.ini 文件中的设置

在本地系统 php 安装目录下，打开 php.ini 配置文件，找到"date.timezone ="选项。设置本地时间如下：

```
date.timezone = Asia/Hong Kong
```

或者

```
date.timezone = PRC
```

其中，PRC 表示中华人民共和国。然后重新启动 Apache 服务器。

2. 在应用程序中设置

在使用时间日期函数之前添加如下函数：

```
date_default_timezone_set('Asia/Shanghai');      // Asia/Shanghai 为上海
date_default_timezone_set('Asia/Chongqing');     // Asia/Chongqing 为重庆
date_default_timezone_set('PRC');
```

参数为 PHP 可识别的时区名称，如果 PHP 无法识别名称，则系统采用 UTC 时区。

PHP 参考手册中提供了各时区名称列表，其中设置北京时间可以使用的时区包括：PRC（中华人民共和国）、Asia/Chongqing（重庆）、Asia/Shanghai（上海）、Asia/Urumqi（乌鲁木齐）、Asia/Macao（澳门）、Asia/Hong_Kong（香港）、Asia/Taipei（台北），这些时区名称是等效的。

设置完成后，date()函数便可以正常使用，不会再出现时差问题。

扫描，拓展学习

14.2　使用 PHP 日期和时间

PHP 内置了大量的日期和时间函数，灵活使用它们会大大提高工作效率。本节将介绍常用的 PHP 日期和时间函数。读者可以扫码了解 PHP 日期和时间函数的列表说明。

扫一扫，看视频

14.2.1　获得本地时间戳

使用 mktime()函数可以将时间转换成 UNIX 时间。代码如下：

```
int mktime ([ int $hour = date("H") [, int $minute = date("i") [, int $second = date("s") [, int
$month = date("n") [, int $day = date("j") [, int $year = date("Y") [, int $is_dst = -1 ]]]]]]] )
```

参数说明：

- $hour：小时数。
- $minute：分钟数。
- $second：秒数（一分钟之内）。
- $month：月份数。
- $day：天数。
- $year：年份数，可以是两位或四位数字，0~69 对应 2000—2069，70~100 对应 1970—2000。在系统普遍把 time_t 作为一个 32 位有符号整数的情况下，year 的合法范围在 1901—2038 之间，不过此限制自 PHP 5.1.0 版本起已被克服了。
- $is_dst：可以设为 1，表示正处于夏时制时间（DST），设为 0 表示不是夏时制，设为-1（默认值）表示不知道是否为夏时制。自 PHP 5.1.0 版本起，该参数已经被废弃。

　　mktime()函数能够根据给出的参数返回 UNIX 时间戳。时间戳是一个长整数，包含了从 UNIX 纪元（1970 年 1 月 1 日）到给定时间的秒数。其参数可以从右向左省略，任何省略的参数都会被设置成本地日期和时间的当前值。

📝 提示：

有效的时间戳典型范围是格林尼治标准时间 1901 年 12 月 13 日 20 时 45 分 54 秒到 2038 年 1 月 19 日 03 时 14 分 07 秒，此范围符合 32 位有符号整数的最小值和最大值。在 Windows 系统中，此范围限制为 1970 年 1 月 1 日到 2038 年 1 月 19 日。

　　【示例 1】使用 mktime()函数把给定的参数转换为 UNIX 时间的秒数，由于返回的是时间戳，还要通过 date()函数进行格式化显示，才能够输出日期和时间。代码如下：

```php
<?php
echo mktime(1, 2, 3, 4, 5, 2022);
echo "<br>";
echo date('c', mktime(1, 2, 3, 4, 5, 2022));
?>
```

　　输出结果：

```
1491325323
2022-04-05T01:02:03+08:00
```

　　【示例 2】mktime()函数在日期计算和日期验证方面很有用，它会自动计算超出范围的输入的正确值。代码如下：

```php
<?php
echo date("M-d-Y", mktime(0, 0, 0, 12, 32, 2022)) . "<br>";
echo date("M-d-Y", mktime(0, 0, 0, 13, 1, 2022)) . "<br>";
echo date("M-d-Y", mktime(0, 0, 0, 1, 1, 2023)) . "<br>";
echo date("M-d-Y", mktime(0, 0, 0, 1, 1, 2023));
?>
```

　　上面代码中每一行都会产生字符串 Jan-01-2023。任何给定月份的最后一天都可以被表示为下个月的第 0 天，而不是-1 天。

14.2.2　获取当前时间戳

　　PHP 通过 time()函数获取当前 UNIX 时间戳。其语法格式如下：

```
int time ( void )
```

　　返回自从 UNIX 纪元（格林尼治标准时间 1970 年 1 月 1 日 00 时 00 分 00 秒）到当前时间的秒数。

　　【示例】使用 time()函数获取当前时间戳，然后计算下一周同一时间戳，并格式化输出。代码如下：

```php
<?php
echo '当前时间: '. date('Y-m-d') ."<br>";
$nextWeek = time() + (7 * 24 * 60 * 60);   //7 days; 24 hours; 60 mins; 60secs
echo '下 一 周: '. date('Y-m-d', $nextWeek) ."<br>";
?>
```

14.2.3　获取当前日期和时间

　　PHP 使用 date()函数获取当前日期和时间。其语法格式如下：

扫一扫，看视频

```
string date ( string $format [, int $timestamp ] )
```

参数说明：

● $format：输出的日期格式。format 字符见表 14.1。

● $timestamp：可选参数，设置一个整数的 UNIX 时间戳。如果未指定，参数值默认为当前本地时间。

表 14.1   format 字符

format 字符	说　　　　明	返回值示例
天		
d	一个月中的第几天，有前导 0 的 2 位数字	01～31
D	3 个字符表示的星期几	Mon～Sun
j	一个月中的第几天，无前导 0	1～31
l (lowercase 'L')	星期几，英文全称	Sunday～Saturday
N	ISO 8601规范中用数字表示的星期几（PHP 5.1.0 版本新加）	1（表示星期一）～7（表示星期日）
S	一个月中的第几天，带有 2 个字符表示的英语序数词	st、nd、rd 或 th。可以和 j 联合使用
w	数字表示的星期几	0（星期日）～6（星期六）
z	一年中的第几天，从 0 开始计数	0～365
周		
W	ISO 8601规范中的一年中的第几周，周一视为一周开始（PHP 4.1.0 版本新加）	42（本年第 42 周）
月		
F	月份英文全拼，如 January 或 March	January～December
m	带有前导 0 的数字表示的月份	01～12
M	3 个字符表示的月份的英文简拼	Jan～Dec
n	月份的数字表示，无前导 0	1～12
t	给定月份中包含多少天	28～31
年		
L	是否为闰年	如果是闰年，则返回 1，反之返回 0
o	ISO 8601规范的年份，同 Y 格式。有一种情况除外：当 ISO 的周数（W）属于前一年或后一年时，会返回前一年或后一年的年份数字表达	1999 或 2003
Y	4 位数字的年份	1999 或 2003
Y	2 位数字的年份	99 或 03
时　　间		
a	上午还是下午，2 位小写字符	am 或 pm
A	上午还是下午，2 位大写字符	AM 或 PM
B	斯沃琪因特网（Swatch Internet）标准时间	000～999
G	小时，12 小时制，无前导 0	1～12

续表

format 字符	说　明	返回值示例
时　间		
G	小时，24 小时制，无前导 0	0～23
h	小时，12 小时制，有前导 0 的 2 位数字	01～12
H	小时，24 小时制，有前导 0 的 2 位数字	00～23
I	分钟，有前导 0 的 2 位数字	00～59
s	秒，有前导 0 的 2 位数字	00～59
u	毫秒 （PHP 5.2.2 版本新加）	654321
时　区		
e	时区标识（PHP 5.1.0 新加）	UTC GMT Atlantic/Azores
I（大写字母 i）	是否夏时制	如果是夏时制则返回 1，反之返回 0
O	和格林尼治标准时间（GMT）的时差，以小时为单位	+0200
P	和格林尼治标准时间（GMT）的时差，包括小时和分钟，小时和分钟之间使用冒号（:）分隔（PHP 5.1.3 版本新加）	+02:00
T	时区缩写	EST、MDT
Z	以秒为单位的时区偏移量。UTC 以西的时区返回负数，UTC 以东的时区返回正数	从 −43200～50400
完整的日期/时间		
c	ISO 8601 日期及时间（PHP 5.0 版本新加）	2004-02-12T15:19:21+00:00
r	RFC 2822 格式的日期和时间	Thu, 21 Dec 2000 16:01:07 +0200
U	自 1970 年 1 月 1 日 0 时 0 分 0 秒（GMT 时间）以来的时间，以秒为单位	参见 time()

参数 format 还可以使用预定义日期常量，见表 14.2。这些常量提供了标准的日期表达方法，可用于日期格式函数。

表 14.2　时间和日期预定义常量

预定义常量	说　明	预定义常量	说　明
DATE_ATOM	原子钟格式	DATE_RFC850	RFC850 格式
DATE_COOKIE	HTTP Cookies 格式	DATE_RSS	RSS 格式
DATE_ISO8601	ISO 8601 格式	DATE_W3C	W3C 格式
DATE_RFC822	RFC 822 格式		

【示例 1】使用预定义常量输出不同格式的时间和日期。代码如下：

```php
<?php
echo "<p>date(DATE_ATOM) = ".date(DATE_ATOM);
echo "<p>date(DATE_COOKIE) = ".date(DATE_COOKIE);
echo "<p>date(DATE_ISO8601) = ".date(DATE_ISO8601);
echo "<p>date(DATE_RFC822) = ".date(DATE_RFC822);
```

```
echo "<p>date(DATE_RFC850) = ".date(DATE_RFC850);
echo "<p>date(DATE_RSS) = ".date(DATE_RSS);
echo "<p>date(DATE_W3C) = ".date(DATE_W3C);
?>
```

输出结果：

```
date(DATE_ATOM) = 2022-02-19T09:00:32+08:00
date(DATE_COOKIE) = Sunday, 19-Feb-17 09:00:32 CST
date(DATE_ISO8601) = 2022-02-19T09:00:32+0800
date(DATE_RFC822) = Sun, 19 Feb 17 09:00:32 +0800
date(DATE_RFC850) = Sunday, 19-Feb-17 09:00:32 CST
date(DATE_RSS) = Sun, 19 Feb 2022 09:00:32 +0800
date(DATE_W3C) = 2022-02-19T09:00:32+08:00
```

【示例 2】使用 format 字符自定义输出不同格式的时间和日期。代码如下：

```php
<?php
echo "<p>".date("F j, Y, g:i a");
echo "<p>".date("m.d.y");
echo "<p>".date("j, n, Y");
echo "<p>".date("Ymd");
echo "<p>".date('h-i-s, j-m-y, it is w Day');
echo "<p>".date('\i\t \i\s \t\h\e jS \d\a\y.');
echo "<p>".date("D M j G:i:s T Y");
echo "<p>".date('H:m:s \m \i\s\ \m\o\n\t\h');
echo "<p>".date("H:i:s");
?>
```

输出结果：

```
February 19, 2022, 9:07 am
02.19.17
19, 2, 2022
20220219
09-07-10, 19-02-17, 0728 0710 0 Sunam17
it is the 19th day.
Sun Feb 19 9:07:10 CST 2022
09:02:10 m is month
09:07:10
```

扫一扫，看视频

14.2.4　获取日期信息

PHP 使用 getdate() 函数获取日期指定部分的相关信息。其语法格式如下：

```
array getdate ([ int $timestamp = time() ] )
```

参数 $timestamp 为可选，是一个整型的 UNIX 时间戳，如果未指定，默认值为当前本地时间，即 time() 的返回值。返回值是一个关联数组，其中包含日期相关信息。返回的关联数组中的键名单元见表 14.3。

表 14.3　返回的关联数组中的键名单元

键　　名	说　　明	返回值示例
seconds	秒的数字表示	0～59
minutes	分钟的数字表示	0～59
hours	小时的数字表示	0～23
mday	月份中第几天的数字表示	1～31

续表

键　　名	说　　明	返回值示例
wday	星期中第几天的数字表示	0（星期日）～6（星期六）
mon	月份的数字表示	1～12
year	4 位数字表示的完整年份	如 1999 或 2003
yday	一年中第几天的数字表示	0～365
weekday	星期几的完整文本表示	Sunday～Saturday
month	月份的完整文本表示，如 January 或 March	January～December
0	自 UNIX 纪元开始至今的秒数，类似于 time()的返回值和用于 date()的值	系统相关，典型值为-2147483648～2147483647

【示例 1】使用 getdate()函数获取日期的所有信息。代码如下：

```php
<?php
$today = getdate();
print_r($today);
?>
```

输出结果：

```
Array (
    [seconds] => 1
    [minutes] => 0
    [hours] => 10
    [mday] => 19
    [wday] => 0
    [mon] => 2
    [year] => 2022
    [yday] => 49
    [weekday] => Sunday
    [month] => February
    [0] => 1487469601
)
```

【示例 2】使用 getdate()函数获取当前日期的信息，然后输出年月日和时分秒周格式的信息。代码如下：

```php
<?php
$arr = getdate();
echo $arr["year"]."-".$arr["mon"]."-".$arr["mday"]."<br>";
echo $arr["hours"].":".$arr["minutes"].":".$arr["seconds"]." ".$arr["weekday"];
?>
```

输出结果：

```
2022-2-19
10:5:23 Sunday
```

14.2.5　检验日期

扫一扫，看视频

一年只有 12 个月，一个月有 31 天或 30 天（2 月除外，平年 2 月有 28 天，闰年 2 月有 29 天），一星期有 7 天。为了避免用户输入错误的日期信息，PHP 使用 checkdate()函数检验日期的合法性。其语法格式如下：

```
bool checkdate ( int $month , int $day , int $year )
```

参数说明如下：

- month：值为 1～12。
- day：值在给定的 month 的天数范围内，要考虑闰年和闰月问题。
- year：year 的值为 1～32767。

如果给定的日期有效则返回 True，否则返回 False。

【示例】使用 checkdate()函数验证用户设置的日期信息是否正确。代码如下：

```php
<?php
var_dump(checkdate(12, 31, 2022));
var_dump(checkdate(2, 29, 2022));
?>
```

输出结果：

```
bool(True)
bool(False)
```

14.2.6   格式化日期和时间

扫一扫，看视频

格式化日期和时间主要利用 date()函数来实现，该函数包含一个格式化字符参数，使用这个参数可以设置输出时间信息的格式化显示方式。有关 date()函数的 format 字符见表 14.1。

【示例 1】date()函数可以对 format 选项随意组合。设计不同格式化输出的形式（如单独输出一个参数，或者输出多个参数，或者同时输出转义字符）。代码如下：

```php
<?php
echo "输出单个参数: ".date("Y")."-".date("m")."-".date("d");
echo "<br>";
echo "输出组合参数: ".date("Y-m-d");
echo "<br>";
echo "输出日期和时间: ".date("Y-m-d H:i:s");
echo "<br>";
echo "输出更详细信息: ";
echo date("l Y-m-d H:i:s T");
echo "<br>";
echo "输出转义字符: ";
echo date("\i\\t \i\s \\t\h\\e jS \d\a\y.");
?>
```

输出结果：

```
输出单个参数: 2022-02-19
输出组合参数: 2022-02-19
输出日期和时间: 2022-02-19 13:00:05
输出更详细信息: Sunday 2022-02-19 13:00:05 CST
输出转义字符: it is the 19th day.
```

【示例 2】设计一个 getWeekDay()函数，根据用户给定的日期字符串来提取指定日期是星期几。其中，日期参数的格式为"yy/mm/dd"，或者"yy-mm-dd"。代码如下：

```php
<?php
echo getWeekDay("2022/2/20");
echo getWeekDay("2022-2-20");
function getWeekDay($date) {
    $date = str_replace('/','-',$date);
    $dateArr = explode("-", $date);
    return date("N", mktime(0,0,0,$dateArr[1],$dateArr[2],$dateArr[0]));
```

```
}
?>
```

输出结果：

```
2
2
```

扫一扫，看视频

14.2.7　显示本地日期和时间

不同国家在表示日期和时间时存在差异，因此在程序中显示时间时需要考虑这个问题。PHP 提供了两个函数来设置本地化环境，下面简单进行介绍。

1. setlocale()函数

setlocale()函数根据本地化环境设置格式化输出日期和时间。其语法格式如下：

```
string setlocale ( int $category , string $locale [, string $... ] )
string setlocale ( int $category , array $locale )
```

参数说明：

- $category：指定区域设置的功能类别，包含如下常量：
  ◇ LC_ALL：所有的设置。
  ◇ LC_COLLATE：字符串比较，参考 strcoll()函数。
  ◇ LC_CTYPE：字符串的分类与转换，参考 strtoupper()函数。
  ◇ LC_MONETARY：本地化环境的货币形式，参考 localeconv()函数。
  ◇ LC_NUMERIC：本地化环境的数值形式，对于小数点的分隔，参考 localeconv()函数。
  ◇ LC_TIME：本地化环境的时间形式，参考 strftime()函数。
  ◇ LC_MESSAGES：系统响应。
- $locale：使用字符串或数组参数尝试设置本地区域。

参数 $locale 如果为空，就会使用系统环境变量的 $locale 或 lang 的值，否则就会使用 $locale 参数所指定的本地化环境。如 en_US 为美国本地化环境，chs 为简体中文，cht 为繁体中文。

2. strftime()函数

strftime()函数能够根据区域设置格式化本地时间和日期。其语法格式如下：

```
string strftime ( string $format [, int $timestamp = time() ] )
```

该函数返回用给定的字符串对参数 $timestamp 进行格式化后输出的字符串。如果没有给出参数 $timestamp，则用本地时间。月份、星期以及其他和语言有关的字符串写法与 setlocale()函数设置的当前区域有关。参数 $format 识别的转换标记见表 14.4。

表 14.4　参数 $format 识别的转换标记

格　　式	描　　述	返回值示例
日		
%a	当前区域星期几的简写	Sun～Sat
%A	当前区域星期几的全称	Sunday～Saturday
%d	月份中的第几天，十进制数（范围为 01～31）	01～31
%e	月份中的第几天，十进制数，一位的数字前会加上一个空格（范围为 1～31），在 Windows 上尚未按描述实现。更多信息见下方	1～31

续表

格 式	描 述	返回值示例
日		
%j	年份中的第几天，带前导 0 的 3 位十进制数（范围为 001～366）	001～366
%u	符合 ISO 8601 星期几的十进制数表达[1,7]，1 表示星期一	1（星期一）～7（星期日）
%w	星期中的第几天，星期天为 0	0（星期天）～6（星期六）
周		
%U	本年的第几周，以第一周的第一个星期天作为第一天开始	13 (for the 13th full week of the year)
%V	本年第几周的 ISO 8601:1988 格式，范围为 01～53，第 1 周是本年第一个至少还有 4 天的周，星期一作为每周的第一天（用%G 或者%g 作为指定时间戳相应周数的年份组成）	01～53 (where 53 accounts for an overlapping week)
%W	本年的第几周数，从第一周的第一个星期一作为第一天开始	46 (for the 46th week of the year beginning with a Monday)
月		
%b	当前区域月份的简写	Jan～Dec
%B	当前区域月份的全称	January～December
%h	当前区域月份的简写（%b 的别名）	Jan～Dec
%m	两位数的月份	01（1 月）～12（12 月）
年		
%C	两位数显示世纪（年份除以 100，截成整数）	19 是 20 世纪
%g	2 位数的年份，符合 ISO 8601:1988 星期数（参见%V）。和%V 的格式和值一样，如果 ISO 星期数属于前一年或者后一年，则使用那一年	如 2009 年 1 月 6 日那一周是 09
%G	%g 的完整 4 位数版本	如 2009 年 1 月 3 日那一周是 2008
%y	2 位数显示年份	如 09 是 2009，79 是 1979
%Y	4 位数显示年份	如 2038
时 间		
%H	以 24 小时格式显示 2 位小时数	00～23
%I	以 12 小时格式显示 2 位小时数	01～12
%l（L 的小写）	以 12 小时格式显示小时数，单个数字前含空格	1～12
%M	2 位的分钟数	00～59
%p	指定时间的大写"AM"或"PM"	如 00:31 是 AM，22:23 是 PM
%P	指定时间的小写"am"或"pm"	如 00:31 是 am，22:23 是 pm
%r	和"%I:%M:%S %p"一样	如 21:34:17 是 09:34:17 PM
%R	和"%H:%M"一样	如 12:35 AM 是 00:35，4:44 PM 是 16:44
%S	两位数字表示秒	00～59
%T	和"%H:%M:%S"一样	如 09:34:17 PM 是 21:34:17
%X	当前区域首选的时间表示法，不包括日期	如 03:59:16 或 15:59:16

续表

格　　式	描　　述	返回值示例
时　间		
%z	从 UTC 的时区偏移或简写（由操作系统决定）	如东部时间是-0500 或 EST
%Z	%z 没有给出的 UTC 的时区偏移或简写（由操作系统决定）	如-0500 或 EST 是东部时间
%c	当前区域首选的日期时间表达	如 2009 年 2 月 5 日上午 12:45:10 是 Tue Feb 5 00:45:10 2009
%D	和"%m/%d/%y"一样	如 2009 年 2 月 5 日是 02/05/09
%F	Same as "%Y-%m-%d" (commonly used in database datestamps)	如 2009 年 2 月 5 日是 2009-02-05
%s	UNIX 纪元的时间戳（和 time()函数一样）	如 1979 年 9 月 10 日上午 8 点 40 分 00 秒是 305815200
%x	当前区域首选的时间表示法，不包括时间	如 2009 年 2 月 5 日是 02/05/09
其　他		
%n	换行符（"\n"）	—
%t	Tab 字符（"\t"）	—
%%	文字上的百分字符（"%"）	—

【示例】分别使用 en_US、chs 和 cht 来输出今天是星期几。代码如下：

```php
<?php
setlocale(LC_ALL,"en_US");
echo "美国格式: ".strftime("Today is %A");
echo "<br>";
setlocale(LC_ALL,"chs");
echo "中文简体格式: ".strftime("今天是%A");
echo "<br>";
setlocale(LC_ALL,"cht");
echo "繁体中文格式: ".strftime("今天是%A");
?>
```

设置并显示本地化日期演示效果如图 14.1 所示。

图 14.1　设置并显示本地化日期演示效果

14.2.8　转换为 UNIX 时间戳

PHP 使用 strtotime()函数可以将任何英文文本的日期和时间解析为 UNIX 时间戳。其语法格式如下：

```
int strtotime ( string $time [, int $now = time() ] )
```

参数说明：

- time：日期和时间字符串。
- now：用来计算返回值的时间戳。如果没有提供此参数，则使用当前系统时间。

该函数如果成功执行，则返回时间戳，否则返回 False。

【示例 1】应用 strtotime()函数获取英文格式日期时间字符串的 UNIX 时间戳，并将部分时间输出。代码如下：

```php
<?php
echo strtotime ("now"), "\n";                                          //当前时间的时间戳
echo"输出时间:".date("Y-m-d H:i:s",strtotime ("now")),"<br>";          //输出当前时间
echo strtotime ("21 May 2022"), "\n";                                  //输出指定日期的时间戳
echo "输出时间:".date("Y-m-d H:i:s",strtotime ("21 May 2022")),"<br>";
                                                                       //输出指定日期的时间
echo strtotime ("+3 day"), "\n";
echo "输出时间:".date("Y-m-d",strtotime ("+3 day")),"<br>";
echo strtotime ("+1 week")."<br>";
echo strtotime ("+1 week 2 days 3 hours 4 seconds")."<br>";
echo strtotime ("next Thursday")."<br>";
echo strtotime ("last Monday"), "\n";
?>
```

将时间解析为 UNIX 时间戳，演示效果如图 14.2 所示。

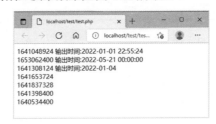

图 14.2　将时间解析为 UNIX 时间戳演示效果

【示例 2】在某些数据库中（如 Access），所有的日期都以 YYYY/MM/DD 的格式存储，如 2022/05/27。因此，需要对日期字符串进行分隔，然后再转换为 UNIX 时间戳。代码如下：

```php
<?php
$access_date = "2022/05/27";
$date_elements = explode("/" ,$access_date);
echo mktime (0, 0,0 ,$date_elements [1], $date_elements[ 2],$date_elements [0]);
?>
```

输出结果：

```
1495814400
```

【示例 3】下面是一种比从 Access 数据库中获取日期更复杂的情况，将 2022/05/27 02:40:21 PM 转换为 UNIX 时间戳。代码如下：

```php
<?php
//来自 Access 的字符串
$date_time_string = "2022/05/27 02:40:21 PM";
//将字符串分解成 3 部分——日期、时间和上午/下午
$dt_elements = explode(" " ,$date_time_string);
$date_elements = explode("/" ,$dt_elements[ 0]);          //分解日期
$time_elements = explode(":" ,$dt_elements[ 1]);          //分解时间
//如果是下午，将时间增加 12 小时以便得到 24 小时制的时间
if ($dt_elements [2]== "PM") { $time_elements[ 0]+=12;}
```

```
echo mktime ($time_elements [0], $time_elements[1], $time_elements[2], $date_elements[1], $date_
elements[2], $date_elements[0]);
?>
```

　　输出结果：

```
1495867221
```

　　【示例 4】将给定的秒数转换为用时和分表示。先定义一个转换函数 sec2time()，该函数根据参数 \$sec 将秒（非时间戳）按小时和分钟表示，少于 60 秒时按 1 分钟表示。代码如下：

```php
<?php
echo sec2time(5678);
echo sec2time(34);
//将秒（非时间戳）按小时和分钟表示
function sec2time($sec){
    $sec = round($sec/60);
    if ($sec >= 60){
        $hour = floor($sec/60);
        $min = $sec%60;
        $res = $hour.'小时';
        $min != 0 && $res .= $min.'分';
    }else{
        $res = $sec.'分钟';
    }
    return $res;
}
?>
```

　　输出结果：

```
1 小时 35 分
1 分钟
```

14.3　案 例 实 战

　　本节介绍有关日期和时间处理的一些应用案例。

14.3.1　比较时间大小

　　比较时间大小在实际开发中经常会遇到，但是在 PHP 中是不能够直接比较时间大小的。一般方法是，先将时间解析为时间戳格式，然后再进行比较。

　　【示例】先声明两个时间变量，然后使用 strtotime() 函数对两个变量进行解析、求差，然后根据差值是否小于 0，判断输出结果。代码如下：

```php
<?php
$time1 = date("Y-m-d H:i:s");
$time2 = "2022-2-3 16:30:00";
if(strtotime($time1) - strtotime($time2) < 0){
    echo "$time1 早于 $time2 ";
}else{
    echo "$time2 早于 $time1 ";
}
?>
```

在浏览器中预览，比较时间大小，演示效果如图 14.3 所示。

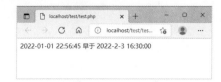

图 14.3　比较时间大小演示效果

14.3.2　设计倒计时

扫一扫，看视频

很多团购网站上都有倒计时显示。倒计时的功能可以使用 JavaScript 来实现，但是容易被客户端的用户操控，因为 JavaScript 获取的是客户端的时间。例如，这次团购已经结束了，但是懂技术的用户，只要修改自己客户端的时间，就又显示该商品还可以购买。很明显，这不是网站设计的初衷。因此，倒计时的功能可以使用 PHP 实现。PHP 获取的是服务器端的时间，所以会更安全。

【示例 1】设计一个简单的计算剩余天数的页面。代码如下：

```php
<?php
date_default_timezone_set('Asia/Hong_Kong');
$startDate = '2022-8-11';
$endDate = '2022-8-31';
 //将日期转换为 UNIX 时间戳
$startDateStr = strtotime($startDate);
$endtDateStr = strtotime($endDate);
$total = $endtDateStr-$startDateStr;
$now = strtotime(date('Y-m-d'));
$remain = $endtDateStr-$now;
echo '为期: '.$total/(3600*24).'天<br>';
echo '剩余: '.$remain/(3600*24).'天';
?>
```

计算剩余天数的演示效果如图 14.4 所示。

【示例 2】设计一个简单的下班倒计时页面。代码如下：

```php
<?php
date_default_timezone_set('Asia/Hong_Kong');
$startTime = '09:00:00';
$endTime = '18:00:00';
//将时间转换为 UNIX 时间戳
$startTimeStr = strtotime($startTime);
$endTimeStr = strtotime($endTime);
$total = $endTimeStr - $startTimeStr;
$restHours = 1;                                            //休息 1 小时
$now = strtotime(date('H:i:s'));
$remain = $endTimeStr - $now;
echo '上班时间: '.($total/3600-$restHours).'小时<br>';
echo '还有: '.floor(($remain/3600)).'小时'.floor($remain/60).'分钟下班';
?>
```

下班倒计时演示效果如图 14.5 所示。

图 14.4　计算剩余天数的演示效果

图 14.5　下班倒计时演示效果

【示例 3】设计一个考试倒计时页面。考试倒计时演示效果如图 14.6 所示。

图 14.6　考试倒计时演示效果

设计原理：本例以一个考试系统剩余时间倒计时的显示进行说明。设置考试的开始时间、结束时间及当前时间即可。如果当前的时间不在考试时间范围内，则输出"当前不在考试时间段！"；如果在考试时间范围内，则获取当前时间，用结束时间减去当前时间就是剩余时间，将剩余时间格式化输出为"剩余考试时间：××小时××分××秒"。服务器端获得了剩余时间后，还要在客户端动态地显示剩余时间的倒计时，这就需要用 Ajax 来实现了。

可能会用到以下 PHP 函数：

- strtotime()：将日期转换为 UNIX 时间戳。
- floor()：舍去法取整，与 int()强制转换相似。
- json_encode()：对变量进行 JSON 编码，返回字符串。

【操作步骤】

第 1 步，新建网页，保存为 test3.php，该页面作为前台显示页面。

第 2 步，在<body>标签中设计一个简单的提示牌结构。代码如下：

```
<h2>距离考试时间还剩下: </h2>
<p><span id="hour">00</span>小时<span id="minute">00</span>分<span id="second"> 00</span>秒</p>
```

第 3 步，在<head>标签内使用<script>标签导入 jQuery 框架。本例将使用 jQuery 的 Ajax 技术实现异步请求，设计每秒向服务器发送一条请求，获取剩余时间信息。代码如下：

```
<script type="text/javascript" src="jquery-1.10.2.js"></script>
```

第 4 步，编写 JavaScript 代码，实现前端异步请求，并不断动态更新提示牌的剩余时间信息。代码如下：

```
<script>
function dealData(id,value){
    var place = document.getElementById(id);
    place.innerHTML = value;
}
window.setInterval(function(){                              //每秒从服务器获取一次数据
    $.get("test3_server.php?a="+Math.random(),function(data){
        var dtime = JSON.parse(data);
```

```
    if(typeof dtime == "object" && dtime.hour > -1){
        dealData('hour',dtime.hour);
        dealData('minute',dtime.minute);
        dealData('second',dtime.second);
    }else{
        console.log("当前不在考试时间段！");
    }
    });
},1000);
</script>
```

第 5 步，新建网页，保存为 test3_server.php，作为服务器端请求和响应页面。编写 PHP 代码完成倒计时计算和反馈。代码如下：

```php
<?php
date_default_timezone_set('PRC');
$start_time = '9:00:00';
$end_time = '24:00:00';
$start_famate_time = strtotime($start_time);          //将开始时间转换为时间戳
$end_famate_time = strtotime($end_time);              //将结束时间转换为时间戳
$now_time = time();
if($end_famate_time < $now_time || $start_time > $now_time){
    echo json_encode(array('hour'=>-1,'minute'=>-1,'second'=>-1));
    exit;
}
$remain_time = $end_famate_time-$now_time;            //剩余的时间
$remain_hour = floor($remain_time/(60*60));           //剩余的小时数
$remain_minute = floor(($remain_time - $remain_hour*60*60)/60);  //剩余的分钟数
$remain_second = ($remain_time - $remain_hour*60*60 - $remain_minute*60);
                                                      //剩余的秒数
echo json_encode(array('hour'=>$remain_hour,'minute'=>$remain_minute,'second'=>
$remain_second));
?>
```

📝 提示：

该页面不要包含任何 HTML 代码。

14.3.3　计算代码执行时间

扫一扫，看视频

在网站中，经常需要计算代码执行时间，以衡量代码执行效率。使用 PHP 的 microtime()函数可以实现这个功能，并返回当前 UNIX 时间戳和微秒数。其语法格式如下：

```
mixed microtime ([ bool $get_as_float ] )
```

如果调用时不带可选参数，该函数以 msec sec 的格式返回一个字符串，其中 sec 是自 UNIX 纪元（0:00:00 January 1, 1970 GMT）起到现在的秒数，msec 是微秒部分。字符串的两部分都是以秒为单位返回的。

如果设置 $get_as_float 参数，并且其值等价于 True，microtime()函数将返回一个浮点数。

【示例】使用 microtime()函数来计算页面中 PHP 代码执行时间，精确到微秒。在 PHP 代码段运行之前先运行一次该函数，同时将返回值保存到变量 $start_time 中，随后运行 PHP 代码段。代码段运行完毕后，再次调用 microtime()函数，同时将返回值保存到变量 $end_time 中，这两个变量的差值就是该 PHP 代码段运行的时间。代码如下：

```
<div class="center">
<?php
function run_time(){
    list($msec, $sec) = explode(" ", microtime());
    return ((float)$msec + (float)$sec);
}
$start_time = run_time();
$time1 = strtotime(date( "Y-m-d H:i:s"));
$time2 = strtotime("2023-2-10 17:10:00");
$time3 = strtotime("2023-1-1");
$sub1 = ceil(($time2 - $time1) / 3600);                //60 * 60
$sub2 = ceil(($time3 - $time1) / 86400);               //60 * 60 * 24
echo "<p>离放假还有<span class='red'>$sub1</span>小时!</p>" ;
echo "<p>离2023年元旦还有<span class='red'>$sub2</span>天!</p>";
$end_time = run_time();
?>
<p>上面脚本运行时间: <span class="red"> <?php echo ($end_time - $start_time); ?> </span>秒</p>
</div>
```

计算脚本执行时间演示效果如图 14.7 所示。

图 14.7　计算脚本执行时间演示效果

也可以获取执行前后的时间，然后将两个时间转换为 UNIX 时间戳，最后两者相减即可。两者之差即为两个时间相隔的秒数。求时间差有以下两种方法：

● *方法一。代码如下：*

```
<?php
$dateY=date("Y");
$datem=date("m");
$dated=date("d");
$dates1=mktime(17,10,0,$datem,$dated,$dateY);
$dates2=time();
$dates3=$dates1-$dates2;
echo "距离下班时间还有: ". ceil($dates3/3600) . "小时。";
?>
```

● *方法二。代码如下：*

```
<?php
$date=time();
$str=gmmktime(0,0,0,8,8,2023);
$str2=$str-$date;
echo "距离2023年8月8日还有: " . ceil($str2/86400) . "天。";
?>
```

14.3.4　合计时间

扫一扫，看视频

　　　　有时候用户需要把多个时间合计起来，计算大致有多少个小时。先定义一个函数 hours_sum()，该函数接收一个数组参数，数组可以包含多个时间值，时间格式可以为 "小时:分钟" 形式，调用该函数将返回数组包含时间的总小时数。代码如下：

```php
<?php
function hours_sum($hours_min){
    if (!is_array($hours_min)) return False;
    $tmp_arr = array();
    foreach ($hours_min as $v){
        $tmp_arr = explode(':',$v);
        $hour[] = $tmp_arr[0];
        $min[] = $tmp_arr[1];
    }
    $hours = array_sum($hour);
    $mins = array_sum($min);
    $hours += floor($mins/60);
    $hours += $mins%60 >= 30 ? 1 : 0;
    return $hours;
}
?>
```

　　下面调用该函数：

```php
$hours_min[0] = '1:10';
$hours_min[1] = '2:13';
$hours_min[3] = '3:10';
echo hours_sum($hours_min);
```

　　输出结果：

```
7
```

14.3.5　修改时间

扫一扫，看视频

　　　　有时候，用户需要知道一定时间段后的日期和时间，如 6 小时后、35 天前等。14.2 节介绍了如何用 mktime()函数从单独的日期和时间中获得 UNIX 时间戳。如果我们需要的并非当前日期和时间的 UNIX 时间戳，该怎么办？

　　【示例 1】mktime()函数的参数包含小时、分、秒、月、天和年，而 getdate()函数可以获得这些参数。代码如下：

```php
<?php
//将当前时间戳放入数组
$timestamp = time();
echo $timestamp;
echo "<br>";
$date_time_array = getdate( $timestamp);
//使用mktime()函数重新产生 UNIX 时间戳
$timestamp = mktime($date_time_array["hours"], $date_time_array["minutes" ], $date_time_ array
[ "seconds"],$date_time_array ["mon"], $date_time_array["mday" ], $date_time_array [ "year"]);
echo $timestamp;
?>
```

　　输出结果：

```
1487558534
```

【示例 2】使用一些变量使示例 1 的代码更容易理解。代码如下：

```php
<?php
//将当前时间戳放入数组
$timestamp = time();
echo $timestamp;
echo "<br>";
$date_time_array = getdate( $timestamp);
$hours = $date_time_array[ "hours"];
$minutes = $date_time_array["minutes"];
$seconds = $date_time_array[ "seconds"];
$month = $date_time_array["mon"];
$day = $date_time_array["mday"];
$year = $date_time_array["year"];
//使用mktime()函数重新产生UNIX时间戳
$timestamp = mktime($hours ,$minutes, $seconds,$month ,$day,$year);
echo $timestamp;
?>
```

上面代码将 getdate()函数产生的时间戳放入了相应的名称变量中，所以代码变得相对容易阅读和理解。

【示例 3】如果需要给当前时间增加 19 个小时，只需要使用 $hours+19 代替 mktime()函数中的 $hours。mktime()函数会自动将时间转到第二天。代码如下：

```php
<?php
//将当前时间戳值放入数组
$timestamp = time();
echo strftime( "%Hh%M %A %d %b",$timestamp);
$date_time_array = getdate($timestamp);
$hours = $date_time_array["hours"];
$minutes = $date_time_array["minutes"];
$seconds = $date_time_array["seconds"];
$month = $date_time_array["mon"];
$day = $date_time_array["mday"];
$year = $date_time_array["year"];
//使用mktime()函数重新产生UNIX时间戳
//增加19个小时
$timestamp = mktime($hours + 19, $minutes,$seconds ,$month, $day,$year);
echo "<br>增加个19 小时后的时间:<br>";
echo strftime( "%Hh%M %A %d %b",$timestamp);
?>
```

输出结果：

```
10h51 Monday 20 Feb
增加19 个小时后的时间:
05h51 Tuesday 21 Feb
```

减少时间与此类似，减少相应变量的值即可。

14.3.6　计算间隔日期

在 PHP 中找不到类似 ASP 中的 DateAdd() 函数和 DateDiff()函数，这两个函数比较实用，下面我们来为 PHP 扩展这两个函数。

1. DateAdd()函数

根据 VBScript 参考文档，DateAdd() 函数可以返回已添加指定时间间隔的日期。其语法格式如下：

```
DateAdd(interval,number,date)
```

参数说明：

- interval：表示要添加的时间间隔字符串表达式，如分或天。
- number：表示要添加的时间间隔的个数的数值表达式。
- date：表示日期。

interval 可以是以下任意值：

- yyyy：Year（年）。
- q：Quarter（季度）。
- m：Month（月）。
- y：Day of year（一年的天数）。
- d：Day（天）。
- w：Weekday（一周的天数）。
- ww：Week of year（周）。
- h：Hour（小时）。
- n：Minute（分钟）。
- s：Second（秒）。

w、y 和 d 的作用是完全一样的，即在目前的日期上加一天，q 表示加 3 个月，ww 表示加 7 天。

下面是扩展函数：

```php
function DateAdd ($interval, $number, $date) {
    $date_time_array = getdate($date);
    $hours = $date_time_array["hours"];
    $minutes = $date_time_array["minutes"];
    $seconds = $date_time_array["seconds"];
    $month = $date_time_array["mon"];
    $day = $date_time_array["mday"];
    $year = $date_time_array["year"];
    switch ($interval) {
        case "yyyy":
            $year +=$number;
            break;
        case "q":
            $month +=($number*3);
            break;
        case "m":
            $month +=$number;
            break;
        case "y":
        case "d":
        case "w":
            $day+=$number;
            break;
        case "ww":
            $day+=($number*7);
```

```
          break;
     case "h":
        $hours+=$number;
        break;
     case "n":
        $minutes+=$number;
        break;
     case "s":
        $seconds+=$number;
        break;
   }
   $timestamp = mktime($hours ,$minutes, $seconds,$month ,$day, $year);
   return $timestamp;
}
```

然后运行以下代码：

```
<?php
$temptime = time();
echo strftime( "%Hh%M %A %d %b",$temptime);
$temptime = DateAdd("n" ,50, $temptime);
echo "<br>";
echo strftime( "%Hh%M %A %d %b",$temptime);
?>
```

输出结果：

```
13h17 Monday 20 Feb
14h07 Monday 20 Feb
```

2. DateDiff()函数

根据 VBScript 参考文档，DateDiff()函数可以返回两个日期之间的时间间隔。其语法格式如下：

```
DateDiff(interval,date1,date2)
```

参数说明：

- interval：表示要添加的时间间隔字符串表达式，如分或天，可以参考 DateAdd() 函数的说明。
- date1 和 date2：表示给定的时间。

为了避免编程过于复杂，本例忽略 VBScript 中 DateDiff()函数的其他复杂参数，即两个可选的参数变量[firstdayofweek[, firstweekofyear]]，它们分别用于设置星期中第一天是星期日还是星期一、一年中第一周的常数。同时本例只允许 interval 有 5 个值： w（周）、d（天）、h（小时）、n（分钟）和 s（秒）。

```
function DateDiff ($interval, $date1,$date2) {
   //得到两个日期之间间隔的秒数
   $timedifference = $date2 - $date1;
   switch ($interval) {
     case "w":
        $retval = bcdiv($timedifference ,604800);
        break;
     case "d":
        $retval = bcdiv( $timedifference,86400);
        break;
     case "h":
        $retval = bcdiv ($timedifference,3600);
```

```
            break;
        case "n":
            $retval = bcdiv( $timedifference,60);
            break;
        case "s":
            $retval = $timedifference;
            break;
    }
    return $retval;
}
```

然后运行以下代码：

```
<?php
$currenttime = time();
echo "当前时间：". strftime("%Hh%M %A %d %b" ,$currenttime)."<br>";
$newtime = DateAdd ("n",50 ,$currenttime);
echo "增加50分钟后：". strftime("%Hh%M %A %d %b" ,$newtime)."<br>";
$temptime = DateDiff ("n",$currenttime ,$newtime);
echo "\$currenttime 与\$newtime 两个时间的间隔：".$temptime ."分钟";
?>
```

输出结果：

```
当前时间：13h31 Monday 20 Feb
增加50分钟后：14h21 Monday 20 Feb
$currenttime 与$newtime 两个时间的间隔：50分钟
```

14.4 在 线 支 持

本节为拓展学习，感兴趣的读者请扫码进行强化训练。

扫描，拓展学习

第 15 章

图形图像处理

GD2 函数库是 PHP 处理图形的扩展库。GD2 函数库提供了一系列 API，可以用来处理图片，或者生成图片。由于有 GD2 函数库的强大支持，PHP 在图形处理方面的功能非常强大。另外，PHP 图形化类库——JpGraph，也是一款非常好用且功能强大的图形处理工具，可以绘制各种统计图和曲线图。本章将分别对 GD2 函数库和 JpGraph 类库进行详细讲解。

学习重点

- 认识 GD2 函数库。
- 使用 GD2 函数库绘图。
- 认识 JpGraph 类库。
- 使用 JpGraph 类库绘图。
- 案例实战。

15.1　认识 GD2 函数库

在 PHP 中，有一些简单的图像函数是可以直接使用的，但大多数处理图像的函数，需要在编译 PHP 前载入 GD2 函数库。除了安装 GD2 函数库，对于需要的其他库，还可以根据需要支持的图像格式决定是否加载。

15.1.1　加载 GD2 函数库

扫一扫，看视频

不同版本的 GD2 函数库支持的图像格式不完全一样，最新版本的 GD2 函数库支持 GIF、JPEG、PNG、WBMP、XBM 等格式的图像文件，此外还支持如 FreeType、Type 1 等字体库。通过 GD2 函数库中的函数可以完成各种点、线、几何图形、文本及颜色的操作和处理，也可以创建或读取多种格式的图像文件。

GD2 函数库在 PHP 5.0 以上的版本中是默认加载完成的，但要激活 GD2 函数库，必须设置 php.ini 文件，即将该文件中的";extension=php_gd2.dll"选项前的分号（;）删除，如图 15.1 所示。保存修改后的文件，并重新启动 Apache 服务器即可生效。

在成功加载 GD2 函数库后，可以通过 phpinfo() 函数获取 GD2 函数库的安装信息，验证 GD2 函数库是否安装成功。代码如下：

图 15.1　加载 GD2 函数库

```php
<?php
echo phpinfo();
?>
```

结果如图 15.2 所示。

📝 **提示：**

如果使用集成安装包来配置 PHP 的开发环境，就不必担心这个问题。因为在集成安装包中已经加载了 GD2 函数库。

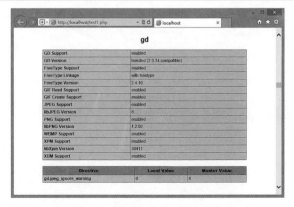

图 15.2　查看 GD2 函数库信息

15.1.2　GD2 函数库的基本用法

扫一扫，看视频

在 PHP 中，通过 GD2 函数库处理图像的操作，都是先在内存中完成，然后再以文件流的方式输出到浏览器或者保存到服务器中。创建一个图像有以下 4 个基本步骤：

第 1 步，创建画布。所有的绘图设计都需要在一个背景画布上完成，而背景画布实际就是在内存中开辟的一块临时区域，用于存储图像的信息。以后的图像操作都将基于这个背景画布，该背景画布类似于我们在画画时使用的画布。

第 2 步，绘制图像。画布创建完成后，就可以通过这个画布资源，使用各种画像函数设置图像的颜色、填充画布、画点、画线、绘制各种几何图形，以及向图像中添加文本等。

第 3 步，输出图像。完成整个图像的绘制后，需要将图像以某种格式保存到服务器指定的文件中，或者将图像直接输出到浏览器上显示给用户。但在输出图像之前，一定要使用 header()函数发送 Content-type，以通知浏览器这次发送的是图片，不是文本。

第 4 步，释放资源。图像被输出以后，画布中的内容不再有用。出于节约系统资源的考虑，需要及时释放画布占用的所有内存资源。

15.1.3　创建第一个图像

创建画布是使用 GD2 函数库的第一步。在 GD2 函数库中，创建画布可以通过 imagecreate()函数实现。其语法格式如下：

```
resource imagecreate ( int $x_size , int $y_size )
```

该函数将返回一个图像标识符，代表一幅大小为 x_size×y_size 的空白图像。

【示例】使用 imagecreate()函数创建一块 300×100 的画布，并设置画布背景颜色的 RGB 值为(225,0,0)，最后输出一个 GIF 格式的图像。代码如下：

```php
<?php
header("Content-type:image/png");
$im = imagecreate(300,100);                        //创建一块画布
$white = imagecolorallocate($im, 225,0,0);         //设置画布的背景颜色为红色
imagegif($im);                                     //输出图像
?>
```

创建画布演示效果如图 15.3 所示。

图 15.3　创建画布演示效果

15.2　使用 GD2 函数库绘图

GD2 函数库在绘制图形图像方面的功能非常强大，开发人员既可以在已有图片的基础上进行绘制，也可以在没有任何素材的情况下绘制。

15.2.1　绘制几何图形

扫一扫，看视频

　　应用 GD2 函数库可以绘制的图形有多种，最基本的图形包括直线、圆形、矩形等，无论多么复杂的图形，都可以通过这些最基本的图形进行深化。只有掌握了最基本图形的绘制方法，才能绘制出各种具有独特风格的图形。

　　在 GD2 函数库中，分别应用 imageline()函数、imagearc()函数和 imagerectangle()函数绘制直线、圆形和矩形。下面介绍这些函数的基本用法。

1. imageline()函数

imageline()函数用于绘制直线。其语法格式如下：

```
bool imageline ( resource $image , int $x1 , int $y1 , int $x2 , int $y2 , int $color )
```

imageline()函数使用 $color 在 $image 中从(x1,y1) 向(x2,y2)（图像左上角为(0,0)）画一条线段。

　　【示例1】创建一块画布，大小为300×200，然后沿左上角到右下角绘制一条直线。代码如下：

```php
<?php
header("Content-type:image/gif");
$im = imagecreate(300,200);                    //创建一块画布
$bg = imagecolorallocate($im, 255, 255, 255);  //设置背景色为白色
$color = imagecolorallocate($im, 0, 0, 0);     //设置前景色为黑色
imageline($im, 0, 0, 300, 200, $color);        //绘制一条直线
imagegif($im);                                 //输出图像
?>
```

绘制直线演示效果如图 15.4 所示。

2. imagearc()函数

imagearc()函数用于绘制圆形。其语法格式如下：

```
bool imagearc ( resource $image, int $cx, int $cy, int $w, int $h, int $s, int $e, int $color )
```

　　imagearc()函数以($cx,$cy)（图像左上角为(0,0)）为中心在 $image 中画一条椭圆弧。$w 和 $h 参数分别指定了圆形的宽度和高度，$s 和 $e 参数定义起始角度和结束角度。0°位于三点钟位置，以顺时针方向绘制。

　　【示例2】创建一块画布，大小为200×200，然后绘制一个圆形，圆心为(100,100)，半径为150像素。代码如下：

```php
<?php
header("Content-type:image/gif");
$img = imagecreate(200,200);                      //创建一块 200×200 的画布
                                                  //分配颜色
$white = imagecolorallocate($img, 255, 255, 255);
$black = imagecolorallocate($img, 0, 0, 0);
imagearc($img, 100, 100, 150, 150, 0, 360, $black); //绘制一个黑色的圆形
header("Content-type: image/png");                //将图像输出到浏览器
imagegif($img);                                   //输出图像
imagedestroy($img);                               //释放资源
?>
```

绘制圆形演示效果如图 15.5 所示。

图 15.4　绘制直线演示效果

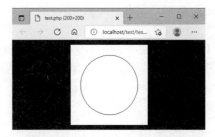

图 15.5　绘制圆形演示效果

3. imagerectangle()函数

imagerectangle()函数用于绘制矩形。其语法格式如下：

```
bool imagerectangle ( resource $image, int $x1, int $y1, int $x2, int $y2, int $color)
```

imagerectangle()函数使用 $color 在 $image 中绘制一个矩形，其左上角坐标为(x1,y1)，右下角坐标为(x2,y2)。图像的左上角坐标为 (0,0)。

【示例3】在同一块画布上同时绘制直线、圆形和矩形。代码如下：

```php
<?php
header("Content-type: image/png");          //将图像输出到浏览器
$img = imagecreate(560, 200);               //创建一块 560×200 的画布
$bg = imagecolorallocate($img, 240, 240, 230);  //设置图形背景色
$color = imagecolorallocate($img, 255, 0, 0);   //设置图形的颜色
imageline($img, 20, 20, 150, 180, $color);  //绘制一条直线
imagearc($img, 250, 100, 150, 150, 0, 360, $color);  //绘制一个圆形
imagerectangle($img, 350, 20, 500, 170, $color);     //绘制一个矩形
imagegif($img);                             //以 GIF 格式输出图像
imagedestroy($img);                         //释放资源
?>
```

绘制多个图形演示效果如图 15.6 所示。

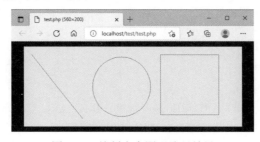

图 15.6　绘制多个图形演示效果

15.2.2　填充图形

使用 GD2 函数库不仅可以绘制图形，还可以填充图形，如填充圆形、填充矩形等。

1. imagefill()函数

在 GD2 函数库中，使用 imagefill()函数可以实现图形的填充操作。其语法格式如下：

```
bool imagefill (resource $image, int $x, int $y, int $color )
```

imagefill()函数在 $image 图像的坐标($x,$y)处用 $color 颜色执行区域填充，即与($x,$y)点颜色相同且相邻的点都会被填充。

【示例 1】使用 imagecreateTruecolor()函数绘制一个 100×100 的画布，然后设置填充色为红色，最后使用 imagefill()函数填充图形。代码如下：

```php
<?php
header("Content-type: image/gif");                        //将图像输出到浏览器
$im = imagecreateTruecolor(100, 100);
//将填充色设为红色
$red = imagecolorallocate($im, 255, 0, 0);
imagefill($im, 0, 0, $red);
header('Content-type: image/gif');
imagegif($im);
imagedestroy($im);
?>
```

2. imagefilledarc()函数

imagefilledarc()函数用于绘制一条填充的椭圆弧。其语法格式如下：

```
bool imagefilledarc ( resource $image, int $cx, int $cy, int $width, int $height, int $start, int
$end, int $color, int $style )
```

参数说明：

● $image：由图像创建函数（如 imagecreateTruecolor()）返回的图像资源。
● $cx：中心点的 x 轴的坐标。
● $cy：中心点的 y 轴的坐标。
● $width：椭圆弧的宽度。
● $height：椭圆弧的高度。
● $start：起始角度。
● $end：结束角度。
● $color：使用 imagecolorallocate()函数创建的颜色标识符。
● $style：值可以是下列值的按位或（OR）：
　　◇ IMG_ARC_PIE。
　　◇ IMG_ARC_CHORD。
　　◇ IMG_ARC_NOFILL。
　　◇ IMG_ARC_EDGED。

IMG_ARC_CHORD 和 IMG_ARC_PIE 是互斥的：IMG_ARC_CHORD 只是用直线连接了起点和终点，IMG_ARC_PIE 则产生圆形边界；IMG_ARC_NOFILL 指明弧或弦只有轮廓，不填充；IMG_ARC_EDGED 指明用直线将起点和终点与中心点相连，同 IMG_ARC_NOFILL 一起使用是绘制饼状图轮廓的好方法（而不用填充）。

【示例 2】使用 imagefilledarc()函数绘制扇形图。代码如下：

```php
<?php
header("Content-type: image/gif");                        //将图像输出到浏览器
//创建画布
$image = imagecreateTruecolor(400, 300);
$bg = imagecolorallocate($image, 255, 255, 255);
//分配颜色
$gray= imagecolorallocate($image, 0xC0, 0xC0, 0xC0);
```

```
$navy= imagecolorallocate($image, 0x00, 0x00, 0x80);
$red= imagecolorallocate($image, 0xFF, 0x00, 0x00);
//绘制图形
imagefilledarc($image, 200, 150, 300, 200, 0, 45, $navy, IMG_ARC_PIE);
imagefilledarc($image, 200, 150, 300, 200, 45, 75 , $gray, IMG_ARC_PIE);
imagefilledarc($image, 200, 150, 300, 200, 75, 360 , $red, IMG_ARC_PIE);
//输出图像
header('Content-type: image/gif');
imagegif($image);
imagedestroy($image);
?>
```

绘制扇形图演示效果如图 15.7 所示。

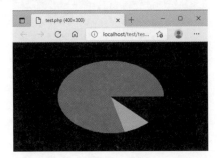

图 15.7　绘制扇形图演示效果

3. imagefilledellipse()函数

imagefilledellipse()函数用于绘制一个填充的椭圆形。其语法格式如下：

```
bool imagefilledellipse ( resource $image, int $cx, int $cy, int $width, int $height, int $color )
```

参数说明同 imagefilledarc()函数。

4. imagefilledpolygon()函数

imagefilledpolygon()函数用于绘制填充的多边形。其语法格式如下：

```
bool imagefilledpolygon ( resource $image, array $points, int $num_points, int $color )
```

在 $image 图像中绘制一个填充的多边形，$points 参数是一个按顺序包含有多边形各顶点坐标的数组；$num_points 参数是顶点的总数，必须大于 3。

【示例 3】使用 imagefilledpolygon()函数绘制一个星形图。代码如下：

```php
<?php
header("Content-type: image/gif");                    //将图像输出到浏览器
//建立多边形各顶点坐标的数组
$values = array(
        40,  50,                //Point 1 (x, y)
        20,  240,               //Point 2 (x, y)
        60,  60,                //Point 3 (x, y)
        240, 20,                //Point 4 (x, y)
        50,  40,                //Point 5 (x, y)
        10,  10                 //Point 6 (x, y)
);
//创建画布
$image = imagecreateTruecolor(250, 250);
//设定颜色
$bg = imagecolorallocate($image, 200, 200, 200);
```

```php
$blue = imagecolorallocate($image, 0, 0, 255);
//绘制一个多边形
imagefilledpolygon($image, $values, 6, $blue);
//输出图像
imagegif($image);
imagedestroy($image);
?>
```

绘制星形图演示效果如图 15.8 所示。

图 15.8　绘制星形图演示效果

5. imagefilledrectangle()函数

imagefilledrectangle()函数用于绘制一个填充的矩形。其语法格式如下：

```
bool imagefilledrectangle ( resource $image, int $x1, int $y1, int $x2, int $y2, int $color )
```

imagefilledrectangle()函数能够在 $image 图像中绘制一个用 $color 颜色填充了的矩形，其左上角坐标为(x1,y1)，右下角坐标为(x2,y2)。(0, 0) 是图像的最左上角坐标。

6. imagefilltoborder()函数

imagefilltoborder()函数用于填充指定区域。其语法格式如下：

```
bool imagefilltoborder ( resource $image, int $x, int $y, int $border, int $color )
```

从($x,$y)点开始用 $color 颜色执行区域填充，直至 $border 的边界。

扫一扫，看视频

15.2.3　在图像中添加文字

使用 imagestring()函数可以在图像中添加文字。其语法格式如下：

```
bool imagestring ( resource $image, int $font, int $x, int $y, string $s, int $color)
```

imagestring()函数将使用 $color 颜色将字符串 $s 画到 $image 所代表的图像的($x,$y)坐标处，该坐标是字符串左上角坐标，整幅图像的左上角坐标为(0,0)。如果 font 是 1、2、3、4 或 5，则使用内置字体。

【示例 1】创建一块 100×30 的画布，背景色为白色，前景色为蓝色，然后在画布左上角位置开始添加一行文字"Hello world!"，最后输出为 GIF 格式图像。代码如下：

```php
<?php
//创建立 100×30 的画布
$im = imagecreate(100, 30);
//白色背景和蓝色文本
$bg = imagecolorallocate($im, 255, 255, 255);
$textcolor = imagecolorallocate($im, 0, 0, 255);
//把字符串写在图像左上角
```

```
imagestring($im, 5, 0, 0, "Hello world!", $textcolor);
//输出图像
header("Content-type:image/png");
imagegif($im);
?>
```

内置字体演示效果如图 15.9 所示。

用户也可以通过 imagettftext()函数向图像写入 TrueType 字体的文本。该函数的语法格式如下：

```
array imagettftext ( resource $image, float $size, float $angle, int $x, int $y, int $color, string
$fontfile, string $text )
```

参数说明：

● $image：由图像创建函数返回的图像资源。

● $size：字体的尺寸。

● $angle：角度。0 为从左向右读的文本；更高数值表示逆时针旋转，如 90 表示从下向上读的文本。

● $x：横坐标。由($x,$y)所表示的坐标定义了第一个字符的基本点（字符的左下角）。这与 imagestring()函数不同，imagestring()函数的参数 $x、$y 定义了第一个字符的左上角。如 top left 为(0,0)。

● $y：纵坐标。设定了字体基线的位置，不是字符的最底端。

● $color：颜色索引。

● $fontfile：使用的 TrueType 字体的路径。

● $text：UTF-8 编码的文本字符串。

【示例 2】使用 imagettftext()函数绘制文字，演示效果如图 15.10 所示。

图 15.9　内置字体演示效果

图 15.10　绘制文字演示效果

【操作步骤】

第 1 步，通过 header()函数定义输出图像类型。

第 2 步，通过 imagecreate()函数载入照片。

第 3 步，通过 imagecolorallocate()函数设置输出字体的颜色和背景色。

第 4 步，定义输出的中文字符串所使用的字体。

第 5 步，通过 iconv()函数对输出的中文字符编码格式进行转换。

第 6 步，通过 imagettftext()函数在画布上添加文字。

第 7 步，销毁图像。

代码如下：

```
<?php
header("content-type:image/jpeg");                            //设置创建图像的格式
$im = imagecreate(500, 200);                                  //创建一块 500×200 的画布
$bg = imagecolorallocate($im, 255, 255, 255);
$textcolor = imagecolorallocate($im, 0, 0, 255);
```

```
$fnt="c:/windows/fonts/simhei.ttf";                          //定义字体
$motto=iconv("gb2312","utf-8","Hello world!");               //定义要输出的字符串
imagettftext($im,20,0,20,40,$textcolor,$fnt,$motto);         //设置字体样式
imagejpeg($im);                                              //设置图像类型为 JPEG
imagedestroy($im);                                           //销毁图像
?>
```

📝 提示：

可以使用一组函数导入外部图像。其语法格式如下：

resource imagecreatefromjpeg (string $filename)

resource imagecreatefromgif (string $filename)

resource imagecreatefrompng (string $filename)

参数为指定的图像文件的路径。

📝 提示：

GD2 函数库支持简体中文，但必须以 UTF-8 编码格式传递。如果使用 image string () 函数直接绘制中文字符串就会显示乱码。

15.2.4 生成验证码

扫一扫，看视频

验证码有很多种，如数字验证码、图形验证码和文字验证码等。本节重点介绍使用图像处理技术生成的验证码。生成图像验证码演示效果如图 15.11 所示。

图 15.11 生成图像验证码演示效果

【操作步骤】

第 1 步，创建 checks.php 文件，在该文件中使用 GD2 函数库创建一个 4 位的验证码，并且将生成的验证码保存在 $_SESSION 变量中。代码如下：

```php
<?php
if(!isset($_SESSION)){
    session_start();
}
header("content-type:image/png");                    //设置创建图像的格式
$image_width=70;                                     //设置图像宽度
$image_height=18;                                    //设置图像高度
srand((double)microtime()*100000);                  //设置随机数的种子
$new_number = "";
for($i=0;$i<4;$i++){                                 //循环输出一个 4 位的随机数
   $new_number.=dechex(rand(0,15));
}
$_SESSION['check_checks']=$new_number;               //将获取的随机数验证码写入$_SESSION 变量
```

```
$num_image=imagecreate($image_width,$image_height);        //创建一块画布
imagecolorallocate($num_image,255,255,255);                //设置画布的颜色
for($i=0;$i<strlen($_SESSION['check_checks']);$i++){       //循环读取$_SESSION 变量
  $font=mt_rand(3,5);                                       //设置随机字符的字体
  $x=mt_rand(1,8)+$image_width*$i/4;                        //设置随机字符所在位置的横坐标
  $y=mt_rand(1,$image_height/4);                            //设置随机字符所在位置的纵坐标
  $color=imagecolorallocate($num_image,mt_rand(0,100),mt_rand(0,150),mt_rand(0,200));
                                                           //设置字符的颜色
  imagestring($num_image,$font,$x,$y,$_SESSION['check_checks'][$i],$color);
                                                           //水平输出字符
}
imagepng($num_image);                                      //生成 PNG 格式的图像
imagedestroy($num_image);                                  //销毁图像
?>
```

在上面代码中，对验证码进行输出时，每个字符的位置、颜色和字体都是通过随机数来获取的。这样不仅可以在浏览器中生成各式各样的验证码，还可以防止用户恶意攻击网站系统。

第 2 步，创建 index.php 文件，设计一个用户登录表单。在验证码文本框后插入一个<img>标签，设置<img>标签的 src 属性值为调用 checks.php 文件，生成一个随机验证码图像，在表单页中输出图像的内容。代码如下：

```
<form name="form" method="post" action="">
   <p>用户名 <input type="text" name="txt_user" id="txt_user" size="20"></p>
   <p>密  码 <input type="password" name="txt_pwd" id="txt_pwd" size="20"></p>
   <p>验证码<input name="checks" size="6" >
      <img src="checks.php" width="70" height="18" border="0"></p>
   <p><input type="submit" name="submit" value="登 录"></p>
</form>
```

第 3 步，在用户提交表单信息后，使用条件语句判断用户输入的验证码是否正确。如果用户填写的验证码与随机产生的验证码相等，则提示其输入正确。代码如下：

```
<?php
if(!isset($_SESSION)){
   session_start();
}
if(!empty($_POST["submit"]) && $_POST["submit"]!=""){
   $checks=$_POST["checks"];
   if($checks==""){
      echo "<script> alert('验证码不能为空');window.location.href='index.php'; </script>";
   }
   if($checks==$_SESSION['check_checks']){
      echo "<h2>验证码输入正确</h2>";
   }else{
      echo "<script> alert('您输入的验证码不正确!');window.location.href='index.php';
</script>";
   }
}else{
?>
```

扫一扫，看视频

15.2.5　导入外部图像

在 GD2 函数库中，有一组专门用于导入外部图像的函数，简单说明如下：

- imagecreatefromgif()：导入 GIF 格式图像。
- imagecreatefromjpeg()：导入 JPG/JPEG 格式图像。
- imagecreatefrompng()：导入 PNG 格式图像。
- imagecreatefromwbmp()：导入 WBMP 格式图像。

这些函数都包含一个设置外部图像路径的参数。导入成功，函数将返回图像资源；否则返回 False。

【示例】自定义一个函数 LoadGif()，在该函数中使用 imagecreatefromgif()函数导入指定的 GIF 文件。如果成功，则返回指定 GIF 文件；否则返回一个新图像，并显示错误提示信息。

导入外部图像演示效果如图 15.12 所示。

图 15.12　导入外部图像演示效果

代码如下：

```php
<?php
function LoadGif($imgname){
  $im = @imagecreatefromgif($imgname);
  if(!$im){
    $im = imagecreateTruecolor (150, 30);
    $bgc = imagecolorallocate ($im, 255, 255, 255);
    $tc = imagecolorallocate ($im, 0, 0, 0);
    imagefilledrectangle ($im, 0, 0, 150, 30, $bgc);
    imagestring ($im, 1, 5, 5, 'Error loading ' . $imgname, $tc);
  }
  return $im;
}
header('Content-Type: image/gif');
$img = LoadGif('girl.gif');
imagegif($img);
imagedestroy($img);
?>
```

15.2.6　为图像添加文字水印

图像是 Web 页面最为重要的组成元素之一，新闻网、图像资料网等备受网民关注的网站每天都会上传大量图像。如果直接将图像上传到页面，很可能被浏览者保存使用，这样网站的版权就不能很好地得到保证。如果在上传图像的过程中，动态地为图像添加水印效果，这样不仅可以对保证网站版权起到一定作用，还有助于网站的推广。

扫一扫，看视频

【操作步骤】

第 1 步，创建 index.php 文件。创建一个表单，完成上传图像的提交操作。代码如下：

```
<form name="form1" method="post" action="<?php echo $_SERVER['PHP_SELF']?>" enctype="multipart/
form-data">
    选择图像: <input type="file" name="file" class="input">
    <input type="hidden" name="flag" value="1">
    <input type="submit" name="imageField" value="上 传">
</form>
```

第 2 步，获取表单中提交的图像数据并输出图像，使用 move_uploaded_file()函数完成图像的上传操作，实例化 AddWaterPress.php 文件中的 AddWaterPress 类，调用 add()方法为指定的图像添加文字水印。代码如下：

```php
<?php
//判断提交内容是否为空
if (!empty($_FILES["file"]) && $_FILES["file"]["name"]!="" && $_POST['flag']=='1'){
    $type = strstr($_FILES["file"]["name"], '.');          //获取上传图像后缀
    if($_FILES["file"]["name"]==''){                         //判断上传图像名称是否为空
        echo "<script>alert('图像不能为空!');</script>";
        exit();
    }else if(!($type == '.jpg') && !($type == '.png') && !($type == '.gif')){
                                                            //判断上传图像格式是否正确
        echo "<script>alert('图像格式不正确!');</script>";
        exit();
    }
    function getUpfileName($fileName){                       //定义上传文件在服务器中存储的名称
        //使用固定名称 ( 也可以通过时间戳、随机数定义 )
        return 'waterpress'.strstr($fileName, ".");

    }
        //定义上传文件存储路径
        $saveDir = "upfiles/" . getUpfileName($_FILES["file"]["name"]);

    if(move_uploaded_file($_FILES["file"]["tmp_name"], $saveDir)){
                                                            //执行文件上传操作
        require_once 'AddWaterPress.php';                    //包含添加水印操作的文件
        $addWaterPress=new AddWaterPress();                 //类的实例化
        //执行添加文字水印的方法，传递的参数是指定的水印文字
        $addWaterPress->add($saveDir, "www.mysite.com");
        echo "<script>alert('图像添加成功');</script>";
    }
}
?>
```

第 3 步，创建 AddWaterPress.php 文件，编写 AddWaterPress 类代码。代码如下：

```php
<?php
class AddWaterPress{                                         //定义类
    function getExtendsName($fileName){                      //获取上传图像的后缀
        return strtolower(strstr($fileName, "."));          //返回图像的后缀
    }
    //根据上传图像的后缀和上传文件的路径创建图像
    function getImageRes($extendsName, $imageUrl){
        switch($extendsName){                               //根据上传图像的后缀进行判断
            case '.gif':                                    //如果后缀为.gif
                $img =imagecreatefromgif($imageUrl);        //则根据路径创建一个GIF图像
                break;
            case '.jpg':                                    //如果后缀为.jpg
                $img =imagecreatefromjpeg($imageUrl);       //则根据路径创建一个JPG/JPEG图像
                break;
            case '.png':
                $img =imagecreatefrompng($imageUrl);
                break;
        }
        return $img;                                        //返回创建图像的标识
    }
    //根据图像标识、后缀和路径输出图像
    function outputImage($img, $extendsName, $imageUrl){
        switch($extendsName){                               //判断后缀
            case '.gif':                                    //如果后缀为.gif
                imagegif($img, $imageUrl);                  //则输出GIF图像
                break;
            case '.jpg':
                imagejpeg($img, $imageUrl);
                break;
            case '.png':
                imagepng($img, $imageUrl);
                break;
        }
    }
    function add($imageUrl, $watherImageUrl){               //定义添加文字水印的方法
        //获取被操作的图像标识
        $img = @$this->getImageRes($this->getExtendsName($imageUrl), $imageUrl);
        $textcolor=imagecolorallocate($img,2550,0,0);       //设置字体颜色为红色
        $font=_DIR_."font/SIMYOU.TTF";                      //定义字体
        imagettftext($img,24,0,20,30,$textcolor,$font,$watherImageUrl);
                                                            //设置字体样式
        //根据图像标识、后缀和路径，执行outputImage()方法，输出图像
        $this->outputImage($img, $this->getExtendsName($imageUrl), $imageUrl);
        imagedestroy($img);                                 //销毁图像
    }
}
```

第 4 步，在浏览器中浏览 index.php，然后在本地选择一张图像上传，如图 15.13 所示。

第 5 步，在服务器端站点 upfiles 目录下查看上传的图像，可以看到添加文字水印的效果，如图 15.14 所示。

图 15.13 上传图像页面   图 15.14 添加文字水印的效果

本例中实现了对图像添加文字水印的操作。如果要添加英文字符串格式的水印标记，还可以直接使用 imagestring()函数来完成，其方法与在图像中输出英文字符串是相同的。

15.2.7 为图像添加图像水印

15.2.6 小节介绍了如何为图像添加文字水印，本节将介绍如何为上传的图像添加一个图像水印。使用图像作为水印的前提是，图像的背景最好是透明的，否则添加图像水印的效果会不理想。添加图像水印的关键是 getimagesize()和 imagecopy()函数。使用 getimagesize()函数获取上传图像和图像水印的大小，通过 imagecopy()函数完成图像水印的添加。

imagecopy()函数能够将图像复制到指定的图像中。其语法格式如下：

```
bool imagecopy ( resource $dst_im, resource $src_im, int $dst_x, int $dst_y, int $src_x, int $src_y,
int $src_w, int $src_h )
```

imagecopy()函数能够将 src_im 图像中坐标为(src_x,src_y)，宽度为 src_w，高度为 src_h 的一部分复制到 dst_im 图像中坐标为(dst_x,dst_y)的位置上。

getimagesize()函数能够获取图像的大小。其语法格式如下：

```
$size array getimagesize ( string $filename [, array &$imageinfo ] )
```

getimagesize()函数返回一个长度为 4 的数组 $size$。$size[0]$是图像宽度的像素值。$size[1]$是图像高度的像素值。$size[2]$是图像类型的标记：1=GIF、2=JPG、3=PNG、4=SWF、5=PSD、6=BMP、7=TIFF(intel byte order)、8=TIFF(motorola byte order)、9=JPC、10=JP2、11=JPX、12=JB2、13=SWC、14=IFF、15=WBMP、16=XBM。这些标记与 PHP 的 IMAGETYPE 常量对应。$size[3]$是文本字符串，该字符串可直接用于<img>标签。

本例的实现步骤与 15.2.6 小节相同，唯一的区别是在 AddWaterPress.php 文件中编写的 AddWaterPress 类的 add()方法，此处使用了 getimagesize()和 imagecopy()函数完成图像水印的添加操作。

【操作步骤】

第 1 步，创建 index.php 文件。创建一个表单，完成上传图像的提交操作，HTML 结构代码同 15.2.6 小节。

第 2 步，获取表单中提交的图像数据并输出。使用 move_uploaded_file()函数完成图像的上传操作，实例化 AddWaterPress.php 文件中的 AddWaterPress 类，调用 add()方法为指定的图像添加图像水印。PHP 代码同 15.2.6 小节。

第 3 步，整合图像的创建、操作、输出和销毁函数，创建 AddWaterPress 类，定义 getExtendsName()

方法，获取上传图像的文件后缀；定义 **getImageRes()** 方法，根据上传文件的后缀创建新图像；定义
outputImage() 方法，输出图像；定义 add() 方法，向指定的图像中添加图像水印。

```php
<?php
class AddWaterPress{                                          //定义类
    function getExtendsName($fileName){                      //获取上传图像的后缀
        return strtolower(strstr($fileName, "."));           //返回图像后缀
    }
    //根据上传图像的后缀和上传文件的路径创建图像
    function getImageRes($extendsName, $imageUrl){
        switch($extendsName){                                //根据上传图像的后缀进行判断
            case '.gif':                                     //如果后缀为.gif
                $img =imagecreatefromgif($imageUrl);         //则根据路径创建一个 GIF 图像
                break;
            case '.jpg':                                     //如果后缀为.jpg
                $img =imagecreatefromjpeg($imageUrl);        //则根据路径创建一个 JPG/JPEG 图像
                break;
            case '.png':
                $img =imagecreatefrompng($imageUrl);
                break;
        }
        return $img;                                         //返回创建图像的标识
    }
    function add($imageUrl, $watherImageUrl, $x, $y){        //定义添加方法
        //获取被添加的图像标识
        $img = @$this->getImageRes($this->getExtendsName($imageUrl), $imageUrl);
        //获取指定的图像水印的标识
        $img1 = @$this->getImageRes($this->getExtendsName($watherImageUrl), $watherImageUrl);
        $size = getimagesize($imageUrl);                     //获取图像大小
        $size1 = getimagesize($watherImageUrl);             //获取图像水印的大小
        if($x==null && $y==null){                            //判断参数是否为空
            $x1 = ($size[0]-$size1[0])/2;                    //根据图像大小数组中返回的值，计算图像的横坐标
            $y1 = ($size[1]-$size1[1])/2;                    //根据图像大小数组中返回的值，计算图像的纵坐标
        }else{
            $x1 = $x;                                        //如果不为空，则直接使用坐标数据
            $y1 = $y;                                        //如果不为空，则直接使用坐标数据
        }
        imagecopy($img, $img1, $x1, $y1, 0, 0, $size1[0], $size1[1]);
                                                             //将 img1 部分复制到 img 指定位置
        //根据图像标识符、后缀和路径，执行 outputImage 方法，输出图像
        $this->outputImage($img, $this->getExtendsName($imageUrl), $imageUrl);
        imagedestroy($img1);                                 //销毁图像
        imagedestroy($img);                                  //销毁图像
    }
    function outputImage($img, $extendsName, $imageUrl){
                                                             //根据图像标识、图片后缀和路径输出图像
        switch($extendsName){                                //判断图像后缀
            case '.gif':                                     //如果后缀为.gif
                imagegif($img, $imageUrl);                   //则输出 GIF 图像
                break;
            case '.jpg':
                imagejpeg($img, $imageUrl);
                break;
```

```
        case '.png':
            imagepng($img, $imageUrl);
            break;
    }
  }
}
?>
```

第 4 步，在浏览器中浏览 index.php，然后在本地选择一张图像上传，如图 15.15 所示。

第 5 步，在服务器端站点 upfiles 目录下查看上传的图像，可以看到添加图像水印的效果，如图 15.16 所示。

图 15.15　上传图像页面

图 15.16　图像水印效果

15.2.8　设计折线图

本节将运用 GD2 函数库编写一个绘制折线图的方法，对网站月访问量数据进行分析。本例主要应用 imageline()函数绘制线条，该方法的用法可以参考 15.2.1 小节。在绘制折线图时，使用百分比来显示数据信息，并通过 round()函数将小数进行四舍五入操作。其语法格式如下：

扫一扫，看视频

```
float round ( float $val [, int $precision = 0 [, int $mode = PHP_ROUND_HALF_UP ]] )
```

参数说明：

- $val：要处理的值。
- $precision：可选的十进制小数点后数字的数目。可以是负数或 0（默认值）。
- $mode：计算模式，可选值为 PHP_ROUND_HALF_UP、PHP_ROUND_HALF_DOWN、PHP_ROUND_HALF_EVEN 或 PHP_ROUND_HALF_ODD。

该函数返回将 $val 根据指定精度 $precision（十进制小数点后数字的数目）进行四舍五入的结果。

【操作步骤】

第 1 步，创建 index.php 文件，创建表单，添加 12 个文本框，提交网站月访问量数据。代码如下：

```
<form method="post" name="myform" action="img.php" onsubmit="return chkinput(this)">
  <p>1 月: <input type="text" name="T1" size="12"></p>
  <p>2 月: <input name="T2" type="text" id="T2" size="12"></p>
  <p>3 月: <input name="T3" type="text" id="T3" size="12"></p>
  <p>4 月: <input name="T4" type="text" id="T4" size="12"></p>
  <p>5 月: <input name="T5" type="text" id="T5" size="12"></p>
  <p>6 月: <input name="T6" type="text" id="T6" size="12"></p>
  <p>7 月: <input name="T7" type="text" id="T7" size="12"></p>
```

```
<p>8 月: <input name="T8" type="text" id="T8" size="12"></p>
<p>9 月: <input name="T9" type="text" id="T9" size="12"></p>
<p>10 月: <input name="T10" type="text" id="T10" size="12"></p>
<p>11 月: <input name="T11" type="text" id="T11" size="12"></p>
<p>12 月: <input name="T12" type="text" id="T12" size="12"></p>
<p><input type="hidden" name="flag" value="1"><input type="submit" value="提交"
name="submit"> </p>
</form>
```

第 2 步，创建 img.php 文件，获取表单中提交的网站月访问量数据，并对数据统计分析。通过 GD2 函数库创建一个折线图输出统计分析的结果。代码如下：

```php
<?php
$data = array ($_POST ["T1"], $_POST ["T2"], $_POST ["T3"], $_POST ["T4"], $_POST ["T5"], $_POST
["T6"], $_POST ["T7"], $_POST ["T8"], $_POST ["T9"], $_POST ["T10"], $_POST ["T11"], $_POST ["T12"] );
$month = array ("Jan", "Feb", "March", "April", "May", "June", "July", "Aug", "Sep", "Oct", "Nov",
"Dec" );
$max = 0;
for($i = 0; $i < 12; $i ++) {
    $max = $max + $data [$i];                              //所有网站月访问量数据的累加和
}
$im = imagecreate ( 550, 300 );                           //创建画布
$green = imagecolorallocate ( $im, 214, 235, 214 );       //设置颜色值
$black = imagecolorallocate ( $im, 0, 0, 0 );
$red = imagecolorallocate ( $im, 255, 0, 0 );
$blue = imagecolorallocate ( $im, 0, 0, 255 );
imageline ( $im, 30, 230, 520, 230, $blue );              //设置横坐标
imageline ( $im, 30, 5, 30, 230, $blue );                 //设置纵坐标
imagestring ( $im, 3, 520, 222, "X", $black );            //输出字符 X
imagestring ( $im, 3, 16, 1, "Y", $black );               //输出字符 Y
$l = 190;
$k1 = 30;
$k2 = 510;
for($j = 0; $j < 12; $j ++) {
    imageline ( $im, $k1, $l, $k2, $l, $black );          //设置网格线横坐标
    $l = $l - 40;
}
$f = 70;
$z1 = 20;
$z2 = 228;
for($j = 0; $j < 12; $j ++) {
    imageline ( $im, $f, $z1, $f, $z2, $black );          //设置网格线纵坐标
    $f = $f + 40;
}
$l = 185;
for($j = 1; $j < 6; $j ++) {
    imagestring ( $im, 2, 2, $l, 20 * $j . "%", $red );
    $l = $l - 40;
}
$x = 20;
$y = 230;
for($i = 1; $i < 12; $i ++) {
    $y_lt = $y - (($data [$i - 1] / $max) * 200);         //设置网站月访问量数据的纵坐标值
    $y_ht = $y - (($data [$i] / $max) * 200);             //获取网站月访问量数据的纵坐标值
```

```
//绘制网站月访问量数据折线图
    imageline ( $im, $x * ($i * 2 - 1) + 30, $y_lt, $x * (($i + 1) * 2 - 1) + 30, $y_ht, $red );
}
for($i = 1; $i < 13; $i ++) {
    $r1 = round ( (($data [$i - 1]) / $max) * 100, 2 );
    imagestring ( $im, 2, $x * ($i - 1) * 2 + 40, $y + 11, $month [$i - 1], $black );
                                            //输出月份的值
    imagestring ( $im, 2, $x * ($i - 1) * 2 + 36, $y + 25, $r1 . "%", $red );
                                            //输出网站月访问量数据的百分比
}
imagepng ( $im );
imagedestroy ( $im );                        //销毁图像
?>
```

第 3 步，在浏览器中浏览 index.php，然后输入网站月访问量数据，如图 15.17 所示。

第 4 步，运行 img.php 文件收集提交的数据，根据数据统计每个月的访问量，并绘制折线图，如图 15.18 所示。

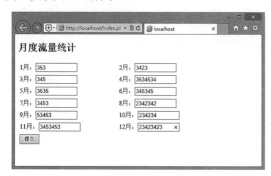

图 15.17　提交网站月访问量数据

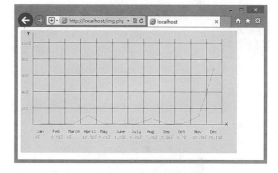

图 15.18　绘制折线图

15.3　认识 JpGraph 类库

JpGraph 是专门提供图表的类库，它使得作图变成了一件非常简单的事情，用户只需从数据库中取出相关数据，定义标题、图表类型，然后运用为数不多的 JpGraph 类库中的内置函数，就可以画出非常炫目的图表。JpGraph 是一个完全使用 PHP 语言编写的类库，所以它可以应用在所有 PHP 环境中。

15.3.1　安装 JpGraph

安装之前，用户应确保所使用的 PHP 版本号最低为 4.0.4，并且确保 GD 函数库可以正常运行。通过 phpinfo()函数可以查看 GD 函数库的信息是否存在。此外，GD 函数库的版本号应为 2.0。

【操作步骤】

第 1 步，访问 JpGraph 官方网站下载最新的版本，笔者编写本书时最新的版本是 jpgraph-4.3.5。

第 2 步，将下载的 JpGraph 压缩包解压到任意文件夹，如 D:\www_php\jpgraph-4.3.5，其中 D:\www_php\为站点根目录。

第 3 步，找到 PHP 的安装目录，打开 php.ini 文件，设置属性 include_ path="D:\www_php\jpgraph-4.3.5"。

第 4 步，重新启动 Apache 服务器即可生效。

📋 提示：

对于最新版本 jpgraph-4.3.5，可以不用安装，直接解压、引用。具体步骤如下：

第 1 步，把 jpgraph-4.3.5 文件夹复制到站点根目录。

第 2 步，在文件中输入如下代码：

```
require_once'D:\www_php\jpgraph-4.3.5/src/jpgraph.php';    //导入 JpGraph 类库
//导入 JpGraph 类库的柱状图模块，绘制什么类型的图，就要导入什么类型的模块文件
require_once'D:\www_php\jpgraph-4.3.5/src/jpgraph_bar.php';
```

第 3 步，实例化 Graph 类，调用相关方法即可。

15.3.2   配置 JpGraph

扫一扫，看视频

JpGraph 提供一个专门用于配置 JpGraph 类库的文件 jpg-config.inc.php。在使用 JpGraph 类库前，可以通过修改该文件来完成其配置。

jpg-config.inc.php 文件的配置需修改以下两项内容：

（1）支持中文字体。可以通过修改 TTF_DIR 属性使 JpGraph 支持中文字体。设置格式如下：

```
define('TTF_DIR','D:\www_php\jpgraph-4.3.5/');
```

📋 提示：

如果页面提示缺失某种字体，则可以从网上下载对应的字体文件，复制到该设置目录下即可。

（2）默认图片格式。根据当前 PHP 支持的图片格式来设置生成图片的默认格式。设置 JpGraph 默认图片格式可以通过修改 DEFAULT_GFORMAT 的值来完成，默认值为 auto，表示 JpGraph 将依次按照 PNG、GIF 和 JPG/JPEG 的顺序来检索系统支持的图片格式。设置格式如下：

```
define('DEFAULT_GFORMAT','auto');
```

📋 提示：

如果用户使用的是 JpGraph 2.3+版本，则不需要对 JpGraph 重新进行配置。

15.4   使用 JpGraph 绘图

JpGraph 是基于 GD2 函数库编写的、主要用于创建统计图的类库。在绘制统计图方面功能非常强大，代码编写也很方便，只需简单的几行就可以设计出非常复杂的统计图效果，从而很大程度地提高了编程人员的开发效率。本节将通过设计各种类型的统计图，帮助读者掌握 JpGraph 类库的使用方法。

15.4.1   设计柱状图

扫一扫，看视频

本小节将介绍如何通过 JpGraph 类库创建柱状图，完成对公司年度收支的统计分析，演示效果如图 15.19 所示。

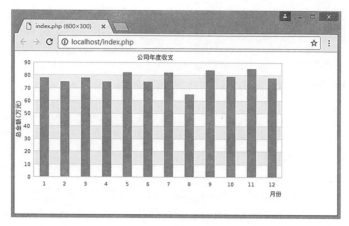

图 15.19　柱状图演示效果

【操作步骤】

第 1 步，从网站 http://jpgraph.net/下载 JpGraph 类库的压缩包并解压。

第 2 步，将包含 src 文件夹的库文件复制到站点根目录下。

第 3 步，创建 index.php 文件，将 JpGraph 类库导入项目中。代码如下：

```php
require_once 'D:\www_php\jpgraph-4.3.5\src\jpgraph.php';        //导入 JpGraph 类库
require_once 'D:\www_php\jpgraph-4.3.5\src\jpgraph_bar.php';    //导入柱状图模块
```

第 4 步，使用 Graph 类创建统计图对象，然后执行以下操作：

● 调用 Graph 类的 SetScale()方法设置统计图的刻度样式。

● 调用 Graph 类的 SetShadow()方法设置统计图阴影。

● 调用 Graph 类中 img 属性的 SetMargin()方法设置统计图的边界范围。

● 调用 BarPlot 类创建统计图的柱状效果。

● 调用 BarPlot 类的 SetFillColor()方法设置柱状图的前景色。

示例完整代码如下：

```php
<?php
header ( "Content-type: text/html; charset=UTF-8" );           //设置文件编码格式
require_once 'D:\www_php\jpgraph-4.3.5\src\jpgraph.php';        //导入 JpGraph 类库
require_once 'D:\www_php\jpgraph-4.3.5\src\jpgraph_bar.php';    //导入 JpGraph 的柱状图模块
$data = array(78, 75, 78, 75, 82, 75 ,82 ,65, 84, 79, 85, 78); //设置统计数据
$graph = new Graph(600, 300);                                  //设置画布大小
$graph->SetScale('textlin');                                   //设置统计图的刻度样式
$graph->SetShadow();                                           //设置统计图阴影
$graph->img->SetMargin(40, 30, 20, 40);                        //设置统计图的边界范围
$barplot = new BarPlot($data);                                 //实例化 BarPlot 类
$barplot->SetFillColor('blue');                                //设置柱状图的前景色
$barplot->value->Show();                                       //输出数据
$graph->Add($barplot);                                         //添加数据
$graph->title->Set(iconv("utf-8","gb2312",'公司年度收支'));      //设置统计图标题
$graph->xaxis->title->Set(iconv("utf-8","gb2312",'月份'));      //设置 X 轴名称
$graph->yaxis->title->Set(iconv("utf-8","gb2312",'总金额(万元)')); //设置 Y 轴名称
$graph->title->SetFont(FF_SIMSUN, FS_BOLD);                    //设置标题字体
$graph->xaxis->title->SetFont(FF_SIMSUN,FS_BOLD);              //设置 X 轴字体
```

```
$graph->yaxis->title->SetFont(FF_SIMSUN,FS_BOLD);                    //设置 Y 轴字体
$graph->Stroke();                                                   //输出图像
?>
```

上面代码涉及 6 种重要语法格式，解析如下：

（1）使用 Graph 类创建统计图对象。创建统计图使用的是 Graph 类。实例化 Graph 类的语法格式如下：

```
$graph=new Graph($w, $h);
```

参数说明：

● $w：创建的统计图的宽度。

● $h：创建的统计图的高度。

（2）调用 Graph 类的 SetScale()方法设置统计图的刻度样式。统计图的 X 轴和 Y 轴的刻度样式有多种，可以使用 Graph 类的 SetScale()方法设置统计图的刻度样式。SetScale()方法的语法格式如下：

```
$graph->SetScale($type)
```

$type 表示 X 轴和 Y 轴的刻度样式的组合，见表 15.1。

表 15.1　X 轴与 Y 轴刻度样式的组合

坐　标　轴	直 线 样 式	文 本 样 式	对 数 样 式	整 数 样 式
X	lin	text	log	int
Y	lin	无	log	int

例如，textlog 表示 X 轴样式为文本样式，Y 轴样式为对数样式。

（3）调用 Graph 类的 SetShadow()方法设置统计图阴影。在默认情况下，应用 JpGraph 类库绘制出的统计图，其下边框和右边框没有阴影效果，但使用 Graph 类的 SetShadow()方法可以为统计图添加阴影效果，从而使统计图具有立体感。SetShadow()方法的语法格式如下：

```
$graph ->SetShadow()
```

（4）调用 Graph 类中 img 属性的 SetMargin()方法设置统计图的边界范围。使用 SetMargin()方法可以为统计图设置边界范围，使统计图制作变得更为灵活。SetMargin()方法的语法格式如下：

```
$graph ->img->SetMargin($left, $right, $up, $bottom)
```

参数说明：

● $left：统计图左边距。

● $right：统计图右边距。

● $up：统计图上边距。

● $bottom：统计图下边距。

（5）调用 BarPlot 类创建统计图的柱状效果。使用 JpGraph 类库创建柱状图需要使用 BarPlot 类，该类的构造方法中包含一个数值数组参数，代表要统计的数据。实例化 BarPlot 类的语法格式如下：

```
$barPlot = new BarPlot($data)
```

参数 $data 是存放统计数据的数组。

（6）调用 BarPlot 类的 SetFillColor()方法设置柱状图的前景色。SetFillColor()方法的语法格式如下：

```
$barPlot ->SetFillColor($color);
```

参数 $color 表示要设置的颜色值。

15.4.2　设计对比柱状图

本小节使用 JpGraph 类库生成对比柱状图，演示效果如图 15.20 所示。说明、预览效果和源代码，请扫码查看。

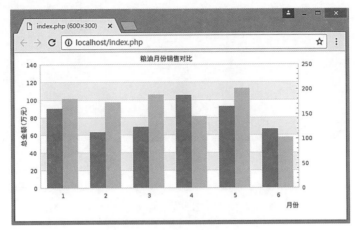

图 15.20　对比柱状图演示效果

15.4.3　设计圆柱图

本小节使用 JpGraph 类库生成圆柱图，演示效果如图 15.21 所示。说明、预览效果和源代码，请扫码查看。

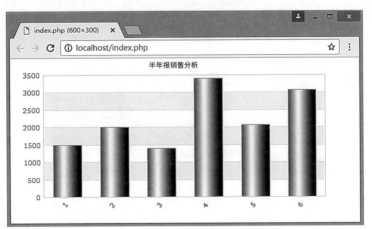

图 15.21　圆柱图演示效果

15.4.4　设计柱状组图

本小节使用 JpGraph 类库生成柱状组图，演示效果如图 15.22 所示。说明、预览效果和源代码，请扫码查看。

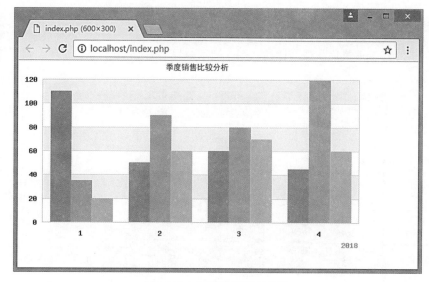

图 15.22　柱状组图演示效果

15.4.5　设计折线瀑布图

本小节使用 JpGraph 类库生成折线瀑布图，演示效果如图 15.23 所示。说明、预览效果和源代码，请扫码查看。

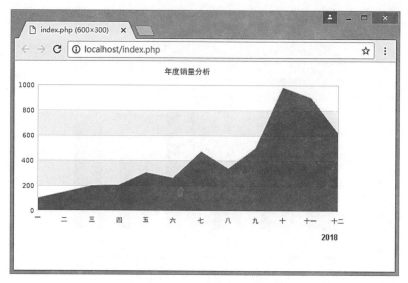

图 15.23　折线瀑布图演示效果

15.4.6　设计折线图

本小节使用 JpGraph 类库生成折线图，演示效果如图 15.24 所示。说明、预览效果和源代码，请扫码查看。

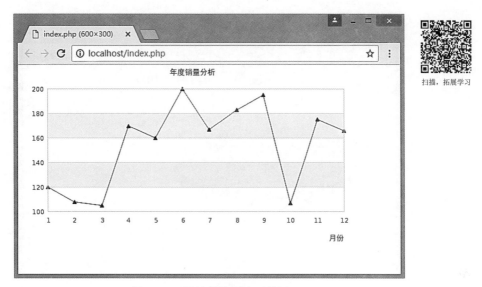

图 15.24　设计折线图演示效果

15.4.7　设计柱状和折线混合图

本小节使用 JpGraph 类库生成柱状和折线混合图，演示效果如图 15.25 所示。说明、预览效果和源代码，请扫码查看。

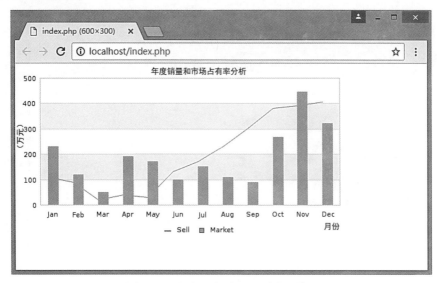

图 15.25　柱状和折线混合图演示效果

15.4.8　设计饼形图

本小节使用 JpGraph 类库生成饼形图，演示效果如图 15.26 所示。说明、预览效果和源代码，请扫码查看。

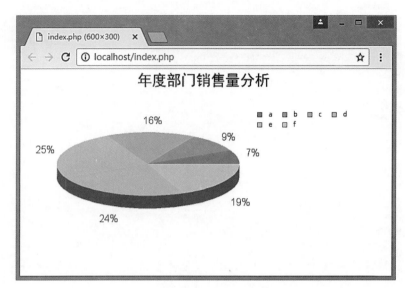

图 15.26　饼形图演示效果

15.4.9　设计强调饼形图

本小节使用 JpGraph 类库生成强调饼形图，演示效果如图 15.27 所示。说明、预览效果和源代码，请扫码查看。

扫描，拓展学习

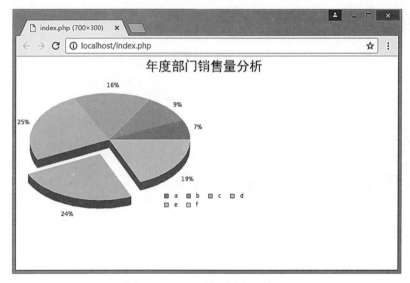

图 15.27　强调饼形图演示效果

15.4.10　设计分割饼形图

本小节使用 JpGraph 类库生成分割饼形图，演示效果如图 15.28 所示。说明、预览效果和源代码，请扫码查看。

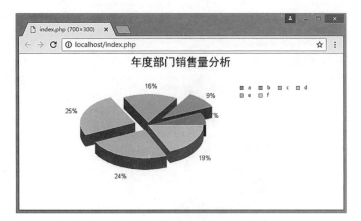

图 15.28　分割饼形图演示效果

15.4.11　设计圆饼图

本小节使用 JpGraph 类库生成圆饼图，演示效果如图 15.29 所示。说明、预览效果和源代码，请扫码查看。

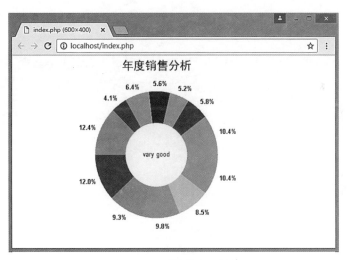

图 15.29　圆饼图演示效果

15.4.12　设计环饼图

本小节使用 JpGraph 类库生成环饼图，演示效果如图 15.30 所示。说明、预览效果和源代码，请扫码查看。

扫描，拓展学习

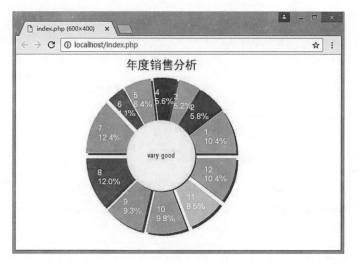

图 15.30　环饼图演示效果

15.4.13　设计雷达图

扫描，拓展学习

本小节使用 JpGraph 类库生成雷达图，演示效果如图 15.31 所示。说明、预览效果和源代码，请扫码查看。

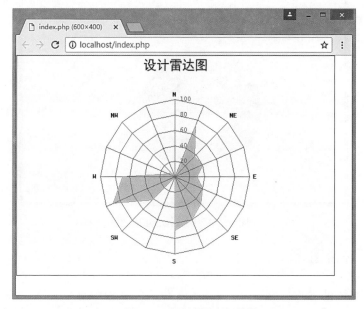

图 15.31　雷达图演示效果

15.4.14　设计表格图

扫描，拓展学习

本小节使用 JpGraph 类库生成表格图，演示效果如图 15.32 所示。说明、预览效果和源代码，请扫码查看。

	周一	周二	周三	周四	周五	周六
次品	13	17	15	8	3	9
良品	34	35	26	2	22	16
优品	41	43	49	45	51	47
统计	88	95	9	73	76	72

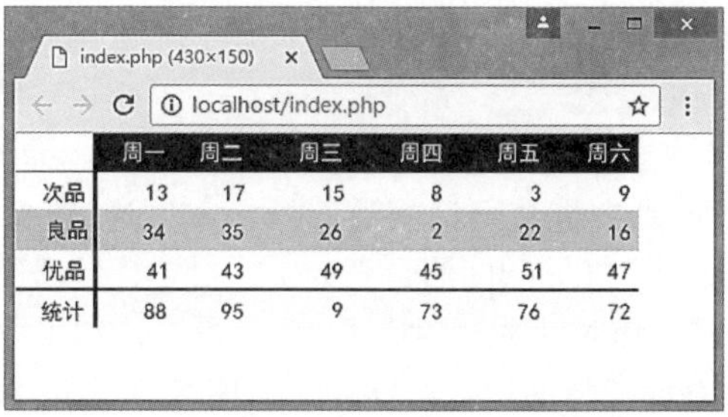

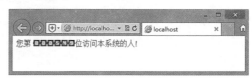

图 15.32　表格图演示效果

15.5 案 例 实 战

下面结合案例讲解 GD2 函数库的应用方法。

15.5.1 图形计数器

网站计数器的形式有很多，图形计数器是比较常用的一种。PHP 制作图形计数器的方法主要有两种：一种是利用 GD2 函数库直接绘制图形；另一种是先用图形绘制工具绘制图形，然后用 PHP 代码进行调用。本例采用第二种方法实现图形计数器，统计网页的访问量，演示效果如图 15.33 所示。

扫一扫，看视频

图 15.33　图形计数器演示效果

【操作步骤】

第 1 步，创建 index.php 文件。通过文件系统函数编写一个文本计数器，将数据存储于文本文件 counter.txt 中，并通过 $_SESSION 变量屏蔽页面刷新功能对计数器的影响。代码如下：

```
<?php
if(!isset($_SESSION)){
   session_start();
}
//判断$_SESSION["temp"]的值是否为空， temp 为自定义的变量
if (empty($_SESSION ["temp"])) {
  if (($fp = fopen ( "counter.txt", "r" )) == False) {
    echo "打开文件失败!";
  } else {
    $counter = fgets ( $fp, 1024 );                //读取文件中的数据
    fclose ( $fp );                                //关闭文本文件
    $counter ++;                                   //计数器增加 1
    $fp = fopen ( "counter.txt", "w" );            //以写的方式打开文本文件
    fputs ( $fp, $counter );                       //将新的统计数据增加 1
    fclose ( $fp );                                //关闭文件
```

```
    }
    $_SESSION ["temp"] = 1;                          //为$_SESSION["temp"]赋值为1
  }
?>
```

　　为了避免用户通过刷新页面来提高网站的访问量，本例通过 $_SESSION 变量防止重复计数。首先，通过判断 $_SESSION ['temp']的值是否为空，决定计数器的值是否加 1。如果该值不为空，说明用户正在访问该网站，这时计数器的值不加 1；反之，加 1。

　　第 2 步，将文本文件中存储的访问量数据以数字图片的形式输出。首先，使用 strlen()函数获取文本文件中数据的长度。然后，定义网站访问量的最大值为 6 位数字，用户可以根据实际情况设定位数，用 0 填充剩余位数。最后，通过 for 语句和 switch 语句，将从文本文件中读取的数据以图片的形式输出。代码如下：

```php
<?php //以图片的形式输出文本文件中的数据
if (($fp = fopen ( "counter.txt", "r" )) == False) {
  echo "打开文件失败!";
} else {
  $counter = fgets ( $fp, 1024 );
  fclose ( $fp );
  $len = strlen ( $counter );                       //获取字符串的长度
  $str = str_repeat ( "0", 6 - $len );              //获取6-$len 个数字 0
  for($i = 0; $i < strlen ( $str ); $i ++) {        //获取变量$str 的字符串长度
    $result = $str [$i];
    $result = '<img src=images/0.gif>';
    echo $result;                                   //循环输出$result 的结果
  }
  for($i = 0; $i < strlen ( $counter ); $i ++) {    //获取字符串的长度
    $result = $counter [$i];
    switch ($result) {
      //如果值为0，则输出0.gif 图片
      case "0" :
        $ret [$i] = "0.gif";
        break;
      case "1" :
        $ret [$i] = "1.gif";
        break;
      case "2" :
        $ret [$i] = "2.gif";
        break;
      case "3" :
        $ret [$i] = "3.gif";
        break;
      case "4" :
        $ret [$i] = "4.gif";
        break;
      case "5" :
        $ret [$i] = "5.gif";
        break;
      case "6" :
        $ret [$i] = "6.gif";
        break;
      case "7" :
        $ret [$i] = "7.gif";
```

```
      break;
    case "8" :
      $ret [$i] = "8.gif";
      break;
    case "9" :
      $ret [$i] = "9.gif";
      break;
  }
  echo "<img src=images/" . $ret [$i] . ".>";          //输出文本文件中存储的数据
 }
}
?>
```

15.5.2　使用 GD2 函数库绘制计数器

扫一扫，看视频

本小节将使用 GD2 函数库绘制计数器，将统计数据以函数生成的图像进行输出，演示效果如图 15.34 所示。

图 15.34　计数器演示效果

【操作步骤】

第 1 步，创建 index.php 文件，通过文件系统函数将网站的访问量添加到文本文件 counter.txt 中，再通过 $_SESSION 变量屏蔽页面刷新功能对计数器的影响。

```
<?php
if(!isset($_SESSION)){
  session_start();
}
if (empty($_SESSION ["temp"])) {                    //判断$_SESSION["temp"]的值是否为空
  if (($fp = fopen ( "counter.txt", "r" )) == False) {
    echo "打开文件失败!";
  } else {
    $counter = fgets ( $fp, 1024 );                 //读取文件中的数据
    fclose ( $fp );                                 //关闭文本文件
    $counter ++;                                    //计数器增加1
    $fp = fopen ( "counter.txt", "w" );             //以写的方式打开文本文件
    fputs ( $fp, $counter );                        //将新的统计数据增加1
    fclose ( $fp );                                 //关闭文件
  }
  $_SESSION ["temp"] = 1;                           //为$_SESSION["temp"]赋值
}
?>
```

第 2 步，创建<img>标签，链接到 gd2.php 文件，在该文件中将网站访问量的数据生成图像。代码如下：

```
网站访问量: <img src="gd2.php" style="position:relative; top: 4px;" />
```

第 3 步，创建 gd2.php 文件，使用 imagestring()函数将从文本文件中读取到的数据生成图像。代码如下：

```php
<?php
//以图像的形式输出数据库中的记录数
header("content-type: image/png");                          //设置创建图像的格式
if(($fp=fopen("counter.txt","r"))==False){
    echo "打开文件失败!";
}else{
    $counter=fgets($fp,1024);
    fclose($fp);
    //通过 GD2 函数库创建画布
    $im=imagecreate(50,20);
    $gray=imagecolorallocate($im,255,255,255);
    $color =imagecolorallocate($im,255,0,0);                //定义字体颜色
    //输出网站的访问次数
    imagestring($im,8,2,2,$counter,$color);
    imagepng($im);
    imagedestroy($im);
}
?>
```

📝 提示：

在使用 imagettftext()函数输出中文字符串时，如果页面使用的是 UTF-8 编码，那么可以直接使用这个函数；如果页面使用的是 GB 2312 或其他编码，那么就必须使用 iconv()函数对要输出的中文字符串的编码进行转换，因为 imagettftext()函数只支持 UTF-8 编码。

15.5.3   生成缩略图

扫描，拓展学习

上传图片是一个比较常见的功能，但是在输出上传图片时可能会遇到一些问题，如由于上传图片的大小不固定，往往导致图片在输出时变形。如果在上传图片时直接将其生成一个固定大小的缩略图，并同时保存上传的原始图片，那么在输出时就不会有任何问题。

本小节将实现这个功能，即在将图片上传到服务器的同时生成图片的缩略图，浏览的是图片的缩略图，而查看或下载的是原始图片。本例的演示效果如图 15.35 所示。详细操作步骤请扫码阅读。

（a）图片上传页面   （b）预览缩略图页面

图 15.35   生成缩略图

15.5.4　调整图片大小

本小节通过编写 PHP 代码实现对图像大小的任意调整。功能是：先上传图片，然后在页面底部显示所有上传的图片，从中选择要调整的图片大小，然后单击"调整图像大小"按钮，重新刷新页面，就可以看到调整后的图片大小，演示效果如图 15.36 所示。

（a）上传图片　　　　　　　　　　（b）预览图片页面

图 15.36　调整图片大小演示效果

设计原理：首先，根据表单中提交的值，获取指定图片的存储路径和名称，以及它要被调整的比例。其次，使用 getimagesize()函数获取指定图片的数据。然后，定义 thumb() 方法，根据原始图片的数据和提交的调整比例数据，判断是根据比例缩放，还是进行裁剪。最后，载入原始图片，并定义新的缩略图，使用 ImageCopyResampled()函数将原始图像复制到新的缩略图中，并将新的图像存储到指定位置。详细操作步骤请扫码阅读。

扫描，拓展学习

15.6　在线支持

本节为拓展学习，感兴趣的读者请扫码进行强化训练。

扫描，拓展学习

第 16 章 ●

文件处理

　　文件和数据库是两种持久存储数据的基本方式。因为文件的处理比较烦琐，所以文件存储不是首选方式。但是在任何计算机设备中，文件都是必需的对象，尤其是在 Web 开发中，文件的操作是非常有用的，我们可以在客户端通过访问 PHP 程序，动态地在 Web 服务器上生成目录，创建、编辑、删除、修改文件，如开发采集程序、网页静态化、文件上传及下载等操作都离不开文件处理。

学习重点

- 操作文件。
- 操作目录。
- 远程操作文件。
- 远程文件上传。
- 案例实战。

16.1 操 作 文 件

文件操作包括打开/关闭文件、读取文件、写入文件等。读者可以扫码了解具体说明。文件操作的基本步骤如下：

第 1 步，打开文件。

第 2 步，读/写文件。对文件的主要操作都包含在该步骤中，如显示文件内容、编辑内容、写入内容，以及设置文件属性等。

扫描，拓展学习

第 3 步，关闭文件。

16.1.1 打开/关闭文件

扫一扫，看视频

打开文件使用 fopen()函数，关闭文件使用 fclose()函数。注意，在打开文件后操作文件时务必小心，因为有可能把文件内容删除掉。

1. 打开文件

操作文件之前，应该先打开文件，这是进行文件操作的第一步。在 PHP 中可以使用 fopen()函数打开文件。其语法格式如下：

```
resource fopen ( string $filename, string $mode [, bool $use_include_path [, resource $context ]] )
```

参数说明：

● $filename：指定要打开的文件路径和文件名，可以是相对路径，也可以是绝对路径，如果没有任何前缀则表示打开的是本地文件。

● $mode：打开文件的方式，可取的值见表 16.1。自 PHP 4.3.2 版本起，对所有区别二进制模式和文本模式的平台，其默认模式都为二进制模式，PHP 5.2.6 版本增加了取值"c"和"c+"。

表 16.1 参数 mode 的取值列表

取 值	模 式 名 称	说 明
r	只读	以只读方式打开，将文件指针指向文件头
r+	读/写	以读/写方式打开，将文件指针指向文件头
w	只写	以写入方式打开，将文件指针指向文件头并将文件大小截为 0。如果文件不存在则创建
w+	读/写	以读/写方式打开，将文件指针指向文件头并将文件大小截为 0。如果文件不存在则创建
a	追加	以写入方式打开，将文件指针指向文件末尾。如果文件不存在则创建
a+	追加	以读/写方式打开，将文件指针指向文件末尾。如果文件不存在则创建
x	慎重写	创建并以写入方式打开，将文件指针指向文件头。如果文件已存在，则 fopen()函数调用失败并返回 False，生成一条 E_WARNING 级别的错误信息。如果文件不存在则创建
x+	慎重写	创建并以读/写方式打开，其他的行为与 x 一样

续表

取　值	模式名称	说　　明
c	慎重写	打开该文件仅用于写入。如果文件不存在，则创建该文件。如果存在，则既不会被截断（与 w 相反），也不会调用函数失败（与 x 的情况相同）。文件指针位于文件的开头。在修改文件之前，要获得建议锁，因为使用 w 可能会在获得锁之前截断文件
c+	慎重写	打开文件进行读/写，否则它的行为与 c 相同

- $use_include_path：可选，在配置文件 php.ini 中指定一个路径，如果希望服务器在这个路径下打开指定的文件，则可以将其设置为 1 或 True。
- $context：可选参数，规定文件句柄的环境，是可以修改文件流的行为的一套选项。

【示例 1】使用 fopen()函数打开指定的外部文件。代码如下：

```php
<?php
$handle = fopen("/home/rasmus/file.txt", "r");
$handle = fopen("/home/rasmus/file.gif", "wb");
$handle = fopen("http://www.example.com/", "r");
$handle = fopen("ftp://user:password@example.com/somefile.txt", "w");
?>
```

当在打开文件和写入文件的过程中遇到问题时，要确保使用的文件是服务器进程能够访问的。在 Windows 平台上，要小心转义文件路径中的每个反斜杠。代码如下：

```php
<?php
$handle = fopen("c:\\data\\info.txt", "r");
?>
```

2. 关闭文件

对文件操作结束后，应该关闭文件，否则会引起错误。在 PHP 中可以使用 fclose()函数关闭文件。其语法格式如下：

```
bool fclose ( resource $handle )
```

该函数将 $handle 指向的文件关闭。成功时返回 True，失败时返回 False。

✍ 提示：
　文件指针必须有效，并且是通过 fopen()函数或 fsockopen()函数成功打开的。

【示例 2】使用 fclose()函数关闭打开的文件。代码如下：

```php
<?php
$handle = fopen('somefile.txt', 'r');
fclose($handle);
?>
```

扫一扫，看视频

16.1.2　读取文件

从文件中可以读取一个字符或整个文件，还可以读取任意长度的字符串。

1. 读取整个文件

读取整个文件可以使用 readfile()、file()和 file_get_contents()函数，具体说明如下：

（1）readfile()函数。readfile()函数用于读入一个文件，并将其写入输出缓冲，如果出现错误则返回 False。其语法格式如下：

```
int readfile ( string $filename [, bool $use_include_path [, resource $context ]] )
```

该函数能够返回从文件中读入的字节数。如果出错，则返回 False，并显示错误信息。

如果想在 include_path 中搜索文件，可以使用可选的第 2 个参数 $context，并将其设为 True。

提示：

使用 readfile()函数时，不需要打开和关闭文件，不需要 echo、print 等输出语句，直接写出文件路径即可。

（2）file_get_contents()函数。file_get_contents()函数能够将文件内容读入一个字符串。如果有 offset 和 maxlen 参数，将在参数 offset 指定的位置开始读取长度为 maxlen 的内容。如果失败，则返回 False。其语法格式如下：

```
string file_get_contents ( string $filename [, bool $use_include_path [, resource $context [, int
$offset [, int $maxlen ]]]] )
```

file_get_contents()函数是将文件的内容读入一个字符串中的首选方法。如果操作系统支持，还会使用内存映射技术来增强性能。如果要打开有特殊字符的 URL（如空格），就需要使用 urlencode()函数进行 URL 编码。

（3）file()函数。file()函数可以读取整个文件的内容，不过 file()函数将文件内容按行存放在数组中，包含换行符在内，如果失败，则返回 False。其语法格式如下：

```
array file ( string $filename [, int $use_include_path [, resource $context ]] )
```

file()函数的功能与 file_get_contents()函数相同，区别在于 file()函数将文件作为一个数组返回。数组中的每个单元都是文件中相应的一行，包括换行符在内。如果失败，则返回 False。如果想在 include_path 中搜索文件，可以将可选参数 $use_include_path 设为 1。

【示例 1】通过 URL 获取 HTML 源文件，并将文件读入数组。代码如下：

```php
<?php
$lines = file('http://www.baidu.com/);
// 在数组中循环，显示 HTML 的源文件并加上行号
foreach ($lines as $line_num => $line) {
  echo "Line #<b>{$line_num}</b> : " . htmlspecialchars($line) . "<br />\n";
}
?>
```

【示例 2】使用上述 3 个函数分别读取 me.txt 文本文件内容，me.txt 文本文件内容如图 16.1 所示。代码如下：

```html
<body>
<dl>
 <dt>使用 readfile()函数读取文件内容: </dt>
 <dd> <?php readfile('me.txt'); ?> </dd>
 <dt>使用 file()函数读取文件内容: </dt>
<dd>
   <?php
     $f_arr = file('me.txt');
     foreach($f_arr as $cont){
        echo $cont."<br>";
     }
   ?>
</dd>
 <dt>使用 file_get_contents()函数读取文件内容: </dt>
 <dd>
   <?php
     $f_chr = file_get_contents('me.txt');
     echo $f_chr;
```

```
    ?>
  </dd>
</dl>
</body>
```

　　读取文本文件内容演示效果如图 16.2 所示。

图 16.1　me.txt 文本文件内容

图 16.2　读取文本文件内容演示效果

2. 读取一行数据

　　读取一行数据可以使用 fgets()和 fgetss()函数，具体说明如下：

　　（1）fgets()函数。fgets()函数用于一次读取一行数据。其语法格式如下：

```
string fgets ( int $handle [, int $length ] )
```

　　该函数能够从参数 $handle 指向的文件中读取一行并返回长度最多为 $length-1 字节的字符串。在读取中如果碰到换行符（包括在返回值中）、EOF 或者已经读取了 $length-1 字节后停止。如果没有指定 $length，则默认为 1KB（即 1024 字节）。如果读取出错，则返回 False。

　　（2）fgetss()函数。fgetss()函数是 fgets()函数的变体，两者功能完全相同，用于读取一行数据，但 fgetss()函数会过滤掉读取内容中的 HTML 和 PHP 标记。其语法格式如下：

```
string fgetss ( resource $handle [, int $length [, string $allowable_tags ]] )
```

　　【示例 3】使用上述两个函数分别读取 me.php 页面内容，me.php 代码如图 16.3 所示。代码如下：

```
<body>
<dl>
  <dt>使用 fgets 函数: </dt>
  <dd>
<?php
$fopen = fopen('me.php','rb');
while(!feof($fopen)){
    echo fgets($fopen);
}
fclose($fopen);
?>
  </dd>
  <dt>使用 fgetss 函数: </dt>
  <dd>
```

```php
<?php
$fopen = fopen('me.php','rb');
while(!feof($fopen)){
   echo fgetss($fopen);
}
fclose($fopen);
?>
  </dd>
</dl>
</body>
```

读取网页内容演示效果如图 16.4 所示。

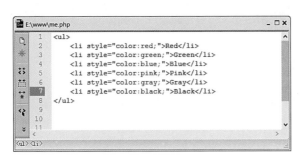

图 16.3 me.php 页面内容

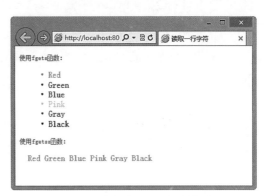

图 16.4 读取网页内容演示效果

3. 读取一个字符

如果要读取一个字符，可使用 fgetc()函数。在文件中查找某个字符时，需要有针对性地对某个字符进行读取，此时 fgetc()函数就派上了用场。其语法格式如下：

```
string fgetc ( resource $handle )
```

该函数返回一个字符，该字符从 $handle 指向的文件中得到。如果遇到 EOF，则返回 False。

提示：
文件指针必须是有效的，必须指向由 fopen()或 fsockopen()函数成功打开的文件，并且还没有调用 fclose()函数关闭文件。

【示例 4】打开 this.txt 文件，逐个字符地读取文件内容并显示出来。代码如下：

```php
<?php
$fopen = fopen('this.txt','rb');
while(False !== ($chr = fgetc($fopen))){
echo $chr;
}
fclose($fopen);
?>
```

4. 读取多个字符

如果要读取多个字符，则可以使用 fread()函数。其语法格式如下：

```
string fread ( int $handle, int $length )
```

fread()函数从文件指针 $handle 指向的位置开始，最多读取 $length 个字节。该函数在读取完最多 $length 个字节，或到达 EOF 时，就会停止读取文件。如果出错就返回 False。

【示例 5】打开 this.txt 文件，读取其前 38 个字符。代码如下：

```php
<?php
$fopen = fopen('this.txt','rb');
echo fread($fopen,38);
fclose($fopen);
?>
```

16.1.3　写入文件

扫一扫，看视频

写入文件比较常用，在 PHP 中可以使用 fwrite()和 file_put_contents()函数向文件中写入数据。fwrite()函数也写作 fputs()函数，它们的用法相同。其语法格式如下：

```
int fwrite ( resource $handle, string $string [, int $length ] )
```

fwrite()函数把 string 的内容写入文件指针 $handle 处。如果指定了 $length，当写入了 $length 个字节或写完了 $string，写入就会停止。该函数将返回写入的字符数，当出现错误时返回 False。

📝 提示：

如果给出了 $length 参数，则 magic_quotes_runtime 配置选项将被忽略，而 string 中的斜杠将不会被去除。

file_put_contents()函数是 PHP 5.0 版本新添加的。其语法格式如下：

```
int file_put_contents (string $filename, string $data [,int $flags [,resource $context]])
```

其功能与依次调用 fopen()、fwrite() 和 fclose()函数一样。

参数说明：

- $filename：要写入数据的文件名。
- $data：要写入的数据。类型可以是 string、array 或 stream。
- $flags：值可以是 FILE_USE_INCLUDE_PATH、FILE_APPEND、LOCK_EX（获得一个独占锁定），但是使用 FILE_USE_INCLUDE_PATH 时要特别谨慎。
- $context：一个 context 资源。

该函数将返回写入文件内的数据的字节数。

【示例】分别调用上述两个函数向服务器中的文件写入一段内容。代码如下（fwrite.php）：

```php
<?php
$filepath = "that.txt";
$str = "<dd>你自己的代码如果超过 6 个月不看,再看的时候也一样像是别人写的</dd>";
echo "<dt>使用 fwrite()函数写入文件: </dt>";
$fopen = fopen($filepath,'wb') or die('文件不存在');
fwrite($fopen,$str);
fclose($fopen);
readfile($filepath);
echo "<dt>使用 file_put_contents()函数写入文件: </dt>";
file_put_contents($filepath,$str);
readfile($filepath);
?>
```

向文件中写入内容演示效果如图 16.5 所示。

图 16.5　向文件中写入内容演示效果

16.1.4　编辑文件

除了对文件内容进行读/写外，读者还可以对文件自身的很多属性进行操作，如复制文件、重命名文件、查看和修改文件日期等。完成这些操作主要依靠 PHP 强大的内置函数。PHP 常用文件操作函数使用简单，用法也大同小异，见表 16.2。

表 16.2　PHP 常用文件操作函数

函　　数	说　　明
bool copy (string $source, string $dest)	将文件从 $source 复制到 $dest。成功时返回 True，否则返回 False
bool rename (string $oldname, string $newname [, resource $context])	尝试把 $oldname 重命名为 $newname。成功时返回 True，否则返回 False
bool unlink (string $filename)	删除 $filename。成功时返回 True，否则返回 False
int fileatime (string $filename)	返回文件上次被访问的时间，失败时返回 False。时间以 UNIX 时间戳的方式返回
int filemtime (string $filename)	返回文件上次被修改的时间，失败时返回 False
int filesize (string $filename)	返回文件大小的字节数，失败时返回 False，产生一个 E_WARNING 级别的错误信息
mixed pathinfo (string $path[,int $options])	返回一个包含 path 信息的关联数组。包括以下数组单元：dirname、basename 和 extension
string realpath (string $path)	返回规范化的绝对路径名。失败时返回 False
array stat (string $filename)	获取由 $filename 指定的文件的统计信息。如果 $filename 是符号连接，则返回该符号连接指向的文件的状态。lstat()函数和 stat()函数相同，不同之处只有一点，如果 $filename 参数是符号连接，则 lstat()函数返回该符号连接的状态，而不是该符号连接所指向的文件的状态

在读/写文件时，除了 file()和 readfile()等少数函数外，其他操作函数在使用前都必须先使用 fopen()函数打开文件，最后再使用 fclose()函数关闭文件。而读取文件信息的函数，则不需要打开文件，如 filesize()函数和 filename()函数等。

16.2　操 作 目 录

扫描，拓展学习

目录是一种特殊的文件，要浏览目录下的文件，读者需要先打开目录；浏览完毕，应该关闭目录，这与文件操作类似。目录操作主要包括打开目录、浏览目录和关闭目录。读者可以扫码了解 PHP 目录函数的列表说明。

16.2.1　打开/关闭目录

扫一扫，看视频

打开和关闭目录与打开和关闭文件操作相同，区别在于，如果打开的文件不存在，则会自动创建一个新文件；而如果打开的目录不存在，则会报错。

1. 打开目录

使用 opendir()函数可以打开目录。其语法格式如下：

```
resource opendir ( string $path [, resource $context ] )
```

参数 $path 表示要打开的目录的路径。如果打开成功，则返回目录句柄 $context，失败则返回 False。

📝 提示：

如果 $path 不是一个合法的目录或因为权限限制、文件系统错误而不能打开目录，opendir()函数则会返回 False 并产生一个 E_WARNING 级别的 PHP 错误信息。为了避免出现错误信息，可以在 opendir()函数前面加上 "@" 符号。

2. 关闭目录

关闭目录使用 closedir()函数。其语法格式如下：

```
void closedir ( resource $dir_handle )
```

参数 $dir_handle 表示目录的句柄，之前由 opendir()函数打开。

【示例】打开目录和关闭目录的代码如下：

```php
<?php
$dir = "php/";
if (is_dir($dir)) {
    if ($dh = opendir($dir)) {
        while (($file = readdir($dh)) !== False) {
            echo "filename: $file — filetype: " . filetype($dir . $file) . "<br>";
        }
        closedir($dh);
    }
}
?>
```

扫一扫，看视频

16.2.2　浏览目录

浏览目录可以使用 scandir()函数。其语法格式如下：

```
array scandir ( string $directory [, int $sorting_order [, resource $context ]] )
```

参数 $directory 表示要被浏览的目录；$sorting_order 表示排序顺序，默认是按字母升序排列；如果将可选参数 $sorting_order 设为 1，则按字母降序排列。

该函数返回一个包含 $directory 中的文件和目录的数组。如果操作成功，则返回包含文件名的 array，如果失败则返回 False。如果 $directory 不是目录，则返回布尔值 False，并产生一个 E_WARNING 级别的错误。

【示例】对指定的目录进行扫描，并读取其中包含的文件和文件夹（scandir.php）。代码如下：

```php
<?php
$path = 'php';
if(is_dir($path)){
    $dir = scandir($path);
    foreach($dir as $value){
        echo $value."<br>";
    }
}else{
    echo "目录错误! ";
}
```

```
?>
```

浏览目录内容演示效果如图 16.6 所示。

（a）目录结构和内容　　　　　　（b）在网页中读取目录内容效果

图 16.6　浏览目录内容演示效果

16.2.3　编辑目录

除了浏览目录外，读者还可以进行各种常规操作，如新建目录、删除目录、获取目录的信息等。PHP 常用目录操作函数的用法大同小异，见表 16.3。

表 16.3　PHP 常用目录操作函数

函　　　数	说　　　明
bool mkdir (string $pathname[,int $mode [,bool $recursive[,resource $context]]])	新建一个由 $pathname 指定的目录
bool rmdir (string $dirname)	删除 $dirname 指定的目录。该目录必须是空的，而且要有相应的权限。成功则返回 True，失败则返回 False
string getcwd (void)	取得当前工作目录。如果成功则返回当前工作目录，失败则返回 False
bool chdir (string $directory)	将 PHP 的当前目录改为 $directory
float disk_free_space (string $directory)	给出一个包含一个目录的字符串，本函数将根据相应的文件系统或磁盘分区返回可用的字节数
float disk_total_space (string $directory)	给出一个包含一个目录的字符串，本函数将根据相应的文件系统或磁盘分区返回所有的字节数
string readdir (resource $dir_handle)	返回目录中下一个文件的文件名。文件名以在文件系统中的排序返回
void rewinddir (resource $dir_handle)	将 $dir_handle 指定的目录流重置到目录的开头

16.3　远程操作文件

在前面两节中主要介绍了 PHP 操作文件和目录的基本方法，本节将结合示例讲解如何在网站开发中对远程文件进行操作，以及如何实现文件上传操作等。

扫一扫，看视频

16.3.1　远程访问

在实现远程访问之前，读者需要在 php.ini 中配置如下参数：

```
allow_url_fopen = On
```

在 php.ini 配置文件中找到上述参数，然后把值改为 On，即开启远程访问功能，这样 PHP 就支持通过 URL 访问，并操作远程文件。

配置完毕，重启服务器即可。

扫一扫，看视频

16.3.2　远程定位和查询

PHP 通过文件指针的方式进行远程文件的定位和查询，文件指针函数包括 rewind()、fseek()、feof() 和 ftell()。

1. rewind() 函数

rewind() 函数将文件的指针设置为文件开头。其语法格式如下：

```
bool rewind ( resource $handle )
```

如果操作成功则返回 True，否则返回 False。如果将文件以附加（a 或者 a+）模式打开，写入文件的任何数据总是会被附加在后面，与文件指针的位置无关。

2. fseek() 函数

fseek() 函数能够实现指针的定位。其语法格式如下：

```
int fseek ( resource $handle, int $offset [, int $whence ] )
```

该函数能够在与 $handle 关联的文件中设定文件指针位置，如果操作成功则返回 0；否则返回 -1。注意，移动到 EOF 之后的位置不算错误。

新位置从文件开头开始以字节数度量，为将 $whence 指定的位置加 $offset。$whence 的值可设置为：

- SEEK_SET：设定位置等于 $offset 字节。
- SEEK_CUR：设定位置为当前位置加 $offset。
- SEEK_END：设定位置为文件结尾加 $offset。要移动到文件尾之前的位置，需要给 $offset 传递一个负值。

如果没有指定 $whence，默认值为 SEEK_SET。

3. feof() 函数

feof() 函数能够测试文件指针是否到了文件结尾。其语法格式如下：

```
bool feof ( resource $handle )
```

如果文件指针到了 EOF 或出错，则返回 True；否则返回一个错误；其他情况返回 False。

4. ftell() 函数

ftell() 函数返回文件指针读/写的位置。其语法格式如下：

```
int ftell ( resource $handle )
```

$handle 指定文件指针的位置，也就是文件流中的偏移量。如果出错，则返回 False。

📝 **提示：**

文件指针必须是有效的，且必须指向一个通过 fopen() 或 popen() 函数成功打开的文件。在附加模式(a)中，ftell()

函数会返回未定义错误。

【示例】使用上述几个函数分别读取文件的大小、指针位置，输出指定位置内容（rewind.php）。代码如下：

```php
<?php
$filename = "this.txt";
$total = filesize($filename);
if(is_file($filename)){
    echo "<dl>";
    echo "<dt>文件总字节数: </dt><dd>".$total."</dd>";
    $fopen = fopen($filename,'rb');
    echo "<dt>初始指针位置是: </dt><dd>".ftell($fopen)."</dd>";
    fseek($fopen,21);
    echo "<dt>使用 fseek() 函数后指针位置: </dt><dd>".ftell($fopen)."</dd>";
    echo "<dt>输出当前指针后面的内容: </dt><dd>".fgets($fopen)."</dd>";
    if(feof($fopen))
        echo "<dt>当前指针指向文件结尾: </dt><dd>".ftell($fopen)."</dd>";
    rewind($fopen);
    echo "<dt>使用 rewind() 函数后指针的位置: </dt><dd>".ftell($fopen)."</dd>";
    echo "</dl>";
    fclose($fopen);
}else{
    echo "文件不存在";
}
?>
```

文件指针及应用演示效果如图 16.7 所示。

（a）读取的文件内容　　　　　　　（b）在网页中显示读取的文件内容

图 16.7　文件指针及应用演示效果

16.3.3　文件锁定

为了避免多个用户同时操作一个文件，应该在操作之前锁定文件。在 PHP 中锁定文件可以使用 flock() 函数。其语法格式如下：

扫一扫，看视频

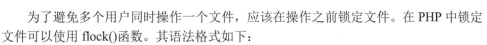

```
bool flock ( int $handle, int $operation [, int &$wouldblock ] )
```

flock()函数操作的 $handle 必须是一个已经打开的文件指针。参数 $operation 的值如下：

- OCK_SH：共享锁定（读取的程序）。
- LOCK_EX：独占锁定（写入的程序）。
- LOCK_UN：释放锁定（无论共享或独占）。

如果不希望 flock()函数在锁定时堵塞，则给 $operation 加上 LOCK_NB。flock()函数允许执行一个简单的可以在任何平台中使用的读取/写入模型，可选的第 3 个参数会被设置为 True。锁定操作也可以被 fclose()函数释放。执行该函数时，如果成功则返回 True，否则返回 False。

【示例】锁定文件 me.txt，然后打开它。代码如下：

```php
<?php
$fp = fopen("me.txt", "w+");
if (flock($fp, LOCK_EX)) {                          //进行排他型锁定
    fwrite($fp, "Write something here\n");
    flock($fp, LOCK_UN);                            //释放锁定
} else {
    echo "不能锁定该文件!";
}
fclose($fp);
?>
```

由于 flock()函数需要一个文件指针，因此可能不得不用一个特殊的锁定文件来保护通过写模式（w 或 w+）打开的文件的访问。

16.4　远程文件上传

通过 HTTP 协议上传文件，需要在 php.ini 配置文件中对上传参数进行修改和设置，同时需要了解预定义变量 $_FILES 和 move_uploaded_file()函数的使用方法。其中，$_FILES 变量用来对上传文件进行限制和判断，move_uploaded_file()函数用来完成文件上传操作。

16.4.1　初始化配置参数

扫一扫，看视频

在实现远程访问之前，读者需要在 php.ini 中配置文件上传的相关信息。打开 php.ini，找到并设置如下 4 个配置参数：

```
file_uploads = on;
```
是否允许通过 HTTP 上传文件。默认为 ON，即是开启的。

```
upload_tmp_dir =
```
文件上传至服务器上存储临时文件的地方，如果未指定，就会用系统默认的临时文件夹。

```
upload_max_filesize = 2m;
```
允许上传文件大小的最大值，默认为 2MB。

```
post_max_size = 8m;
```
PHP 通过表单 POST 所能接收的最大值，包括表单里的所有值，默认为 8MB。

一般设置好上述 4 个参数后，在网络正常的情况下上传 8MB 以内的文件是没有问题的；但如果要上传大于 8MB 的文件，上述 4 参数并不满足条件。除非网速大于等于 100MB/s，否则还需要设置如下参数：

```
max_execution_time = 600 ;
```
　　每个 PHP 页面运行的最大时间值（s），默认为 30s。如果设置为 0，则表示没有时间限制。
```
max_input_time = 600 ;
```
　　每个 PHP 页面接收数据所需的最大时间，默认为 60s。
```
memory_limit = 8m ;
```
　　每个 PHP 页面占用的最大内存，默认为 8MB。

　　修改好上述参数后，在网络允许的正常情况下，就可以上传大文件了。

扫一扫，看视频

16.4.2　设置预定义变量 $_FILES

　　$_FILES 变量存储的是与上传文件相关的信息，这些信息对于上传功能有很大的帮助作用，该变量以二维数组的形式保存的元素，见表 16.4。

表 16.4　预定义变量 $_FILES 保存的元素

元　素	说　明
$_FILES[filename][name]	存储上传文件的文件名
$_FILES[filename] [size]	存储上传文件的大小，单位为字节
$_FILES[filename] [tmp_name]	文件上传时，首先在临时目录中被保存为临时文件，该变量为临时文件名
$_FILES[filename] [type]	上传文件的类型
$_FILES[filename] [error]	存储了上传文件的结果，如果返回 0，则说明上传成功

　　【示例】获取上传文件的相关信息（保存为 $_FILES.php）。代码如下：

```php
<body>
<form action="" method="post" enctype="multipart/form-data">
 <dl>
   <dt>上传文件: </dt>
   <dd>
     <input type="file" name="upfile"/>
     <input type="submit" name="submit" value="上传" />
   </dd>
 </dl>
</form>
 <dl>
   <dt>上传文件信息: </dt>
<?php
if(!empty($_FILES)){
   foreach($_FILES['upfile'] as $name => $value)
     echo "<dd> ". $name.' = '.$value.'</dd>';
}
?>
 </dl>
</body>
```

　　获取上传文件的信息演示效果如图 16.8 所示。

图 16.8　获取上传文件的信息演示效果

扫一扫，看视频

16.4.3　上传文件

要上传文件，必须调用 move_uploaded_file()函数。其语法格式如下：

```
bool move_uploaded_file ( string $filename , string $destination )
```

该函数将检查并确保由参数 $filename 指定的文件是合法的上传文件，即由 HTTP 的 POST 机制所上传的。如果文件合法，则将其移动到由 $destination 指定的文件。

如果 filename 不是合法的上传文件，则不会出现任何操作，move_uploaded_file()函数将返回 False；如果 $filename 是合法的上传文件，但出于某些原因无法移动，不会出现任何操作，move_uploaded_file()函数将返回 False，此外还会发出一条警告；如果目标文件已经存在，将会被覆盖。

【示例】使用 move_uploaded_file()函数将远程文件上传到服务器的指定目录中（保存为 move_uploaded_file.php）。代码如下：

```php
<body>
<form action="" method="post" enctype="multipart/form-data">
 <dl>
   <dt>上传文件: </dt>
   <dd>
    <input type="file" name="upfile"/>
    <input type="submit" name="submit" value="上传" />
   </dd>
 </dl>
</form>
<?php
if(!empty($_FILES[up_file][name])){
   $fileinfo = $_FILES[up_file];                        //获取文件信息
   if($fileinfo['size']<1000000 && $fileinfo['size']>0){   //判断文件大小
     move_uploaded_file($fileinfo['tmp_name'],$fileinfo['name']);
                                                 //将上传的文件移动到新位置
     echo '<p>上传成功</p>';
   }else{
     echo '<p>无法上传</p>';
   }
}
?>
</body>
```

上传文件演示效果如图 16.9 所示。

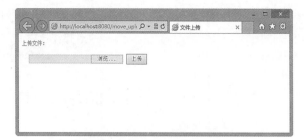

图 16.9　上传文件演示效果

在 PHP 中，使用 move_uploaded_file()函数可以将文件上传到指定文件夹。但是，在执行文件上传之前，为了防止潜在的攻击对原本不能通过代码交互条件的文件进行非法管理，可以先使用 is_uploaded_file()函数判断指定的文件是否是通过 HTTP POST 上传。如果是，则返回 True。is_uploaded_file()函数的语法格式如下：

```
bool is_uploaded_file ( string $filename )
```

参数 $filename 必须指定类似于 $_FILES['filename']['tmp_name']的变量，不可以使用从客户端上传的文件名 $_FILES['filename']['name']。

通过使用 is_uploaded_file()函数对上传文件进行判断，可以确保恶意的用户无法绕过代码去访问本不能访问的文件，如 "//etc/passwd"。

16.5　案　例　实　战

本节主要介绍文件操作系统在实战中的应用。

16.5.1　文件操作模块

扫一扫，看视频

为了便于对网站进行管理、维护和更新，要设计一个能够对文件进行操作的模块，实现对文件的创建、复制、移动和删除等操作，这样会给网站的管理工作提供很大便利，不再因为要修改某个文件而登录到 FTP 中、通过下载或上传实现文件的更新，从而节省很多时间。要实现的功能：在文本框中输入要复制文件的路径和名称，在对应的文本框中输入要复制到的文件夹的路径和名称，包括指定文件的名称，然后单击相应按钮。文件操作模块演示效果如图 16.10 所示。

（a）创建文件页面　　　　　　　　　　　　（b）复制文件页面

（c）移动文件页面　　　　　　　　　（d）删除文件页面

图 16.10　文件操作模块演示效果

【操作步骤】

第 1 步，创建 index.php 文件，设计操作表单。代码如下：

```
<form name="form1" id="form1" method="post" action=""><hr>
   <h2>创建文件</h2>
   <p><input name="fopens" type="text" id="fopens"></p>
   <p><input name="submit1" type="submit" id="submit1" value="创建"></p>
</form>
<form name="form2" id="form2" method="post" action=""><hr>
   <h2>复制文件</h2>
   <p>源 路 径<input name="copys"   type="text" id="copys"></p>
   <p>目标路径<input name="copys2" type="text"    id="copys2"> </p>
   <p><input type="submit" name="submit2" id="submit2" value="复制"> </p>
</form>
<form name="form3" id="form3" method="post" action=""><hr>
   <h2>移动文件</h2>
   <p>源文件<input name="moves" type="text" id="moves"></p>
   <p>新位置<input name="moves2" type="text" id="moves2"></p>
   <p><input type="submit" name="submit3" id="submit3" value="移动"></p>
</form>
<form name="form4" id="form4" method="post" action=""><hr>
   <h2>删除文件</h2>
   <p><input name="delete" type="text" id="delete"></p>
   <p><input type="submit" name="submit4" id="submit4" value="删除"></p>
</form>
```

第 2 步，编写 PHP 代码，执行相应的文件操作。代码如下：

```
<?php
header("Context-Type:text/html;charset=utf-8");
if (isset($_POST ['submit1'])&& $_POST ['submit1'] == "创建") {
   $fopens = iconv ( "utf-8", "gb2312", $_POST ['fopens'] );
   if (fopen ( $fopens, "w" )) {
      echo "<script>alert('创建成功!!');</script>";
   } else {
      echo "<script>alert('创建失败!!');</script>";
   }
}
if (isset($_POST ['submit2'])&& $_POST ['submit2'] == "复制") {
   $copy = iconv ( "utf-8", "gb2312", $_POST ['copys'] );
```

```
    $copys2 = iconv ( "utf-8", "gb2312", $_POST ['copys2'] );
    if (copy ( $copy, $copys2 )) {
        echo "<script>alert('复制成功!!');</script>";
    } else {
        echo "<script>alert('复制失败!!');</script>";
    }
}
if (isset($_POST ['submit3'])&& $_POST ['submit3'] == "移动") {
    $moves = iconv ( "utf-8", "gb2312", $_POST ['moves'] );
    $moves2 = iconv ( "utf-8", "gb2312", $_POST ['moves2'] );
    if (rename ( $moves, $moves2 )) {
        echo "<script>alert('移动成功!!');</script>";
    } else {
        echo "<script>alert('移动失败!!');</script>";
    }
}
if (isset($_POST ['submit4'])&& $_POST ['submit4'] == "删除") {
    $delete = iconv ( "utf-8", "gb2312", $_POST ['delete'] );
    if (unlink ( $delete )) {
        echo "<script>alert('删除成功!!');</script>";
    } else {
        echo "<script>alert('删除失败!!');</script>";
    }
}
?>
```

本例主要使用 fopen()、copy()、rename()和 unlink() 4 个函数完成文件的创建、复制、移动和删除操作。

（1）fopen()函数。fopen()函数用于打开文件或 URL。

（2）copy()函数。copy()函数主要用于复制文件。其语法格式如下：

```
bool copy ( string $source , string $dest [, resource $context ] )
```

参数说明：

- $source：源文件路径。
- $dest：目标路径。如果 $dest 是一个 URL，当封装协议不支持覆盖已有的文件时，则复制操作会失败；如果目标文件已存在，则会被覆盖。
- $context：一个有效的环境资源，由 stream_context_create()函数创建。

copy()函数将文件从 $source 复制到 $dest。如果要移动文件，则可以使用 remore()函数。如果成功则返回 True，否则返回 False。

（3）rename()函数。rename()函数主要用于对文件重命名。其语法格式如下：

```
bool rename ( string $oldname, string $newname [, resource $context ] )
```

参数说明：

- $oldname：原来的文件路径和文件名。
- $newname：新的名字。
- $context：一个有效的环境资源。

本函数将 $oldname 重命名为 $newname，如果成功则返回 True，否则返回 False。

✍ 提示：

rename()函数除了可以给文件重命名，还有一个功能：当将指定的文件移动到另外一个路径时，不改变该文件的名称，即可实现文件的移动操作。

（4）unlink()函数。unlink()函数主要用于删除文件。其语法格式如下：

```
bool unlink ( string $filename [, resource $context ] )
```

参数说明：

- $filename：文件）的路径。
- $context：一个有效的环境资源。

unlink()函数用于删除文件，如果删除成功则返回 True，否则返回 False。

📖 拓展：

使用 basename()函数可以获取文件的基本名称。其语法格式如下：

```
string basename ( string $path [, string $suffix ] )
```

参数说明：

- $path：文件路径。在 Windows 中，斜杠（/）和反斜杠（\）都可以用作目录分隔符。在其他环境下是斜杠（/）。
- $suffix：如果文件名是以 $suffix 结束的，那这一部分也会被去掉。

【示例】使用 basename()函数获取上传文件的基本名称，然后在这个名称基础上重新命名上传文件。代码如下：

```php
<form action="" method="post" enctype="multipart/form-data">
    <p>选择上传文件:
        <input type="file" name="up_picture">
        <input type="hidden" name="MAX_FILE_SIZE" value="10000">
    </p>
    <p>
        <input type="reset" name="reset" value="重 置">
        <input type="submit" name="submit" value="上 传">
    </p>
</form>
<?php
if(!empty($_FILES['up_picture']['name'])){          //判断上传内容是否为空
    if($_FILES['up_picture']['error']>0){           //判断文件是否可以上传到服务器
        echo "上传错误:";
        switch($_FILES['up_picture']['error']){
            case 1:
                echo "上传文件大小超出配置文件规定值";
            break;
            case 2:
                echo "上传文件大小超出表单中约定值";
            break;
            case 3:
                echo "上传文件不全";
            break;
            case 4:
                echo "没有上传文件";
            break;
        }
    }else{
        if(!is_dir("./upfile/")){                    //判断指定目录是否存在
        mkdir("./upfile/");                          //创建目录
        }
        $date=date("YmdHis");                        //定义随机数
        $filename=mt_rand(1000,9999).$date.basename(iconv("utf-8","gb2312",$_FILES
```

```
            ['up_picture']['name']));
        $path='./upfile/'.$filename;                    //定义上传文件名称和存储位置
        if(is_uploaded_file($_FILES['up_picture']['tmp_name'])){
                                                //判断文件是否是 HTPP POST 上传
            if(!move_uploaded_file($_FILES['up_picture']['tmp_name'],$path)){
                                                //执行上传操作
                echo "上传失败";
            }else{
                echo "<p>文件: ".$_FILES['up_picture']['name']."上传成功, 大小为:
".$_FILES['up_picture'] ['size']."</p>";
                echo "<p>文件名被替换为: ".iconv("gb2312","utf-8",$filename)."</p>";
            }
        }else{
            echo "上传文件".$_FILES['up_pictute']['name']."不合法! ";
        }
    }
}
?>
```

重命名上传文件演示效果如图 16.11 所示。

图 16.11　重命名上传文件演示效果

16.5.2　检测目录和文件

扫一扫，看视频

对目录、文件进行操作之前，首先应该确定其是否存在，如果存在才能对它执行各种操作，否则是没有任何意义的。相反，有些操作必须是在指定的目录、文件不存在的情况下进行的。本例通过在文本框中输入目录、文件的完整路径，单击"提交"按钮，来检测其是否存在。检测目录和文件演示效果如图 16.12 所示。

图 16.12　检测目录和文件演示效果

【操作步骤】

第 1 步，创建 index.php 文件，设计操作表单。添加文本框，并设置"提交"按钮。代码如下：

```
<form action="index.php" method="post" enctype="multipart/form-data" name="form1">
    指定路径: <input name="file_name" type="text" id="file_name" size="35">
    <input type="submit" name="Submit" value="提交">
</form>
```

第 2 步，编写 PHP 代码，获取表单中提交的目录、文件路径。首先对获取的值进行编码格式的转换，然后应用 file_exists()函数判断指定的目录、文件是否存在。代码如下：

```php
<?php
if (isset($_POST ['file_name']) && $_POST ['file_name'] != "" ) {
    $file_name = iconv ( "utf-8", "gb2312", $_POST ['file_name'] );
    if (file_exists ( $file_name )) {
        echo "<script>alert('指定目录或文件存在！');</script>";
    } else {
        echo "<script>alert('指定目录或文件不存在！');</script>";
    }
} elseif (isset($_POST ['file_name'])) {
    echo "<script>alert('请输入正确的目录、文件路径！');</script>";
}
?>
```

在 PHP 中，使用 file_exists()函数判断指定的目录、文件是否存在。其语法格式如下：

```
bool file_exists ( string $filename )
```

参数 $filename 表示文件或目录的路径字符串。在 Windows 系统中要用//computername/share/filename 或者\\computername\share\filename 来检查网络中的共享文件。

如果由 $filename 指定的文件或目录存在，将返回 True，否则返回 False。

📋 提示：

在本例中，由于使用的是 UTF-8 编码格式，因此当提交的目录、文件路径中存在中文字符串时，file_exist()函数就不能正确地判断目录、文件是否存在。只有使用 conv()函数将 UTF-8 编码格式的值转换为 GB 2312 编码格式之后，file_exist()函数才能对中文字符串的目录、文件路径作出正确的判断。

16.5.3 访问目录和文件属性

扫一扫，看视频

本小节通过在文本框中输入目录、文件的完整路径，单击"提交"按钮，来检测提交的是目录还是文件，同时获取目录或文件的最后修改时间。如果是文件，还要获取文件的大小，演示效果如图 16.13 所示。

（a）访问目录属页面　　　　　　　　　（b）访问文件属性页面

图 16.13 访问目录和文件属性演示效果

【操作步骤】

第 1 步，创建 index.php 文件，设计操作表单。添加文本框，并设置提交按钮。代码如下：

```html
<form action="index.php" method="post" enctype="multipart/form-data" name="form1">
    指定路径: <input name="file_name" type="text"    id="file_name" size="35">
    <input type="submit" name="Submit"    value="提交">
</form>
```

第 2 步，编写 PHP 代码，获取表单提交的值。首先，判断提交的值是否为空，如果不为空，则应用 iconv()函数对字符串的编码格式进行转换。然后，使用 file_exists()函数判断指定的目录或文件是否存在，如果存在则获取目录或文件的类型、大小及修改时间。代码如下：

```php
<?php
if (isset($_POST ['file_name']) && $_POST ['file_name'] != "" ) {
    $file_name = iconv ( "utf-8", "gb2312", $_POST ['file_name'] );
    if (file_exists ( $file_name )) {
        $file_type = filetype ( $file_name );
        echo "<br>文件类型: " . $file_type . "<br>";
        if ($file_type != "dir") {
            $file_size = filesize ( $file_name );
            echo "文件大小: " . $file_size . " 字节" . "<br>";
        }
        $file_mtime = filemtime ( $file_name );
        echo "修改时间: " . date ( "Y-m-d H:i:s", $file_mtime );
    } else{
        echo "<script>alert('目录、文件不存在! ');</script>";
    }
} elseif (isset($_POST ['file_name'])) {
    echo "<script>alert('请输入正确的目录、文件路径! ');</script>";
}
?>
```

在 PHP 中，使用 filetype()函数可以获取文件的类型。其语法格式如下：

```
string filetype ( string $filename )
```

参数 $filename 表示文件的路径。

返回文件的类型可能为 fifo、char、dir、block、link、file 和 unknown。如果出错则返回 False。如果函数调用失败或者文件类型未知，filetype()函数还会产生一个 E_NOTICE 级别的信息。

使用 filesize()函数可以获取文件大小。其语法格式如下：

```
int filesize ( string $filename )
```

参数 $filename 表示文件的路径。

filename()函数返回文件大小的字节数，如果失败则返回 False，并生成一个 E_WARNING 级别的错误信息。

提示：
因为 PHP 的整数类型是有符号整型，而且很多平台使用 32 位整型，对 2GB 以上的文件，一些文件系统函数可能返回无法预期的结果。对于 2～4GB 之间的文件，通常可以使用 sprintf("%u", filesize($file))语句来解决这个问题。

使用 filemtime()函数可以取得文件修改时间。其语法格式如下：

```
int filemtime ( string $filename )
```

filemtime()函数返回文件上次被修改的时间，或者在失败时返回 False。时间以 UNIX 时间戳的方式返回，可用于 date()函数。

提示：
在 PHP 内置的文件系统操作函数中，不仅可以获取文件的类型、大小和修改时间，还可以获取文件的上次访问时间（fileatime()）、修改时间（filectime()）、文件的组（filegroup()）、文件的所有者（fileowner()）和文件的权限（fileperms()）等。

扫一扫，看视频

16.5.4　获取文件扩展名

　　　　在开发中经常需要获取文件的扩展名，并根据扩展名作出一些判断。本小节将检测表单中提交文件的扩展名，并根据扩展名作出相应的判断。获取文件扩展名演示效果如图 16.14 所示。

（a）获取 JPG 类型文件扩展名页面　　　　（b）获取电子表格类型文件扩展名页面

图 16.14　获取文件扩展名演示效果

【操作步骤】

　　第 1 步，创建 index.php 文件，设计操作表单。添加文本框，并设置提交按钮。使用 post 方法设置 enctype="multipart/form-data"将数据提交，通过 $_FILES 获取上传文件的相关信息。代码如下：

```
<form action="index.php" method="post" enctype="multipart/form-data">
    <p>选择上传文件：<input type="file"   name="up_picture">
    <input type="hidden" name="MAX_FILE_SIZE" value="10000">
    </p>
    <p>
    <input type="reset" name="reset" value="重 置">
    <input type="submit" name="submit" value="上 传">
    </p>
</form>
```

　　第 2 步，编写 PHP 代码，通过 $_FILES 获取上传文件的相关信息。然后使用 is_dir()函数判断指定的服务器文件夹是否存在，如果不存在，则使用 mkdir()函数创建。代码如下：

```
<?php
if (isset($_FILES ['up_picture'])) {              //判断上传内容是否为空
  if ($_FILES ['up_picture'] ['error'] > 0) {     //判断文件是否可以上传到服务器
    echo "上传错误:";
    switch ($_FILES ['up_picture'] ['error']) {
        case 1 :
            echo "上传文件大小超出配置文件规定值";
            break;
        case 2 :
            echo "上传文件大小超出表单中约定值";
            break;
        case 3 :
            echo "上传文件不全";
            break;
        case 4 :
            echo "没有上传文件";
            break;
```

```
      }
    }
} else {
    if (! is_dir ( "./txt/" )) {                          //判断指定目录是否存在
        mkdir ( "./txt/" );                              //创建目录
    }
    if (! is_dir ( "./pic/" )) {                          //判断指定目录是否存在
        mkdir ( "./pic/" );                              //创建目录
    }
    if (! is_dir ( "./file/" )) {                         //判断指定目录是否存在
        mkdir ( "./file/" );                             //创建目录
    }
}
?>
```

第 3 步，使用 is_uploaded_file()函数判断文件是否通过 HTTP POST 上传。然后，获取上传文件名称的扩展名，根据扩展名的不同，定义不同的存储路径。最后，使用 move_uploaded_file()函数执行文件上传的操作。代码如下：

```
<?php
if(isset($_FILES ['up_picture'])){
    if (is_uploaded_file ( $_FILES ['up_picture'] ['tmp_name'] )) {
                                                 //判断文件是否通过 HTTP POST 上传
        $type = $_FILES ['up_picture'] ['name'];         //获取上传文件的名称
        $types = strtolower ( strstr ( $type, '.' ) );   //获取上传文件的扩展名
        if ($types == ".txt" || $types == ".doc") {
            //定义上传文件名称和存储位置
            $path = './txt/' . time () . strstr ( $_FILES ['up_picture'] ['name'], '.' );
        } elseif ($types == ".jpg" || $types == ".gif" || $types == ".png" || $types == ".bmp") {
            //定义上传文件名称和存储位置
            $path = './pic/' . time () . strstr ( $_FILES ['up_picture'] ['name'], '.' );
        } else {
            //定义上传文件名称和存储位置
            $path = './file/' . time () . strstr ( $_FILES ['up_picture'] ['name'], '.' );
        }
        if (! move_uploaded_file ( $_FILES ['up_picture'] ['tmp_name'], $path )) {
                                                 //执行上传操作
            echo "上传失败! ";
        } else {
            echo "文件类型: " . $types . "<br>上传成功, 大小为: " . $_FILES ['up_picture'] ['size'];
        }
    } else {
        echo "上传文件不合法! ";
    }
}
?>
```

本例使用 move_uploaded_file()函数实现文件上传的操作，并根据文件的扩展名进行判断，将不同类型的文件存储在不同的服务器文件夹下。在获取上传文件扩展名时，首先使用 $_FILES 全局变量获取上传文件的名称，然后使用 strstr()函数对上传文件的名称进行截取，截取字符串中 "." 后的所有字符串，最后使用 strtolower()函数将字符串转换成小写。strstr()函数用于截取字符串。

文件扩展名的获取可以应用到很多地方，最常见的是控制上传文件类型的场景。另外，在读取文件操作中，用于判断哪些文件可以读取，哪些不可以读取。

16.5.5　获取文件权限

扫一扫，看视频

文件权限的判断是一个非常重要的功能，如果文件没有读/写权限，那么就不能对其进行任何操作。本例将介绍如何判断文件的权限。用户通过文本框提交文件路径，向指定的文件中写入数据，如果文件具备写权限，则可以实现数据的写入；否则将提示文件不具备写入权限。获取文件权限演示效果如图 16.15 所示。

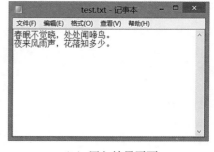

（a）写入内容页面　　　　　　　　　　（b）写入结果页面

图 16.15　获取文件权限演示效果

【操作步骤】

第 1 步，创建 index.php 文件，设计操作表单。添加文本框，并设置"提交"按钮。使用 post 方法提交数据。代码如下：

```html
<form action="index.php" method="post" enctype="multipart/form-data" name="form1">
   <p>文件名称: <input name="file_name" type="text"  id="file_name" size="45"></p>
   <p>文件内容: <textarea name="file_content" cols="40"   rows="10" id="file_content">在此输入文件内容! </textarea> </p>
   <p><input type="submit" name="Submit"  value="提 交"></p>
</form>
```

第 2 步，通过 $_POST 方法获取表单提交的文件路径和文件内容，并通过 iconv() 函数对获取的数据进行编码转换。首先判断指定的文件是否存在，然后判断指定的文件是否具备写权限，如果具备，则将表单提交的数据写入文件，最后关闭打开的文件，弹出提示信息。代码如下：

```php
<?php
if (isset($_POST ['file_name']) && is_file ( iconv ( "utf-8", "gb2312", $_POST ['file_name'] ) )
== True) {
   $file_name = iconv ( "utf-8", "gb2312", $_POST ['file_name'] );
   $file_content = iconv ( "utf-8", "gb2312", $_POST ['file_content'] );
   if (file_exists ( $file_name )) {
     if (is_writable ( $file_name )) {
       $fp = fopen ( $file_name, "w+" );
       if (fwrite ( $fp, $file_content )) {
          echo "<script>alert('文件写入成功!');</script>";
       } else {
          echo "<script>alert('文件写入失败!');</script>";
       }
       fclose ( $fp );
     } else if (is_readable ( $file_name )) {
       echo "<script>alert('文件只具备读权限!');</script>";
     } else {
```

```
        echo "<script>alert('文件不具备读/写权限!');</script>";
    }
  } else {
      echo "<script>alert('文件不存在! ');</script>";
  }
} elseif(isset($_POST ['file_name'])) {
    echo "<script>alert('请输入正确的文件路径! ');</script>";
}
?>
```

判断文件是否具备读权限，使用的是 is_readable()函数；判断文件是否具备写权限，使用的是 is_writable ()函数。

is_readable()函数的语法格式如下：

```
bool is_readable ( string $filename )
```

判断给定文件名是否存在并且可读。如果由 $filename 指定的文件或目录存在并且可读则返回 True，否则返回 False。

is_writable()函数的语法格式如下：

```
bool is_writable ( string $filename )
```

如果文件存在并且可写，则返回 True。$filename 参数是一个可以进行写检查的目录名。注意，PHP 只能以运行 webserver 的用户名（通常为 nobody）来访问文件，不列入安全模式的限制范围。

对文件权限的判断是对文件进行操作的前提，特别是在执行文件的读取、写入、重命名等操作时，如果文件不具备读/写权限，那么这些操作是没有任何意义的。

在文件系统的函数中，还可以通过 fileperms()函数获取文件的权限，其返回值是一个 int 型字符串。

16.5.6　跟踪文件变动信息

在网站的管理系统中，有时需要查看某个文件是否被修改过，在什么时间被修改的，以及最后被访问的时间是什么。本例设计一个表单，通过用户提交的文件路径，检测该文件的创建时间、修改时间和访问时间。跟踪文件变动信息演示效果如图 16.16 所示。详细操作步骤和代码说明请扫码阅读。

扫描，拓展学习

图 16.16　跟踪文件变动信息演示效果

16.5.7　读取远程文件数据

扫描，拓展学习

本例演示如何在本地读取远程文件的数据，演示效果如图 16.17 所示。详细操作步骤和代码说明请扫码阅读。

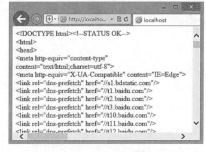

（a）访问远程文件页面 （b）显示文件内容页面

图 16.17　读取远程文件数据演示效果

16.5.8　管理指定类型文件

扫描，拓展学习

本例将设计一个具体文件操作界面，允许用户删除指定目录下的所有文本文件，演示效果如图 16.18 所示。详细操作步骤和代码说明请扫码阅读。

图 16.18　管理指定类型文件演示效果

16.5.9　目录操作模块

扫描，拓展学习

使用目录可以把文件进行分类存放，方便管理者查找，所以对目录进行在线管理是非常有必要的。在前面章节中，已经涉及很多目录操作的方法，如创建目录、获取当前目录、删除目录等。在本例中，将对目录的基本操作进行汇总，使读者对目录操作方法有系统的了解。目录操作模块演示效果如图 16.19 所示。详细操作步骤和代码说明请扫码阅读。

（a）创建目录页面　　　　　　　　　　（b）浏览目录页面

（c）删除目录页面　　　　　　　　　　（b）删除文件页面

图 16.19　目录操作模块演示效果

16.5.10　重命名目录

在对网站进行管理和维护的过程中，经常会修改文件夹的名称，这也是对目录的一项基本操作。本例将介绍重命名目录的方法，单击当前目录中文件夹后的"重命名"超链接，将进入表单修改页面，在这个页面中完成对指定目录的重命名操作，演示效果如图 16.20 所示。详细操作步骤和代码说明请扫码阅读。

扫描，拓展学习

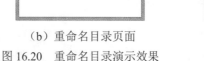

（a）命名前页面　　　　　（b）重命名目录页面　　　　　（c）命名后页面

图 16.20　重命名目录演示效果

16.5.11　查看磁盘分区信息

扫描，拓展学习

　　通过文件系统函数不但可以对目录、文件进行操作，获取目录、文件的相关信息，还可以获取磁盘分区的大小。运行本实例，将根据文本框提交的目录，获取该目录所在磁盘分区的大小，以及该目录下的所有文件，演示效果如图 16.21 所示。详细操作步骤和代码说明请扫码阅读。

图 16.21　查看磁盘分区信息演示效果

16.5.12　分页读取文本文件

扫描，拓展学习

　　在遍历文件中的内容时，由于文件内容很多，最理想的方法就是分页读取。本例将介绍如何分页读取文本文件中的数据，演示效果如图 16.22 所示。详细操作步骤和代码说明请扫码阅读。

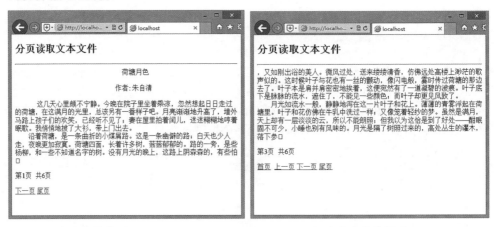

（a）文本文件首页　　　　　　　　　　　　（b）文本文件其他页

图 16.22　分页读取文本文件演示效果

16.5.13　限制上传文件大小

扫描，拓展学习

　　在网站开发的过程中，为了确保充分利用服务器的空间，在开发上传功能时最好实现能够控制文件大小的功能。本例开发的上传功能就可以限制上传文件的大小。如果上传文件的大小超过指定范围，则给出提示信息，并终止上传，演示效果如图 16.23 所示。详细操作步骤和代码说明请扫码阅读。

图 16.23　限制上传文件大小演示效果

16.5.14　限制上传文件类型

设计文件上传功能时，不仅要考虑上传文件的大小，有时还要考虑上传文件的类型，针对不同的需要对上传文件的类型加以限制。这里指的文件类型可以通过文件的扩展名来判断。例如，在上传涉及文本说明性文字时，最好将上传的文件类型限制为以".txt"为扩展名的文本文件。本例限制用户仅能够上传文本文件，演示效果如图 16.24 所示。详细操作步骤和代码说明请扫码阅读。

扫描，拓展学习

图 16.24　限制上传文件类型演示效果

16.5.15　同时上传多张图片

上传图片到服务器，是程序开发过程中必不可少的一个功能。它不但可以达到共享图片的目的，而且可以提高网站的访问量，丰富网站的内容。本例将讲解如何通过 POST 方式实现多图片上传，演示效果如图 16.25 所示。详细操作步骤和代码说明请扫码阅读。

扫描，拓展学习

图 16.25　同时上传多张图片演示效果

16.6　在 线 支 持

本节为拓展学习，感兴趣的读者请扫码进行强化训练。

扫描，拓展学习

第 17 章

PHP 加密技术

随着互联网的发展，网络安全越来越重要。我们需要保证数据来源（非伪造请求）、数据完整性（没有被人修改过）、数据私密性（密文，无法直接读取）等的安全。虽然现在已经有 SSL/TLS 协议实现的 HTTPS 协议，但是这需要依赖浏览器的正确实现，而且效率较低。因此，对于敏感数据，如交易支付信息等，还是需要加密技术来确保信息安全。PHP 支持多种加密算法，通过内置的加密函数可以很方便地保护网络数据的安全。另外，PHP 通过加密扩展库，可以提供更强大、更安全的数据保护措施。

学习重点

● 认识 PHP 加密技术。
● 使用内置加密函数。
● PHP 加密扩展库。
● 案例实战。

17.1   认识 PHP 加密技术

数据加密的基本原理：对原来的数据（通常称为"明文"），按照某种算法进行处理，使其成为不可读的一段代码（通常称为"密文"）。通过这样的途径达到保护数据、不被非法窃取和阅读的目的。

加密算法一般分为对称加密和非对称加密两种。

1. 对称加密算法

对称加密算法中，消息的发送者和接收者使用同一个密钥，发送者使用密钥加密数据，接收者使用同样的密钥解密数据，获取信息。常见的对称加密算法有 DES、AES、3DES。

对称加密算法的特点：速度快，加密前后文件大小变化不大，但是对密钥保存的安全性要求较高。

2. 非对称加密算法

非对称加密算法中，消息的发送者和接收者使用一对密钥，分别是公钥和私钥，私钥自己保存，公钥可以公开。公钥与私钥是一对的，如果用公钥对数据进行加密，只有用对应的私钥才能解密；如果用私钥对数据进行加密，那么只有用对应的公钥才能解密。常见的非对称加密算法有 RSA、DSA。

非对称加密算法虽然没有密钥保存问题，但是计算量大，加密速度很慢。

为了保证数据的完整性，还需要通过散列函数计算得到一个散列值，这个散列值被称为数字签名。其主要特点如下：

● 无论原始数据多大，结果的长度固定。

● 对输入的微小改变，会使结果产生很大的变化。

● 加密过程不可逆，无法通过散列值得到原来的数据。

常见的数字签名算法有 MD5、HASH1 等。

PHP 加密主要通过内置加密函数和加密扩展库实现，其中内置加密函数又可以分为以下两大类：

● 不可逆的加密函数，无法直接解密。

    ◇ md5()：用来计算 MD5 散列值。

    ◇ crypt()：将字符串用 UNIX DES 算法加密。

● 可逆的加密函数。

    ◇ base64_encode()：将字符串以 MIME BASE64 编码格式进行编码。此编码格式可以让中文字符、图片也能在网络上顺利传输。解密函数为 base64_decode()。

    ◇ urlencode()：将字符串以 URL 编码格式（如空格就会变成加号）进行编码。解密函数为 urldecode()。

17.2　使用内置加密函数

PHP 内置了 4 种加密函数，此外还有一种 URL 编码和解码的方法。下面简单进行介绍。

17.2.1　md5()加密函数

md5()加密函数采用 MD5 算法实现。其语法格式如下：

```
string md5(string $str[,bool $raw_output=False])
```

参数说明：

- $str：原始字符串。
- $raw_output：可选参数，如果被设置为 True，则 MD5 报文摘要将以 16 字节长度的原始二进制格式返回。

默认该函数将返回 32 位字符十六进制数字形式的散列值。

📝 提示：

（1）MD5，全称为 Message-Digest Algorithm 5（消息摘要算法第五版），是计算机安全领域广泛使用的一种杂凑算法（又称摘要算法、散列算法），主流编程语言普遍已有 MD5 算法的实现。将数据运算为另一固定长度值，是杂凑算法的基础原理，MD5 算法的前身有 MD2、MD3 和 MD4 算法。

（2）MD5 算法是不可逆的，加密后不能通过其他函数进行解码，只能通过第三方匹配数据库的 32 位加密字符串逆向判断出对应的原字符。解密网站：http://www.cmd5.com/。

【示例】使用 md5()加强函数加密数据。代码如下：

```php
<?php
header("content-type:text/html;charset='utf8'");        //设置编码
echo md5("abc");                                         //十六进制加密数据
echo "<hr>";
echo md5("abc",True);                                    //二进制加密数据
echo "<hr>";
$str=1;
echo md5(md5($str));                                     //可以进行多次加密
?>
```

md5()加密函数的加密效果如图 17.1 所示。

图 17.1　MD5 加密函数的加密效果

17.2.2　crypt()加密函数

crypt()加密函数将返回使用 DES、Blowfish 或 MD5 算法加密的字符串。其语法格式如下：

```
string crypt(string $str[,string $salt]);
```

参数说明：

- $str：需要加密的明文。
- $salt：加密干扰串。crypt()加密函数具体的算法依赖于 $salt 参数的格式和长度。

crypt()加密函数的常量值常在安装时由 PHP 设置，见表 17.1。

表 17.1　crypt()加密函数的常量值

常　　量	说　　明
[CRYPT_SALT_LENGTH]	默认的加密长度。使用标准的 DES 算法加密，长度为 2
[CRYPT_STD_DES]	基于标准 DES 算法的散列，使用 "./0～9、A～Z、a～z" 字符中的 2 个字符作为盐值。在盐值中使用非法的字符将导致加密失败
[CRYPT_EXT_DES]	扩展的基于 DES 算法的散列。其盐值为 9 个字符的字符串，由一个下划线、4 字节循环次数和 4 字节盐值组成。它们被编码成可输出字符，每个字符 6 位，有效位最少的优先。0～63 被编码为 "./0～9、A～Z、a～z"。在盐值中使用非法的字符将导致加密失败
[CRYPT_MD5]	MD5 散列值是一个以 1 开始的 12 个字符的字符串盐值
[CRYPT_BLOWFISH]	Blowfish 算法使用如下盐值："$2a$"，一个 2bit cost 参数，$及 64 位由 "./0～9、A～Z、a～z" 中的字符组合而成的字符串。在盐值中使用此范围之外的字符将导致 crypt()加密函数返回一个空字符串。cost 参数是循环次数以 2 为底的对数，它的范围是 4～31，超出这个范围将导致加密失败
CRYPT_SHA256	SHA-256 算法使用一个以 5 开头的 16 个字符的字符串盐值进行散列。如果盐值字符串以 "rounds=<N>$" 开头，N 将被用来指定散列循环的执行次数，与 Blowfish 算法的 cost 参数类似。默认的循环次数是 5000，最小是 1000，最大是 999999999。超出这个范围的 N 将被转换为最接近的值
CRYPT_SHA512	SHA-512 算法使用一个以 6 开头的 16 个字符的字符串盐值进行散列。如果盐值字符串以 "rounds=<N>$" 开头，N 将被用来指定散列循环的执行次数，与 Blowfish 算法的 cost 参数类似。默认的循环次数是 5000，最小是 1000，最大是 999999999。超出这个范围的 N 将被转换为最接近的值

该函数支持多种算法的系统，如果支持上述常量，则设置为 1，否则设置为 0。

【示例】使用 crypt()加密函数加密数据，比较不同的算法。代码如下：

```php
<?php
//2 个字符的盐值
if (CRYPT_STD_DES == 1){
    echo "标准 DES: ".crypt('something','st')."\n<br>";
}else{
    echo "标准 DES 不支持。\n<br>";
}
//4 个字符的盐值
if (CRYPT_EXT_DES == 1){
    echo "扩展 DES: ".crypt('something','_S4..some')."\n<br>";
}else{
    echo "扩展 DES 不支持。\n<br>";
}
//以 $1$ 开始的 12 个字符的盐值
if (CRYPT_MD5 == 1){
    echo "MD5: ".crypt('something','$1$somethin$')."\n<br>";
}else{
    echo "MD5 不支持。\n<br>";
```

```
}
//以 $2a$ 开始的盐值，双数字的 cost 参数
if (CRYPT_BLOWFISH == 1){
    echo "Blowfish: ".crypt('something','$2a$09$anexamplestringforsalt$')."\n<br>";
}else{
    echo "Blowfish DES 不支持。\n<br>";
}
//以 $5$ 开始的 16 个字符的盐值，默认的循环次数是 5000
if (CRYPT_SHA256 == 1){
    echo "SHA-256: ".crypt('something','$5$rounds=5000$anexamplestringforsalt$')."\n<br>"; }
else{
    echo "SHA-256 不支持。\n<br>";
}
//以 $5$ 开始的 16 个字符的盐值。默认的循环次数是 5000
if (CRYPT_SHA512 == 1){
    echo "SHA-512: ".crypt('something','$6$rounds=5000$anexamplestringforsalt$');
}
else{
    echo "SHA-512 不支持。";
}
?>
```

crypt()加密函数的加密效果如图 17.2 所示。

图 17.2　crypt() 加密函数的加密效果

17.2.3　sha1()加密函数

sha1()加密函数是 SHA1（美国安全散列算法 1）加密算法的实现。其语法格式如下：

扫一扫，看视频

```
string sha1(string $str[,bool $raw_output=False])
```

参数说明：

● $str：加密的字符串。

● $raw_output：可选参数。如果被设置为 True，那么 SHA1 摘要将以 20 字符长度的原始格式返回；否则返回值是一个 40 字符长度的十六进制数字。

sha1()加密函数将返回 SHA1 散列值字符串。

【示例】下面代码演示了 sha1()加密函数的不同用法。

```php
<?php
echo sha1("abc");
echo "<hr/>";
echo sha1("abc",True);
echo "<hr/>";
echo sha1(md5("abc",True));                        //混合加密
?>
```

sha1()加密函数的加密效果如图 17.3 所示。

图 17.3　sha1()函数的加密效果

17.2.4　Base64 函数

扫一扫，看视频

Base64 函数有 2 个，简单说明如下：

- base64_encode()：使用 Base64 算法对参数字符串进行编码。
- base64_decode()：对使用 base64_encode() 函数进行编码的数据进行解码。

【示例】使用 Base64 函数进行编码和解码。代码如下：

```php
<?php
$data="前端开发";
echo base64_encode($data);
echo "<hr/>";
echo base64_decode("5YmN56uv5byA5Y+R");
echo "<hr/>";
//图片的编码和解码
echo base64_encode("<img src='1.jpg' width='60'>");           //编码
echo "<hr/>";
echo base64_decode("PGltZyBzcmM9JzEuanBnJyB3aWR0aD0nNjAnPg==");   //解码
echo "<hr/>";
$filename="1.jpg";
$data = file_get_contents($filename);                //读取外部图像文件
$data = base64_encode($data);                        //编码，生成一串 ASCII 码
echo "<img src='data:image/png;base64,".$data."' width='60'>";
                                                     //把解码的图像字符串显示出来
?>
```

Base64 函数的编码和解码效果如图 17.4 所示。

图 17.4　Base64 函数的编码和解码效果

17.2.5　URL 加密函数

URL 加密函数有以下 4 个：

- urlencode()：编码 URL 字符串。
- urldecode()：解码使用 urlencode()函数编码的 URL 字符串。
- rawurlencode()：按照 RFC1738 对 URL 进行编码，把空格编码为%20。
- rawurldecode()：对 rawurlencode()函数编码的 URL 字符串进行解码。

 提示：

编码规范是，字符串中除了–、_、.之外的所有非字母、数字字符，都被替换成百分号（%）后跟两位十六进制数，空格则编码为加号（＋）。

【示例】 使用 URL 加密函数进行编码和解码。代码如下：

```php
<?php
$str="h e l lo world";
echo urlencode($str);
echo "<hr/>";
$str="urlencode.php?username=1+3%4&imooc&king#or1=1\ ";
echo urlencode($str);
echo "<hr/>";
$urlencode=urlencode($str);
echo urldecode($urlencode);                            //解码
echo "<hr/>";
if(!empty($_GET)){
print_r($_GET);
}
echo '<a href="md5.php?username=imooc&king&age=2">hello</a>';
echo "<hr/>";
$username="imooc&king";
$queryString="username=".urlencode($username)."&age=2";
echo "<a href='md5.php?{$queryString}'>test</a>";
echo "<hr/>";
echo urldecode("https://www.baidu.com/s?ie=utf-8&f=8&rsv_bp=1&tn=site888_3_pg&wd
=%E7%99%BE%E5%BA%A6%E4%BA%91&oq=crypt&rsv_pq=fac4a3dc0002be07&rsv_t=16d5wj9i3VPccyU6g9qIm86QN
weuVYvCtNwPZ8u27y%2BEOCmwYlgt7irSlH5hePjE8Ug5&rsv_enter=1&rsv_sug3=10&rsv_sug1=3&rsv_sug7=1
00&sug=%E7%99%BE%E5%BA%A6%E4%BA%91&rsv_n=1&bs=crypt");
echo "<hr/>";
echo urlencode("墨客我");//%E5%A2%A8%E5%AE%A2%E6%88%91
echo "<hr/>";
echo urlencode("this is a test");//this+is+a+test
echo "<hr/>";
echo rawurlencode("this is test");//this%20is%20test
echo "<hr/>";
echo rawurlencode("this%20is%20a%20test");//this%2520is%2520a%2520test
echo "<hr/>";
echo rawurldecode("this+is+a+test");//this+is+a+test
echo "<hr/>";
echo urldecode("this+is+a+test");//this is a test
?>
```

URL 加密函数的编码和解码效果如图 17.5 所示。

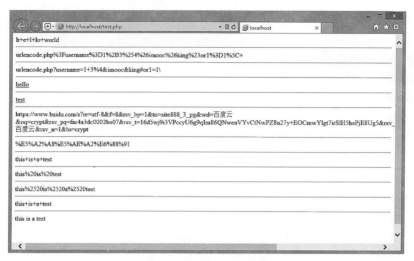

图 17.5　URL 加密函数的编码和解码效果

17.3　PHP 加密扩展库

PHP 不仅内置了多个加密函数，还内置了一些功能比较全面的加密扩展库，下面简单介绍一下。

17.3.1　Mcrypt 和 OpenSSL 扩展库

Mcrypt 是一个功能强大的加密算法扩展库。在默认状态下，PHP 没有安装 Mcrypt 扩展库，但在主目录下包含了 libmcrypt.dll 文件，所以只需要将 PHP 配置文件中 extension=php_mcrypt.dll 语句前面的分号 ";" 去掉，重启服务器就可以使用这个扩展库了。

扫一扫，看视频

Mcrypt 扩展库支持 20 多种加密算法，以及 8 种加密模式，使用 mcrypt_list_algorithms()（返回 Mcrypt 扩展库支持的加密算法数组）和 mcrypt_list_modes()（返回 Mcrypt 扩展库支持的加密模式数组）函数可以具体查看。

📝 提示：

（1）Mcrypt 扩展库已经过时，并且用起来很复杂。因此，它在 PHP 7.1 版本中被废弃，从 PHP 7.2 版本起被从核心代码中移除。

（2）OpenSSL 扩展库用于取代 Mcrypt 扩展库，封装了多个加密、解密函数，使用方便。安装方法：在 php.ini 中去掉 extension=php_openssl.dll 语句前面的分号 ";"，如果不存在，需要手动添加 extension= php_openssl.dll，然后重启 Apache。

17.3.2　Mhash 扩展库

Mhash 是基于离散数学原理的不可逆的 PHP 加密扩展库。Mhash 库的安装方式与 Mcrypt 扩展库的安装方式是类似的，这里不再重复说明。

扫一扫，看视频

Mhash 扩展库支持 MD5、SHA、CRC32 等多种散列算法，可以使用 mhash_count()和 mhash_get_ hash_name()函数输出支持的算法名称。代码如下：

```php
<?php
header("Content-Type:text/html; charset=utf-8");
$num = mhash_count();                                //函数返回最大的 hash id
echo "Mhash 库支持的算法有: <br>";
for($i=0;$i<=$num;$i++){
    echo $i."=>".mhash_get_hash_name($i)."<br>"."";   //输出每一个 hash id 的名称
}
?>
```

Mhash 扩展库仅有 5 个函数，使用简单。除了上面 2 个函数，其他 3 个函数介绍如下：

（1）mhash_get_block_size()函数。

mhash_get_block_size()函数用于获取参数$hash 的区块大小。其语法格式如下：

```
int mhash_get_block_size ( int $hash )
```

（2）mhash()函数。

mhash()函数用于返回一个散列值。其语法格式如下：

```
string mhash(int $hash,string $data[,string $key])
```

参数 $hash 是要使用的算法；参数 $data 是要加密的数据；参数 $key 是加密时使用的密钥。

（3）mhash_keygen_s2k()函数。

mhash_keygen_s2k()函数是根据参数 $password 和 $salt 返回一个单位为字节的 $bytes 值。其语法格式如下：

```
string mhash_keygen_s2k ( int $hash, string $password, string $salt, int $bytes )
```

参数 $hash 是要使用的算法；参数 $salt 是一个固定为 8 字节的值，如果用户给出的数值小于 8 字节，将用 0 补齐。

【示例】使用 mhash_keygen_s2k()函数生成一个校验码，并使用 bin2hex()函数将二进制结果转换为十六进制。代码如下：

```php
<?php
header("Content-Type:text/html; charset=utf-8");
$filename = "test.txt";                              //文件路径
$str = file_get_contents($filename);                 //读取文件内容到变量$str 中
$hash = 2 ;                                          //设置$hash 的值
$password = "111";                                   //设置变量$password 的值
$salt = "1234";                                      //设置变量$salt 的值
$key = mhash_keygen_s2k(1,$password,$salt,10);       //生成$key 值
$str_mhash =bin2hex(mhash($hash,$str,$key));          //使用$hash、$key 值对字符串$str 加密
echo "文件 test.txt 的校验是: ".$str_mhash;            //输出校验码
?>
```

输出结果：

```
文件 test.txt 的校验码是: 619de40b9d9135d860b94dc3bd7c1f7c7cd64978
```

17.4　案例实战

扫一扫，看视频

在很多网站中，用户的注册密码都是用 MD5 算法加密并保存到数据库中的。当用户登录时，网站会把用户输入的密码转换为 MD5 值，然后再与数据库中保存的 MD5 值进行比较，在

这个过程中，程序自身都不"知道"用户的真实密码，从而保证了用户的个人隐私，提高了网站的安全性。

本例实现用户注册和登录的基本功能，并将密码通过 MD5 加密后保存至数据库。当用户登录时需要再加密并与数据库中的密码进行比对，确定用户输入的密码是否正确。

【操作步骤】

第 1 步，使用 phpmyadmin 扩展库设计数据库，名称为 db_book_php_17，定义一个会员信息表 tb_ user，该表包含 3 个字段，字段具体信息如下（读者可以借助本例将数据导入数据库）：

```
'id' int(11) NOT NULL,
'user' varchar(50) CHARACTER SET utf8 NOT NULL,
'password' varchar(50) CHARACTER SET utf8 NOT NULL
```

第 2 步，创建 conn.php 文件，完成与数据库的连接。代码如下：

```php
<?php
header("Content-Type:text/html; charset=utf-8");
$conn =mysqli_connect("localhost","root","11111111")or die("数据库连接失败".mysqli_error());
                                          //连接服务器
mysqli_select_db($conn,"db_book_php_17");        //连接数据库
mysqli_query($conn, "set name utf8");            //设置编码格式
?>
```

第 3 步，创建会员注册页面（register.php）。在页面中创建表单，定义数据提交到 register_ok.php 文件。代码如下：

```html
<form id="form1" name="form1" method="post" action="register_ok.php">
    <fieldset>
        <legend>用户注册</legend>
        <p>用户名：<input name="user" type="text" id="user" size="15" />
        <p>密码：<input name="pass" type="password" id="pass" size="15" />
        <p><input type="submit" name="Submit" value="注册" id="Submit" />
    </fieldset>
</form>
```

第 4 步，创建 register_ok.php 文件，获取表单中的数据，通过 md5()函数对用户输入的密码进行加密。这里使用面向对象的方法进行设计。代码如下：

```php
<?php
header("Content-Type:text/html; charset=utf-8");
class chkinput{                                      //定义 chkinput 类
    var $user;                                       //定义成员变量
    var $pass;                                       //定义成员变量
    function __construct($x,$y){                      //定义成员方法
        $this -> user =$x;                           //为变量赋值
        $this -> pass = $y;                          //为变量赋值
    }
    function check(){                                //定义方法
        include "conn.php";                          //调用文件
        $info = mysqli_query($conn, "insert into tb_user(user,password) value('".$this ->
user."','".$this -> pass."')");
        if($info == False){
            echo "<script>alert('会员注册失败');history.back();</script>";
            exit();
        }else{
            echo "<script>alert('会员注册成功');window.location.href='login.php';</script>";
```

```
        }
    }
}
$obj = new chkinput(trim($_POST["user"]),md5(trim($_POST["pass"])));    //实例化类
$obj -> check();                                        //执行写入数据库操作
?>
```

第 5 步，创建 login.php 文件，实现登录的功能。login.php 页面与 register.php 页面都是简单的表单，允许输入用户名和密码，然后提交给 login_ok.php 文件。

第 6 步，创建 login_ok.php 文件，用于接收用户的输入数据，然后把用户名和密码与数据库中的记录进行比较。如果相同，则登录成功，然后返回首页；否则提示错误，并返回 login.php 页面，要求重新输入。主要代码如下：

```php
<?php
if(!isset($_SESSION)){
    session_start();
}
header("Content-Type:text/html; charset=utf-8");
include "conn.php";                                   //连接数据库文件
$sql = "select * from tb_user where user = '".trim($_POST["user"])."' and password =
'".md5(trim($_POST["pass"]))."'";
$info = mysqli_query($conn, $sql);
$rowcount=mysqli_num_rows($info);                     //返回记录
if($rowcount > 0){                                    //如果存在记录，则说明用户输入的信息正确
    $_SESSION["user"] = trim($_POST["user"]);
    echo "<script>alert('登录成功');window.location.href='index.php';</script>";
}else{
    echo "<script>alert('登录失败');history.back();</script>";
    exit();
}
mysqli_free_result($info);                            //释放记录集
?>
```

完整代码请参考本节示例源码。

17.5　在　线　支　持

本节为拓展学习，感兴趣的读者请扫码进行强化训练。

扫描，拓展学习

第 18 章

MySQL 数据库基础

现在的网站都是基于数据库开发的，所以数据库应用技术和使用 PHP 访问数据库技术都是必须要掌握的内容。PHP+MySQL 是目前最为成熟、稳定、安全的企业级网站开发体系，Linux 系统、Apache 服务器、MySQL 数据库、PHP 语言构成了 Web 开发的最佳组合，也称 LAMP 模式。在 LAMP 模式中，MySQL 数据库和 PHP 语言是所有技术的核心。本章将详细介绍 MySQL 数据库的安装和配置，以及如何在命令提示符下读、写、操作 MySQL 数据库。

学习重点

- 安装和使用 MySQL。
- 使用 MySQL 服务器。
- MySQL 命令行数据库。
- MySQL 命令行数据表。
- MySQL 命令行语句。
- MySQL 备份和恢复。

18.1　安装 MySQL

下面我们就来简单认识一下 MySQL 及其安装和配置过程。

18.1.1　认识 MySQL

MySQL 是一个关系型数据库管理系统，开发者为瑞典 MySQL AB 公司。2008 年 1 月被 Sun 公司收购。2009 年，Sun 又被 Oracle 收购。

MySQL 也是一种关联数据库管理系统，关联数据库将数据保存在不同的表中，而不是将所有数据放在一个大仓库内。这样就提高了访问速度，也增强了操作灵活性。MySQL 的 SQL 为"结构化查询语言"。SQL 是最常用的访问数据库的标准化语言。

MySQL 使用了 GPL（GNU 通用公共许可证），由于其体积小、速度快，总体成本低，尤其是具有开源这一特点，许多中小型网站为了降低网站总体运行成本而选择了将 MySQL 作为网站数据库。而将 MySQL 与 PHP 语言相结合的数据库系统解决方案，正被越来越多的网站采用，其中以 LAMP 模式最为流行。

18.1.2　MySQL 特性

MySQL 具有如下特性：

- 功能强大：MySQL 提供了多种数据库存储引擎，每种引擎各有所长，适用于不同的应用场合，用户可以选择最合适的引擎以得到最高的性能。
- 支持跨平台：MySQL 支持 20 种以上的开发平台，包括 Linux、Mac OS、Windows 等操作系统。这使得 MySQL 对在任何开发平台下编写的程序都可以进行移植。
- 运行速度快：高速是 MySQL 的显著特性。在 MySQL 中，通过使用优化的单扫描多连接，能够极快地实现连接；SQL 函数使用高度优化的类库实现，运行速度极快。
- 支持面向对象：PHP 支持混合编程方式，可以为纯粹的面向对象、纯粹的面向过程和面向对象与面向过程混合编程 3 种编程方式。
- 安全性高：灵活安全的权限和密码系统允许基本主机的验证，当连接到服务器时，所有的密码传输过程均被加密，从而保证了密码的安全。
- 成本低：MySQL 数据库是一种完全免费的产品，用户可以直接从网上下载。
- 支持多种语言开发：MySQL 使用 C 和 C++编写，为多种编程语言提供了 API，如 C、C++、Eiffel、Java、Perl、PHP、Python、Ruby 和 Tcl 等。
- 数据库存储容量大：MySQL 数据库表的有效尺寸通常是由操作系统对文件大小的限制决定的，而不是由 MySQL 内部限制决定的。表空间的最大容量可达 64TB，可以轻松处理上千万条记录。
- 支持强大的内置函数：PHP 提供了大量的数据库操作函数，为快速开发 Web 应用提供了便利；优化的 SQL 查询算法，有效地提高了查询速度。
- 应用灵活：MySQL 既能作为一个单独的应用程序应用在客户端服务器网络环境中，也能作为一个库嵌入其他软件中提供多语言支持。
- 其他功能：MySQL 支持多线程，CPU 资源利用率高；提供 TCP/IP、ODBC 和 JDBC 等多种数据库连接方式；提供用于管理、检查、优化数据库操作的管理工具。

扫一扫，看视频

18.1.3　安装 MySQL

安装 MySQL 的过程很简单，具体操作步骤如下。

【操作步骤】

第 1 步，下载 MySQL 数据库服务软件。访问 https://www.mysql.com/，单击 DOWNLOADS 菜单选项进入下载页面，选择最新版本的 MySQL 软件下载即可。也可以在 https://downloads.mysql.com/archives/installer/页面中选择不同版本的 MySQL 进行下载。

📝 提示：

（1）笔者编写本书时 MySQL 最新版本为 MySQL 8.0。MySQL 的版本直接从 5.7 跳到 8.0，主要是对超级并发操作的读写性能的优化，以及提供的更强的 NoSQL 文档支持等专业特性，对于初学者来说，可以忽略。

（2）MySQL 提供下面两个安装版本：
- MySQL Community Server：社区版本，开源免费，但不提供官方技术支持。
- MySQL Enterprise Edition：企业版本，需付费。

（3）在运行 MySQL 安装程序时，如果希望通过网络在线安装，则选择 mysql-installer-web-community；如果在安装时不可以上网，则选择 mysql-installer-community。通俗地说，就是选择在线安装，还是离线安装。

第 2 步，以安装 MySQL 5.7 社区版为例进行说明。双击下载到本地的 mysql-installer-community-5.7.21.0.msi 文件，打开如图 18.1 所示的接受安装协议界面，勾选 I accept the license terms 复选框，表示同意安装协议。

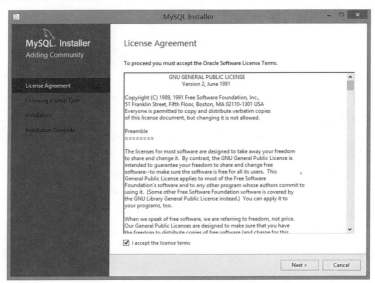

图 18.1　接受安装协议界面

第 3 步，单击 Next 按钮，打开如图 18.2 所示的界面，选择安装类型。

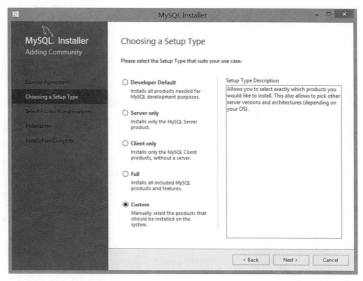

图 18.2　选择安装类型界面

- Developer Default：默认安装类型，开发模式。该选项代表典型个人用桌面工作站，如果计算机上运行着多个桌面应用程序，可将 MySQL 服务器配置成使用最少的系统资源。
- Server only：仅作为服务器。该选项代表服务器，将 MySQL 服务器配置成使用适当比例的系统资源后可以同其他应用程序一起运行，如 FTP、Email 和 Web 服务器。
- Client only：仅作为客户端。
- Full：完全安装类型。
- Custom：自定义安装类型。如果要作为服务器类型数据库安装，则需选自定义安装类型，安装需自定义安装路径。

第 4 步，单击 Next 按钮，打开如图 18.3 所示的界面，选择安装组件。

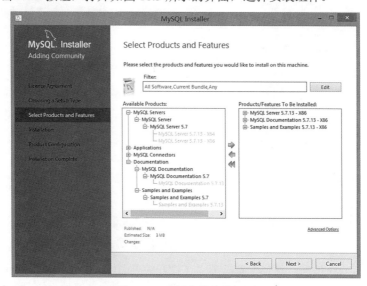

图 18.3　选择安装组件界面

● MySQL Servers：必选项，核心组件，可根据系统位数对应选择。

● Applications 应用和 MySQL Connectors 连接器可不选。

● Documentation：可选项，类似于帮助文档。

第 5 步，单击 Next 按钮，在打开的界面中单击 Execute 按钮，开始执行安装，如图 18.4 所示。

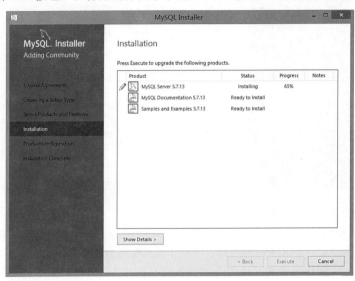

图 18.4　安装界面

第 6 步，安装成功后，每个选项前会显示对勾图标。单击 Next 按钮，会显示产品配置向导界面，如图 18.5 所示。

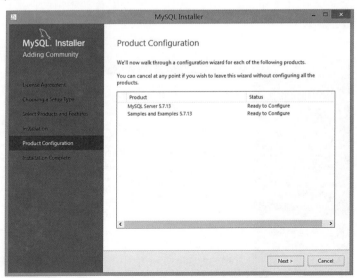

图 18.5　产品配置向导界面

第 7 步，单击 Next 按钮，选择配置选项。在打开的界面中选择 Development Machine 选项，即以开发机器模式启动，这样有利于减少 MySQL 服务在运行时占用的内存，如图 18.6 所示。

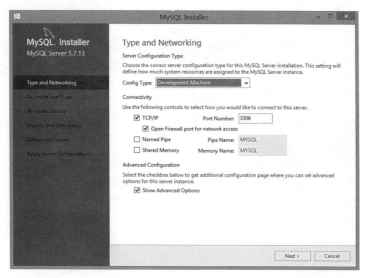

图 18.6　选择开发机器模式界面

- Development Machine：开发机器。作为初学者，选择 Developer Machine 即可。
- Server Machine：服务器。如果服务程序及库装在同一台计算机上，建议选择 Server Machine。
- Dedicated MySQL Server Machine：专用 MySQL 服务器。该选项代表 MySQL 服务器只运行 MySQL 服务，如果没有运行其他应用程序，则 MySQL 服务器配置成使用所有可用系统资源。

勾选 Show Advanced Options 复选框，其他选项按默认设置即可。

第 8 步，单击 Next 按钮，在打开的界面中设置 MySQL 服务器访问密码，本书后面章节中 MySQL 数据库的实例都将以 11111111 作为密码，如图 18.7 所示。也可以在该界面中添加访问用户。

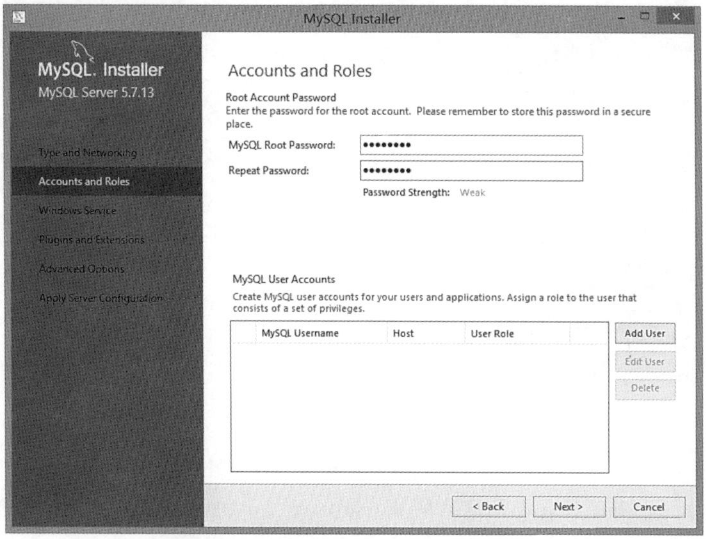

图 18.7　设置数据库访问密码界面

第 9 步，单击 Next 按钮，在打开的界面中设置 Windows 服务默认值，如图 18.8 所示。

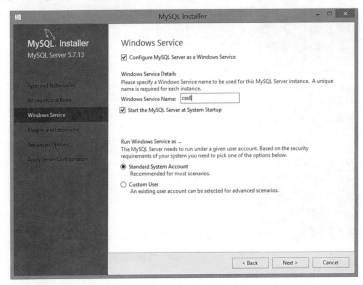

图 18.8　设置 Windows 服务默认值界面

第 10 步，单击 Next 按钮，设置插件和扩展。在该界面中保持默认设置。

第 11 步，单击 Next 按钮，配置日志，如图 18.9 所示。自定义存放日志文档的路径，以便管理日志。

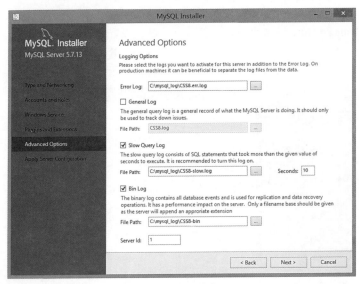

图 18.9　设置日志路径界面

- Error Log：错误日志。记录启动、运行或停止 MySQL 时出现的问题。
- General Log：通用日志。记录建立的客户端的连接和执行语句，占用资源多，默认不启用。
- Show Query Log：慢查询日志。记录所有执行时间超过 long_query_time 秒的所有查询或不使用索引的查询。

● Bin Log：二进制日志。记录所有更改数据的语句，还用于复制，启用主从备份时一定要启用此日志。

第 12 步，单击 Next 按钮，在打开的界面中单击 Execute 按钮，开始应用服务器配置，如图 18.10 所示。

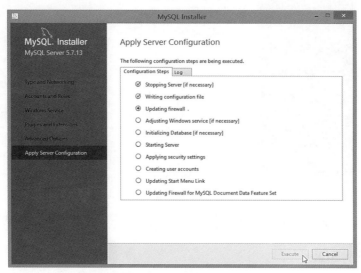

图 18.10　应用服务器配置界面

第 13 步，配置完毕，重启 MySQL 服务器即可。

第 14 步，如果勾选了 Documentation 帮助文档选项（见第 4 步），还会继续配置连接数据库的参数，如图 18.11 所示，按提示单击 Next 按钮即可。按要求输入 MySQL 数据库访问密码，连接数据库。

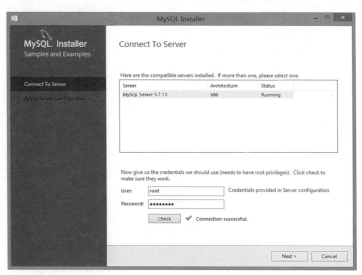

图 18.11　连接数据库界面

第 15 步，单击 Execute 按钮，开始应用服务器配置，如图 18.12 所示。

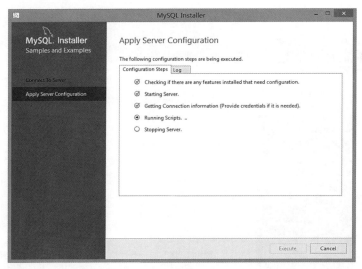

图 18.12　应用服务器配置界面

第 16 步，单击 Execute 按钮，完成整个 MySQL 数据库服务环境的安装和配置操作。

18.1.4　配置 MySQL

　　安装 MySQL 后，一般不需要特别设置即可使用。但是，如果要个性化定制 MySQL，就应该在 my.ini 文件中修改或添加配置项目。有关 my.ini 文件配置项目的详细说明可以扫码了解。

扫描，拓展学习

- Linux 系统中的配置文件是 my.cnf，一般放在以下路径：/etc/my.cnf、/etc/mysql/my.cnf。
- Windows 系统中的配置文件是 my.ini，一般放在安装目录的根目录，或 data 目录下，如 C:\ProgramData\MySQL\MySQL Server 5.7。

　　如果使用免安装版，如 MySQL Community Server，则可以直接下载、解压到指定位置（如 D:\mysql-5.7.20-winx64）。但是使用这种方式解压后没有 data 文件和 my.ini 配置文件，需要自己补充。免安装版还要在系统变量中配置 MySQL 的环境变量。

　　对于免安装版来说，在 D:\mysql-5.7.20-winx64\bin 目录下用管理员身份打开命令提示符，然后运行 mysqld --initialize-insecure --user=mysql，返回就会发现安装了 data 目录。

　　创建 my.ini 配置文件，也可以下载或复制 my.ini 配置文件，根据需要设置如下选项：

```
[client]
port=3306
default-character-set=utf8
[mysqld]
#设置 MySQL 的安装目录
basedir=D:\mysql-5.7.20-winx64
#设置 MySQL 的数据目录
datadir=D:\mysql-5.7.20-winx64\data
port=3306
character_set_server=utf8
sql_mode=NO_ENGINE_SUBSTITUTION,NO_AUTO_CREATE_USER
#开启查询缓存
explicit_defaults_for_timestamp=True
```

```
skip-grant-tables
```

完成上面两个目录的创建后，在 D:\mysql-5.7.20-winx64\bin 下用管理员身份运行命令提示符，输入命令 mysqld --install，如果显示 Service successfully installed，则说明注册成功。

然后，运行 net start mysql 命令，启动 MySQL 命令。

至此，就完成了 MySQL 的免安装版的下载和配置。

18.2　控制 MySQL 服务器

控制 MySQL 服务器的方法有两种：通过系统服务器和命令提示符，这两种方法都可以启动、连接和关闭 MySQL。

18.2.1　启动 MySQL 服务器

本小节以 Windows 8 为例介绍使用系统服务器和命令提示符启动 MySQL 服务器的操作流程。

本小节为选学内容，具体说明和演示示例请扫码查看。

扫一扫，看视频

扫描，拓展学习

18.2.2　连接和断开 MySQL 服务器

本小节介绍如何快速连接、断开 MySQL 服务器。

本小节为选学内容，具体说明和演示示例请扫码查看。

扫一扫，看视频

扫描，拓展学习

18.2.3　关闭 MySQL 服务器

本小节介绍如何关闭 MySQL 服务器。

本小节为选学内容，具体说明和演示示例请扫码查看。

扫一扫，看视频

扫描，拓展学习

18.3　操作 MySQL 数据库

启动并连接到 MySQL 服务器，即可对 MySQL 数据库进行操作。操作 MySQL 数据库的方法比较简单，下面具体进行介绍。

18.3.1　创建数据库

如果管理员在设置权限前为用户创建了数据库，就可以直接使用；否则，用户需要自己创建数据库。其语法格式如下：

```
mysql> CREATE DATABASE 数据库名称;
```

本小节为选学内容，具体说明和演示示例请扫码查看。

18.3.2　查看数据库

创建数据库后，就可以使用 SHOW 命令查看 MySQL 服务器中的数据库信息。其语法格式如下：

```
mysql> SHOW DATABASES;
```

该语句不需要附加任何数据库名称。

本小节为选学内容，具体说明和演示示例请扫码查看。

18.3.3　选择数据库

创建数据库并不一定要使用它，但需要明确选择数据库。向 MySQL 服务器指定当前要操作的数据库，可以使用 USE 语句。其语法格式如下：

```
mysql> USE 数据库名称;
```

本小节为选学内容，注意事项和演示示例请扫码查看。

18.3.4　删除数据库

删除数据库可以使用 DROP DATABASE 语句实现。其语法格式如下：

```
mysql> DROP DATABASE 数据库名称;
```

本小节为选学内容，演示示例请扫码查看。

18.4　操作 MySQL 数据表

用户应先使用 USE 语句选择数据库，然后才可以在 MySQL 数据库中进行数据表操作，如创建数据表、查看数据表结构、修改数据表结构、重命名数据表、删除数据表等。

18.4.1　创建数据表

使用 CREATE TABLE 语句可以创建数据表。其语法格式如下：

```
CREATE [TEMPORARY] TABLE [IF NOT EXISTS] 数据表名称
[(create_definition,…)][table_options] [select_statement]
```

本小节为选学内容，具体说明和演示示例请扫码查看。

18.4.2　查看数据表结构

成功创建数据表之后，可以使用 SHOW COLUMS 语句或 DESCRIBE 语句查看指定数据表的表结构。

本小节为选学内容，具体说明和演示示例请扫码查看。

18.4.3　修改数据表结构

修改数据表结构可以使用 ALTER TABLE 语句。修改数据表结构包括增加字段、删除字段、修改字段名称、修改字段类型、取消主键、取消外键、取消索引及修改表的注释等。其语法格式如下：

```
ALTER [IGNORE] TABLE 数据表名 alter_spec[,alter_spec]...
```

当指定 IGNORE 时，如果出现重复行，则只执行一次，其他重复的行被删除。

本小节为选学内容，具体说明和演示示例请扫码查看。

扫一扫，看视频　　扫描，拓展学习

18.4.4　重命名数据表

使用 RENAME TABLE 语句可以重命名数据表。其语法格式如下：

```
RENAME TABLE 数据表名 1 TO 数据表名 2;
```

该语句可以同时对多个数据表重命名，多个表之间可以使用逗号分隔。

本小节为选学内容，演示示例请扫码查看。

扫一扫，看视频　　扫描，拓展学习

18.4.5　删除数据表

删除数据表与删除数据库的操作类似，使用 DROP TABLE 语句即可实现。其语法格式如下：

```
DROP TABLE 数据表名;
```

本小节为选学内容，演示示例请扫码查看。

扫一扫，看视频　　扫描，拓展学习

18.5　SQL 语句

对数据表的插入、查询、修改、删除记录操作，可以在 MySQL 命令行中使用 SQL 语句完成。

18.5.1　插入记录

在建立一个空的数据库和数据表之后，用户就可以向数据表中插入记录。其语法格式如下：

```
INSERT INTO table_name [(col_name,...)] VALUES (value,...);
```

可以同时插入多条记录，每条记录的值在 VALUES 关键字后以逗号分隔。而在标准的 SQL 语句中一次只能插入一条记录。

本小节为选学内容，演示示例请扫码查看。

扫一扫，看视频　　扫描，拓展学习

18.5.2　查询记录

可以使用 SELECT 语句查询记录。其语法格式如下：

扫一扫，看视频　　扫描，拓展学习

```
SELECT
    select_expr, ...                              //要查询的内容
```

```
[FROM table_references                                    //要查询的数据表
[WHERE where_definition]                                  //指定查询条件
[GROUP BY {col_name | expr | position}
 [ASC | DESC], ... [WITH ROLLUP]]                         //对查询结果进行分组
[HAVING where_definition]                                 //查询时满足的第 2 个条件
[ORDER BY {col_name | expr | position}
 [ASC | DESC] , ...]                                      //对查询结果进行排序
[LIMIT {[offset,] row_count | row_count OFFSET offset}]   //限制输出的结果
```

在使用 SELECT 语句时，应先确定所要查询的列，"*"表示所有列，列与列之间通过逗号分隔。如果对多个数据表进行查询，则在指定的字段前面添加表名，通过点号进行连接，这样就可以避免出现因表间字段重名而造成的错误。

本小节为选学内容，演示示例请扫码查看。

扫一扫，看视频　扫描，拓展学习

18.5.3　更新记录

可以使用 UPDATE 语句更新记录。其语法格式如下：

```
UPDATE tbl_name
  SET col_name1=expr1 [, col_name2=expr2 ...]
  [WHERE where_definition]
```

其中，SET 子句指定要修改的列和列的值；WHERE 子句是可选的，如果省略该子句，则将对所有记录中的字段进行更新。

本小节为选学内容，演示示例请扫码查看。

扫一扫，看视频　扫描，拓展学习

18.5.4　删除记录

可以使用 DELETE 语句删除记录。其语法格式如下：

```
DELETE FROM tbl_name
  [WHERE where_definition]
```

在执行删除操作时，如果没有指定 WHERE 子句，则将删除所有记录。因此在操作时务必慎重。

本小节为选学内容，演示示例请扫码查看。

18.6　MySQL 数据库的备份和恢复

下面介绍如何备份和恢复 MySQL 数据库。

18.6.1　备份数据库

扫一扫，看视频　扫描，拓展学习

在命令行模式下，备份数据库可以使用 MYSQLDUMP 命令，通过该命令可以将数据以文本文件的形式存储到指定的文件夹下。

本小节为选学内容，详细操作步骤请扫码查看。

18.6.2　恢复数据库

既然可以对数据库进行备份，那么也可以对数据库进行恢复。恢复数据库的语法格式如下：

扫描，拓展学习　　扫一扫，看视频

```
\>mysql -uroot -proot db_admin < D:\db_admin.txt
```

其中，mysql 表示使用命令，-u 后的 root 表示用户名，-p 后的 root 表示密码，也可以省略，按提示输入密码，db_admin 表示数据库名，<后的字符串表示数据库备份文件的存储位置。

本小节为选学内容，详细操作步骤请扫码查看。

18.7　在 线 支 持

本节为拓展学习，感兴趣的读者请扫码进行强化训练。

扫描，拓展学习

第 19 章

使用 phpMyAdmin 管理 MySQL

使用命令提示符管理 MySQL 数据库比较麻烦，一般 PHP 开发人员都会选用 phpMyAdmin 来替代操作。phpMyAdmin 是一个使用 PHP 编写的，以网页视图的方式管理 MySQL 的开源工具。由于 phpMyAdmin 可以在网页服务器上运行，可以远程管理 MySQL 数据库，能够可视化创建、修改、删除数据库和表，能够一键导入和导出数据库，因此深受用户喜爱。本章将简单介绍 phpMyAdmin 的安装和使用方法，引导初学者熟悉 phpMyAdmin 操作界面。

学习重点

- 安装和配置 phpMyAdmin。
- 管理账户和权限。
- 管理数据库。
- 案例实战：设计简单的数据库。

19.1　安装和配置 phpMyAdmin

phpMyAdmin 是一个开源项目，安装比较简单。本节主要介绍 phpMyAdmin 的安装和配置方法。

19.1.1　为什么使用 phpMyAdmin

对于广大 PHP 开发人员，特别是初学者来说，比起使用命令提示符，在下面情况下使用 phpMyAdmin 管理 MySQL 数据库会更好，非常适合不熟悉数据库操作命令的用户。

- 需要修复 MySQL 数据库。
- 设置 MySQL 数据库用户权限。
- 检查和浏览 MySQL 数据库。
- 执行 SQL 语句。
- 恢复和备份 MySQL 数据库。
- 修改数据库、数据表的相关特性，如字符索引、存储引擎等。

当然，phpMyAdmin 也存在一个缺点：由于它运行在 Web 服务器中，所以如果未设置合适的访问权限，其他用户可能会进入操作，不能保证数据库的安全。

19.1.2　安装 phpMyAdmin

phpMyAdmin 的安装过程比较简单，具体操作步骤如下。

扫一扫，看视频

【操作步骤】

第 1 步，访问 phpMyAdmin 官方网站，下载最新版本的 phpMyAdmin 压缩包，如图 19.1 所示。

图 19.1　下载 phpMyAdmin 界面

第 2 步，将下载的压缩包解压到 PHP 网站根目录下。文件夹名称可以定义为 phpmyadmin。也可以根据需要重命名文件夹，但是需要修改配置参数，确保访问路径正确。

第 3 步，在 PHP 服务器安装目录下建立临时文件夹 tmp，然后为该文件夹添加 everyone 用户，并设置该用户的读/写控制权限，如图 19.2 所示。

第 4 步，在 PHP 服务器安装目录下打开 php.ini 配置文件，找到 session.save_path 参数，把前面的分号删除，取消注释，同时设置如下：

```
session.save_path = "D:/php/tmp"
```

📝 提示：

php.ini 配置文件中包含三处 session.save_path 选项，都应根据需要进行修改。同时应该根据本地计算机中 PHP 的安装路径进行设置。

第 5 步，在 php.ini 配置文件中找到 session.auto_start 参数，设置如下：

```
session.auto_start = 1
```

当该参数值为 1 时，表示启动会话。默认值是 0，即禁用会话。

第 6 步，在 phpmyadmin 文件夹中找到 config.sample.inc.php 配置文件，先复制为 config.inc.php，然后打开该文件，添加如下配置：

```
$cfg['PmaAbsoluteUri'] = 'http://localhost:80/phpmyadmin';
$cfg['blowfish_secret'] = 'cookie';
$cfg['DefaultLang'] = 'zh-gb2312';
$cfg['DefaultCharset'] = 'gb2312';
$cfg['Servers'][$i]['auth_type'] = 'cookie';
```

第 7 步，修改完毕后，重启 Apache 服务器，在 IE 浏览器地址栏中输入：

```
http://localhost/phpmyadmin/user_password.php
```

第 8 步，按 Enter 键，如果显示界面如图 19.3 所示，则说明 phpMyAdmin 安装成功。

图 19.2　添加并设置 everyone 用户权限界面　　　　图 19.3　phpMyAdmin 安装成功界面

19.1.3　配置 phpMyAdmin

phpMyAdmin 配置参数都存储在 config.inc.php 文件中。如果该文件不存在，可以在 libraries 目录中找到 config.default.php 文件，将它复制到 phpmyadmin 目录下，并重命名为 config.inc.php。

扫一扫，看视频

涉及界面设计（如颜色）的参数，存放在 themes/pmahomme/layout.inc.php 文件中，也可以创建 config.footer.inc.php 文件和 config.header.inc.php 文件添加站点的自定义代码，这些代码将影响页眉和页脚的显示。

【示例】配置 phpMyAdmin 的不同参数。

$cfg[PmaAbsoluteUri]参数用于设置 phpMyAdmin 的安装目录，值是其完整的 URL（包括完整的路径）。注意，在某些浏览器中，URL 大小写比较敏感。不要忘记结尾处的反斜杠。从 phpMyAdmin 2.3.0 版本开始，可以不填写该参数，phpMyAdmin 可以自动检测到正确的配置。

本小节介绍 phpMyAdmin 的基本配置方法，打开 libraries 目录下的 config.default.php 文件，依次找到下面各项，按照说明配置即可。

（1）访问网址。

```
$cfg['PmaAbsoluteUri'] = '';
```

此处设置 phpMyAdmin 的访问网址。

（2）MySQL 主机信息。

```
$cfg['Servers'][$i]['host'] = 'localhost';
```

此处设置 MySQL 服务器的 IP 地址。如果 MySQL 和该 phpMyAdmin 在同一服务器，则默认为 localhost。

```
$cfg['Servers'][$i]['port'] = '';
```

MySQL 的端口号默认为 3306，保留为空即可。如果安装 MySQL 时使用了其他端口，需要在这里填写。

（3）MySQL 用户名和密码。

```
//填写 MySQL 访问 phpMyAdmin 使用的用户名，默认为 root
$cfg['Servers'][$i]['user'] = 'root';
//填写对应上述用户名的密码
$cfg['Servers'][$i]['password'] = '';
```

（4）认证方法。

```
$cfg['Servers'][$i]['auth_type'] = 'cookie';       //考虑到安全性，建议这里填写 cookie
```

认证方法包括 cookie、http 和 config，config 方式无须输入用户名和密码，是不安全的，不推荐使用。当该项设置为 cookie 或 http 时，登录 phpMyAdmin 时需要使用用户名和密码进行验证；当 PHP 安装模式为 Apache 时，可以使用 http 和 cookie；当 PHP 安装模式为 CGI 时，可以使用 cookie。

（5）设置短语密码。

```
$cfg['blowfish_secret'] = '';
```

如果认证方法设置为 cookie，需要设置短语密码。

19.2　管理账户和权限

账户管理是 phpMyAdmin 的核心功能，它以可视化的方式帮助用户快速添加用户，并设置用户权限，同时把用户与数据库绑定在一起，下面进行具体说明。

19.2.1　登录 phpMyAdmin

扫一扫，看视频

在开发网站之前，应先设计好数据结构，创建数据库和数据表结构。下面介绍如何使用 phpMyAdmin 定义数据库。例如，设计数据库名称为 db_board，该数据库中包含一个 tb_board 数据表，用来存储用户留言信息。

【操作步骤】

第 1 步，启动 IE 浏览器，在地址栏中输入 http://localhost:8080/phpMyAdmin/，按 Enter 键，确认启动 phpMyAdmin。

第 2 步，登录 phpMyAdmin。在登录界面输入 MySQL 数据库的用户名和密码，本地 MySQL 默认用户名为 root，密码为用户安装 MySQL 服务器时设置的密码。输入完毕后，单击"执行"按钮即可，如图 19.4 所示。

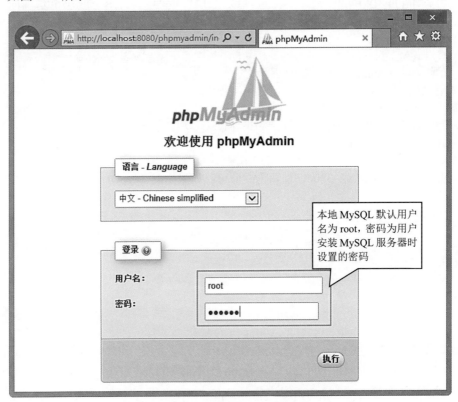

图 19.4　登录 phpMyAdmin 界面

提示：

在 phpMyAdmin 中，没有"确认"按钮，一般都是"执行"按钮，其实意思是一样的。

第 3 步，登录成功后进入 phpMyAdmin 主界面，如图 19.5 所示。在 phpMyAdmin 主界面中可以看到本地 MySQL 数据库及服务器配置信息。在主界面左侧以导航列表的形式显示了 MySQL 服务器中已经定义的数据库，单击即可打开对应的数据库；主界面右侧顶部是一排以图标形式显示的选项卡，不同的选项卡对应 MySQL 数据库不同的操作。

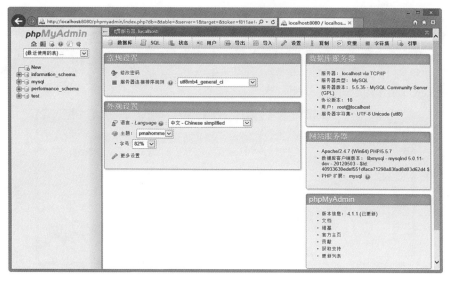

图 19.5　phpMyAdmin 主界面

19.2.2　添加用户和权限

在服务器或虚拟主机上，每个网站都会创建一个唯一的、专属使用的数据库用户名，这是为了安全和管理的需要。

本小节为选学内容，有需要的读者可以扫码阅读。

扫一扫，看视频　　扫描，拓展学习

19.2.3　创建数据库

在 phpMyAdmin 中可以快速创建一个数据库。

扫一扫，看视频

【操作步骤】

第 1 步，启动 phpMyAdmin，在首页左侧导航列表中选择 New 选项，或者在右侧内容区顶部单击"数据库"图标，切换到"数据库"选项卡，如图 19.6 所示。

图 19.6　数据库操作界面

第 2 步，在"新建数据库"文本框中输入数据库的名称，一般用字母表示，如 db_test。在"排序规则"下拉列表中选择数据库的类型，一般选择 gb2312_chinese_ci（表示简体中文，不区分大小写）。还有一个选项——gb2312_bin，表示简体中文，二进制。当然，在设置数据库数据类型时要与页面和程序的字符编码保持一致。例如，这里设置数据库 db_test 的类型为 utf8_general_ci，如图 19.7 所示。

图 19.7　设置数据库名称和类型界面

💡 提示：

utf8_bin 表示将字符串中的每一个字符用二进制数据存储，区分大小写。utf8_general_ci 表示不区分大小写，ci 为 case insensitive 的缩写，即大小写不敏感。utf8_general_cs 表示区分大小写，cs 为 case sensitive 的缩写，即大小写敏感。

第 3 步，单击"创建"按钮，完成 MySQL 数据库的创建。此时，phpMyAdmin 提示数据库创建成功，并显示在下面的数据库列表中，如图 19.8 所示。

图 19.8　显示创建的数据库界面

19.2.4　关联用户和数据库

扫一扫，看视频　　扫描，拓展学习

在 19.2.2 小节中介绍了如何添加用户及其权限，在 19.2.3 小节中介绍了如何创建数据库，下面介绍如何关联权限，把数据库和用户捆绑在一起。

本小节为选学内容，有需要的读者可以扫码阅读。

19.3　管理数据库

借助 phpMyAdmin 的可视化界面，数据库操作会变得非常简单，下面进行简单说明。

19.3.1　检查和修改数据库

当需要检查和修改数据库时，可以按如下步骤操作。

【操作步骤】

第 1 步，进入数据库。登录并进入 phpMyAdmin 首页，在左侧导航列表中显示了服务器中的各个数据库，单击即可进入数据库；也可以在右侧内容区顶部选择"数据库"选项卡，如图 19.9 所示。

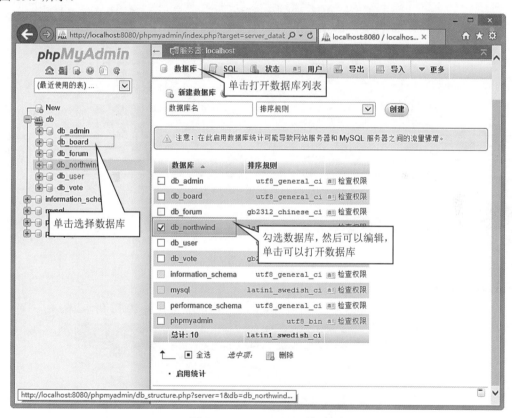

图 19.9　phpMyAdmin 首页

第 2 步，操作数据表。在左边导航列表中显示了数据库中的表，单击即可进入，也可以单击右边的图标，如图 19.10 所示。

第 3 步，编辑字段。单击数据表的"结构"操作图标，可以列出数据表栏目，在这里可以对数据表字段执行插入、修改、删除等操作，如图 19.11 所示。

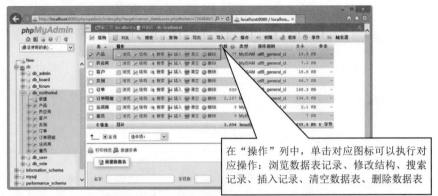

图 19.10　操作数据表界面

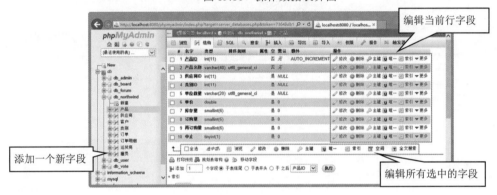

图 19.11　编辑字段界面

扫一扫，看视频

19.3.2　修复数据表

数据表损坏时，可以通过 phpMyAdmin 进行修复。

【操作步骤】

第 1 步，登录 phpMyAdmin，进入需要修复的数据表界面，如图 19.12 所示。

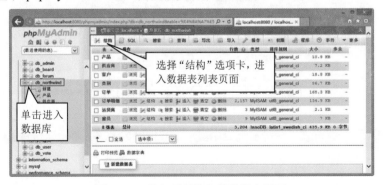

图 19.12　进入需要修复的数据表界面

第 2 步，在界面中，勾选一个数据表，然后在下拉列表中选择"修复表"选项，如图 19.13 所示。

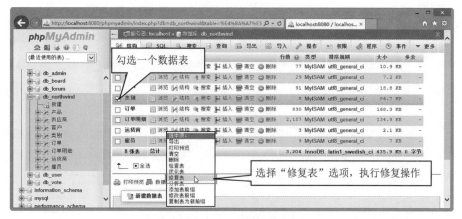

图 19.13　执行数据表修复操作

第 3 步，执行修复操作之后，phpMyAdmin 会显示修复状态信息，提示当前数据表被修复的情况，如图 19.14 所示。

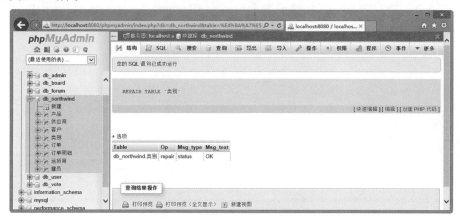

图 19.14　显示修复状态信息界面

19.3.3　备份数据库

扫一扫，看视频

备份 MySQL 数据库是一项很重要的工作，本小节介绍如何使用 phpMyAdmin 对 MySQL 数据库进行导入和导出操作，以实现数据库备份。

【操作步骤】

第 1 步，启动 phpMyAdmin，登录后进入 phpMyAdmin 主界面，在主界面右侧内容区顶部选择"导出"选项，如图 19.15 所示。

第 2 步，导出的界面分为左、右两大部分，左侧为需要导出的数据库列表，可以选择全部导出，也可以选择导出某个数据库。右侧为设置 phpMyAdmin 的"导出方式"和"格式"，默认的"格式"是 SQL，其他常用的导出格式有 CSV、WORD、XLS、YAML 等，如图 19.16 所示。

第 3 步，单击"执行"按钮，此时浏览器会弹出保存提示弹窗，单击"保存"按钮右侧的下拉按钮，在弹出的下拉列表中，选择"另存为"命令，打开"另存为"对话框，把 SQL 文件保存到本地，如图 19.17 所示。

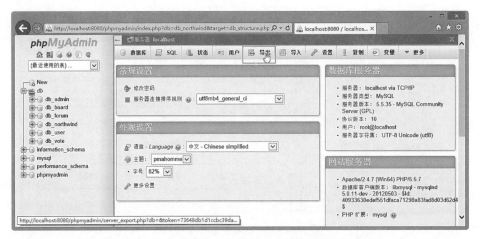

图 19.15　phpMyAdmin 主界面——选择"导出"选项

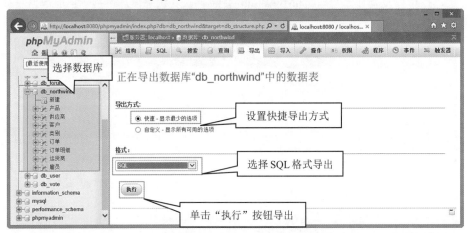

图 19.16　设置导出选项界面

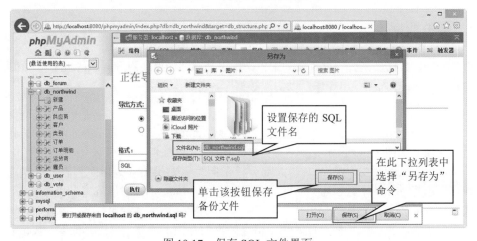

图 19.17　保存 SQL 文件界面

19.3.4 导入数据库

扫一扫，看视频

当 MySQL 发生异常时，如果之前备份过数据库，使用 phpMyAdmin 将之前导出的 SQL 文件导入到相应的数据库中即可。

【操作步骤】

第 1 步，启动 phpMyAdmin，登录后进入 phpMyAdmin 主界面，在主界面中新建一个空数据库，或者选择一个已经建立好的数据库，如图 19.18 所示。

图 19.18 新建空白数据库界面

第 2 步，在主界面右侧内容区顶部选择"导入"选项，如图 19.19 所示，打开导入页面。

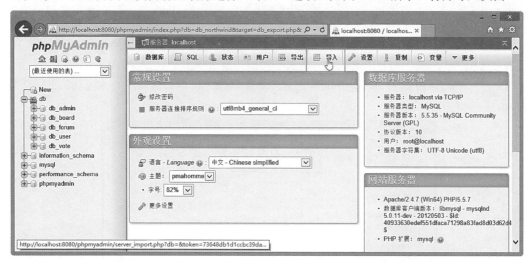

图 19.19 phpMyAdmin 主界面——选择"导入"选项

第 3 步，在主界面左侧数据库列表中，选择新建的数据库；在主界面右侧内容区单击"浏览"按钮，浏览文件位置。然后选择要导入的数据库文件（db_northwind.sql）（注意扩展名为.sql），设置文件的字符集，确保与备份数据库的字符集一致；设置"格式"为 SQL，如图 19.20 所示。

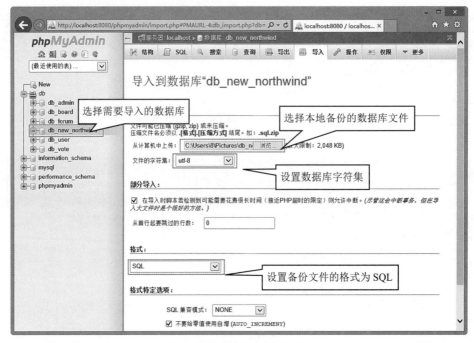

图 19.20　设置导入选项界面

✐ 提示：

在"浏览"按钮右侧有"最大限制：2,048KB"的提示，它表明 phpMyAdmin 默认导入的最大文件为 2MB。如果希望在 phpMyAdmin 中导入大文件，最简单的方法是修改 php.ini 配置文件中文件上传大小的配置。

第 4 步，导入文件的字符集，默认是 utf-8。这里需要注意，phpMyAdmin 导入、导出的文件的字符集必须一致，否则会导致 MySQL 数据库出现乱码。

"部分导入"的说明：主要应用在大文件上传中断时，可以从中断行开始继续导入。

导入选项的"格式"与导出选项的"格式"类似，要选择正确的 phpMyAdmin 格式。

第 5 步，执行即可完成 phpMyAdmin 的导入数据库操作，最后会显示导入成功的提示信息，如图 19.21 所示。

图 19.21　导入成功界面

19.4　案例实战：设计简单的数据库

本节简单介绍如何使用 phpMyAdmin 设计数据库。
本节为选学内容，需要的读者可以扫码阅读。

扫一扫，看视频

扫描，拓展学习

19.5　在 线 支 持

本节为拓展学习，感兴趣的读者请扫码进行强化训练。

扫描，拓展学习

第 20 章

使用 PHP 操作 MySQL

第 18 章中介绍了如何使用命令提示符管理 MySQL 数据库，这种方式只适合 DBA（数据库管理员）或后台技术人员操作。对于普通用户来说，建议使用 PHP 操作 MySOL 中的数据。MySQL 采用的是"客户机/服务器"体系结构，其中，PHP 代码就充当了 MySQL 客户机的角色。PHP 通过扩展实现与 MySQL 的连接，本章将详细讲解 PHP 语言中 MySQL 的扩展。

学习重点

- PHP 与 MySQL 通信。
- 使用 mysqli 扩展。
- 使用 mysqli 类。
- 使用 mysqli_result 类。
- 使用 mysqli_stmt 类。
- 使用事务。
- 案例实战：设计电子公告管理模块。

20.1 PHP 与 MySQL 通信

下面简单介绍一下 PHP 连接 MySQL 的基本方式和一般步骤。

20.1.1 PHP 连接 MySQL 的基本方式

PHP 连接 MySQL 的基本方式有 3 种，分别是 mysql 扩展、mysqli 扩展、PHP 数据对象（PHP Data Objects，PDO）。

扫一扫，看视频

1. mysql 扩展

mysql 扩展是早期 PHP 应用与 MySQL 数据库交互的扩展。mysql 扩展提供了一个面向过程的接口，并且是针对 MySQL 4.1.3 版本或者更早版本设计的。因此，mysql 扩展虽然可以与 MySQL 4.1.3 版本或更新的数据库服务端进行交互，但并不支持后期 MySQL 服务端提供的一些功能。

📝 提示：

由于 mysql 扩展太古老，又不安全，在 PHP 7.0 版本中已经不再支持，因此本书也不再详细介绍。

2. mysqli 扩展

mysqli 扩展也称 mysql 增强扩展，是 PHP 5.0 版本新增加的。mysqli 扩展对 mysql 扩展进行了改进，执行速度更快，使用更方便，访问数据库更稳定。mysqli 扩展可以使用 MySQL 4.1.3 版本及以上版本的高级特性，如调用 MySQL 的存储过程、处理 MySQL 事务等。

mysqli 扩展的特点：提供面向对象的接口、支持 prepared 语句、支持多语句处理、支持事务、增强了调试功能、支持嵌入式服务、完全解决了 SQL 注入问题的预处理方式。不过它也有缺点，就是只支持 MySQL 数据库。如果要访问其他数据库，则只能够使用 PDO 扩展。

3. PDO

PDO 是 PHP 应用中的一个数据库抽象层规范。PDO 提供了一个统一的 API 接口，使 PHP 应用不再关心要连接的数据库服务器的类型。因此，使用 PDO 可以在任何需要的时候无缝切换数据库服务器，如从 Oracle 切换到 MySQL，其类似于 JDBC、ODBC、DBI 等接口。同时，它也解决了 SQL 注入问题，有很好的安全性。

20.1.2 PHP 访问 MySQL 的一般步骤

使用 PHP 访问 MySQL 数据库一般需要 5 步，如图 20.1 所示。
下面以 mysqli 扩展的过程式函数为例进行说明。

扫一扫，看视频

【操作步骤】

第 1 步，连接 MySQL 服务器。使用 PHP 的 mysqli_connect()函数建立与 MySQL 服务器之间的连接。

第 2 步，选择 MySQL 数据库。使用 mysqli_select_db()函数选择 MySQL 服务器中的数据库，并与之建立连接。

第 3 步，执行 SQL 语句。选择数据库后，就可以使用 mysqli_query()函数执行 SQL 语句。数据库的操作方式主要有以下 5 种：

- 查询数据：使用 select 语句实现查询数据的功能。
- 显示数据：使用 select 语句显示数据的查询结果。
- 插入数据：使用 insert into 语句向数据库中插入数据。
- 更新数据：使用 update 语句更新数据库中的数据。
- 删除数据：使用 delete 语句删除数据库中的数据。

第 4 步，清除记录集。数据库操作完成之后，需要回收记录集，以释放系统资源。代码如下：

```
mysqli_free_result($result);
```

第 5 步，关闭与 MySQL 的连接。

在清除记录集后，应使用 mysqli_close()函数关闭与 MySQL 服务器的连接。代码如下：

```
mysqli_close($link);
```

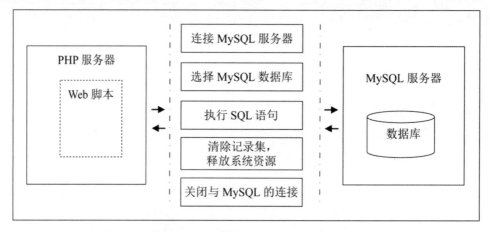

图 20.1　PHP 访问 MySQL 的一般步骤

20.2　使用 mysqli 扩展

扫一扫，看视频　　扫描，拓展学习

mysqli 扩展被封装在一个类中，它是一种面向对象的技术。mysqli 扩展包括 3 个子类，分别是 mysqli、mysqli_result、mysqli_stmt。

搭配使用这 3 个对象，就可以连接 MySQL 数据库服务器、选择数据库、查询和获取数据，以及使用预处理语句等。

当然，习惯过程化编程的用户不用担心，mysqli 扩展也提供了一个传统的函数式接口，实现这个过程的顺利过渡。不过该函数式接口以 mysqli 为前缀，其用法基本与 mysql 扩展相似。本节将重点介绍使用 mysqli 扩展面向对象的编程方法，并适当兼顾过程式编程的用户的习惯。关于 PHP mysqli 扩展的过程化函数，可以扫描二维码进行了解。

📝 提示：

如果使用过程式编程，有些 mysqli 扩展的函数必须指定资源，如 mysqli_query(资源标识, SQL 语句)，而 mysql_query(SQL 语句,'可选')的资源标识是放在后面的，且可以不指定，默认是上一个打开的连接或资源。关于如何兼容早期 mysqli 扩展的函数应用的页面，可以扫码了解。

20.3　使用 mysqli 类

扫描，拓展学习

mysqli 类主要控制 PHP 和 MySQL 数据库服务器之间的连接、数据库的选择、与 MySQL 服务器间 SQL 语句的传输，以及字符集的设置等，这些任务都是通过该类中声明的构造方法、成员方法和成员属性完成的。mysqli 类声明的成员方法和成员属性可以扫码了解。

20.3.1　启用 mysqli 扩展

扫一扫，看视频

如果在 Linux 系统中启用 mysqli 扩展，必须在编译 PHP 时加上--with-mysqli 选项。

如果在 Windows 系统中启用 mysqli 扩展，必须在 php.ini 文件中启用下面一行，取消前面的注释；如果没有找到就添加这样一行：

```
extension=php_mysqli.dll                        //在 php.ini 文件中启用这一行
```

提示：

可以在 PHP 脚本中，调用 phpinfo()函数检查 PHP 版本是否支持 mysqli 扩展。

20.3.2　连接 MySQL 服务器

扫一扫，看视频

PHP 程序在与 MySQL 服务器交互之前，需要成功地连接到 MySQL 服务器。如果选择使用 PHP 面向对象接口与 MySQL 服务器连接，有快速连接和个性连接两种方式。

1. 快速连接

通过 mysqli 类的构造方法实例化对象。mysqli()构造方法的语法格式如下：

```
$mysqli=new mysqli( [string $host [, string $username [, string $password [, string $dbname [, int
$port [, string $socket]]]]]] );
```

参数说明：

- $host：表示 MySQL 服务器的主机名，如 localhost。
- $username：表示 MySQL 的用户名。默认值是服务器进程所有者的用户名，如 root。
- $password：表示 MySQL 的密码。默认值是空密码。
- $dbname：表示要连接的数据库的名称。
- $port：表示 MySQL 服务器的端口号。默认为 3306 号端口。
- $socket：一个套接字文件或命名管道。

mysqli()构造方法包含 6 个可选参数，其中前 4 个参数较常用。如果连接成功，将返回一个 mysqli 对象。

提示：

如果使用快速连接，就不用调用 mysqli 对象的 connect()和 select_db()等方法来连接 MySQL 服务器和选择数据库。在连接成功后，可以通过 mysqli 对象的 select_db()方法改变连接的数据库。

【兼容方法】

如果使用过程式编程，可以直接调用 mysqli_connect()函数，其语法格式与 mysqli()构造方法的语法格式相同，参数和返回值也相同。代码如下：

```
mysqli_connect(host, username, password, dbname, port, socket);
```

如果要兼容 mysql 扩展，则可以按如下写法实现：

```
$link = mysqli_connect($host, $username, $passwd);        //建立连接
mysql_select_db($link, $dbname);                          //选择数据库
```

【示例】 分别使用面向对象的方式和过程式两种方法连接本地 MySQL 服务器中的 db_book_php_15 数据库。代码如下：

```
<?php
$host = 'localhost';                                      //指定 MySQL 服务器
$username = 'root';                                       //指定用户名
$password = '11111111';                                   //指定密码
$dbname = 'db_book_php_15';                               //指定数据库名称
//mysqli 对象化
$db = new mysqli($host,$username,$password,$dbname);      //连接数据库
//或者也可以这样
$db = mysqli_connect($host,$username,$password,$dbname);  //连接数据库
if($db){                                                  //检测是否连接成功
    echo "MySQL 服务器连接成功! ";
}
//兼容 mysql
$link = mysqli_connect($host,$username,$password);        //建立连接
mysqli_select_db($link, $dbname);                         //选择数据库
if($link){                                                //检测是否连接成功
    echo "MySQL 服务器连接成功! ";
}
?>
```

✍ **提示：**

本章所有示例及练习都将用到 db_book_php_15 数据库，请在本书源码包中将对应章节的 db_book_php_15 文件夹复制到本地 MySQL 的 data 目录下，或者通过 phpMyAdmin 新建数据库 db_book_php_15，然后把 db_book_php_15.sql 数据表结构和内容导入数据库。

2. 个性连接

如果在创建 mysqli 对象时，没有向构造方法传入连接参数，就需要调用 mysqli 对象的 connect()方法连接 MySQL 数据库服务器，还可以使用 select_db()方法特别指定数据库。例如：

```
$mysqli=new mysqli();                                     //创建 mysqli 对象
$mysqli->connect("localhost", "mysql_user", "mysql_pwd"); //连接 MySQL 数据库服务器
$mysqli->select_db("mylib");                              //选择特定的数据库
```

虽然使用 mysqli()构造方法建立连接很方便，但它有一个缺点：无法设置任何 MySQL 特有的连接选项。例如，设置连接倒计时，在连接成功之后立刻执行一个 SQL 语句等，所以还可以这样创建一个连接：

```
/*如果没有连接，则使用 mysqli_init()函数创建一个连接对象 */
$mysqli = mysqli_init();
/* 下面两行设置连接选项 */
$mysqli->options(MYSQLI_INIT_COMMAND, "SET AUTOCOMMIT=0");  //连接成功则执行
```

```
$mysqli->options(MYSQLI_OPT_CONNECT_TIMEOUT, 5);                        //设置倒计时
/* 通过 mysqli 对象中的 real_connect()方法连接 MySQL 服务器 */
$mysqli->real_connect('localhost', 'mysql_user', 'mysql_pwd', 'mylib');
```

20.3.3　处理连接错误报告

在连接过程中难免会出现错误，应该将错误及时通知用户。连接出错后，mysqli 对象就不会创建成功，所以就不能调用 mysqli 对象的成员获取这些错误信息。

可以通过过程式 mysqli 扩展获取。使用 mysqli_connect_errno()函数测试在建立连接的过程中是否发生错误，相关的出错信息由 mysqli_connect_error()函数负责返回。代码如下：

扫一扫，看视频

```
$db = new mysqli($host,$username,$password,$dbname);                    //连接数据库
/* 检查连接，如果连接出错，则输出错误信息并退出程序 */
if (mysqli_connect_errno()) {
    printf("连接失败: %s\n", mysqli_connect_error());
    exit();
}
```

20.3.4　关闭与 MySQL 服务器的连接

完成数据库访问工作，如果不再需要连接，应该释放有关的 mysqli 对象。虽然执行结束后，所有打开的数据库连接都将自动关闭，回收资源。但是，在执行过程中，页面可能产生了多个数据库连接，各个连接要在适当的时候关闭。

扫一扫，看视频

使用 mysqli 对象的 close()方法可以关闭打开的数据库连接，如果关闭成功则返回 True，否则返回 False。

【示例】连接 MySQL 数据库服务器、检查连接、通过 mysqli 对象中的一些成员方法和属性获取连接的详细信息，最后关闭数据库连接。代码如下：

```
<?php
$host = 'localhost';                                          //指定 MySQL 服务器
$username = 'root';                                           //指定用户名
$password = '11111111';                                       //指定密码
$dbname = 'db_book_php_15';                                   //指定数据库名称
$mysqli = new mysqli($host,$username,$password,$dbname);      //连接数据库
/* 检查连接，如果连接出错，则输出错误信息并退出程序 */
if (mysqli_connect_errno ()) {
    printf ( "连接失败:<br>", mysqli_connect_error () );
    exit ();
}
/* 输出当前数据库使用的字符集*/
printf ( "当前数据库的字符集: %s<br>", $mysqli->character_set_name () );
/* 输出客户端版本 */
printf ( "客户端库版本: %s<br>", $mysqli->get_client_info () );
/* 输出服务器主机信息 */
printf ( "主机信息: %s<br>", $mysqli->host_info );
/* 输出字符串形式的 MySQL 服务器版本 */
printf ( "服务器版本: %s<br>", $mysqli->server_info );
```

```
/* 输出整数形式的 MySQL 服务器版本 */
printf ( "服务器版本: %d<br>", $mysqli->server_version );
/* 关闭数据库连接 */
$mysqli->close();
?>
```

　　　输出结果：

```
当前数据库的字符集: utf8
客户端库版本: mysqlnd 5.0.12-dev - 20150407 - $Id: 38fea24f2847fa7519001be390c98ae0acafe387 $
主机信息: localhost via TCP/IP
服务器版本: 5.7.13-log
服务器版本: 50713
```

20.3.5　执行 SQL 语句

　　　　　　mysqli 类提供了几种执行 SQL 语句的方法，其中最常用的是 query()方法。对于 insert（插入）、update（更新）、delete（删除）等不会返回数据的 SQL 语句，query()方法在 SQL 语句执行成功时返回 True，而对于查询操作将返回 mysqli_result 对象，即结果记录集；否则返回 False。

　　用户可以通过 mysqli 对象的 affected_rows 属性获取发生了变化的记录数。使用 mysqli 对象的 insert_id 属性可以返回最后一条记录的 ID 值。

　　【示例】向数据库 db_book_php_15 中的 tb_contact 数据表插入一条记录，然后返回改变的记录数，以及新插入的 ID 值。代码如下：

```
<?php
//省略数据库连接的 4 个初始化变量，可参考 20.3.4 小节
$mysqli = new mysqli($host,$username,$password,$dbname);                //连接数据库
/* 执行 SQL 语句向表中插入一条记录，并获取改变的记录数和新插入的 ID 值 */
if ($mysqli->query ( "insert into tb_contact(name, departmentId, address, phone, email)
values('test','D03','上海','13844448888','test@163.com')")) {
   echo "改变的记录数: " . $mysqli->affected_rows . "<br>";
   echo "新插入的 ID 值: " . $mysqli->insert_id . "<br>";
}
$mysqli->close ();
?>
```

　　　输出结果：

```
改变的记录数: 1
新插入的 ID 值: 6
```

　　提示：
　　（1）如果在执行 SQL 语句时发生错误，query()方法将返回 False，此时可以通过 mysqli 对象的 errno 和 error 属性获得错误编号和错误原因。
　　（2）在执行有返回数据的 SELECT（选择）语句时，如果执行成功则返回一个 mysqli_result 对象，该对象属于 mysqli_result 类，将在 20.4 节详细介绍。

　　mysqli 对象的 query()方法每次只能执行一条 SQL 语句时，如果想一次执行多条语句，就必须使用 mysqli 对象的 multi_query()方法。如果想以不同的参数多次执行一条 SQL 语句，最有效率的办法是先对那条语句做预处理，然后再执行。

20.4　使用 mysqli_result 类

扫描，拓展学习

mysqli_result 类的对象包含 SELECT 查询的结果，获取结果集中数据的成员方法，以及与查询结果有关的成员属性。mysqli_result 类包含的全部成员属性和成员方法可以扫码了解。

20.4.1　创建结果集对象

mysqli_result 类的对象，默认是通过 mysqli 对象的 query()方法执行 SELECT 语句，并把返回的结果从 MySQL 服务器取回到 PHP 服务器，保存在该对象中。

如果希望把结果暂时留在 MySQL 服务器上，在需要时才一条条地读取记录，就需要在调用 query()方法时，将第 2 个参数设置为 MYSQL_USE_RESULT。当处理的数据集合比较大或不适合一次全部取回到客户端时，使用这个参数比较有用。但是，要想知道本次查询的所有记录数，只能在所有的结果记录被全部读取完毕之后执行查阅。

【示例 1】使用 mysqli 对象的 query()方法获取结果集，第 1 行代码把数据取回客户端，第 2 行代码把数据留在 MySQL 服务器，需要时再取。代码如下：

```
//把数据取回客户端
$result = $mysqli->query("SELECT * FROM tb_contact LIMIT 4");
//把数据留在 MySQL 服务器上
$result = $mysqli->query("SELECT * FROM tb_contact", MYSQLI_USE_RESULT);
```

提示：

（1）可以结合使用 mysqli 对象的 real_query()、store_result()或 use_result()方法获取结果集。real_query()方法与 query()方法相同，只是无法确定所返回结果集的类型，可以使用 store_result()方法获取整个结果集。
（2）将所有记录存储在一个对象中，在合适的时候加以解析，这些对象称为缓冲结果集。

【示例 2】在缓冲结果集中向前和向后导航，甚至直接跳到任意一条。代码如下：

```
//无法确定所返回结果集的类型
$mysqli->real_query("SELECT * FROM tb_contact LIMIT 4");
$result = $mysqli->store_result();                    //获取一个缓冲结果集
```

由于缓冲结果集是获取整个结果集，可能占用非常多的内存，所以一旦结果集操作结束，就要及时回收内存。

使用 mysqli 对象的 real_query()方法和 use_result()方法，也可以从服务器获取结果集，但并不是获取整个集合，而是获取各条记录。因为这种方式只是结果集的获取，所以不仅无法确定集合中的记录总数，也无法向后导航或跳到某条记录。

20.4.2　释放资源

结束对缓冲结果集的操作后，应该使用 mysqli_result 对象的 close()方法释放资源。

提示：

一旦执行了这个方法，缓冲结果集就不再可用。

20.4.3　从结果集中解析数据

解析数据的内容包括从结果集中获取需要的记录、字段信息以及整个表的属性等。

扫一扫，看视频

与 mysql 扩展类似，mysqli 扩展也提供了 fetch_row()、fetch_array()、fetch_assoc() 和 fetch_object() 4 个方法来依次读取结果集对象中的记录。这 4 个方法只在引用字段的方式上有区别，它们的共同点是：每次调用将自动返回下一条记录；如果已经到达结果集末尾，则返回 False。

1. fetch_row()方法

fetch_row()方法能够从结果集中获取一条记录，并将值存放在一个索引数组中。与其他 3 个方法相比，fetch_row()方法是最方便的。

各个字段需要以 $row[$n]的方式访问，其中 $row 是从结果集中返回的一行记录的数组，$n 为连续的整数下标。因为返回的是索引数组，所以可以与 list()函数配合使用。

【示例 1】查询数据表 tb_contact 中第 2 部门员工的记录集，获取他们的姓名和邮箱，然后使用 fetch_row()方法逐一读取每条记录，并显示出来。代码如下：

```php
<?php
$host = 'localhost';                                            //指定 MySQL 服务器
$username = 'root';                                             //指定用户名
$password = '11111111';                                         //指定密码
$dbname = 'db_book_php_15';                                     //指定数据库名称
$mysqli = new mysqli($host,$username,$password,$dbname);        //连接数据库
$mysqli->query("set names utf8" );                             //设置结果的字符集
/* 将部门编号为 D02 的员工的姓名和邮箱全部存入结果集*/
$result = $mysqli->query ("SELECT name, email FROM tb_contact WHERE departmentId='D02'");
echo 'D02 部门的员工的姓名和邮箱: ';
echo '<ol>';
while (list ($name, $email) = $result->fetch_row() ) {         //从结果集中遍历每条数据
   echo '<li>' . $name . ' : ' . $email . '</li>';            //以列表形式输出每条记录
}
echo '</ol>';
$result->close ();                                             //关闭结果集
$mysqli->close ();                                             //关闭与数据库的连接
?>
```

输出结果：

D02 部门的员工的姓名和邮箱:
  1.李四 : lisi@163.com
  2.赵六 : zhaoliu@163.com

在上面代码中，也可以通过遍历数组获取同样的输出结果。但通过将 list()函数和 while 语句结合使用，遇到每条记录时将字段赋给一个变量，可以简化一些步骤。

2. fetch_assoc()方法

fetch_assoc()方法将以一个关联数组的形式返回一条结果记录，数据表的字段名表示键，字段内容表示值。

【示例 2】从数据表 tb_contact 中查询所有记录，并以表格的形式把所有数据显示出来。代码如下：

```
<?php
//省略数据库连接代码，请参考 20.4.3 节示例 1
$result = $mysqli->query ( "SELECT * FROM tb_contact" );        //执行查询语句获取结果集
echo '<table width="90%" border="1" align="center">';           //输出 HTML 表格
echo '<caption><h1>员工信息表</h1></caption>';                   //输出表名
echo '<th>员工 ID</th><th>姓名</th><th>部门编号</th><th>联系地址</th><th>联系电话</th><th>邮箱</th>';
                                                                //输出字段名
while ( $row = $result->fetch_assoc () ) {                      //循环从结果集中遍历记录
   echo '<tr>';                                                 //输出行标记
   echo '<td>' . $row ["id"] . '</td>';                         //输出员工 ID
   echo '<td>' . $row ["name"] . '</td>';                       //输出姓名
   echo '<td>' . $row ["departmentId"] . '</td>';               //输出部门编号
   echo '<td>' . $row ["address"] . '</td>';                    //输出联系地址
   echo '<td>' . $row ["phone"] . '</td>';                      //输出联系电话
   echo '<td>' . $row ["email"] . '</td>';                      //输出邮箱
   echo '</tr>';
}
echo '</table>';
$result->close ();                                              //关闭结果集
$mysqli->close ();                                              //关闭与数据库服务器的连接
?>
```

获取结果集演示效果如图 20.2 所示。

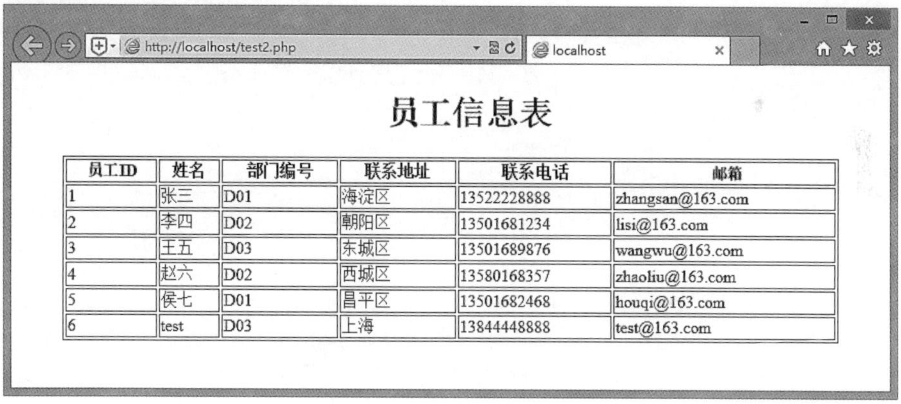

员工ID	姓名	部门编号	联系地址	联系电话	邮箱
1	张三	D01	海淀区	13522228888	zhangsan@163.com
2	李四	D02	朝阳区	13501681234	lisi@163.com
3	王五	D03	东城区	13501689876	wangwu@163.com
4	赵六	D02	西城区	13580168357	zhaoliu@163.com
5	侯七	D01	昌平区	13501682468	houqi@163.com
6	test	D03	上海	13844448888	test@163.com

图 20.2　获取结果集演示效果

3. fetch_array()方法

fetch_array()方法是 fetch_row()和 fetch_assoc()方法的结合，可以将结果集的各条记录返回为一个关联数组或一个数值索引数组，或将其同时返回为关联数组和索引数组。

在默认情况下，会同时返回这两种数组。可以通过在该方法的参数中传入以下参数值来修改。

- MYSQLI_ASSOC：记录被作为关联数组返回，字段名为键，字段内容为值。
- MYSQLI_NUM：记录被作为索引数组返回，按查询中指定的字段名顺序排序。
- MYSQLI_BOTH：这是默认值，记录既作为关联数组又作为索引数组返回。因此，每个字段可以根据其索引偏移来引用，也可以根据字段名来引用。

提示：

> 如果没有特殊要求，则尽量不要使用 fetch_array()方法，fetch_row()或 fetch_assoc()方法的功能与 fetch_array()
> 方法相同，但效率会更高。

4. fetch_object()方法

fetch_object()方法与前面 3 个方法不同，它将以一个对象的形式返回一条结果记录，而不是以数组形式。它的各个字段需要以对象的形式进行访问，数据列的名字区分字母大小写。

【示例 3】以示例 2 为基础，使用 fetch_object()方法返回相同的结果集。代码如下：

```php
<?php
//省略数据库连接代码，请参考示例 1
$result = $mysqli->query ( "SELECT * FROM tb_contact" );      //执行查询语句获取结果集
echo '<table width="90%" border="1" align="center">';        //输出 HTML 表格
echo '<caption><h1>员工信息表</h1></caption>';              //输出表名
echo '<th>员工 ID</th><th>姓名</th><th>部门编号</th><th>联系地址</th><th>联系电话</th><th>邮箱</th>';
                                                             //输出字段名
while ( $rowObj = $result->fetch_object () ) {               //循环从结果集中遍历记录
  echo '<tr align="center">';                                //输出行标记
  echo '<td>' . $rowObj->id . '</td>';                       //输出员工 ID
  echo '<td>' . $rowObj->name . '</td>';                     //输出姓名
  echo '<td>' . $rowObj->departmentId . '</td>';             //输出部门编号
  echo '<td>' . $rowObj->address . '</td>';                  //输出联系地址
  echo '<td>' . $rowObj->phone . '</td>';                    //输出联系电话
  echo '<td>' . $rowObj->email . '</td>';                    //输出邮箱
  echo '</tr>';
}
echo '</table>';
$result->close ();                                           //关闭结果集
$mysqli->close ();                                           //关闭与数据库服务器的连接
?>
```

提示：

> 以上 4 个方法，每次调用都将自动返回下一条记录。如果想改变读取的顺序，可以使用结果集对象的 data_seek()
> 方法明确地改变当前记录的位置；也可以使用结果集对象的 num_rows 属性，给出结果数据表里的记录个数；
> 还可以使用结果对象的 lengths 属性返回一个数组，该数组的各个元素是使用以上 4 个方法读取的结果集中各
> 字段的字符个数。

20.4.4　从结果集中获取数据列的信息

扫一扫，看视频

在解析结果集时，不仅需要遍历数据，也需要获取数据表的属性和各个字段的信息。用户可以通过结果集对象的 field_count 属性获取结果集中数据列的个数，通过 current_field 属性获取当前列的位置，通过 field_seek()方法改变指向当前列的偏移位置，通过 fetch_field()方法获取当前列的信息。

【示例】查询数据表 tb_contact 中第 2 部门员工的"记录"集，获取他们的姓名和邮箱，并获取结果集中的列数，以及相关信息。代码如下：

```php
<?php
//省略数据库连接代码，请参考 20.4.3 小节示例 1
/* 将部门编号为 D02 的联系人姓名和电子邮件全部取出存入结果集*/
```

```
$result = $mysqli->query ( "SELECT name, email FROM tb_contact WHERE departmentId='D02'" );
echo "结果集中数据的列数: " . $result->field_count . "列<br>";      //从查询结果中获取列数
echo "默认当前列的位置: " . $result->current_field . "列<br>";    //输出默认列的指针位置
echo "将指针移到第 2 列;<br>";
$result->field_seek ( 1 );                                    //将当前列指针移至第二列
                                                              // (默认 0 代表第一列)
echo "当前指针位置: " . $result->current_field . "列<br>";       //输出当前列的指针位置
echo "第 2 列的信息: <br>";
$finfo = $result->fetch_field ();                             //获取当前列的对象
echo "列的名称: " . $finfo->name . "<br>";                       //输出列的名称
echo "来自数据表: " . $finfo->table . "<br>";                     //输出本列来自哪个数据表
echo "本列最长字符串的长度是" . $finfo->max_length . "<br>";        //输出本列中最长字符串长度
$result->close ();                                           //关闭结果集
$mysqli->close ();                                           //关闭与数据库服务器的连接
?>
```

　　输出结果：

```
结果集中数据的列数: 2 列
默认当前列的位置: 0 列
将指针移到第 2 列;
当前指针位置: 1 列
第 2 列的信息:
列的名称: email
来自数据表: tb_contact
本列最长字符串的长度是 15
```

提示：

使用结果集对象的 fetch_field()方法，只能获取当前的列信息。要想查询结果集中更详细的数据信息，可以通过对 fetch_fields()方法返回的结果集进行解析获得。这个方法从查询结果中返回所有列的信息，保存在一个对象数组中，其中一个对象对应一个数据列的信息。

20.4.5　一次执行多条 SQL 语句

扫一扫，看视频

　　使用 mysqli 对象的 query()方法每次调用只能执行一条 SQL 语句，如果需要一次执行多条 SQL 语句，就必须使用 mysqli 对象的 multi_query()方法。

　　具体方法：把多条 SQL 语句写在同一个字符串中，将其作为参数传递给 multi_query()方法，多条 SQL 语句之间使用分号（;）分隔。如果第 1 条 SQL 语句在执行时没有出错，这个方法就会返回 True，否则返回 False。

　　因为 multi_query()方法能够一次执行多条 SQL 语句，而每条 SQL 语句都可能返回一个结果，在必要时需要获取每一个结果集。所以针对该方法的返回结果的处理也有了一些变化，第 1 条查询语句的结果要用 mysqli 对象的 use_result()或 store_result()方法来读取。当然，使用 store_result()方法将全部返回结果立刻取回到 PHP 服务器端，这种做法效率更高。

　　另外，可以用 mysqli 对象的 more_results()方法检查是否还有其他结果集。如果想对下一个结果集进行处理，应该调用 mysqli 对象的 next_result()方法，获取下一个结果集。这个方法返回 True（有下一个结果）或 False（没有下一个结果）。如果有下一个结果集，也需要使用 use_result()或 store_result()方法来读取。

【示例】设计 3 条 SQL 语句，分别用于设置结果字符集、查询当前用户名，以及返回从 tb_contact 表中第 1 条记录开始的 2 条记录。代码如下：

```php
<?php
//省略数据库连接代码
/* 将 3 条 SQL 语句用分号（;）分隔，连接成一个字符串 */
$query = "SET NAMES utf8;";                              //设置查询字符集为 utf-8
$query.= "SELECT CURRENT_USER();";                      //从 MySQL 服务器获取当前用户
$query.= "SELECT name,phone FROM tb_contact LIMIT 0,2"; //从 tb_contact 表中读取数据
if ($mysqli->multi_query ( $query )) {                  //执行多条 SQL 语句
  do {
    if ($result = $mysqli->store_result ()) {          //获取第 1 个结果集
      while ( $row = $result->fetch_row () ) {         //遍历结果集中每条记录
        foreach ( $row as $data ) {                    //从一行记录数组中获取每列数据
          echo $data . "  ";                 //输出每列数据
        }
        echo "<br>";                                   //输出换行符号
      }
      $result->close ();                               //关闭结果集
    }
    if ($mysqli->more_results ()) {                    //判断是否还有更多的结果集
      echo "----------------<br>";                     //输出一行分隔线
    }else{                                             //如果没有更多的结果集，则跳出循环
      break;
    }
  } while ( $mysqli->next_result () );                 //获取下一个结果集，并继续执行循环
}
$mysqli->close ();                                     //关闭 mysqli 连接
?>
```

输出结果：

```
----------------
root@localhost
----------------
张三  13522228888
李四  13501681234
```

在上面代码中，使用 mysqli 对象的 multi_query()方法一次执行 3 条 SQL 语句，获取多个结果集并从中遍历数据。如果在语句的处理过程中发生了错误，multi_query()和 next_result()方法就会出错。multi_query()方法的返回值，以及 mysqli 的属性 errno、error、info 等只与第 1 条 SQL 语句有关，无法判断第 2 条及以后的语句是否在执行时发生了错误。所以当 multi_query()方法的返回值是 True 时，并不意味着后续语句在执行时没有出错。

扫描，拓展学习

20.5　使用 mysqli_stmt 类

MySQL 从 4.1 版本开始提供了一种预处理语句（prepared statement）的机制。它可以将整个语句向 MySQL 服务器发送一次，以后如果有参数发生变化，则 MySQL 服务器只需对语句的结构做一次分析。这不仅大大减少了需要传输的数据量，还提高了语句的处理效率。

mysqli 扩展提供了 mysqli_stmt 类，该类的实例可以定义和执行参数化的 SQL 语句，mysqli_stmt

类包含的全部成员属性和成员方法请扫码了解。

20.5.1　获取预处理语句对象

在设计 PHP 程序时，使用预处理语句的最大好处是有关代码可以编写得更精巧、更易于理解，不必为各组参数分别构造一条 SQL 语句。

使用 mysqli 对象的 prepare()方法准备预处理语句，获得一个 mysqli_stmt 对象。将预处理语句中的有关参数替换为占位符号，通常为问号（?）。这条预处理语句就被允许存储在 MySQL 服务器上，但还没有执行。

扫一扫，看视频

mysqli_stmt 对象是后面操作的基础，获取该对象的代码如下：

```
//返回 mysqli_stmt 对象
$stmt = $mysqli->prepare("INSERT INTO tableName VALUES (?, ?, ?, ?)");
```

也可以通过 mysqli 对象的 stmt_init()方法获取 mysqli_stmt 对象。

获取 mysqli_stmt 对象后，再通过该对象的 prepare()方法生成预处理语句。代码如下：

```
$stmt = $mysqli->stmt_init();                              //获取一个 mysqli_stmt 对象
$stmt->prepare("INSERT INTO tableName VALUES (?,?,?,?)");  //返回 mysqli_stmt 对象
```

20.5.2　绑定参数

创建完 mysqli_stmt 对象，并准备了预处理语句之后，就需要使用该对象的 bind_param()方法，把使用占位符号（?）表示的有关参数，绑定到一些 PHP 变量上。注意，它们的先后顺序很重要。

扫一扫，看视频

在 bind_param()方法中，第 1 个参数是必需的，表示该方法中其后多个可选参数变量的数据类型。每个参数的数据类型必须用相应的字符明确表示，绑定变量的数据类型字符见表 20.1。

表 20.1　绑定变量的数据类型字符

字　　符	含　　义
i	所有 INTEGER 型
d	DOUBLE 和 FLOAT 型
s	其他类型（包括字符串型）
b	二进制类型（BLOB、二进制字节串）

通过 bind_param()方法将变量绑定到相应的字段之后，为了实际执行的那条 SQL 命令，还需要把参数值存入绑定的 PHP 变量。绑定变量并存入数值的代码如下：

```
//获取一个 mysqli_stmt 对象
$stmt = $mysqli->prepare("INSERT INTO 表名 VALUES (?, ?, ?, ?)");
$stmt->bind_param('issd', $var1, $var2, $var3, $var4);
                                           //绑定参数，其中 issd 表示 4 个变量类型
$var1 = 整数值;                            //给第 1 个变量赋予整型数值
$var2 = '字符串 1';                        //给第 2 个变量赋予字符串型值
$var3 = "字符串 2";                        //给第 3 个变量赋予字符串型值
$var4 = 浮点数值;                          //给第 4 个变量赋予浮点数型值
```

在上面代码中，$stmt->bind_param()方法中的第 1 个参数 issd，表示绑定变量的数据类型，也就是 issd 中的 4 个字符表示 $var1、$var2、$var3 和 $var4 变量的数据类型，并将这 4 个变量按顺

序与 SQL 命令中 4 个占位符（?）对应。如果给这 4 个变量按相应的数据类型赋值，就相当于在预处理语句中，为占位符号（?）表示的参数赋予实际的值，形成完整的 SQL 语句。执行完成以后，如果还需要相同的操作，只需为参数赋予其他的值，而不用再重复声明同样的 SQL 语句。该过程可以随时随地重复。

20.5.3　执行准备好的语句

准备好 SQL 语句并绑定参数，就可以调用 mysqli_stmt 对象的 execute()方法了。因为绑定参数的预处理语句并没有执行过，只是存储在 MySQL 服务器上，将迭代数据重复发送给服务器，再将这些迭代数据集成到查询中来执行。

20.5.4　释放资源

当不再需要 mysqli_stmt 对象时，应该释放它占用的资源，可以通过该对象的 close()方法释放。执行 close()方法，不仅可以从本地内存释放该对象，还可以删除它的预处理语句。

20.5.5　案例实战

本节以 db_book_php_15 数据库为基础，通过预处理语句连续向数据表 tb_contact 插入 2 条记录。通过本例可以看到，使用预处理语句只需声明一条 SQL 语句，并向 MySQL 服务器发送一次，在以后插入记录时，只有参数发生变化。代码如下：

```php
<?php
$host = 'localhost';                                //指定 MySQL 服务器
$username = 'root';                                 //指定用户名
$password = '11111111';                             //指定密码
$dbname = 'db_book_php_15';                         //指定数据库名称
$mysqli = new mysqli($host,$username,$password,$dbname);     //连接数据库
//声明一个 INSERT 语句，并使用$mysqli->prepare()方法对 SQL 语句进行处理
$query="INSERT INTO tb_contact(name, departmentId, address, phone, email)
                        VALUES (?, ?, ?, ?,?)";
$stmt = $mysqli->prepare($query);                   //处理打算执行的 SQL 语句
//将 5 个占位符号（?）对应的参数绑定到 5 个 PHP 变量中
$stmt->bind_param('sssss', $name, $departmentId, $address, $phone, $email);
//插入第 1 条记录
$name="李白";                                        //为第 1 个绑定的参数赋予字符串型值
$departmentId="D02";                                //为第 2 个绑定的参数赋予字符串型值
$address="深州";                                     //为第 3 个绑定的参数赋予字符串型值
$phone="13501683721";                               //为第 4 个绑定的参数赋予字符串型值
$email="libai@163.com";                             //为第 5 个绑定的参数赋予字符串型值
$stmt->execute();                                   //执行预处理的 SQL 语句，向服务器发送数据
//显示插入第 1 条记录后的提示信息
echo "插入的行数: ".$stmt->affected_rows."<br>";      //返回插入的行数
//返回最后生成的 AUTO_INCREMENT 值
echo "自动增长的 UID: ".$mysqli->insert_id."<br>";
//以下代码是重新为参数赋值，可以随时重复这个过程继续插入记录
```

```
$name="杜甫";
$departmentId="D03";
$address="上海";
$phone="13501689675";
$email="dufu@163.com";
$stmt->execute();                              //重新给参数赋值后，再次向服务器发送数据
//显示插入第 2 条记录后的提示信息
echo "插入的行数: ".$stmt->affected_rows."<br>";    //返回插入的行数
echo "自动增长的 UID: ".$mysqli->insert_id."<br>";   //返回最后生成的 AUTO_INCREMENT 值
$stmt->close();                                //释放 mysqli_stmt 对象占用的资源
$mysqli->close();                              //关闭与 MySQL 数据库的连接
?>
```

输出结果：

```
插入的行数: 1
自动增长的 UID: 7
插入的行数: 1
自动增长的 UID: 8
```

上面代码连续向 tb_contact 表插入了 2 条记录，也可以重复执行插入更多的记录。

📑 提示：

采用这个办法执行完 INSERT、UPDATE 和 DELETE 命令之后，可以通过 mysqli_stmt 对象中的 affected_rows 属性返回被修改的记录个数。如果是 INSERT 语句，也可以使用 mysqli 对象的 insert_id 属性返回最后生成的 AUTO_INCREMENT 值。

20.5.6　使用预处理语句处理 SELECT 查询结果

扫一扫，看视频

SELECT 语句和其他 SQL 语句不同，它需要处理查询结果。SELECT 语句的执行也需要使用 mysqli_stmt 对象的 execute()方法，但与 mysqli 对象的 query()方法不同，execute()方法的返回值并不是一个 mysqli_result 对象。

不过，mysqli_stmt 对象提供了一种更为精巧的办法来处理 SELECT 语句的查询结果。具体步骤如下：

第 1 步，在使用 execute()方法执行 SELECT 语句完成查询之后，使用 mysqli_stmt 对象的 bind_result()方法，把查询结果的各个数据列绑定到一些 PHP 变量中。

第 2 步，使用 mysqli_stmt 对象的 fetch()方法把下一条记录读取到这些变量中。

第 3 步，如果成功读入下一条记录，fetch()方法返回 True，否则返回 False。已经读完所有的结果记录后也会返回 False。

在默认情况下，SELECT 语句的查询结果将留在 MySQL 服务器上，等待 fetch()方法把记录逐条取回到 PHP 程序中，赋给使用 bind_result()方法绑定的 PHP 变量。

如果需要对所有记录而不只是一小部分记录进行处理，可以调用 mysqli_stmt 对象的 store_result()方法，把所有结果一次传回到 PHP 程序中。这样做不仅更有效率，而且能减轻服务器的负担。store_result()方法可以实现上述想法，该方法除了读取数据不改变任何内容。

【示例 1】以员工信息表 tb_contact 为例，使用预处理语句处理 SELECT 语句的查询结果。代码如下：

```
<?php
$host ='localhost';                            //指定 MySQL 服务器
$username = 'root';                            //指定用户名
$password = '11111111';                        //指定密码
```

```
$dbname = 'db_book_php_15';                    //指定数据库名称
//mysqli 对象化
$mysqli = new mysqli($host,$username,$password,$dbname);          //连接数据库
$query = "SELECT name, address, phone FROM tb_contact LIMIT 0,3"; //声明 SELECT 语句
if ($stmt = $mysqli->prepare($query)) {        //处理打算执行的 SQL 语句
   $stmt->execute();                           //执行 SQL 语句
   $stmt->store_result();                      //取回全部查询结果
   echo "记录个数: ".$stmt->num_rows."行<br>";               //输出查询的记录个数
    $stmt->bind_result($name, $address, $phone);            //将查询结果绑定到变量中
   while ($stmt->fetch()) {                                 //逐条从 MySQL 服务器取数据
       printf("%s (%s,%s)<br>", $name, $address, $phone);   //格式化结果输出
   }
   $stmt->close();                             //释放 mysqli_stmt 对象占用的资源
}
$mysqli->close();                              //关闭与 MySQL 数据库的连接
?>
```

输出结果：

```
记录个数: 3 行
张三 (海淀区,13522228888)
李四 (朝阳区,13501681234)
王五 (东城区,13501689876)
```

如果要获取 SELECT 语句查询的记录个数，可以通过 mysqli_stmt 对象的 num_rows 属性实现。但是，这个属性只有在提前执行过 store_result()方法，并将全部查询结果传回到 PHP 程序中的情况下才可以使用。

【示例 2】如果在 SELECT 语句中也使用占位符号（?），并需要多次执行这一条语句时，也可以将 mysqli_stmt 对象中的 bind_param()和 bind_result()方法结合起来使用。代码如下：

```
<?php
$host = 'localhost';                           //指定 MySQL 服务器
$username = 'root';                            //指定用户名
$password = '11111111';                        //指定密码
$dbname = 'db_book_php_15';                    //指定数据库名称
$mysqli = new mysqli($host,$username,$password,$dbname);          //连接数据库
//声明 SELECT 语句，按部门编号查找，使用占位符号（?）表示将要查找的部门
$query = "SELECT name, address, phone FROM tb_contact
             WHERE departmentId=? LIMIT 0,3";
if ($stmt = $mysqli->prepare($query)) {        //处理打算执行的 SQL 命令
   $stmt->bind_param('s',$departmentId);       //绑定参数部门编号
   $departmentId="D01";                        //给绑定的变量赋值
   $stmt->execute();                           //执行 SQL 语句
   $stmt->store_result();                      //取回全部查询结果
   $stmt->bind_result($name, $address, $phone);            //当查询结果绑定到变量中
   echo "D01 部门的员工信息表如下: <br>";                    //输出提示信息
   while ($stmt->fetch()) {                                 //逐条从 MySQL 服务器取数据
       printf("%s (%s,%s)<br>", $name, $address, $phone);   //格式化结果输出
   }
   echo "D02 部门的员工信息表如下: <br>";                    //输出提示信息
   $departmentId="D02";                        //给绑定的变量赋新值
   $stmt->execute();                           //执行 SQL 语句
```

```
  $stmt->store_result();                                    //取回全部查询结果
  while ($stmt->fetch()) {                                   //逐条从 MySQL 服务器取数据
     printf("%s (%s,%s)<br>", $name, $address, $phone);      //格式化结果输出
  }
  $stmt->close();                                           //释放 mysqli_stmt 对象占用的资源
}
$mysqli->close();                                           //关闭与 MySQL 数据库的连接
?>
```

输出结果：
```
D01 部门的员工信息表如下：
张三 (海淀区,13522228888)
侯七 (昌平区,13501682468)
D02 部门的员工信息表如下：
李四 (朝阳区,13501681234)
赵六 (西城区,13580168357)
李白 (深州,13501683721)
```

在上面代码中，根据提供的部门参数，从数据库中调出部门的员工信息表。在使用 bind_result() 方法绑定结果时，并不需要每次都把数据列绑定到 PHP 变量中。

20.6 使 用 事 务

事务是确保数据库的一致性的机制，是企业级数据库的一个重要部分，因为很多业务涉及多个步骤，如果任何一个步骤失败，则所有步骤都不应发生。

例如，在一组有序的数据库操作中，如果组中的所有 SQL 语句都操作成功，则认为事务成功，事务被提交，其修改将作用于所有其他数据库进程；如果在事务的组中有一个环节操作失败，则认为事务失败，整个事务将被回滚，该事务中所有操作都将被取消。

20.6.1 事务处理

在 MySQL 4.0 及以上版本中均默认启用事务，但 MySQL 目前只有 InnoDB 和 BDB 两种数据表类型才支持事务，两种表类型具有相同的特性，InnoDB 数据表类型的特性比 BDB 数据表类型丰富，速度更快，因此建议使用 InnoDB 数据表类型。

创建 InnoDB 类型的数据表实际上与创建其他数据表没有区别，如果数据库没有设置，则在创建时显式指定表的类型为 InnoDB。创建一个 InnoDB 类型的雇员表。代码如下：

```
CREATE TABLE employees(
   userID SMALLINT UNSIGNED NOT NULL AUTO_INCREMENT,
   name VARCHAR(45) NOT NULL,
   department VARCHAR(60) NOT NULL,
   PRIMARY KEY(userID)
) TYPE=InnoDB;
```

在默认情况下，MySQL 是以自动提交（autocommit）模式运行的，这就意味着所执行的每一个语句都将立即写入数据库中。但如果使用事务安全的表格类型，是不希望有自动提交的行为的。要在当前的会话中关闭自动提交，执行如下 SQL 语句：

```
mysql> SET AUTOCOMMIT=0;                    //在当前的会话中关闭自动提交
```

如果自动提交被打开了，则必须使用如下语句开始一个事务；如果自动提交是关闭的，则不需

要使用这条命令，因为当输入一个 SQL 语句时，一个事务将自动启动。

```
mysql> START TRANSACTION;                                    //开始一个事务
```

在完成了一组事务的语句输入后，可以使用如下语句将其提交给数据库。只有提交了一个事务，该事务才能在其他会话中被其他用户所见。

```
mysql> COMMIT;                                               //提交一个事务给数据库
```

如果改变主意，可以使用如下语句回到数据库以前的状态。

```
mysql> ROOLBACK;                                             //事务将被回滚，所有操作都将被取消
```

目前 mysqli 扩展中没有提供与 SQL 命令 START TRANSACTION 相对应的方法，如果想使用事务，必须执行 mysqli 类对象中的 autocommit()方法关闭 MySQL 事务机制的自动提交模式。

关闭自动提交模式后，后续执行的所有 SQL 命令将构成一个事务，直到调用 mysqli 类对象的 commit()方法提交它们，或者调用 rollback()方法撤销它们为止。

接下来执行的 SQL 语句又构成了另一个事务，直到再次遇到 commit()或 rollback()方法调用。如果忘记了调用 mysqli 类对象中的 commit()方法，或者在执行 commit()方法之前，一旦有 SQL 语句执行出错或失去与 MySQL 服务器的连接，当前事务里的所有 SQL 语句都将被撤销。

20.6.2　案例实战

扫一扫，看视频

本例实现一个购物的付款功能。选好一款产品，价格为 8000 元，采用转账方式付款。假设用户 userA 向用户 userB 的账户转账，需要从 userA 的账户中减去 8000 元，并在 userB 的账户中加上 8000 元。

首先，在 db_book_php_15 数据库中准备一个 InnoDB 类型的数据表 tb_account。用于保存两个用户的账户信息，包括用户名和账户余额，并向表中插入 2 条记录。SQL 代码如下（读者也可以使用本节示例源码包提供的 db_book_php_15.sql 文件，使用 phpMyAdmin 导入即可）：

```
CREATE TABLE IF NOT EXISTS 'tb_account' (              #创建表 tb_account
    #用户 ID 字段，自动增长
    'userID' smallint(5) unsigned NOT NULL,
    'name' varchar(45) NOT NULL,                       #用户名字段
    'cash' decimal(9,2) NOT NULL                       #账户余额字段
) ENGINE=InnoDB AUTO_INCREMENT=4 DEFAULT CHARSET=utf8;
#指定为 InnoDB 类型
#插入 2 条记录
INSERT INTO 'tb_account' ('userID', 'name', 'cash') VALUES
(1, 'userA', '100000.00'),                             #插入 userA 数据记录
(2, 'userB', '900000.00');                             #插入 userB 数据记录
```

转账过程需要执行两条 SQL 语句完成。真实场景中还会有其他步骤，本例为了帮助初学者理解，简化了步骤。把此过程变为一个事务，确保数据不会由于某个步骤的失败而遭到破坏。代码如下：

```
$host = 'localhost';                                   //指定 MySQL 服务器
$username = 'root';                                    //指定用户名
$password = '11111111';                                //指定密码
$dbname = 'db_book_php_15';                            //指定数据库名称
//mysqli 对象化
$mysqli = new mysqli($host,$username,$password,$dbname); //连接数据库
/* 检查连接，如果连接出错，则输出错误信息并退出程序 */
```

```
if (mysqli_connect_errno ()) {
    printf ( "连接失败:<br>", mysqli_connect_error () );
    exit ();
}
$success=True;                              //设置事务执行状态
$price=8000;                               //转账的数目
$mysqli->autocommit(0);                    //暂时关闭 MySQL 事务机制的自动提交模式
//从 userA 记录中减少 cash 的值,返回 1 表示成功,否则执行失败
$result=$mysqli->query("UPDATE tb_account SET cash=cash-$price WHERE name='userA'");
//如果 SQL 语句执行失败或者没有改变记录中的值,将$success 的值设置为 False
if(!$result or $mysqli->affected_rows !=1) {
    $success=False;                        //设置$success 的值为 False
}
//向 userB 记录中添加 cash 的值,返回 1 表示成功,否则执行失败
$result=$mysqli->query("UPDATE tb_account SET cash=cash+$price WHERE name='userB'");
//如果 SQL 语句执行失败或没有改变记录中的值,将$success 的值设置为 False
if(!$result or $mysqli->affected_rows !=1) {
    $success=False;                        //设置$success 的值为 False
}
if($success){                              //如果$success 的值为 True
    $mysqli->commit();                     //事务提交给数据库
    echo "转账成功!";                        //输出成功的提示信息
}else{                                     //如果$success 的值为 Flase,则事务出错
    $mysqli->rollback();                   //回滚当前的事务,所有 SQL 语句都被撤销
    echo "转账失败!";                        //输出不成功的提示信息
}
$mysqli->autocommit(1);                    //开启 MySQL 事务机制的自动提交模式
$mysqli->close();                          //关闭与 MySQL 数据库的连接
```

通过上面代码可以看出,在事务的每个步骤执行之后都会检查查询状态和受影响的记录。如果成功,则 $success 值为 True,调用 mysqli 对象中的 commit()方法提交数据;如果有一次失败,则 $success 就为 False,所有步骤都会在代码结束时回滚,当前事务里的所有 SQL 语句都将被撤销。

20.7　案例实战:设计电子公告管理模板

扫一扫,看视频

本例设计一个电子公告管理模板,利用 mysqli 扩展的过程式函数进行代码设计。电子公告栏的主要功能包括动态地添加、查询、分布显示、编辑和删除公告。

✍ 提示:

在练习之前,请确保 db_book_php_15 数据库中已导入本节所用的数据表 db_board,如果没有,请使用 db_book_php_15.sql 导入。

20.7.1　添加公告

扫一扫,看视频

本小节实现公告的添加功能,主要用到 SQL 的 INSERT 语句。通过使用 mysqli_query()函数执行 INSERT 语句,来将表单中的数据添加到数据库中。

【操作步骤】

第 1 步，在网站根目录下新建 board 文件夹，把 board 文件夹作为本例的根目录。

第 2 步，新建 index.php 文件，在首页的功能导航区中为"添加公告"定义导航链接，链接到 add.php 文件。为了简化操作，读者可以直接复制本小节的源码文件。

第 3 步，新建 add.php 文件，在该页面中添加一个表单。表单包含一个文本框、一个文本区域和两个操作按钮，其中一个为"保存"按钮，一个为"重置"按钮。设置<form>标签的 action 属性值为 check_add.php。表单结构的代码如下：

```
<form name="form1" method="post" action="check_add.php">
 <table> <tr>
      <td>公告主题: </td>
      <td><input name="txt_title" type="text" id="txt_title" size="40">   * </td>
  </tr><tr>
      <td>公告内容: </td>
      <td><textarea name="txt_content" cols="50" rows="8" id="txt_content"> </textarea></td>
  </tr><tr>
      <td><input name="Submit" type="submit" class="btn_grey" value="保存" onClick="return
check(form1);">  
      <input type="reset" name="Submit2" value="重置"></td>
  </tr>
 </table>
</form>
```

设计的添加公告演示效果如图 20.3 所示。

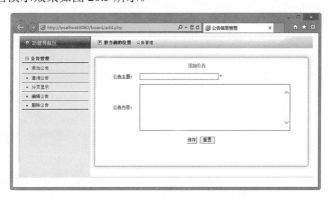

图 20.3　设计的添加公告演示效果

第 4 步，新建 db_conn.php 文件，设计与数据库的连接。代码如下（在本地测试时，用户需要修改用户名和密码）：

```
<?php
//用户名为 root，密码为 11111111，用户应根据本地 MySQL 重新设置
$conn=mysqli_connect("localhost","root","11111111") or die("数据库服务器连接错误".mysqli_error());
                                                    //连接 MySQL
mysqli_select_db($conn,"db_book_php_15") or die("数据库访问错误".mysqli_error());
                                                    //选择数据库
mysqli_query($conn, "set names utf8");              //设置字符集
?>
```

第 5 步，新建 check_add.php 文件，对表单提交的信息进行处理。首先，连接数据库服务器和数据库，设置数据库编码格式。然后，通过 $_POST 方法获取表单提交的信息，最后把表单信息转换为 SQL 字符串，并使用 INSERT 语句把表单提交的信息写入 MySQL 数据库。代码如下：

```php
<?php
include_once("db_conn.php");                              //导入数据库连接文件
$title=$_POST['txt_title'];                              //获取标题信息
$content=$_POST['txt_content'];                          //获取内容信息
$createtime=date("Y-m-d H:i:s");                         //设置插入时间
$sql=mysqli_query($conn, "insert into tb_board(title,content,createtime)
values('$title','$content', '$createtime')");
                                                         //执行插入操作
if($sql){
   echo "<script>alert('公告添加成功');window.location.href='add.php';</script>";
}
mysqli_free_result($sql);                                //关闭结果集
mysqli_close($conn);                                     //关闭数据库连接
?>
```

在上面的代码中，date()函数用来获取系统的当前时间，内部的参数用来指定日期时间的格式，这里需要注意的是字母 H 要大写，它代表时间采用 24 小时制。在公告添加成功后，使用 JavaScript 代码弹出提示对话框，并使用 window.location.href='add.php'重新定位到添加公告页面。

20.7.2　查询公告

添加公告后，下面来浏览和查询公告。本例使用 SELECT 语句动态查询数据库中的公告，使用 mysqli_query()函数执行 SELECT，使用 mysqli_fetch_object()函数获取查询结果，通过 do-while 语句输出查询结果。

扫一扫，看视频

【操作步骤】

第 1 步，新建 menu.php 文件，把 20.7.1 节示例中的左侧导航内容复制到 menu.php 文档中，文档内容不包含完整的 HTML 结构信息，仅包含导航结构信息。在 menu.php 文档中定义两个链接，分别链接到 add.php 和 search.php 文件。代码如下：

```html
<map name="Map">
 <area shape="rect" coords="30,45,112,63" href="add.php">
 <area shape="rect" coords="29,71,114,90" href="search.php">
</map>
```

第 2 步，分别在 index.php、add.php 文档中使用 include()函数引入 menu.php 文件。代码如下：

```php
<?php include("menu.php");?>
```

第 3 步，新建 search.php 文件，在该页面中添加一个查询表单，表单中包含一个"查询关键字"文本框和一个"搜索"按钮。表单结构代码如下：

```html
<form name="form1" method="post" action="">
 查询关键字  <input name="txt_keyword" type="text" id="txt_keyword" size="40">
   <input type="submit" name="Submit" value="搜索" onClick="return check(form)">
</form>
```

第 4 步，添加表单验证代码，防止用户随意输入字符或提交空查询。代码如下：

```html
<script>
function check(form){
   if(form.txt_keyword.value==""){
      alert("请输入查询关键字!");form.txt_keyword.focus();return False;
   }
   form.submit();
}
</script>
```

当单击"搜索"按钮时，将调用该函数，用来检测文本框中的信息是否为空。

第 5 步，在文档中写入如下 PHP 和 HTML 混合代码，在 PHP 代码中连接数据库，设置数据库的编码格式为 UTF-8。通过$_POST 方法获取表单提交的查询关键字，使用 mysqli_query()函数获取模糊查询结果，使用 mysqli_fetch_object()函数获取查询结果，使用 do-while 循环语句输出查询结果，最后关闭结果集和数据库连接。

```php
<?php
if ( isset( $_POST['txt_keyword'] ) ) {
    include_once("db_conn.php");
    $keyword=$_POST['txt_keyword'];
    $sql=mysqli_query($conn,"select * from tb_board where title like '%$keyword%' or content like
'%$keyword%'");
    $row=mysqli_fetch_object($sql);
    if(!$row){
        echo "<font color='red'>您搜索的信息不存在，请使用其他关键字进行搜索!</font>";
    }else{
?>
<table class="table">
    <tr>
        <th width="221">公告标题</th>
        <th width="329">公告内容</th>
    </tr>
    <?php
    do{
    ?>
    <tr bgcolor="#FFFFFF">
        <td><?php echo $row->title;?></td>
        <td><?php echo $row->content;?></td>
    </tr>
    <?php
    }while($row=mysqli_fetch_object($sql));
    mysqli_free_result($sql);
    mysqli_close($conn);
    ?>
</table>
    <?php
    }
}
?>
```

第 6 步，在 IE 浏览器中输入 http://localhost/board/search.php，按 Enter 键即可看到所有的公告。在"查询关键字"文本框中输入关键字，然后单击"搜索"按钮，在页面底部会自动显示与关键字相关的公告，如图 20.4 所示。

图 20.4　搜索公告页面

20.7.3 分页显示

当添加的公告很多时，不便于在一页中显示，为了方便用户快速浏览公告，可以对公告进行分页显示。

【操作步骤】

第 1 步，在功能导航区添加分页显示的链接，将其链接到 page.php 文件。

第 2 步，新建 page.php 文件，在该文件中使用 SELECT 查询出全部的公告，使用 do-while 语句以表格形式输出。代码如下：

```php
<?php
include_once("db_conn.php");
/*  $page 为当前页，如果$page 为空，则初始化为 1  */
if ( isset( $_GET["page"] ) )
   $page = $_GET["page"];
else
   $page = "";
if ($page==""){
   $page=1;}
   if (is_numeric($page)){
      $page_size=5;                                    //每页显示 5 条记录
      $query="select count(*) as total from tb_board order by id desc";
      $result=mysqli_query($conn, $query);            //查询符合条件的记录
      $message_count=mysqli_fetch_array($result);      //获取当前记录
        $message_count=$message_count[0];              //要显示的记录总数
      //根据记录总数除以每页显示的记录数求出分页数
      $page_count=ceil($message_count/$page_size);
      $offset=($page-1)*$page_size;                    //计算下一页从第几条数据开始循环
      $sql=mysqli_query($conn, "select * from tb_board order by id desc limit $offset, $page_size");
      $row=mysqli_fetch_object($sql);
      if(!$row){
         echo "<font color='red'>暂无公告!</font>";
      }
      do{
      ?>
      <tr bgcolor="#FFFFFF">
         <td><?php echo $row->title;?></td>
         <td><?php echo $row->content;?></td>
      </tr>
      <?php
      }while($row=mysqli_fetch_object($sql));
   }
?>
```

第 3 步，在页面底部添加分页导航和超链接。代码如下：

```php
<!-- 翻页条 -->
<td width="37%">  页次: <?php echo $page;?>/<?php echo $page_count;?>页 记录: <?php
echo $message_count;?> 条   </td>
<td width="63%" align="right"><?php
/*  如果当前页不是首页  */
if($page!=1){
   /*  显示 "首页" 超链接  */
```

```
   echo  "<a href=page.php?page=1>首页</a> ";
   /*  显示"上一页"超链接 */
   echo "<a href=page.php?page=".($page-1).">上一页</a> ";
}
/*  如果当前页不是尾页  */
if($page<$page_count){
   /*  显示"下一页"超链接  */
   echo "<a href=page.php?page=".($page+1).">下一页</a> ";
   /*  显示"尾页"超链接  */
   echo "<a href=page.php?page=".$page_count.">尾页</a>";
}
mysqli_free_result($sql);
mysqli_close($conn);
?>
```

第 4 步，运行代码，在功能导航区单击"分页显示"超链接，打开 page.php 页面，在该页面中单击底部的分页导航，可以快速浏览不同页面的信息，如图 20.5 所示。

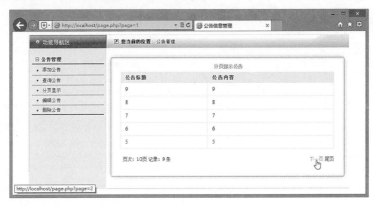

图 20.5　分页显示公告页面

20.7.4　编辑公告

在添加公告后，可能需要对公告内容重新编辑，为此本节讲解如何更新公告内容。

【操作步骤】

第 1 步，打开 menu.php 文件，添加如下链接，以便导航到 update.php 文件。

```
<map name="Map">
   <area shape="rect" coords="27,122,113,141" href="update.php">
</map>
```

第 2 步，新建 update.php 文件，在该文件中使用 SELECT 语句搜索全部的公告，并通过表格结构显示出来，然后为每条记录绑定一个编辑图标，为该图标添加超链接，链接到 modify.php 文件。代码如下：

```
<a href="modify.php?id=<?php echo $row->id;?>">
   <img src="images/update.gif" width="20" height="18" border="0">
</a>
```

第 3 步，新建 modify.php 文件，在该文件中，先获取 update.php 文件传递的 ID 值，再对其对应的记录进行编辑。代码如下：

```php
<?php
if ( ! isset( $_GET["id"] ) ){
    echo"<script>alert('你没有选择要操作的记录。');</script>";
}else{
    include_once("db_conn.php");
    $id=$_GET["id"];
    $sql=mysqli_query($conn,"select * from tb_board where id=$id");
    $row=mysqli_fetch_object($sql);
?>
```

第 4 步，在文件中添加表单结构，并把对应的字段值绑定到文本框和文本区域中，同时添加一个隐藏域、修改按钮和重置按钮，设置<form>标签的 action 的属性值为 check_modify.php。代码如下：

```html
<form name="form1" method="post" action="check_modify.php">
 <table>
  <tr>
   <td>公告主题: </td>
   <td><input name="txt_title" type="text" id="txt_title" size="40" value="<?php echo
$row->title;?>"> <input name="id" type="hidden" value="<?php echo $row->id;?>"></td>
  </tr>
  <tr>
   <td>公告内容: </td>
   <td><textarea name="txt_content" cols="50" rows="8" id="txt_content"><?php echo
$row->content;?> </textarea></td>
  </tr>
  <tr>
   <td><input name="Submit" type="submit" class="btn_grey" value="修改" onClick="return
check(form1);">  
    <input type="reset" name="Submit2" value="重置"></td>
  </tr>
 </table>
</form>
```

第 5 步，新建 check_modify.php 文件。文件逻辑为：在左侧功能导航区单击"编辑公告"超链接，进入 update.php 页面；在该页面单击其中任意一条公告的编辑图标，进入 modify.php 页面；在该页面显示指定的公告，并绑定到表单域中，此时用户就可以对其进行编辑了；编辑完毕后，单击"修改"按钮，由 check_modify.php 文件负责把编辑后的信息重新写入数据库，实现对数据的更新操作。代码如下：

```php
<?php
include_once("db_conn.php");
$title=$_POST["txt_title"];
$content=$_POST["txt_content"];
$id=$_POST["id"];
$sql=mysqli_query($conn,"update tb_board set title='$title',content='$content' where id=$id");
if($sql){
    header("Location:update.php");
}else{
    echo "<script>alert('公告编辑失败! ');history.back();window.location.href='modify.php?id=$id';
</script>";
}
?>
```

编辑公告演示效果如图 20.6 所示。

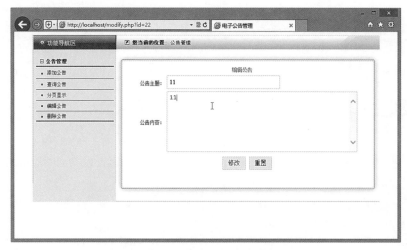

图 20.6　编辑公告演示效果

扫一扫，看视频

20.7.5　删除公告

如果公告已经失效，或者添加了错误的公告，则应该把它删除。下面利用 DELETE 语句，根据指定的 ID 值，动态删除数据库中指定的公告。

【操作步骤】

第 1 步，在功能导航区添加删除操作的链接，并链接到 delete.php 文件。

第 2 步，新建 delete.php 文件，在该文件中使用 SELECT 命令查询出全部的公告，使用 do-while 语句以表格形式输出；在每条记录后面添加一个单元格，插入一个删除图标；为图标定义超链接，链接到 check_del.php 文件；将公告的 ID 值绑定到参数中。其关键代码如下：

```
<a href="check_del.php?id=<?php echo $row->id;?>">
    <img src="images/delete.gif" width="22" height="22" border="0">
</a>
```

第 3 步，新建 check_del.php 文件，在该文档中根据超链接传递过来的 ID 值，执行 DELETE 语句，删除指定的公告。代码如下：

```
<?php
include_once("db_conn.php");
$id=$_GET["id"];
$sql=mysqli_query($conn, "delete from tb_board where id=$id");
if($sql){
  echo "<script>history.back();window.location.href='delete.php?id=$id';</script>";
}else{
  echo "<script>alert('公告删除失败！');history.back();window.location.href='delete.php?id=$id';
</script>";
}
?>
```

由于该文件是动态代码，没有指定编码格式，当在浏览器中浏览时，会出现乱码现象，为了解决这个问题，可以在文件中显式添加编码格式。代码如下：

```
<meta http-equiv="Content-Type" content="text/html; charset=utf-8">
```

第 4 步，运行示例，在 index.php 文件中单击"删除公告"链接，打开 delete.php 页面，在该页面中单击公告后的删除图标，会弹出一个删除提示对话框，单击"确定"按钮，完成对指定公告的删除操作，如图 20.7 所示。

图 20.7　删除公告页面

20.8　在 线 支 持

20.7 节以 mysqli 扩展的过程式函数编写了一个综合案例，设计思路和代码风格沿用传统模式。本节将以 mysqli 扩展的面向对象设计思维，采用 MVC 设计模式，编写一个综合案例——商品管理系统。感兴趣的读者可以扫码进行系统学习，以巩固本章所学的知识。

扫描，拓展学习

第21章

使用 PDO 操作数据库

　　PDO 是 PHP 数据对象（PHP Data Object）的缩写，是一个由 MySQL 官方封装的，基于面向对象编程思想的，使用 C 语言开发的数据库抽象层。由于 PDO 需要 PHP 5.0 版本核心——OOP 特性的支持，所以它无法运行于之前的 PHP 版本中。本章将详细介绍如何使用 PDO。

学习重点

- 认识 PDO。
- 连接数据库。
- 执行 SQL 语句。
- 预处理语句。
- 获取结果集。
- 获取 SQL 错误信息。
- 处理错误。
- 事务处理。
- 存储过程。

21.1　认识 PDO

21.1.1　历史背景

很多 PHP 应用开发人员都习惯使用 PHP+MySQL 组合，以致 PHP 对其他数据库的支持常常模仿 MySQL 数据库的 API。然而，并不是所有的数据库的 API 都是一样的，也不是所有的数据库都提供相同的特性。虽然存在模仿，但不同的 PHP 数据库扩展都有它们各自的特点和不同之处，所以从一种数据库迁移到另一种数据库时会有一些困难。

例如，如果一家小公司在 MySQL 上运行 PHP 应用，由于业务增长，需要使用 DB2 来提供更强大的功能，但是由于 API 的变化，用户需要编写或实现一个抽象层，以便在 DB2 上测试应用程序的同时，可以继续在旧的数据库上运行。不仅如此，用户还希望能有自己的选择，并保留支持其他数据库的可能性。

随着 PHP 5.0 版本的发布，PHP 越来越受到机构用户的关注。对于 PHP 来说，提供更加一致的数据访问 API 变得越来越重要，于是 PDO 就诞生了。

21.1.2　为什么要使用 PDO

- 大部分企业都在使用 PDO，市场用户众多。
- mysqli 是 MySQL 数据库的增强版，但只支持 MySQL 数据库，而 PDO 支持大部分数据库。
- 关于未来发展方向，大部分项目都会将 PDO 作为数据库抽象层来实现。
- PDO 提供更多增强功能，如预处理机制、错误处理机制等。
- 采用了面向对象的编程模式，符合编程潮流。

21.1.3　PDO 特性

PDO 是与 PHP 5.1 版本一起发行的，目前支持的数据库包括 Firebird、FreeTDS、Interbase、MySQL、SQL Server、ODBC、Oracle、Postgre SQL、SQLite 和 Sybase 等。

有了 PDO，用户不必再使用 mysql_*函数、oci_*函数或 mssqli_*函数，也不必再将它们封装到数据库操作类，只需要使用 PDO 接口中的方法就可以对不同的数据库进行操作。在选择不同的数据库时，只需修改 PDO 的 DSN（数据源名称）即可。简单概括，PDO 具有如下 4 个特性：

- PDO 统一了各种数据库的访问接口。与 mysql 函数库相比，PDO 让跨数据库的使用方法更具有亲和力；与 ADODB 和 MDB2 相比，PDO 更高效。
- PDO 将通过一种轻型、清晰、方便的函数，统一各种不同 RDBMS 库的共有特性，实现 PHP 代码最大程度的抽象性和兼容性。
- PDO 吸取现有数据库扩展的经验教训，利用 PHP 5.0 版本的最新特性，可以轻松地与各种数据库进行交互。
- PDO 扩展是模块化的，这样用户可以在程序运行时为数据库后端加载驱动程序，而不必重新编译整个 PHP 程序。

扫一扫，看视频

21.1.4　配置 PDO

PDO 从 PHP 5.1 版本开始发布，默认包含在 PHP 5.1 版本的安装文件中。由于 PDO 需要 PHP 5.0 版本面向对象特性的支持，因此无法在 PHP 5.0 之前的版本中使用。

在 PHP 5.2 版本中，PDO 默认为开启状态。但是要启用对某个数据库驱动程序的支持，仍然需要进行相应的配置。具体操作说明如下：

（1）Linux 系统环境下。在 Linux 环境下，要启用 MySQL 数据库，可以在 configure 命令中添加如下选项：

```
-with-pdo-mysql=/path/to/mysqllinstallation
```

（2）Windows 系统环境下。在 Windows 系统环境下，启用 PDO 需要在 php.ini 文件中进行配置。

第 1 步，配置 extension = php_pdo.dll。

第 2 步，如果需要支持其他数据库，那么还要配置对应的数据库选项。例如，如果支持 MySQL 数据库，则还需要配置 extension = php_pdo_mysgl.dll 选项。

第 3 步，在完成数据库的配置后，保存 php.ini 文件。

第 4 步，重新启动 Apache 服务器，即可生效。

第 5 步，新建 test.php 文件，输入下面的 PHP 代码，查看 PHP 配置信息。

```php
<?php
phpinfo();
?>
```

第 6 步，在浏览器中地址栏中输入 http://localhost/test.php，如果找到如图 21.1 所示的提示信息，则说明 PDO 安装完成。

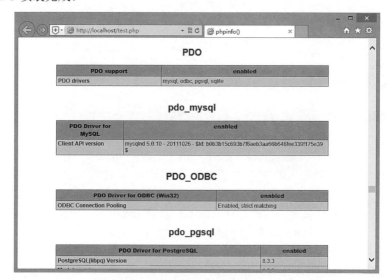

图 21.1　查看 PDO 配置信息页面

✎ 提示：

在 Windows 系统环境中，有时可能会配置失败，无法显示图 21.1 中的提示信息。解决方法：把 PHP 安装扩展中的 php_pdo_mysql.dll、php_pdo.dll 等文件复制到系统安装路径的 Windows 目录下。

21.2　连接数据库

与使用 mysqli 类似，开启 PDO 扩展之后，实例化 PDO 类型获取 PDO 对象，调用相关方法和属性，执行数据库的相关操作。

21.2.1　建立连接

扫一扫，看视频

使用 PDO 建立与数据库的连接，首先需要实例化 PDO 的构造方法。PDO 构造方法的语法格式如下：

```
__construct(string $dsn[,string $db_user[,string $db_pwd[,array $driver_options]]])
```

参数说明：

- $dsn：数据源名称，定义用到的数据库和驱动。
  - ✧ 连接 MySQL 数据库的 DSN（data source name）：

```
mysql:host=localhost;dbname=test  //主机名为 localhost；数据库名称为 test
```

  - ✧ 连接 Oracle 数据库的 DSN：

```
oci:dbname=//localhost:1521/test  //主机名为 localhost；端口为 1521；数据库名称为 test
```

- $db_user：数据库用户名。
- $db_pwd：数据库密码。
- $driver_options：数组，用来指定连接所需的其他选项，见表 21.1。

表 21.1　PDO 用来指定连接所需的其他选项

选　项	说　明
PDO::ATTR_AUTOCOMMIT	确定 PDO 是否关闭自动提交功能，False 为关闭
PDO::ATTR_CASE	强制 PDO 获取的表字段字符进行大小写转换，或原样使用列信息
PDO::ATTR_ERRMODE	设置错误处理的模式
PDO::ATTR_PERSISTENT	确定连接是否为持久连接。默认为 False，不持久连接
PDO::ATTR_ORACLE_NULLS	将返回的空字符串转换为 SQL 的 NULL
PDO::ATTR_PREFETCH	设置应用程序提前获取的数据大小，以 KB（字节）为单位
PDO::ATTR_TIMEOUT	设置超时之前的等待时间（单位为秒）
PDO::ATTR_SERVER_INFO	包含数据库特有的服务器信息
PDO::ATTR_SERVER_VERSION	包含与数据库服务器版本号有关的信息
PDO::ATTR_CLIENT_VERSION	包含与数据库客户端版本号有关的信息
PDO::ATTR_CONNECTION_STATUS	设置超时之前的等待时间（单位为秒）

【示例】下面代码演示了如何使用 PDO 连接 MySQL 数据库。在测试本示例之前，建议用户使用 phpMyAdmin 在本地服务器中建立数据库 db_book_php_16。

```php
<?php
$dbms='mysql';
$host='localhost';                      //数据库主机名
```

```
$dbName='db_book_php_16';                                //使用的数据库
$user='root';                                            //数据库用户名
$pass='11111111';                                        //数据库密码
$dsn="$dbms:host=$host;dbname=$dbName";
$pdo = new PDO($dsn, $user, $pass);        //初始化一个 PDO 对象，即创建了数据库连接对象$pdo
echo "PDO 连接 MySQL 成功";
?>
```

数据库连接成功后，将返回一个 PDO 类的实例对象，此连接在 PDO 对象的生存周期中保持活动。

21.2.2　处理异常

扫一扫，看视频

在建立 PDO 连接的过程中，如果出现任何连接错误，系统都将抛出一个 PDO Exception 异常对象。

为了避免此类问题，一般可以使用 try-catch 语句进行处理。代码如下：

```
<?php
$dbms='mysql';                                           //数据库类型
$host='localhost';                                       //数据库主机名
$dbName='db_book_php_16';                                //使用的数据库
$user='root';                                            //数据库用户名
$pass='11111111';                                        //数据库密码
$dsn="$dbms:host=$host;dbname=$dbName";
try {
    $pdo = new PDO($dsn, $user, $pass);                  //创建数据库连接对象$pdo
    echo "PDO 连接 MySQL 成功";
}catch(Exception $e){                                    //捕获异常
    echo $e->getMessage()."<br>";                        //友情提示
    die();
}
?>
```

21.2.3　关闭连接

扫一扫，看视频

要关闭连接，需要销毁对象，以确保所有剩余引用都被删除，可以赋一个 NULL 值给对象变量。

```
<?php
try {
    $pdo = new PDO($dsn, $user, $pass);                  //创建数据库连接对象$pdo
    //在此使用连接
    //...
    //现在运行完成，在此关闭连接
    $pdo = null;
}catch(Exception $e){
    echo $e->getMessage()."<br>";
    die();
}
?>
```

如果不主动关闭，PHP 在代码运行结束时会自动关闭连接。

21.2.4　建立持久连接

扫一扫，看视频

　　在默认状态下，数据库的连接是短暂的，如果需要与数据库建立持久连接，就需要添加一个参数：PDO::ATTR_PERSISTENT => true。

　　【示例】使用持久连接方式建立与 MySQL 数据库的连接。代码如下：

```php
<?php
$dbms='mysql';                                          //数据库类型
$host='localhost';                                      //数据库主机名
$dbName='db_book_php_16';                               //使用的数据库
$user='root';                                           //数据库用户名
$pass='11111111';                                       //数据库密码
$dsn="$dbms:host=$host;dbname=$dbName";
try {
    //初始化 PDO 对象，创建数据库连接
  $db = new PDO($dsn, $user, $pass, array(PDO::ATTR_PERSISTENT => true));
    //在此使用连接
  echo "使用 PDO 连接 MySQL 成功";
}catch(Exception $e){
  echo $e->getMessage()."<br>";
  die();
}
?>
```

　　持久连接在代码运行结束后不仅不会被关闭，而且会被缓存，当另一个使用相同凭证的程序连接请求时被重用。持久连接缓存可以避免每次程序与数据库连接而建立新连接的开销，从而让 Web 应用响应更快。

　　📝 提示：

　　如果在对象初始化后，再用 **PDO::setAttribute()** 设置此属性，则驱动程序将不会使用持久连接。

21.3　执行 SQL 语句

　　PDO 提供 3 种方法来执行 SQL 语句，下面进行具体讲解。

扫一扫，看视频

21.3.1　exec()方法

　　exec()方法能够执行一条 SQL 语句，并返回受影响的行数。其语法格式如下：

```
int PDO::exec ( string $statement )
```

　　参数 $statement 表示要被预处理或执行的 SQL 语句。该方法将返回受修改或删除 SQL 语句影响的行数。如果没有受影响的行，则返回 0。

　　exec()方法通常用于 INSERT、DELETE 和 UPDATE 等语句中。

　　【示例】使用 PDO 在 db_book_php_16 数据库中插入一张表，表名为 tb_test，包含 3 个字段，分别为 id、name 和 reg_date。代码如下：

```php
<?php
$dbms='mysql';                                          //数据库类型
$host='localhost';                                      //数据库主机名
```

```
$dbName='db_book_php_16';                          //使用的数据库
$user='root';                                      //数据库用户名
$pass='11111111';                                  //数据库密码
$dsn="$dbms:host=$host;dbname=$dbName";
try {
   //初始化 PDO 对象，创建数据库连接
   $db = new PDO($dsn, $user, $pass);
   //定义 SQL 语句
   $sql = "CREATE TABLE tb_test(
      id INT(6) UNSIGNED AUTO_INCREMENT PRIMARY KEY,
      name VARCHAR(30) NOT NULL,
      reg_date TIMESTAMP
   )";
   $count = $db->exec($sql);                        //执行 SQL 语句
   echo "$count";                                   //显示返回值为 0
   $db = null;                                       //关闭连接
}catch(Exception $e){
   echo $e->getMessage()."<br>";
   die();
}
```

数据类型指定列可以存储数据的类型。在设置了数据类型后，可以为每个字段指定其他选项的属性。简单说明如下：

- NOT NULL：每一行都必须含有值（不能为空），NULL 值是不允许的。
- DEFAULT VALUE：设置默认值。
- UNSIGNED：使用无符号数值类型，包括 0 和正数。
- AUTO_INCREMENT：设置 MySQL 字段的值在新增记录时每次自动增长 1。
- PRIMARY KEY：设置数据表中每条记录的唯一标识。通常字段的 PRIMARY KEY 设置为 ID 数值，与 AUTO_INCREMENT 一起使用。
- 每个表都应该有 1 个主键，本例为 id 列，主键必须包含唯一的值。

21.3.2　query()方法

扫一扫，看视频

query()方法常用于返回执行查询后的结果集。其语法格式如下：

```
PDOStatement PDO::query ( string $statement )
```

参数 $statement 是要执行的 SQL 语句。它返回的是一个 PDOStatement 类的对象。

【示例】在 21.3.1 小节示例创建的数据表中查询所有的记录，并显示在页面中（在测试本示例之前，建议用户使用 phpMyAdmin 为数据库 db_book_php_16 中的 tb_test 数据表插入几条记录）。代码如下：

```
<?php
$dbms='mysql';                                     //数据库类型
$host='localhost';                                 //数据库主机名
$dbName='db_book_php_16';                          //使用的数据库
$user='root';                                      //数据库用户名
$pass='11111111';                                  //数据库密码
$dsn="$dbms:host=$host;dbname=$dbName";
try {
   //初始化 PDO 对象，创建数据库连接
```

```
    $db = new PDO($dsn, $user, $pass);
    //定义 SQL 字符串
    $sql = 'SELECT id, name, reg_date FROM tb_test';
    echo "<table border='1'>";
    foreach ($db->query($sql) as $row) {
        echo "<tr><td>" . $row['id'] . "</td>";
        echo "<td>" .$row['name'] . "</td>";
        echo "<td>" .$row['reg_date'] . "</td></tr>";
    }
    echo "</table>";
    $db = null;                                       //关闭连接
}catch(Exception $e){
    echo $e->getMessage()."<br>";
}
?>
```

21.3.3　预处理语句

使用预处理语句也可以执行 SQL 语句，主要使用 prepare()和 execute()两种方法。首先，通过 PDO 对象的 prepare()方法定义预处理语句对象；然后，通过预处理语句对象的 execute()方法执行 SQL 语句；最后，通过 bindColumn()或 bindParam()方法绑定 PHP 变量即可。详细讲解请参考 21.4 节中的内容。

21.4　预处理语句

PDO 提供了一种名为预处理语句的机制，它可以将整个 SQL 语句向数据库服务器发送一次，以后只有参数发生变化，数据库服务器只需对命令的结构做一次分析就够了，即编译一次，可以多次执行。

21.4.1　认识 PDO 预处理

PDO 使用 PDOStatement 类的对象支持预处理语句，该类的对象不需要使用 new 实例化，通过执行 PDO 对象的 prepare()方法，在数据库服务器中准备好一个预处理的 SQL 语句后直接返回的对象。

扫一扫，看视频

通过之前执行 PDO 对象的 query()方法返回的 PDOStatement 类对象，代表的只是一个结果集对象。而通过执行 PDO 对象中的 prepare()方法产生的 PDOStatement 类对象，则是一个查询对象，能定义和执行参数化的 SQL 命令。

在应用开发中，常遇到通过迭代每次使用不同的参数，来重复执行一个 SQL 查询的情况，那么对于这种情况，使用预处理语句运行效率最高。

21.4.2　定义预处理语句

扫一扫，看视频

使用预处理语句之前，首先需要在数据库服务器中先准备好一个 SQL 语句，但这个语句并不需要马上执行。

PDO 支持使用"占位符"语法，将变量绑定到这个预处理的 SQL 语句中。在 PDO 中有两种占位符语法：命名参数和问号参数。

（1）使用命名参数。使用命名参数作为占位符的 INSERT 查询代码如下：

```
$dbh->prepare("INSERT INTO tb_test(name,address,phone)VALUES (:name,:address,:phone)");
```

在上面代码中，自定义一个字符串作为"命名参数"，每个命名参数前面需要添加冒号(:)，参数的命名一定要有意义，最好和对应的字段名称相同。

（2）使用问号参数。使用问号（?）参数作为占位符的 INSERT 查询代码如下：

```
$dbh->prepare("INSERT INTO tb_test(name,address,phone) VALUES (?,?,?)");
```

问号参数一定要与查询的字段的位置顺序对应。

不管是使用哪一种占位符定义的查询字符串，即使语句中没有用到占位符，都需要使用 PDO 对象中的 prepare()方法来定义预处理语句，并返回 PDOStatement 类对象。

21.4.3　绑定值和变量

扫一扫，看视频

1. 绑定值

使用 PDOStatement 对象的 bindValue()方法可以把一个值绑定到占位符上。其语法格式如下：

```
bool PDOStatement::bindValue ( mixed $parameter , mixed $value [, int $data_type = PDO::PARAM_STR ] )
```

参数说明：

- $parameter：参数标识符。对于使用命名占位符的预处理语句，应是类似于":name"形式的参数名。对于使用问号占位符的预处理语句，应是从 1 开始索引的参数位置。
- $value：绑定的具体值。
- $data_type：PDO::PARAM_*常量用于明确指定参数的类型。具体类型如下：
  ◇ PDO:PARAM_BOOL：表示布尔类型。
  ◇ PDO:PARAM_NULL：表示空值。
  ◇ PDO:PARAM_INT：表示整型。
  ◇ PDO:PARAM_STR：表示字符串类型。
  ◇ PDO:PARAM_LOB：表示大对象类型。

2. 绑定变量

使用 PDOStatement 对象的 bindParam()方法可以把 PHP 变量绑定到 SQL 语句的占位符上，位置或名字要对应。其语法格式如下：

```
bool PDOStatement::bindParam ( mixed $parameter , mixed &$variable [, int $data_type = PDO::PARAM_STR
[, int $length [, mixed $driver_options ]]] )
```

参数说明：

- $parameter：参数标识符。与 bindValue()方法的用法相同。
- $variable：绑定到 SQL 语句参数的 PHP 变量名。
- $data_type：使用 PDO::PARAM_*常量明确地指定参数的类型，与 bindValue()方法用法相同。
- $length：数据类型的长度。

3. 演示示例

占位符为命名参数的预处理语句共有 3 种绑定方式，举例说明如下。

【示例 1】使用 bindParam()方法绑定命名参数，实现在 db_book_php_16 数据库的 tb_test 表中插入数据。代码如下：

```php
<?php
$dbms='mysql';                                          //数据库类型
$host='localhost';                                      //数据库主机名
$dbName='db_book_php_16';                               //使用的数据库
$user='root';                                           //数据库用户名
$pass='11111111';                                       //数据库密码
$dsn="$dbms:host=$host;dbname=$dbName";
try {
    //初始化 PDO 对象，创建数据库连接
    $db = new PDO($dsn, $user, $pass);
    $sql = "INSERT INTO tb_test(name) VALUES (:name )";  //使用命名参数绑定占位符
    $stmt = $db->prepare($sql);                          //准备语句
    $stmt->bindParam(":name",$name);                     //为命名参数绑定变量
    $name = '小李飞刀';                                   //为变量赋值
} catch (PDOException $e) {
    echo  'SQL 字符串: '.$sql;
    echo '<pre>';
    echo "Error: " . $e->getMessage(). "<br/>";
    echo "Code: " . $e->getCode(). "<br/>";
    echo "File: " . $e->getFile(). "<br/>";
    echo "Line: " . $e->getLine(). "<br/>";
    echo "Trace: " . $e->getTraceAsString(). "<br/>";
    echo '</pre>';
}
?>
```

【示例 2】使用 bindParam()方法绑定多个参数。代码如下：

```php
$sql = "INSERT INTO tb_test(id,name,reg_date) VALUES (:id,:name,:date)";
$stmt = $db->prepare($sql);
$stmt->bindParam(":id",$id);
$stmt->bindParam(":name",$name);
$stmt->bindParam(":date",$date);
$id = date("is");
$name = '小张';
$date =  date("YmdHis");
```

【示例 3】使用 bindValue()方法绑定值，这样可以省略中间变量。以示例 1 为基础，代码如下：

```php
$sql = "INSERT INTO tb_test(name) VALUES (:name )";      //使用命名参数绑定占位符
$stmt = $db->prepare($sql);                              //准备语句
$stmt->bindValue(":name",'小李飞刀');                     //为命名参数绑定值
```

【示例 4】通过为 execute()方法传递一个关联数组未绑定。以示例 1 为基础，代码如下。

```php
$sql = "INSERT INTO tb_test(name) VALUES (:name )";      //使用命名参数绑定占位符
$stmt = $db->prepare($sql);                              //准备语句
if($stmt->execute( array("name"=>'小李飞刀'))){
    echo "插入成功";
}else {
    echo "插入失败";
}
```

占位符为问号的预处理语句也有 3 种绑定方式，举例说明如下。

【示例 5】以示例 1 为基础，使用 bindParam()方法绑定问号占位符。代码如下：

```
//初始化PDO 对象，创建数据库连接
$db = new PDO($dsn, $user, $pass);
$sql = "INSERT INTO tb_test(name) VALUES (?)";          //使用问号占位符绑定参数
$stmt = $db->prepare($sql);
$stmt->bindParam(1,$name);                              //为问号占位符绑定变量
$name = '小李飞刀';
```

【示例 6】使用 bindValue()方法绑定多个问号占位符。代码如下：

```
$db = new PDO($dsn, $user, $pass);
$sql = "INSERT INTO tb_test(id,name,reg_date) VALUES (?,?,?)";
$stmt = $db->prepare($sql);
$stmt->bindValue(1,date("is"));
$stmt->bindValue(2,'小张');
$stmt->bindValue(3,date("YmdHis"));
```

【示例 7】为 execute()方法传递索引数组参数。代码如下：

```
$db = new PDO($dsn, $user, $pass);
$sql = "INSERT INTO tb_test(id,name,reg_date) VALUES (?,?,?)";
$stmt = $db->prepare($sql);
$para = array(null,'小张',null);
if($stmt->execute($para)){
   echo "插入成功";
}else {
   echo "插入失败";
}
```

21.4.4　执行 SQL 语句

当准备好查询，并绑定了相应的参数后，就可以通过调用 PDOStatement 类对象中的 execute()
方法，反复执行在数据库缓存区准备好的语句了。

execute()方法包含一个可选的数组参数，用来传递参数。如果使用命名参数作为占位符，则
数组为关联数组，键名与命名参数对应；如果使用问号（?）作为占位符，则数组为索引数组，键
名为数字下标。使用方法可以参考 21.4.3 小节示例。

21.4.5　获取查询数据

预处理语句可以执行插入、更新和删除操作，也可以执行查询操作。执行 SELECT 语句之
后，可以通过 fetch()、fetchAll()和 fetchColumn()方法获取查询结果集或相关结果集的字段信息。
详细说明请参考下一节内容。

21.5　获取结果集

PDO 提供 3 种方法获取结果集：fetch()、fetchAll()和 fetchColumn()。下面进行具体介绍。

21.5.1　fetch()方法

fetch()方法用于从结果集中获取下一行记录。返回的值依赖于提取的类型，但是

在所有情况下，失败都返回 False。其语法格式如下：

```
PDOStatement::fetch ([ int $fetch_style [, int $cursor_orientation = PDO:: FETCH_ORI_NEXT [, int
$cursor_offset = 0 ]]] )
```

参数说明：

- $fetch_style：控制下一行如何返回给调用者。此值必须是 PDO::FETCH_*系列常量中的一个，默认为 PDO::ATTR_DEFAULT_FETCH_MODE 的值，PDO::FETCH_*系列常量见表 21.2，默认为 PDO::FETCH_BOTH。

表 21.2　PDO::FETCH_*系列常量说明

常　量	说　明
PDO::FETCH_ASSOC	返回一个索引为结果集列名的数组
PDO::FETCH_BOTH	返回一个索引为结果集列名和列号从 0 开始的数组
PDO::FETCH_BOUND	返回 TRUE，并将结果集中的列值赋给 PDOStatement::bindColumn()方法绑定的 PHP 变量
PDO::FETCH_CLASS	返回一个请求类的新实例，映射结果集中的列名到类中对应的属性名。如果 fetch_style 包含 PDO::FETCH_CLASSTYPE（如 PDO::FETCH_CLASS | PDO::FETCH_CLASSTYPE），则类名由第一列的值决定
PDO::FETCH_INTO	更新一个被请求类已存在的实例，映射结果集中的列到类中命名的属性
PDO::FETCH_LAZY	结合 PDO::FETCH_BOTH 和 PDO::FETCH_OBJ，创建用于访问的对象变量名
PDO::FETCH_NUM	返回一个索引列号从 0 开始的结果集的数组
PDO::FETCH_OBJ	返回一个属性名对应结果集列名的匿名对象

- $cursor_orientation：对于一个 PDOStatement 对象表示的可滚动游标，该值决定了哪一行将被返回给调用者。此值必须是 PDO::FETCH_ORI_*系列常量中的一个，默认为 PDO::FETCH_ORI_NEXT。要想让 PDOStatement 对象使用可滚动游标，必须在用 PDO::prepare()预处理 SQL 语句时，设置 PDO::ATTR_CURSOR 属性为 PDO::CURSOR_SCROLL。
- $cursor_offset：对于一个将$cursor_orientation 参数设置为 PDO::FETCH_ORI_ABS 的 PDOStatement 对象代表的可滚动游标，此值指定结果集中想要获取行的绝对行号。

📝 提示：

对于一个将 cursor_orientation 参数设置为 PDO::FETCH_ORI_REL 的 PDOStatement 对象代表的可滚动游标，此值指定想要获取行相对于调用 PDOStatement::fetch()前游标的位置。

【示例 1】把 21.3.2 小节示例转换为预处理语句执行查询，然后使用 fetch()方法获取结果集，显示在页面中。代码如下：

```php
<?php
$dbms='mysql';                                          //数据库类型
$host='localhost';                                      //数据库主机名
$dbName='db_book_php_16';                               //使用的数据库
$user='root';                                           //数据库用户名
$pass='11111111';                                       //数据库密码
$dsn="$dbms:host=$host;dbname=$dbName";
$sql = 'SELECT * FROM tb_test';
```

```
try {
    //初始化 PDO 对象，创建数据库连接
    $db = new PDO($dsn, $user, $pass);
    //绑定预处理语句
    $stmt = $db->prepare($sql, array(PDO::ATTR_CURSOR => PDO::CURSOR_SCROLL));
    $stmt->execute();                                              //执行预处理语句
    echo "<table border='1'>";
    //获取查询的结果集，并逐行读取
    while ($row = $stmt->fetch(PDO::FETCH_NUM, PDO::FETCH_ORI_NEXT)) {
        echo "<tr><td>" . $row[0] . "</td>";
        echo "<td>" .$row[1] . "</td>";
        echo "<td>" .$row[2] . "</td></tr>";
    }
    echo "</table>";
    $stmt = null;
}
catch (PDOException $e) {
    echo $e->getMessage();
}
?>
```

【示例 2】针对示例 1，用户也可以使用其他类型读取结果集。例如，返回一个索引为结果集列名的数组。代码如下：

```
try {
    //初始化 PDO 对象，创建数据库连接
    $db = new PDO($dsn, $user, $pass);
    $stmt = $db->prepare($sql);
    $stmt->execute();
    echo "<table border='1'>";
    while ($row = $stmt->fetch(PDO::FETCH_ASSOC)) {
        echo "<tr><td>" . $row['id'] . "</td>";
        echo "<td>" .$row['name'] . "</td>";
        echo "<td>" .$row['reg_date'] . "</td></tr>";
    }
    echo "</table>";
    $stmt = null;
}
```

扫一扫，看视频

21.5.2 fetchAll()方法

fetchAll()方法用于返回一个包含结果集中所有行的数组。其语法格式如下：

```
array PDOStatement::fetchAll ([ int $fetch_style [, mixed $fetch_argument [, array $ctor_args =
array() ]]] )
```

参数说明：

● $fetch_style：控制返回数组的内容，具体说明参考 21.5.1 小节的参数说明。

● $fetch_argument：根据$fetch_style 参数的不同值，此参数有不同的意义：

  ◇ PDO::FETCH_COLUMN：返回指定从 0 开始索引的列。

  ◇ PDO::FETCH_CLASS：返回指定类的实例，映射每行的列到类中对应的属性名。

  ◇ PDO::FETCH_FUNC：将每行的列作为参数传递给指定的函数，并返回调用函数后的结果。

● $ctor_args：当 fetch_style 参数为 PDO::FETCH_CLASS 时，自定义类的构造方法的参数。

【示例】使用 fetchAll()方法快速把结果集转换为数组并返回。代码如下：

```php
<?php
$dbms='mysql';                                          //数据库类型
$host='localhost';                                      //数据库主机名
$dbName='db_book_php_16';                               //使用的数据库
$user='root';                                           //数据库用户名
$pass='11111111';                                       //数据库密码
$dsn="$dbms:host=$host;dbname=$dbName";
$sql = 'SELECT * FROM tb_test';
try {
    //初始化 PDO 对象，创建数据库连接
    $db = new PDO($dsn, $user, $pass);
    $stmt = $db->prepare($sql);
    $stmt->execute();
    $result = $stmt->fetchAll();
    print_r($result);
    $stmt = null;
}
catch (PDOException $e) {
    echo $e->getMessage();
}
?>
```

输出结果：

```
Array ( [0] => Array ( [id] => 1 [0] => 1 [name] => a [1] => a [reg_date] => 2017-04-07 14:54:42
[2] => 2017-04-07 14:54:42 ) [1] => Array ( [id] => 2 [0] => 2 [name] => b [1] => b [reg_date] =>
2017-04-07 14:54:42 [2] => 2017-04-07 14:54:42 ) [2] => Array ( [id] => 3 [0] => 3 [name] => c [1]
=> c [reg_date] => 2017-04-07 14:55:19 [2] => 2017-04-07 14:55:19 ) )
```

21.5.3　fetchColumn()方法

fetchColumn ()方法用于获取结果集中下一行指定列的值。其语法格式如下：

```
string PDOStatement::fetchColumn ([ int $column_number = 0 ] )
```

参数 $column_number 表示列的索引数字（从 0 开始）。如果没有提供值，则获取第 1 列。

【示例】通过 PDO 连接 MySQL 数据库，然后定义 SELECT 查询语句，使用 prepare()和 execute()方法执行查询操作。最后通过 fetchColumn()方法输出结果集中不同行和不同列的值。代码如下：

```php
<?php
$dbms='mysql';                                          //数据库类型
$host='localhost';                                      //数据库主机名
$dbName='db_book_php_16';                               //使用的数据库
$user='root';                                           //数据库用户名
$pass='11111111';                                       //数据库密码
$dsn="$dbms:host=$host;dbname=$dbName";
$sql = 'SELECT * FROM tb_test';
try {
    //初始化 PDO 对象，创建数据库连接
    $db = new PDO($dsn, $user, $pass);
    $stmt = $db->prepare($sql);
    $stmt->execute();
    $result = $stmt->fetchColumn();
    /* 从结果集中的下一行获取第 1 列  */
    print("从结果集中的下一行获取第 1 列: \n");
    $result = $stmt->fetchColumn();
```

```
    print("id = $result");
    print("从结果集中的下一行获取第 2 列: \n");
    $result = $stmt->fetchColumn(1);
    print("name = $result");
    $stmt = null;
}
catch (PDOException $e) {
    echo $e->getMessage();
}
?>
```

输出结果：

```
从结果集中的下一行获取第 1 列: id = 2
从结果集中的下一行获取第 2 列: name = c
```

21.6　获取 SQL 错误信息

为了解决开发需求，PDO 提供了 3 种错误信息的处理策略。

- PDO::ERRMODE_SILENT：默认模式，PHP 将忽略错误，用户可以通过相关方法获取错误信息。
- PDO::ERRMODE_WARNING：警告模式，PHP 将在页面中显示警告，但是会继续执行程序。
- PDO::ERRMODE_EXCEPTION：异常模式，PHP 将抛出异常，并终止程序执行。

21.6.1　使用默认模式

扫一扫，看视频

在默认模式下，PDO 会在 PDO 对象上设定简单的错误代号，用户可以使用 PDO->errorCode()和 PDO->errorInfo()方法检查错误。如果错误是在对 PDOStatement 对象进行调用时导致的，就可以使用 PDOStatement->errorCode()或 PDOStatement->errorInfo()方法取得错误信息。

【示例】沿用 21.5.1 小节的示例，修改部分代码。首先，设置 SQL 查询字符串中的数据表名为tb_test1，即传递一个错误的表名；其次，根据errorCode()方法跟踪SQL错误信息，如果返回有效错误码，则通过 errorInfo()方法读取 SQL 错误信息，并显示出来。代码如下：

```php
<?php
$dbms='mysql';                                          //数据库类型
$host='localhost';                                      //数据库主机名
$dbName='db_book_php_16';                               //使用的数据库
$user='root';                                           //数据库用户名
$pass='11111111';                                       //数据库密码
$dsn="$dbms:host=$host;dbname=$dbName";
$sql = 'SELECT * FROM tb_test1';
try {
    //初始化 PDO 对象，创建数据库连接
    $db = new PDO($dsn, $user, $pass);
    $stmt = $db->prepare($sql);
    $stmt->execute();
    $code=$stmt->errorCode();
    if($code != '00000'){
        echo '数据库错误: <br/>';
        echo 'SQL Query:'.$sql;
```

```
        echo '<pre>';
        var_dump($stmt->errorInfo());
        echo '</pre>';
    }
    $stmt = null;
}
catch (PDOException $e) {
    echo $e->getMessage();
}
?>
```

显示 SQL 错误信息演示效果如图 21.2 所示。

图 21.2　显示 SQL 错误信息演示效果

如果没有任何错误，则 errorCode()方法返回 00000，否则就会返回一些错误代码。errorInfo()方法返回的是一个数组，该数组包含 3 个元素：

● 第 1 个元素：SQLSTATE 错误码，一个由 5 个字母或数字组成的标识符。
● 第 2 个元素：具体驱动错误码。
● 第 3 个元素：具体驱动错误信息。

21.6.2　使用警告模式

扫一扫，看视频

警告模式会产生一个 PHP 警告。使用 setAttribute()方法可以将错误信息的处理策略设置为警告模式，在警告模式下，PHP 程序默认继续运行。

【示例】在 21.6.1 小节示例的基础上，使用 setAttribute()方法将错误信息的处理策略设置为警告模式，其他代码保持不变，在浏览器中预览，则会看到警告信息。代码如下。

```
<?php
$dbms='mysql';                                                  //数据库类型
$host='localhost';                                              //数据库主机名
$dbName='db_book_php_16';                                       //使用的数据库
$user='root';                                                   //数据库用户名
$pass='11111111';                                              //数据密码
$dsn="$dbms:host=$host;dbname=$dbName";
$sql = 'SELECT * FROM tb_test1';
try {
    //初始化PDO对象，创建数据库连接
    $db = new PDO($dsn, $user, $pass);
    $db->setAttribute(PDO::ATTR_ERRMODE,PDO::ERRMODE_WARNING);   //设置为警告模式
    $stmt = $db->prepare($sql);
    $stmt->execute();
        $code=$stmt->errorCode();
```

```
    if($code != '00000'){
        echo '数据库错误: <br/>';
        echo 'SQL Query:'.$sql;
        echo '<pre>';
        var_dump($stmt->errorInfo());
        echo '</pre>';
    }
    $stmt = null;
}
catch (PDOException $e) {
    echo $e->getMessage();
}
?>
```

显示警告信息演示效果如图 21.3 所示。

图 21.3　显示警告信息演示效果

警告模式下，如果 SQL 语句出现错误，则将给出一个警告信息，但是程序仍能继续执行。

21.6.3　使用异常模式

扫一扫，看视频

异常模式会创建一个 PDOException 对象。未捕获的异常将会导致代码运行中断，并显示堆栈跟踪，让用户了解问题出现的位置和原因，因此可以将执行代码封装到一个 try-catch 语句块中，方便用户主动捕获和控制异常。

【示例】继续沿用 21.6.1 小节的示例，使用 setAttribute()方法将错误信息的处理策略设置为异常模式，在 catch 子句中捕获 PDOException 对象，使用该对象的 getMessage()方法读取错误描述信息，使用该对象的 getCode()方法获取错误码，使用该对象的 getFile()方法获取错误的文件，使用该对象的 getLine()方法获取错误行，使用该对象的 getTraceAsString()方法获取字符串类型的异常追踪信息。代码如下：

```
<?php
$dbms='mysql';                              //数据库类型
$host='localhost';                          //数据库主机名
$dbName='db_book_php_16';                   //使用的数据库
$user='root';                               //数据库用户名
$pass='11111111';                           //数据库密码
$dsn="$dbms:host=$host;dbname=$dbName";
$sql = 'SELECT * FROM tb_test1';
try {
```

```
//初始化 PDO 对象，创建数据库连接
$db = new PDO($dsn, $user, $pass);
$db->setAttribute(PDO::ATTR_ERRMODE,PDO::ERRMODE_EXCEPTION);        //设置为异常模式
$stmt = $db->prepare($sql);
$stmt->execute();
$stmt = null;
}
catch (PDOException $e) {
    echo 'SQL String: '.$sql;
    echo '<pre>';
    echo "Error: " . $e->getMessage(). "<br/>";
    echo "Code: " . $e->getCode(). "<br/>";
    echo "File: " . $e->getFile(). "<br/>";
    echo "Line: " . $e->getLine(). "<br/>";
    echo "Trace: " . $e->getTraceAsString(). "<br/>";
    echo '</pre>';
    }
?>
```

在浏览器中预览，则会看到异常信息，演示效果如图 21.4 所示。

图 21.4　显示异常信息演示效果

21.7　处 理 错 误

PDO 使用 errorCode()方法和 errorInfo()方法来获取程序中的错误信息，下面进行具体介绍。

21.7.1　errorCode()方法

扫一扫，看视频

errorCode()方法用于获取在操作数据库句柄时发生的错误代码，这些错误代码被称为 SQLSTATE 代码。其语法格式如下：

```
string PDOStatement::errorCode ( void )
```

与 PDO::errorCode()方法相同，区别在于 PDOStatement::errorCode()只取回 PDOStatement 对象执行操作中的错误码。这个错误码是由 5 个数字或字母组成的。

【示例】在 PDO 中通过 query()方法完成数据的查询操作，然后通过 foreach 循环完成数据的输出。在定义 SQL 语句时故意使用一个错误的数据表，并通过 errorCode()方法返回错误代码。代码如下：

```
<?php
$dbms='mysql';                                              //数据库类型
$host='localhost';                                          //数据库主机名
```

```php
$dbName='db_book_php_16';                              //使用的数据库
$user='root';                                          //数据库用户名
$pass='11111111';                                      //数据库密码
$dsn="$dbms:host=$host;dbname=$dbName";
$sql = 'SELECT * FROM tb_test1';                       //定义 SQL 语句
try {
   //初始化 PDO 对象，创建数据库连接
   $db = new PDO($dsn, $user, $pass);
   $result=$db->query($sql);                           //执行查询语句，并返回结果集
   echo "errorCode 为: ".$db->errorCode();             //获取错误码
   echo "<table>";
   foreach($result as $items){                         //通过 foreach 循环输出数据
      echo "<tr>";
      echo "<td>".$items['id']."</td>";
      echo "<td>".$items['name']."</td>";
      echo "<td>".$items['reg_date']."</td>";
      echo "</tr>";
   }
   echo "</table>";
} catch (PDOException $e) {
   die ("Error!: " . $e->getMessage() . "<br/>");
}
?>
```

在浏览器中预览，则会看到错误码信息，演示效果如图 21.5 所示。

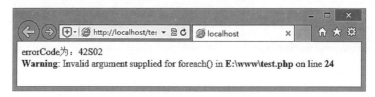

图 21.5 显示错误码信息演示效果

如果使用正确的数据表进行查询，则错误码为 5 个 0，演示效果如图 21.6 所示。

图 21.6 显示错误码信息演示效果

扫一扫，看视频

21.7.2 errorInfo()方法

errorInfo()方法用于获取操作数据库句柄时发生的错误信息。其语法格式如下：

```
array PDOStatement::errorInfo ( void )
```

PDOStatement::errorInfo()方法返回一个关于上一次语句句柄执行操作的错误信息的数组。该数组包括 3 个元素（参考 21.6.1 小节中的介绍）。

【示例】演示在 PDO 中通过 query()方法完成数据的查询操作，并且通过 foreach 循环完成数

据的输出，在定义 SQL 语句时，使用一个错误的数据表，并且通过 errorInfo()方法返回错误信息。代码如下：

```php
<?php
$dbms='mysql';                                    //数据库类型
$host='localhost';                                //数据库主机名
$dbName='db_book_php_16';                         //使用的数据库
$user='root';                                     //数据库用户名
$pass='11111111';                                 //数据库密码
$dsn="$dbms:host=$host;dbname=$dbName";
$sql = 'SELECT * FROM tb_test1';                  //定义 SQL 语句
try {
    //初始化 PDO 对象，创建数据库连接
    $db = new PDO($dsn, $user, $pass);
    $result=$db->query($sql);                     //执行查询语句，并返回结果集
    print_r($db->errorInfo());                    //获取错误信息
    echo "<table>";
    foreach($result as $items){
        echo "<tr>";
        echo "<td>".$items['id']."</td>";
        echo "<td>".$items['name']."</td>";
        echo "<td>".$items['reg_date']."</td>";
        echo "</tr>";
    }
    echo "</table>";
} catch (PDOException $e) {
    die ("Error!: " . $e->getMessage() . "<br/>");
}
?>
```

在浏览器中预览，则会看到错误的详细信息，演示效果如图 21.7 所示。

如果使用正确的数据表进行查询，则错误码为 5 个 0，驱动错误码为空，驱动错误信息为空，演示效果如图 21.8 所示。

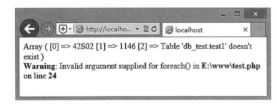

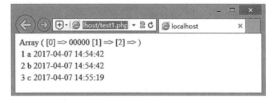

图 21.7　显示错误码的详细信息演示效果　　　　图 21.8　显示错误码的详细信息演示效果

21.8　事　务　处　理

事务处理能够有效解决数据库操作的不同步问题，同时提升大批量数据操作的执行效率。

21.8.1　认识事务

事务是应用程序中一系列与逻辑相关的一致性的操作，所有操作必须成功完成。如果有一个操

作失败，则所有操作都会被撤销。事务具有原子性，即一个事务中的一系列的操作，要么全部成功，要么一个都不做。

事务的结束有两种，一种是提交，一种是回滚。当事务中的所有步骤全部成功执行时，事务提交；如果其中一个步骤失败，则撤销之前的所有操作事务回滚。

在 MySQL 引擎中，InnoDB 和 BDB 引擎类型支持事务，可以在命令提示符中通过 SHOW ENGINES 命令进行查看。

事务具有 4 个特征，简单说明如下：

（1）原子性。事务是数据库的逻辑操作单位，不可分割，事务中包含的各操作要么都做，要么都不做。

（2）一致性。事务执行的结果必须是使数据库从一个一致性状态变到另一个一致性状态。因此当数据库只包含事务提交成功的结果时，就说明数据库处于一致性状态。

如果数据库系统运行时发生故障，有些事务尚未完成就被迫中断，这些未完成事务对数据库所做的修改有一部分已写入物理数据库，这时数据库就处于一种不正确的状态，或者说是不一致的状态。

（3）隔离性。一个事务的执行不能干扰其他事务。一个事务内部的操作，即使用的数据对其他并发事务是隔离的，并发执行的各个事务之间不能互相干扰。

（4）持续性。持续性也称永久性，指一个事务一旦提交，它对数据库中的数据的改变就应该是永久性的，不能回滚。接下来的操作或故障不应该对其执行结果有任何影响。

扫一扫，看视频

21.8.2　使用事务处理

在 PHP 中，事务处理包括下面 4 个步骤：

第 1 步，关闭自动提交。

第 2 步，开启事务处理。

第 3 步，运行事务处理。如果全部完成，则提交事务；如果抛出异常，则回滚事务。

第 4 步，开启自动提交。

关闭自动提交的代码如下：

```
$pdo->setAttribute(PDO::ATTR_AUTOCOMMIT, false);
```

开启事务处理的代码如下：

```
$pdo->beginTransaction();                          //开启事务
$pdo->commit();                                    //提交事务
$pdo->rollback();                                  //回滚事务
```

事务处理一般运行在 try-catch 语句中，当事务失败时执行 catch 语句，代码如下：

```
try{
   $pdo->beginTransaction();                       //开启事务处理
                                                   //PDO 预处理，以及 SQL 执行语句
   $pdo->commit();                                 //提交事务
}catch(PDOException $e){
   $pdo->rollBack();                               //事务回滚
                                                   //相关错误处理
}
```

事务中的 SQL 语句如果有一个出现错误，那么所有的 SQL 语句都不执行；当所有 SQL 无误

时，才提交执行。

【示例】通过事务处理方式一次向数据库插入 3 条记录。代码如下：

```php
<?php
$dbms='mysql';                                          //数据库类型
$host='localhost';                                      //数据库主机名
$dbName='db_book_php_16';                               //使用的数据库
$user='root';                                           //数据库用户名
$pass='11111111';                                       //数据库密码
$dsn="$dbms:host=$host;dbname=$dbName";
try {
                                                        //初始化 PDO 对象，创建数据库连接
    $db = new PDO($dsn, $user, $pass);
    $db->setAttribute(PDO::ATTR_ERRMODE,PDO::ERRMODE_EXCEPTION); //设置为异常模式
    $db->setAttribute(PDO::ATTR_AUTOCOMMIT, false);     //关闭 PDO 的自动提交
    $db->beginTransaction();                            //开启事务处理
    $stmt=$db->prepare("insert into tb_test(name) values(?)"); //PDO 预处理
    $data=array(                                        //定义批量插入的数据
        array("张三"),
        array("李四"),
        array("王五")
    );
    foreach($data as $v){              //使用 foreach 循环逐一把数组中的数据插入数据库
        $stmt->execute($v);
        echo $db->lastInsertId()."<br>";   //显示插入记录的 ID 编号
    }
    $db->commit();                     //提交事务
    echo "提交成功! ";
}catch (PDOException $e) {
    $db->rollBack();                   //事务回滚
    die("提交失败! ");
}
?>
```

在浏览器中预览，则会看到新插入的 3 条记录的 ID 值，演示效果如图 21.9 所示。

图 21.9　显示批量操作成功演示效果

21.9　存　储　过　程

存储过程就是存储在服务器中的一套 SQL 语句。一旦 SQL 语句被存储了，客户端就不需要再重新发布单独的语句，而是可以引用存储过程来替代。这样可以减少带宽的使用，提高查询速度，也能够阻止客户端与数据的直接交互，从而起到保护数据的作用。

扫一扫，看视频

21.9.1　创建存储过程

在 PDO 中调用存储过程之前，先要创建一个存储过程，具体步骤如下。

【操作步骤】

第 1 步，启动 phpMyAdmin。

第 2 步，选定要创作存储过程的数据库，如 db_test。

第 3 步，在右侧窗格顶部的导航菜单中选择"程序"选项，如图 21.10 所示。

图 21.10　选择"程序"选项

第 4 步，在"新建"选项区域内，选择"添加程序"命令，在弹出的"添加程序"对话框中进行设置，新建一个程序，如图 21.11 所示。

图 21.11　"添加程序"对话框

- 在"程序名称"文本框中设置程序的名称。
- 在"类型"下拉列表中选择 PROCEDURE 选项，定义程序的类型。
- 在"参数"设置区域中定义一个参数变量，"方向"为 IN，"名字"为 name，"类型"为 VARCHAR，"长度/值"为 30，"选项"为字符。实际上这个参数变量就是表 tb_test中字段 name 的映射。
- 在"定义"文本区域中输入 SQL 语句，其中 values 中包含的是参数变量，以便接收客户端传递过来的值，动态设置要插入的信息。

第 5 步，单击"执行"按钮，即可在当前数据库中创建一个存储过程，如图 21.12 所示。

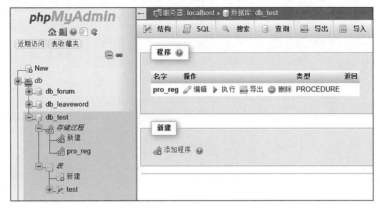

图 21.12 创建的存储过程

第 6 步，在该界面中，用户可以重新编辑存储过程，或者新建、删除、修改存储过程。单击"执行"按钮，会弹出"运行程序 `pro_reg`"对话框，如图 21.13 所示。在其中输入一个动态值，程序则会把这个值传递给存储过程，并向数据库执行一次插入操作。

图 21.13 "运行程序 `pro_reg`"对话框

21.9.2 调用存储过程

扫一扫，看视频

存储过程创建成功之后，在 PDO 中可以通过 call 语句调用存储过程，实现用户注册信息的添加操作。

【示例】调用 21.9.1 小节创建的 pro_reg 存储过程，使用 call 语句，向存储过程传递一个参数值"测试员小张"，则存储过程会自动把该值插入数据表 tb_test。代码如下：

```php
<?php
$dbms='mysql';                                    //数据库类型
$host='localhost';                                //数据库主机名
$dbName='db_book_php_16';                         //使用的数据库
$user='root';                                     //数据库用户名
$pass='11111111';                                 //数据库密码
$dsn="$dbms:host=$host;dbname=$dbName";
try {
```

```
//初始化 PDO 对象，创建数据库连接
    $db = new PDO($dsn, $user, $pass);
    $sql="call pro_reg('测试员小张')";
    $result=$db->prepare($sql);
    if($result->execute()){
        echo "数据添加成功！";
    }else{
        echo "数据添加失败！";
    }
} catch (PDOException $e) {
    echo 'SQL 字符串: '.$sql;
    echo '<pre>';
    echo "Error: " . $e->getMessage(). "<br/>";
    echo "Code: " . $e->getCode(). "<br/>";
    echo "File: " . $e->getFile(). "<br/>";
    echo "Line: " . $e->getLine(). "<br/>";
    echo "Trace: " . $e->getTraceAsString(). "<br/>";
    echo '</pre>';
}
?>
```

21.10　在 线 支 持

本节为拓展学习，感兴趣的读者可以扫码学习，以巩固本章所学的知识。

扫描，拓展学习

第 22 章

PHP 与 XML 技术

XML 是目前比较流行的一种数据存储格式，在 Web 开发中占据着重要位置。无论是 RSS 订阅、Web Service，还是 Ajax 应用，都和 XML 有着直接的联系。本章将详细介绍如何通过 PHP 读写 XML 数据，以及如何对 XML 文档进行操作。

学习重点

- 认识 XML。
- 使用 PHP 创建 XML。
- 了解 PHP 的 XML 解析器。
- SimpleXML 解析器。
- 案例实战。

扫一扫，看视频

22.1　认识 XML

1998 年，W3C 推出 XML 标准（eXtensible Markup Language，可扩展标记语言）。XML 具有可扩展性，允许用户自定义标记来表示各种结构的数据。为了更好地理解 XML 文档，先看一个简单的示例。

【示例】设计一个留言数据结构，包括编号、标题、时间和内容等。代码如下：

```xml
<?xml version="1.0" encoding="utf-8"?>
<blog>
    <item>
        <id>1</id>
        <title>标题1</title>
        <time>发布时间</time>
        <content>日志内容</content>
        <word>
            <user>昵称</user>
            <time>留言时间</time>
            <text>留言内容</text>
        </word>
    </item>
</blog>
```

在上面代码中，第 1 行是 XML 声明，从第 2 行开始是 XML 文档中的各个标记。与 HTML 一样，XML 也是一种基于文本的标记语言，用"<"和">"标记（一对尖括号）表示。在浏览器中预览，显示效果如图 22.1 所示。

图 22.1　XML 文档显示效果

XML 文档有一个根元素（如 blog），它由开始标记（<blog>）和结束标记（</blog>）组成。开始标记与结束标记之间就是全部数据内容。由于不同数据被各个标记所包含，在 XML 中查找和处理数据变得非常容易。

💡 提示：

（1）XML 文档一般包含 3 部分：XML 声明、处理指令和 XML 元素，其中处理指令是可选部分。

（2）每个 XML 文档都必须有声明。声明包含 XML 版本，以及所使用的字符集等信息。这些声明信息是 XML 处理程序正确解析 XML 文档的基础。在 XML 文档前面不允许有其他字符，甚至是空格。XML 声明必须是 XML 文档中的第一行。

（3）XML 声明以分隔符 "?xml" 开始，以分隔符 "?>" 结束。"<?" 标记后面的 "xml" 关键字表示该文件是
XML 类型。其他属性介绍如下：

- version="1.0"：表示该文档遵循的是 XML 1.0 标准。在 XML 声明中要求必须指定 version 的属性值，
  指明文档所采用的 XML 版本，且必须排在第一位。
- encoding="gb2312"：表示该文档使用的是 GB 2312 编码格式。在 XML 规范中，包括很多编码格式，
  如 Unicode、utf-8。

22.2　使用 PHP 创建 XML

扫一扫，看视频

PHP 不仅可以生成动态网页，也可以动态生成 XML 文档。使用 PHP 创建 XML 文档非常
简单。

【示例】输出一个简单的 XML 文档。代码如下：

```php
<?php
header('Content-type:text/xml');
echo '<?xml version="1.0" encoding="utf-8"?>';
echo '<blog>';
echo '    <item>';
echo '        <id>1</id>';
echo '        <title>标题1</title>';
echo '        <time>发布时间</time>';
echo '        <content>日志内容</content>';
echo '        <word>';
echo '            <user>昵称</user>';
echo '            <time>留言时间</time>';
echo '            <text>留言内容</text>';
echo '        </word>';
echo '    </item>';
echo '</blog>';
?>
```

输出简单的 XML 文档演示效果如图 22.2 所示。

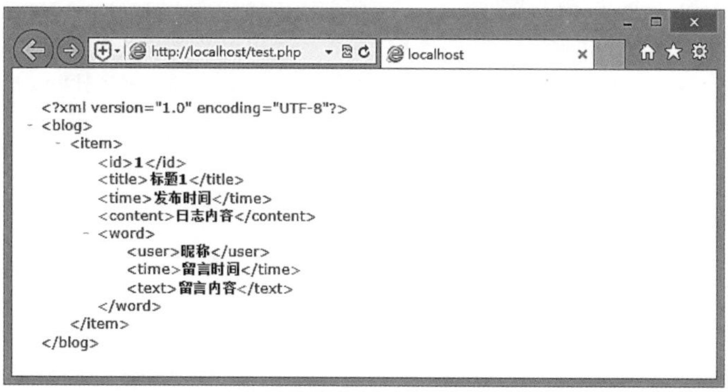

图 22.2　输出简单的 XML 文档演示效果

22.3　了解 PHP 的 XML 解析器

为了能够准确、快速地读取、更新、添加、删除或创建 XML 文档的数据，一般都需要 XML 解析器来协助处理。XML 解析器分为以下 2 种类型：

- 基于树的解析器：这种解析器把 XML 文档转换为树形结构。它解析整个文档，并提供了 API 来访问树中的元素，如文档对象模型（XML DOM）。
- 基于事件的解析器：将 XML 文档视为一系列事件。当某个具体的事件发生时，解析器会调用函数来进行处理，如 Expat 解析器。

📝 提示：

基于事件的解析器注重的是 XML 文档的内容，而不是它们的结果。正因如此，基于事件的解析器能够比基于树的解析器更快地访问数据。

PHP 内置了 3 种 XML 解析器，分别是 XML Expat、DOM XML、SimpleXML。这些解析器不需要安装，只要了解它们的 API 函数，简单调用就可以实现对 XML 文档的操作。

由于这些解析器功能相似，下面我们以 SimpleXML 解析器为例重点介绍其基本使用方法。

扫描，拓展学习

22.4　SimpleXML 解析器

PHP 5.0 版本起开始支持 SimpleXML 解析器的 API 函数库，SimpleXML 函数库使用起来简单、方便。本节将介绍如何使用 SimpleXML 函数库实现对 XML 文档的读/写操作。

读者可以扫描二维码了解 PHP 的 SimpleXML 函数库。

扫一扫，看视频

22.4.1　创建 SimpleXML 对象

用于创建 SimpleXML 对象的函数有以下 3 个：

- simplexml_load_file()函数：将指定的文件解析到内存中。
- simplexml_load_string()函数：将创建的字符串解析到内存中。
- simplexml_load_date()函数：将一个使用 DOM 函数创建的 DOMDocument 对象导入内存。

【示例】使用以上 3 个函数分别创建 3 个 SimpleXML 对象，并使用 print_r()函数输出。代码如下：

```php
<?php
header('Content-Type:text/html;charset=utf-8');
/* 第 1 个函数 */
$xml_1 = simplexml_load_file("test.xml");
print_r($xml_1);
/* 第 2 个函数 */
$str = "
<blog>
    <item>
        <id>1</id>
        <title>标题 1</title>
        <time>发布时间</time>
```

```
        <content>日志内容</content>
        <word>
            <user>昵称</user>
            <time>留言时间</time>
            <text>留言内容</text>
        </word>
    </item>
</blog>
";
$xml_2 = simplexml_load_string($str);
echo '<hr>';
print_r($xml_2);
/*  第3个函数  */
$dom = new domDocument();
$dom -> loadXML($str);
$xml_3 = simplexml_import_dom($dom);
echo '<hr>';
print_r($xml_3);
?>
```

创建 SimpleXML 对象演示效果如图 22.3 所示。

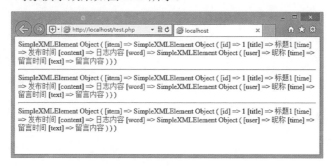

图 22.3　创建 SimpleXML 对象演示效果

可以看到，不同数据源的 XML 文档，只要结构相同，输出的结果也相同。

📝 **提示：**

虽然在 XML 文档中已经设置了编码格式，但这只是针对 XML 文档的，在 HTML 输出时也要设置编码格式。

22.4.2　遍历所有子元素

创建对象后，就可以使用 SimpleXML 函数来读取数据。例如，使用 children()函数和 foreach 循环可以遍历所有子元素。

【示例】使用 children()函数遍历所有子元素，然后使用 print_r()函数输出子元素的结构。代码如下：

扫一扫，看视频

```php
<?php
header('Content-Type:text/html;charset=utf-8');
$xml = simplexml_load_file("test.xml");
foreach($xml->children() as $layer_one){
    print_r($layer_one);
    echo '<hr>';
    foreach($layer_one->children() as $layer_two){
```

```
        print_r($layer_two);
        echo '<br>';
    }
}
?>
```

使用 children()函数遍历所有子元素演示效果如图 22.4 所示。

图 22.4　使用 children()函数遍历所有子元素演示效果

22.4.3　遍历所有属性

扫一扫，看视频

SimpleXML 不仅可以遍历子元素，还可以使用 attributes()函数遍历子元素中的属性，其用法与 children()函数类似。

【示例】本例简单演示如何遍历 XML 文档中所有子元素的属性。

首先，新建 XML 文档，设计如下文档结构，保存为 test.xml。

```
<?xml version="1.0" encoding="utf-8"?>
<blog>
    <item>
        <id name="编号">1</id>
        <title name="标题">静夜思</title>
        <time name="发布时间">2017-8-8</time>
        <content title="内容">床前明月光，疑是地上霜。举头望明月，低头思故乡。</content>
        <word>
            <user name="作者">李白</user>
            <time name="年代">唐朝</time>
        </word>
    </item>
</blog>
```

然后，新建 PHP 文件，保存为 test.php，输入下面的代码。

```
<?php
header('Content-Type:text/html;charset=utf-8');
$xml = simplexml_load_file("test.xml");
foreach($xml->children() as $layer_one){
    foreach($layer_one->attributes() as $name => $vl){
        echo $name.'::'.$vl;
    }
    echo '<hr>';
    foreach($layer_one->children() as $layer_two){
        foreach($layer_two->attributes() as $nm => $vl){
            echo $nm."::".$vl;
        }
        echo '<br>';
```

```
   }
}
?>
```

使用 attributes()函数遍历子元素中的属性演示效果如图 22.5 所示。

図 22.5　使用 attributes()函数遍历子元素中的属性演示效果

22.4.4　访问特定元素和属性

扫一扫，看视频

SimpleXML 对象可以通过子元素的名称访问子元素或属性，还可以使用子元素的名称数组来对该子元素的属性赋值。

【示例】本例演示如何访问特定元素和属性。

首先新建 XML 文档，设计如下文档结构，保存为 test.xml。

```xml
<?xml version="1.0" encoding="utf-8"?>
<object name='图书'>
   <book>
      <name>人类简史</name>
   </book>
   <book>
      <name name='中国通史'/>
   </book>
</object>
```

然后，新建 PHP 文件，保存为 test.php，输入下面的代码。

```php
<?php
header('Content-Type:text/html;charset=utf-8');
$xml = simplexml_load_file("test.xml");
echo $xml['name'].'<br>';
echo $xml->book[0]->name.'<br>';
echo $xml->book[1]->name['name'].'<br>';
?>
```

访问特定元素和属性演示效果如图 22.6 所示。

図 22.6　访问特定元素和属性演示效果

22.4.5　修改 XML 数据

扫一扫，看视频

在访问特定节点元素或属性时，也可以对其进行修改操作。

【示例】本例首先读取 XML 文档，然后输出根元素的属性值，接着修改子元素 name，最后输出修改后的值。

首先，新建 XML 文档，设计如下文档结构，保存为 test.xml。

```
<?xml version="1.0" encoding="utf-8"?>
<object name='图书'>
    <book type='财经'>
        <name>人类简史</name>
    </book>
</object>
```

然后，新建 PHP 文件，保存为 test.php，输入下面的代码。

```php
<?php
header('Content-Type:text/html;charset=utf-8');
$xml = simplexml_load_file("test.xml");
echo $xml['name'].'<br />';
$xml->book->name['type'] = '历史';
$xml->book->name = '中国通史';
echo $xml->book->name['type'].' => ';
echo $xml->book->name;
?>
```

修改 XML 数据演示效果如图 22.7 所示。

图 22.7　修改 XML 数据演示效果

22.4.6　保存 XML 文档

扫一扫，看视频

使用 asXML()方法可以将一个修改过的 SimpleXML 对象中的数据格式化为 XML 格式，然后再使用 file()函数将数据保存到 XML 文件中。

【示例】本例先从 test.xml 文档中生成 SimpleXML 对象，然后对 SimpleXML 对象中的元素进行修改，最后将修改后的 SimpleXML 对象再保存到 test.xml 文档中。

首先，新建 XML 文档，设计如下文档结构，保存为 test.xml。

```
<?xml version="1.0" encoding="utf-8"?>
<object name='图书'>
    <book>
        <name type='财经'>人类简史</name>
    </book>
</object>
```

然后，新建 PHP 文件，保存为 test.php，输入下面的代码。

```php
<?php
header('Content-Type:text/html;charset=utf-8');
$xml = simplexml_load_file("test.xml");
```

```
print_r($xml);
echo '<hr />';
$xml->book->name['type'] = '历史';
$xml->book->name = '中国通史';
$modi = $xml->asXML();
file_put_contents('test.xml',$modi);
$xml = simplexml_load_file("test.xml");
print_r($xml);
?>
```

保存 XML 文档演示效果如图 22.8 所示。

图 22.8　保存 XML 文档演示效果

22.5　案　例　实　战

下面通过案例进一步学习 PHP 操作 XML 文档的方法。

扫一扫，看视频

22.5.1　动态创建 XML 文档

下面介绍如何动态创建 XML 文档。这里仅通过一个简单示例了解 XML DOM 函数库的使用方法。详细介绍请参考 XML DOM 参考手册或 PHP 参考手册。

【示例 1】使用 XML DOM 函数库创建一个简单的 XML 文档，然后输出。代码如下：

```php
<?php
$dom = new DomDocument('1.0','utf-8');                       //创建空的 XML 文档
$book = $dom->createElement('book');                         //创建根节点
$dom->appendChild($book);                                    //附加到文档树上
  $computerbook = $dom->createElement('computerbook');       //创建子元素
  $book->appendChild($computerbook);
    $id = $dom->createAttribute('id');                       //定义 id 属性
    $computerbook->appendChild($id);
      $id_value = $dom->createTextNode('000120');
      $id->appendChild($id_value);
    $bookname = $dom->createElement('bookname');             //创建内容元素 bookname
    $computerbook->appendChild($bookname);
    //创建文本节点$bookname
      $bookname_value = $dom->createTextNode('PHP+MySQL 从入门到精通');
      $bookname->appendChild($bookname_value);
    //创建内容节点$bookprice
    $bookprice = $dom->createElement('bookprice');
    $computerbook->appendChild($bookprice);
    //创建文本节点$bookprice
      $bookprice_value = $dom->createTextNode('89.8');
      $bookprice->appendChild($bookprice_value);
echo $dom->saveXML();                                        //保存文档，并输出
```

```
?>
```

【示例 2】使用 XML 文档对象的 save()函数保存 XML 文档到本地。例如，在示例 1 的基础上，把最后一行代码 echo $dom->saveXML();替换为如下代码：

```
$dom->save("book.xml");                              //保存文档到本地
```

表示将 XML DOM 创建的 XML 文档保存到当前目录下，名称为 book.xml。

22.5.2　使用 Ajax 读取 XML 文档信息

扫描，拓展学习

本例将借助 Ajax 技术从 XML 文档读取详细信息并显示在页面中，演示效果如图 22.9 所示。

图 22.9　读取 XML 文档信息演示效果

提示：
有关 Ajax 技术的相关内容请参考第 23 章。

本例包括以下 4 个文件：
- test.html：简单的 HTML 表单页面。该页面包含一个下拉菜单，可以选择要查看的 CD 信息。
- cd_catalog.xml：XML 数据文件，包含一组 CD 数据。
- selectcd.js：JavaScript 文件，执行 Ajax 异步请求的脚本。
- getcd.php：PHP 文件，执行从 cd_catalog.xml 文档读取数据的操作，并写入 test.html 页面。
各页面的详细代码和说明，以及演示效果，请扫码学习。

扫描，拓展学习

22.5.3　设计实时搜索器

本例设计一个实时搜索器。实时搜索与传统搜索相比，具有以下优势：
- 当输入数据时，就会显示出匹配的结果。
- 当继续输入数据时，会对结果进行过滤。
- 如果结果太少，删除字符就可以获得更大的范围。

本小节借助 Ajax 技术，从 XML 文档读取与用户输入的关键词相匹配的词条信息，然后把这些词条信息返回，显示在搜索框下面，以供用户参考，演示效果如图 22.10 所示。

图 22.10　实时搜索器演示效果

本例包括以下 4 个文件：

- test.html：一个简单的 HTML 表单，即搜索框。
- livesearch.js：JavaScript 文件，执行 Ajax 异步请求的代码。
- livesearch.php：PHP 文件，负责从 XML 数据文档中搜索与用户输入关键词相匹配的词条，然后反馈给 test.html 页面。
- links.xml：一个简单的数据结构，只有 8 个结果，仅供学习参考使用。

各页面的详细代码和说明，以及演示效果，请扫码学习。

22.5.4　设计 RSS 阅读器

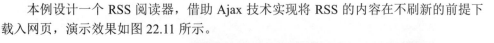

扫描，拓展学习

本例设计一个 RSS 阅读器，借助 Ajax 技术实现将 RSS 的内容在不刷新的前提下载入网页，演示效果如图 22.11 所示。

图 22.11　RSS 阅读器演示效果

本例包含以下 3 个文件：
- test.html：一个简单的 HTML 表单，包含一个下拉菜单，供用户选择 RSS 源。
- getrss.js：JavaScript 文件，执行 Ajax 异步请求的代码。
- getrss.php：PHP 文件，负责从 RSS 源抓取信息，返回的是 XML 文档数据。再从这个文档中抽取相应的元素信息，返回给 test.html 页面。

各页面的详细代码和说明，以及演示效果，请扫码学习。

22.6　在 线 支 持

本节为拓展学习，感兴趣的读者请扫描二维码在线练习。

扫描，拓展学习

第 23 章

PHP 与 Ajax 技术

2005 年 2 月，Ajax 这个词第一次正式出现。从此以后，Ajax 成为 JavaScript 程序发起 HTTP 通信的代名词，W3C 也在 2006 年发布了 Ajax 国际标准。Ajax 是 Web 2.0 时代的标志，推动了 Web 开发技术向纵深发展。

学习重点

- XMLHttpRequest 1.0 基础。
- XMLHttpRequest 2.0 基础。
- 案例实战。

23.1　XMLHttpRequest 1.0 基础

XMLHttpRequest 是一个客户端的 API，它为浏览器与服务器之间的通信提供了便捷通道。现代浏览器都支持 XMLHttpRequest API，如 IE7+、Firefox、Chrome、Safari 和 Opera。

23.1.1　创建 XMLHttpRequest 对象

使用 XMLHttpRequest API 的第一步是创建 XMLHttpRequest 对象。其语法格式如下：

扫一扫，看视频

```
var xhr = new XMLHttpRequest()};
```

📝 提示：

现代浏览器都支持 XMLHttpRequest API，IE 从 5.0 版本开始就以 ActiveX 组件的形式支持 XMLHttpRequest，在 IE 7.0 版本中，标准化 XMLHttpRequest 允许通过 Windows 对象进行访问。同时，所有浏览器的 XMLHttpRequest 对象都提供了相同的属性和方法。

23.1.2　建立 XMLHttpRequest 连接

创建 XMLHttpRequest 对象之后，就可以使用 XMLHttpRequest 的 open()方法建立一个 HTTP 请求。open()方法的语法格式如下：

扫一扫，看视频

```
oXMLHttpRequest.open(bstrMethod, bstrUrl, varAsync, bstrUser, bstrPassword);
```

参数说明：

- bstrMethod：必需，HTTP 方法字符串，如 POST、GET 等，大小写不敏感。
- bstrUrl：必需，请求的 URL，可以为绝对地址或相对地址。
- varAsync：布尔值，可选，指定请求是否为异步方式，默认为 True。如果为 True，当状态改变时会调用 onreadystatechange 属性指定的回调函数。
- bstrUser：可选，如果服务器需要验证，该参数指定用户名；如果未指定，当服务器需要验证时，会弹出验证窗口。
- bstrPassword：可选，验证信息中的密码部分。如果用户名为空，则此值将被忽略。

使用 XMLHttpRequest 的 send()方法发送请求到服务器，并接收服务器的响应。send()方法的语法格式如下：

```
oXMLHttpRequest.send(varBody);
```

参数 varBody 表示将通过该请求发送的数据。如果不传递信息，可以设置参数为 NULL。

该方法的同步或异步方式取决于 open()方法中的 bAsync 参数。如果 bAsync == False，此方法将会在请求完成或者请求超时时返回；如果 bAsync == True，此方法将立即返回。

23.1.3　跟踪状态

使用 XMLHttpRequest 对象的 readyState 属性可以实时跟踪异步交互状态。当该

扫一扫，看视频

属性发生变化时，就触发 readystatechange 事件，调用该事件绑定的回调函数。readyState 属性值有 5 个，见表 23.1。

表 23.1　readyState 属性值

属　　性	说　　明
0	未初始化。表示对象已经建立，但是尚未初始化，尚未调用 open()方法
1	初始化。表示对象已经建立，尚未调用 send()方法
2	发送数据。表示 send()方法已经调用，但是当前的状态及 HTTP 头部未知
3	数据传送中。已经接收部分数据，因为响应及 HTTP 头部不全，这时通过 responseBody 和 responseText 获取部分数据会出现错误
4	完成。数据接收完毕，此时可以通过 responseBody 和 responseText 获取完整的响应数据

如果 readyState 属性值为 4，则说明响应完毕，那么就可以安全读取返回的数据。另外，还需要监测 HTTP 状态码，只有当 HTTP 状态码为 200 时，才表示 HTTP 响应顺利完成。

在 XMLHttpRequest 对象中可以借助 status 属性获取当前的 HTTP 状态码。如果 readyState 属性值为 4，且 status（状态码）属性值为 200，那么说明 HTTP 请求和响应过程顺利完成。

【示例】定义一个函数 handleStateChange()，用来监测 HTTP 状态，当整个通信顺利完成，则读取 xmlHttp 的响应文本信息。代码如下：

```
function handleStateChange(){
  if(xmlHttp.readyState == 4){
    if (xmlHttp.status == 200 || xmlHttp.status == 0){
      alert(xmlHttp.responseText);
    }
  }
}
```

修改 request()函数，为 onreadystatechange 事件注册回调函数。代码如下：

```
function request(url){
  xmlHttp.open("GET", url, False);
  xmlHttp.onreadystatechange = handleStateChange;
  xmlHttp.send(null);
}
```

上面代码把读取响应数据的代码放在函数 handleStateChange 中，然后通过 onreadystatechange 事件来调用。

23.1.4　中止请求

扫一扫，看视频

使用 abort()方法可以中止正在进行的异步请求。在使用 abort()方法前，应先清除 onreadystatechange 事件处理函数，因为 IE 和 Mozilla 在请求中止后也会激活这个事件处理函数。如果将 onreadystatechange 属性设置为 NULL，则 IE 会发生异常，所以可以为它设置一个空函数。代码如下：

```
xmlhttp.onreadystatechange = function(){};
xmlhttp.abort();
```

扫一扫，看视频

23.1.5　获取 XML 数据

XMLHttpRequest 对象通过 responseBody、responseStream、responseText 或 responseXML 属性获取响应信息，见表 23.2。它们都是只读属性。

表 23.2　XMLHttpRequest 对象属性

属　　性	说　　明
responseBody	以 Unsigned Byte 数组形式返回响应信息正文
responseStream	以 ADO Stream 对象的形式返回响应信息
responseText	以字符串的形式返回响应信息
responseXML	以 XML 文档格式的形式返回响应信息

在实际应用中，一般将格式设置为 XML、HTML、JSON 或其他纯文本格式。具体使用哪种响应格式，可以参考下面几条原则：

- 当向页面中添加大块数据时，选择 HTML 格式会比较方便。
- 当需要协作开发，且项目庞杂时，选择 XML 格式会更通用。
- 当要检索复杂的数据，且结构复杂时，选择 JSON 格式更轻便。

【示例 1】在服务器创建一个简单的 XML 文档（XML_server.xml）。代码如下：

```
<?xml version="1.0" encoding="gb2312"?>
<the>XML 数据</the >
```

在客户端执行下面的请求（XML_main.html）。代码如下：

```
var x = createXMLHTTPObject();              //创建 XMLHttpRequest 对象
var url = "XML_server.xml";
x.open("GET", url, True);
x.onreadystatechange = function (){
   if ( x.readyState == 4 && x.status == 200 ){
      var info = x.responseXML;
      alert(info.getElementsByTagName("the")[0].firstChild.data);
                                          //返回元信息字符串 "XML 数据"
   }
}
x.send(null);
```

在上面的代码中使用 XML DOM 提供的 getElementsByTagName()方法获取 the 元素，然后再定位第一个 the 的子元素内容。此时如果继续使用 responseText 属性来读取数据，则会返回 XML 源代码字符串，如下所示：

```
<?xml version="1.0" encoding="gb2312"?>
<the>XML 数据</the >
```

【示例 2】使用服务器端编程语言生成 XML 文档结构。例如，使用 ASP 代码生成上面的服务器响应信息。代码如下：

```
<?xml version="1.0" encoding="gb2312"?>
<%
Response.ContentType = "text/xml"           //定义 XML 文档文本类型，否则 IE 将不识别
Response.Write("<the>XML 数据</the >")
%>
```

23.1.6　获取 HTML 文本

设计响应信息为 HTML 字符串是一种常用方法，这样在客户端就可以直接使用 innerHTML 属性把获取的字符串插入网页。

扫一扫，看视频

【示例】在服务器端创建 HTML 结构代码（HTML_server.html）。代码如下：

```
<table>
   <tr><td>RegExp.exec()</td><td>通用的匹配模式</td></tr>
```

```
<tr><td>RegExp.test()</td><td>检测一个字符串是否匹配某个模式</td>
</tr>
</table>
```

在客户端接收响应信息（HTML_main.html）。代码如下：

```
<div id="grid"></div>
<script>
function createXMLHTTPObject(){
   //省略
}
var x = createXMLHTTPObject();                 //创建 XMLHttpRequest 对象
var url = "HTML_server.html";
x.open("GET", url, True);
x.onreadystatechange = function (){
   if ( x.readyState == 4 && x.status == 200 ){
      var o = document.getElementById("grid");
      o.innerHTML = x.responseText;            //把响应数据直接插入页面进行显示
   }
}
x.send(null);
</script>
```

在某些情况下，HTML 字符串可能为客户端解析响应信息减少了一些 JavaScript 代码的编写工作，但是带来了以下问题：

● 响应信息中包含大量无用的字符，响应数据会变得很臃肿。因为 HTML 标记不含有信息，完全可以把它们放置在客户端由 JavaScript 代码生成。

● 响应信息中包含的 HTML 结构无法得到有效利用，对于 JavaScript 代码来说，它们仅仅是一堆字符串。此外，将结构和信息混合在一起，也不符合标准设计原则。

扫一扫，看视频

23.1.7　获取 JavaScript 代码

本例设计响应信息的类型为 JavaScript 代码。与 JSON 数据不同，JavaScript 代码是可执行的命令。

【示例】在服务器端请求文件中创建下面的函数（Code_server.js）。代码如下：

```
function(){
   var d = new Date()
   return d.toString();
}
```

在客户端执行下面的请求。代码如下：

```
var x = createXMLHTTPObject();                 //创建 XMLHttpRequest 对象
var url = "code_server.js";
x.open("GET", url, True);
x.onreadystatechange = function (){
   if ( x.readyState == 4 && x.status == 200 ) {
      var info = x.responseText;
//调用 eval()函数把 JavaScript 字符串转换为本地代码
var o = eval("("+info+")" + "()");
      alert(o);                                //返回客户端当前日期
   }
}
x.send(null);
```

在转换时应在字符串前后附加两个小括号：一个是包含函数结构体的，一个是表示调用函数的。

一般很少使用 JavaScript 代码作为响应信息的格式，因为它既不能传递更丰富的信息，还极易引发安全隐患。

23.1.8 获取 JSON 数据

先通过 XMLHttpRequest 对象的 responseText 属性获取返回的 JSON 数据，然后可以使用 eval()函数将其解析为本地 JavaScript 对象，从该对象中再读取任何想要的信息。

【示例】将返回的 JSON 字符串转换为本地对象，然后读取其中包含的属性值（JSON_main.html）。代码如下：

```
var x = createXMLHTTPObject();            //创建 XMLHttpRequest 对象
var url = "JSON_server.js";               //请求的服务器端文件
x.open("GET", url, True);
x.onreadystatechange = function (){
    if ( x.readyState == 4 && x.status == 200 ){
        var info = x.responseText;        //获取响应信息
        var o = eval("(" + info + ")");   //调用 eval()函数把 JSON 字符串转换为本地对象
        alert(info);                      //显示响应的字符串，返回整个 JSON 字符串
        alert(o.name);                    //读取对象的属性值，返回字符串 css8
    }
}
x.send(null);
```

在转换对象时，应该在 JSON 字符串外面添加小括号运算符，表示调用该对象。如果是数组，则读取方式如下（JSON_main1.html）：

```
x.onreadystatechange = function (){
    if ( x.readyState == 4 && x.status == 200 ){
        var info = x.responseText;
        var o = eval(info);
        alert(info);                      //显示响应的字符串，返回整个 JSON 字符串
        alert(o[0].name);                 //读取数组第 1 个元素的属性值，返回字符串 css8
    }
}
```

📝 提示：

eval()函数在解析 JSON 字符串时存在安全隐患。如果 JSON 字符串中包含恶意代码，在调用回调函数时可能会被执行。

解决方法：使用一种能够识别有效 JSON 语法的解析程序，解析程序一旦匹配到 JSON 字符串中的不规范对象，就直接中断或不执行其中的恶意代码。用户可以访问 http://www.json.org/ json2.js，免费下载 JavaScript 版本的解析程序。不过，如果能够确保所响应的 JSON 字符串是安全的，没有被恶意攻击，那么可以使用 eval()函数解析 JSON 字符串。

23.1.9 获取纯文本

对于简短的信息，有必要使用纯文本格式进行响应。但是纯文本信息在响应时很容易丢失，且没有办法检测信息的完整性。一般元数据都以数据包的形式进行发送，不容易丢失。

【示例】在客户端执行请求获取服务器端为字符串 True 的响应信息。代码如下：

```
var x = createXMLHTTPObject();
var url = "Text_server.txt";
```

```
x.open("GET", url, True);
x.onreadystatechange = function (){
    if ( x.readyState == 4 && x.status == 200 ) {
        var info = x.responseText;
        if(info == "True") alert("文本信息传输完整");        //检测信息是否完整
        else  alert("文本信息有丢失的可能性");
    }
}
x.send(null);
```

扫一扫，看视频

23.1.10　获取头部信息

每个 HTTP 请求和响应的头部都包含一组消息，对于开发人员来说，这些信息具有重要的参考价值。XMLHttpRequest 对象提供了 2 个方法用于获取 HTTP 头部信息。

●　getAllResponseHeaders()：获取响应的所有 HTTP 头部信息。

●　getResponseHeader()：从响应信息中获取指定的 HTTP 头部信息。

【示例 1】获取响应的所有 HTTP 头部信息。代码如下：

```
var x = createXMLHTTPObject();
var url = "server.txt";
x.open("GET", url, True);
x.onreadystatechange = function (){
    if ( x.readyState == 4 && x.status == 200 ) {
        alert(x.getAllResponseHeaders());                //获取 HTTP 头部信息
    }
}
x.send(null);
```

【示例 2】返回一个 HTTP 头部信息，具体到不同的环境和浏览器返回的信息略有不同。格式如下：

```
X-Powered-By: ASP.NET
Content-Type: text/plain
ETag: "0b76f78d2b8c91:8e7"
Content-Length: 2
Last-Modified: Thu, 09 Apr 2017 05:17:26 GMT
```

如果要获取指定的某个 HTTP 头部信息，可以使用 getResponseHeader()方法，参数为获取头部的名称。例如，获取 Content-Type 头部的值，代码如下：

```
alert(x.getResponseHeader("Content-Type"));
```

除了可以获取这些头部信息，还可以使用 setRequestHeader()方法在发送请求中设置各种头部信息，代码如下：

```
xmlHttp.setRequestHeader("name","css8");
xmlHttp.setRequestHeader("level","2");
```

服务器可以接收这些自定义的 HTTP 头部信息，并根据这些信息提供特殊的服务或功能。

23.2　XMLHttpRequest 2.0 基础

2014 年 11 月，W3C 正式发布 XMLHttpRequest 2.0 标准规范，新增了很多实用功能，进一步推动了异步交互在 JavaScript 中的应用。

23.2.1　请求时限

扫一扫，看视频

　　XMLHttpRequest 2.0 为 XMLHttpRequest 对象新增了 timeout 属性，使用该属性可以设置 HTTP 请求时限。

```
xhr.timeout = 3000;
```

　　上面语句将异步请求的最长等待时间设为 3000ms。如果超过时限，则自动停止 HTTP 请求。
　　与之配套的还有一个 timeout 事件，用来指定回调函数。代码如下：

```
xhr.ontimeout = function(event){
    alert('请求超时！');
}
```

23.2.2　FormData 数据对象

扫一扫，看视频

　　XMLHttpRequest 2.0 新增了 FormData 对象，使用它可以处理表单数据。
　　【操作步骤】
　　第 1 步，新建 FormData 对象。代码如下：

```
var formData = new FormData();
```

　　第 2 步，为 FormData 对象添加表单项。代码如下：

```
formData.append('username', '张三');
formData.append('id', 123456);
```

　　第 3 步，直接传送 FormData 对象，这与提交网页表单的效果完全一样。代码如下：

```
xhr.send(formData);
```

　　第 4 步，FormData 对象也可以用来获取网页表单的值。代码如下：

```
var form = document.getElementById('myform');
var formData = new FormData(form);
formData.append('secret', '123456');              //添加一个表单项
xhr.open('POST', form.action);
xhr.send(formData);
```

23.2.3　上传文件

扫一扫，看视频

　　新版本的 XMLHttpRequest 对象不仅可以发送文本信息，而且可以上传文件。XMLHttpRequest 的 send()方法可以发送字符串、Document 对象、表单数据、Blob 对象、文件和 ArrayBuffer 对象。
　　【示例】设计一个"选择文件"的表单元素（input[type="file"]），将它装入 FormData 对象。代码如下：

```
var formData = new FormData();
for (var i = 0; i < files.length;i++) {
    formData.append('files[]', files[i]);
}
```

　　发送 FormData 对象给服务器。代码如下：

```
xhr.send(formData);
```

23.2.4　跨域访问

　　新版本的 XMLHttpRequest 对象可以向不同域名的服务器发出 HTTP 请求。使用跨

扫一扫，看视频

域资源共享的前提是：浏览器必须支持跨域访问功能，且服务器必须同意跨域访问。如果满足这两个条件，则跨域与不跨域的请求方式完全一样。代码如下：

```
xhr.open('GET', 'http://other.server/and/path/to/script');
```

23.2.5　响应不同类型数据

扫一扫，看视频

新版本的 XMLHttpRequest 对象还新增了 responseType 和 response 属性。
- responseType：用于指定服务器返回数据的数据类型，可用值为 text、arraybuffer、blob、json 或 document。如果将属性值指定为空字符串或不使用该属性，则该属性值默认为 text。
- response：如果向服务器端提交请求成功，则返回响应的数据。
  - ◇ 如果 responseType 为 text，则 response 的返回值是字符串对象。
  - ◇ 如果 responseType 为 arraybuffer，则 response 的返回值是一个 ArrayBuffer 对象。
  - ◇ 如果 responseType 为 blob，则 response 的返回值是一个 Blob 对象。
  - ◇ 如果 responseType 为 json，则 response 的返回值是一个 JSON 对象。
  - ◇ 如果 responseType 为 document，则 response 的返回值是一个 Document 对象。

23.2.6　接收二进制数据

扫一扫，看视频

老版本的 XMLHttpRequest 对象只能从服务器接收文本数据，新版本的则可以接收二进制数据。

使用新增的 responseType 属性，可以从服务器接收二进制数据。如果服务器返回文本数据，这个属性的值是 text。

- 可以把 responseType 设为 blob，表示服务器传回的是二进制对象。代码如下：

```
var xhr = new XMLHttpRequest();
xhr.open('GET', '/path/to/image.png');
xhr.responseType = 'blob';
```

接收数据时，用浏览器自带的 Blob 对象即可。代码如下：

```
var blob = new Blob([xhr.response], {type: 'image/png'});
                              //读取的是 xhr.response，而不是 xhr.responseText
```

- 可以将 responseType 设为 arraybuffer，把二进制数据封装在一个数组中。代码如下：

```
var xhr = new XMLHttpRequest();
xhr.open('GET', '/path/to/image.png');
xhr.responseType = "arraybuffer";
```

接收数据时，需要遍历这个数组。代码如下：

```
var arrayBuffer = xhr.response;
if (arrayBuffer) {
  var byteArray = new Uint8Array(arrayBuffer);
  for (var i = 0; i < byteArray.byteLength; i++) {
    //执行代码
  }
}
```

扫一扫，看视频

23.2.7　监测数据传输进度

新版本的 XMLHttpRequest 对象新增了一个 progress 事件，用来返回进度信息。它分成上传和下载两种情况。下载的 progress 事件属于 XMLHttpRequest 对象，上传的 progress 事件属于 XMLHttpRequest.upload 对象。

【操作步骤】

第 1 步，先定义 progress 事件的回调函数。代码如下：

```
xhr.onprogress = updateProgress;
xhr.upload.onprogress = updateProgress;
```

第 2 步，在回调函数中，使用这个事件的一些属性。代码如下：

```
function updateProgress(event) {
   if (event.lengthComputable) {
      var percentComplete = event.loaded / event.total;
   }
}
```

上面的代码中，event.total 是需要传输的总字节，event.loaded 是已经传输的字节。如果 event.lengthComputable 不为真，则 event.total 等于 0。

与 progress 事件相关的还有 5 个事件，可以分别指定回调函数。

● load：传输成功完成。
● abort：传输被用户取消。
● error：传输中出现错误。
● loadstart：传输开始。
● loadEnd：传输结束（但不知道是成功还是失败）。

23.3　案 例 实 战

下面结合实例介绍 PHP 与 Ajax 混合开发实战。

23.3.1　发送字符串

为 XMLHttpRequest 对象设置 responseType = 'text'，可以向服务器发送字符串数据。示例演示和代码讲解请扫码查看。

扫一扫，看视频　　扫描，拓展学习

23.3.2　发送表单数据

使用 XMLHttpRequest 对象发送表单数据时，需要创建一个 formData 对象。代码如下：

扫一扫，看视频　　扫描，拓展学习

```
var form = document.getElementById("forml");
var formData = new FormData(form);
```

FormData()构造方法包含一个参数，表示页面中的一个表单（form 元素）。

创建 formData 对象后，传递给 XMLHttpRequest 对象的 send()方法即可。代码如下：

```
xhr.send(formData);
```

使用 formData 对象的 append()方法可以追加数据，这些数据将在向服务器发送数据时，将用户在表单控件中输入的数据一起发送到服务器。append()方法的语法格式如下：

```
formData.append('add_data', '测试');                //在发送之前添加附加数据
```

该方法包含两个参数：第 1 个参数表示追加数据的键名，第 2 个参数表示追加数据的键值。

当 formData 对象中包含附加数据时，服务器将该数据的键名视为一个表单控件的 name 属性值，将该数据的键值视为该表单控件中的数据。示例演示和代码讲解请扫码查看。

23.3.3　发送二进制文件

扫一扫，看视频　　扫描，拓展学习

使用 FormData 类可以向服务器发送文件，具体用法：将表单的 enctype 属性值设置为 multipart/form-data，然后将需要上传的文件作为附加数据添加到 formData 对象中即可。示例演示和代码讲解请扫码查看。

23.3.4　发送 Blob 对象

扫一扫，看视频　　扫描，拓展学习

所有 File 对象都是一个 Blob 对象，所以同样可以通过发送 Blob 对象的方法来发送文件。示例演示和代码讲解请扫码查看。

23.3.5　跨域请求

扫一扫，看视频　　扫描，拓展学习

跨域请求的实现方法：在被请求域中提供一个用于响应请求的服务器脚本文件，并且在服务器返回的响应头信息中添加 Access-Control-Allow-Origin 参数，将参数值指定为允许向该页面请求数据的"域名+端口号"即可。示例演示和代码讲解请扫码查看。

23.3.6　设计文件上传进度条

扫一扫，看视频　　扫描，拓展学习

本例需要使用 PHP 服务器虚拟环境，同时在站点根目录下新建 upload 文件夹，然后在站点根目录新建前台文件 test1.html 和后台文件 test.php。在上传文件时，使用 XMLHttpRequest 对象动态显示文件上传的进度。示例演示和代码讲解请扫码查看。

23.4　在 线 支 持

扫描，拓展学习

初学者要想熟练掌握 PHP 与 Ajax 技术的应用方法，应该进行大量的上机练习和实践。限于篇幅，我们无法在本章详细展示和讲解不同类型的应用示例。建议读者扫码查看，在线强化训练。特别地，PHP+Ajax+MySQL 综合应用涉及的知识点较多，很容易出错，也很容易打消读者的学习热情。因此，初学时应该加强练习。

第 24 章

PHP 与 Socket 技术

使用 WebSockets API，可以让客户端与服务器通过 socket 端口进行通信，这样服务器不再被动地等待客户端的请求，只要客户端与服务器建立了一次连接，服务器就可以在需要时主动将数据推送到客户端，直到客户端显式关闭这个连接。

学习重点

- 认识 WebSocket。
- 使用 Socket。
- 使用 WebSocket。

24.1　认识 WebSocket

Socket 又称套接字，是基于 W3C 标准开发的、在 TCP 接口中进行双向通信的技术。目前，大部分浏览器都支持 HTML 5 的 WebSockets API。

24.1.1　WebSocket 基础

WebSocket 是一个持久化协议，这是相对于 HTTP 非持久化协议来说的。

例如，HTTP 1.0 的生命周期是以 request（请求）作为界定的，一个 request 对应一个 response（响应），代表本次 client（客户端）与 server（服务器）的会话到此结束；在 HTTP 1.1 中，稍微有所改进，在 HTTP 1.0 的基础上加了 keep-alive，也就是在一个 HTTP 连接中可以进行多个 request 请求和多个 response 响应操作。

然而，在实时通信中，HTTP 协议并没有多大的作用，只有 client 发起请求，server 才能返回信息，server 不能主动向 client 推送信息，无法满足实时通信的要求。

WebSocket 可以进行持久化连接，client 只需要进行一次握手（类似于 request），成功后即可持续进行数据通信，实现 client 与 server 之间的全双工通信（双向同时通信），即通信的双方可以同时发送信息和接收信息的交互方式。

图 24.1 演示了 client 和 server 之间建立 WebSocket 连接时的握手部分，这部分在 Node.js 中可以十分轻松地完成，因为 Node.js 提供的 net 模块已经对 Socket 套接字做了封装处理，开发者使用时只需要考虑数据的交互，而不用处理连接的建立。

图 24.1　WebSocket 连接时的握手示意图

client 与 server 建立 Socket 时，握手的会话内容也就是 request 与 response 的过程。

24.1.2　WebSockets API 开发框架

WebSockets API 为搭建 Web 应用程序提供了一种新的架构，解决了低成本、高处理的海量客户端请求。目前，使用 PHP 编程语言实现这种应用架构的开发框架主要包括 Workerman 等。

24.1.3　浏览器兼容性

国际上标准的 WebSocket 协议为 RFC6455 协议（通过 IETF 批准）。目前为止，Chrome 15+、

Firefox 11+，以及 IE 10 版本的浏览器均支持该协议，包括该协议中定义的二进制数据的传送。

24.1.4　应用场景

WebSockets API 适用于多个客户端与一个服务器之间实现实时通信的场景。具体如下：
- 多人在线游戏网站。
- 聊天室。
- 实时体育或新闻评论网站。
- 实时交互用户信息的社交网站。

24.2　使用 Socket

PHP 实现 Socket 服务主要使用的是 PHP 的 socket 扩展函数库。本节将简单介绍如何正确使用 Socket 服务。

24.2.1　加载 socket 扩展函数库

在 PHP 中，socket 扩展函数库默认是已安装的。如果没有安装，则必须配置 php.ini 文件，将该文件中的 ";extension=php_sockets.dll" 选项前的分号（;）删除，保存修改后的文件，重新启动 Apache 服务器即可。

在成功加载 socket 扩展函数库后，可以通过 phpinfo()函数获取 socket 的启动信息。

```
<?php
echo phpinfo();
?>
```

📝 **提示：**

在 Linux 系统环境下给 PHP 安装 socket 扩展函数库，方法如下：

```
#cd /home/php/ext/sockets
#/server/php/bin/phpize
#./configure --prefix=/usr/local/php/lib --with-php-config=/server/php/bin/php-config
--enable-sockets
#make
#make install
```

修改/usr/local/php/etc/php.ini 文件，PHP 5.4 版本以上不用加扩展路径。

```
#extension_dir = "/usr/local/php/lib/php/extensions/no-debug-non-zts-20090626/"
extension=sockets.so
```

重启 Apache 或 Nginx 等服务器即可。

24.2.2　Socket 通信流程

建立 Socket 连接至少需要一对套接字，其中一个运行于客户端，称为 client Socket；另一个运行于服务器，称为 server Socket。Socket 通流程如图 24.2 所示。

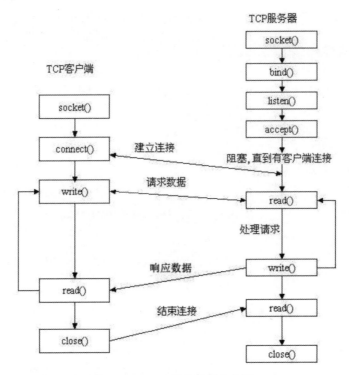

图 24.2　Socket 通信流程示意图

套接字之间的连接过程可以分为 3 步：

第 1 步，服务器监听。服务器的套接字并不定位具体的客户端套接字，而是处于等待连接的状态，实时监控网络状态，等待客户端的连接请求。

第 2 步，客户端请求。客户端的套接字提出连接请求，要连接的目标是服务器的套接字。因此，客户端的套接字应先描述要连接的服务器的套接字，指出服务器套接字的 IP 地址和端口号，然后就向服务器的套接字提出连接请求。

第 3 步，连接确认。当服务器的套接字监听到，或者接收到客户端套接字的连接请求时，就响应请求，建立一个新的连接，把服务器的套接字的描述发给客户端，一旦客户端确认了此描述，双方就正式建立了连接。

而此时服务器的套接字继续处于监听状态，继续接收其他客户端套接字的连接请求。

✐ 提示：

TCP/IP、UDP、Socket 之间的关系，可以扫描二维码进行了解。

24.2.3　Socket 通信方法

扫描，拓展学习

　　建立 Socket 连接的过程与建立 MySQL 的客户端和服务器之间的连接的本质是一样的，Socket 编程就是建立一个类似于 MySQL 的服务器和客户端的应用。而与 MySQL 不同的是，MySQL 的服务器和客户端都已经封装好了，用户只需应用就行了。但是，socket 扩展函数库仅定义了几十个函数。使用 PHP 进行 Socket 编程，应该先了解其函数，以及它们的关系和功能。

下面介绍 Socket 的几个关键函数，了解它们各自的作用。

1. 创建套接字

`socket_create($net , $stream , $protocol)`

socket_create()函数用于创建一个 Socket 套接字，简单说就是创建一个网络数据流。Socket 套接字也称通信节点。一个典型的网络连接由 2 个套接字构成：一个运行在客户端，另一个运行在服务器。

如果该函数运行成功，则返回一个包含 socket 对象的资源类型；如果没有成功，则返回 False。

参数说明：
- $net：定义网络协议。包括以下选项：
  - ◇ AF_INET：IPv4 网络协议。常用协议，TCP 和 UDP 都可使用此协议。
  - ◇ AF_INET6：IPv6 网络协议。TCP 和 UDP 都可使用此协议。
  - ◇ AF_UNIX：本地通信协议。具有高性能和低成本的 IPC（进程间通信）功能。
- $stream：定义套接字流或类型，包括 SOCK_STREAM、SOCK_DGRAM、SOCK_SEQPACKET、SOCK_RAW、SOCK_RDM，详细说明可以扫码了解，或参考 PHP 参考手册。这里仅解释前两个选项。
  - ◇ SOCK_STREAM：TCP 协议套接字。
  - ◇ SOCK_DGRAM：UDP 协议套接字。
- $protocol：定义当前套接字的具体协议，包括以下选项：
  - ◇ SOL_TCP：TCP 协议。
  - ◇ SOL_UDP：UDP 协议。
  - ◇ ICMP：互联网控制消息协议。

扫描，拓展学习

📋 提示：

socket_create()函数的第 2 个参数和第 3 个参数是相互关联的。如果第 1 个参数选用 IPv4 网络协议 AF_INET，则第 2 个参数应该选用 TCP 套接字 SOCK_STREAM，第 3 个参数应该选用 TCP 协议 SOL_TCP。

2. 连接套接字

`socket_connect($socket, $ip, $port)`

socket_connect()函数用于连接一个套接字。如果连接成功，则返回 True，否则返回 False。

参数说明：
- $socket：socket_create()函数的返回值。
- $ip：IP 地址。
- $port：端口号。

3. 绑定套接字

`socket_bind($socket, $ip, $port)`

socket_bind()函数用于绑定一个套接字。如果绑定成功，则返回 True，否则返回 False。

参数说明：
- $socket：socket_create()函数的返回值。
- $ip：IP 地址。
- $port：端口号。

4. 监听套接字

`socket_listen($socket, $backlog)`

socket_listen()函数用于监听一个套接字。如果监听成功，则返回 True，否则返回 False。

参数说明：

- $socket：socket_create()函数的返回值。
- $backlog：最大监听套接字个数。

5. 接收套接字的资源

`socket_accept($socket)`

socket_accept()函数用于接收套接字资源。如果接收成功，则返回套接字的信息资源，否则返回 False。

参数说明：

$socket：socket_create()函数的返回值。

6. 读取套接字的资源

`socket_read($socket, $length)`

socket_read()函数用于读取套接字的资源信息。如果读取成功，则把套接字的资源转换为字符串信息返回，否则返回为 False。

参数说明：

- $socket：socket_create()或 socket_accept()函数的返回值。
- $length：读取的字符串的长度。

7. 写入套接字

`socket_write($socket, $msg, $strlen)`

socket_write()函数把数据写入套接字中。如果写入成功，则返回字符串的字节长度，否则返回为 False。

参数说明：

- $socket：socket_create()或 socket_accept()函数的返回值。
- $msg：写入的字符串。
- $strlen：写入的字符串的长度。

8. 关闭套接字

`socket_close($socket)`

扫描，拓展学习

socket_close()函数将关闭套接字。如果写入成功，则返回 True，否则返回 False。

参数说明：

$socket：socket_create()或 socket_accept()函数的返回值。

上面 8 个函数是 Socket 通信的核心函数。关于 PHP socket 扩展函数库的详细说明可以查阅 PHP 参考手册，也可以扫描二维码快速了解。

下面再简单介绍 3 个比较重要的函数。在使用 Socket 编程时，可以当作调试使用。

- socket_last_error($socket)，参数为 socket_create()函数的返回值，作用是获取套接字的最后一条错误码，返回值为套接字错误码 code。
- socket_strerror($code)，参数为 socket_last_error()函数的返回值，作用是获取 $code 的字符

串信息，返回值是套接字的错误信息。

● socket_set_option($socket, $level, $optname, $optval)，作用是给套接字设置数据流选项。参数 $socket 表示套接字对象，后面 3 个参数为设置项。

📝 提示：

> socket_bind()、socket_listen()、socket_accept()3 个函数的执行顺序不可更改，也就是说，必须先执行 socket_bind() 函数，再执行 socket_listen() 函数，最后执行 socket_accept() 函数。

24.2.4　案例：套接字通信

下面我们尝试使用 PHP 的 socket 扩展函数库，实现使用套接字通信的功能。

【操作步骤】

第 1 步，新建服务器处理文件，保存为 server.php。然后输入下面的代码：

```php
<?php
//创建服务器的 socket 套接字，net 协议为 IPv4，protocol 协议为 TCP
$socket = socket_create(AF_INET, SOCK_STREAM, SOL_TCP);
/*绑定接收的套接字主机和端口，与客户端相对应*/
/*127.0.0.1 表示在本地主机测试，如果有多台计算机，可以写 IP 地址*/
if(socket_bind($socket,'127.0.0.1',8888) == false){
    echo '套接字绑定失败:'.socket_strerror(socket_last_error());
}
//监听套接字
if(socket_listen($socket,4)==false){
    echo '套接字监听失败:'.socket_strerror(socket_last_error());
}
//让服务器无限获取客户端传过来的信息
do{
    /*接收客户端传过来的信息*/
    /*socket_accept()函数的作用就是接收 socket_bind()函数所绑定的主机发送的套接字*/
    $accept_resource = socket_accept($socket);
    if($accept_resource !== false){
        /*读取客户端传过来的资源，并转换为字符串*/
        /*socket_read()函数的作用就是读出 socket_accept()函数的资源并把它转换为字符串*/
        $string = socket_read($accept_resource,1024);
        echo '服务器接收信息:'.$string.PHP_EOL;       //PHP_EOL 为 php 的换行预定义常量
        if($string != false){
            $return_client = '服务器接收信息: '.$string.PHP_EOL;
            /*向 socket_accept()函数所建立的套接字写入信息，也就是回馈信息给 socket_bind()函数所绑定的主机客户端*/
            socket_write($accept_resource,$return_client,strlen($return_client));
            /*socket_write()函数的作用是向 socket_create()函数所建立的套接字写入信息，或者向 socket_accept()
                函数所建立的套接字写入信息*/
        }else{
            echo '套接字读取失败';
        }
        /*socket_close()函数的作用是关闭 socket_create()或 socket_accept()所建立的套接字*/
        socket_close($accept_resource);
    }
}while(true);
socket_close($socket);                              //工作完毕，关闭套接字
```

在上面代码中，先使用 socket_create()函数创建一个套接字对象，使用 socket_bind()函数为套接字对象绑定具体的 IP 和端口。绑定成功后，使用 socket_listen()函数不断监听端口号的通信变化。

然后，在一个无限循环中，如果接收到用户发过来的请求套接字，则从接收的套接字中读取用户请求的字符串信息，并回写一条信息进行响应。

最后，关闭接收的套接字对象。如果进程结束，则再关闭服务器创建的套接字对象。

第 2 步，新建客户端处理文件，保存为 client.php。然后输入下面的代码：

```
<meta charset="utf-8">
<pre>
<?php
//创建一个 socket 套接字
$socket = socket_create(AF_INET,SOCK_STREAM,SOL_TCP);
//设置 socket 连接选项，下面两行代码可以省略
//接收套接字的最大超时时间为 1s，后面是微秒单位超时时间，设置为 0，表示忽略
socket_set_option($socket, SOL_SOCKET, SO_RCVTIMEO, array("sec" => 1, "usec" => 0));
//发送套接字的最大超时时间为 6s
socket_set_option($socket, SOL_SOCKET, SO_SNDTIMEO, array("sec" => 6, "usec" => 0));
//连接服务器的套接字，建立客户端与服务器的套接字联系
if(socket_connect($socket,'127.0.0.1',8888) == false){
    echo '套接字连接失败:'.socket_strerror(socket_last_error());
}else{
    $message = 'Hi,socket';
    //转为 GBK 编码，避免乱码问题，应根据编码情况而定
    $message = mb_convert_encoding($message,'GBK','UTF-8');
    //向服务器写入字符串信息
    if(socket_write($socket,$message,strlen($message)) == false){
        echo '套接字写入失败:'.socket_strerror(socket_last_error());
    }else{
        echo '客户端写入成功'.PHP_EOL;
        //读取服务器返回的套接字信息
        while($callback = socket_read($socket,1024)){
            echo '服务器返回信息:'.PHP_EOL.$callback;
        }
    }
}
socket_close($socket);                                    //工作完毕，关闭套接字
```

在上面代码中，先使用 socket_create()函数创建一个套接字对象，可以根据需要使用 socket_set_option()函数设置套接字对象的设置选项。

使用 socket_connect()函数为套接字对象连接服务器的 IP 和端口。连接成功后，使用 socket_write()函数向服务器套接字发送一个请求信息。

请求成功之后，在一个循环中，不断尝试接收服务器响应的信息，并显示出来。

如果接收失败，或接收结束，则关闭客户端创建的套接字对象。

第 3 步，在 Windows 的"运行"窗口中，输入 cmd 命令启动命令行窗口，输入下面的命令，并按 Enter 键运行命令。让服务器的命令持续运行，不要关闭，如图 24.3 所示。

```
php E:\www\test\server.php
```

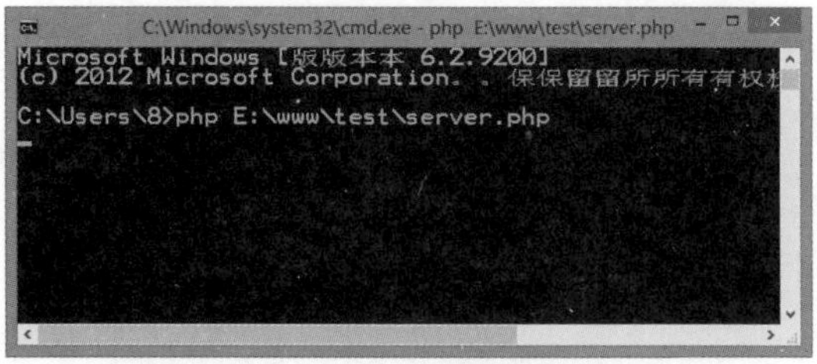

图 24.3　运行服务器脚本

📝 提示：

必须设置 PHP 在 Windows 中的环境变量。如果没有将 PHP 加入 Windows 的环境变量中，则需要进入 php 运行命令目录，使用绝对地址运行命令。代码如下（具体目录需根据本地的 PHP 程序安装目录而定）：

```
E:\php71> php E:\www\test\server.php
```

第 4 步，在浏览器中预览，演示效果如图 24.4 所示。也可以再打开一个 cmd 窗口，输入以下代码运行客户端 PHP 文件。

```
php E:\www\test\client.php
```

客户端写入成功
服务器端返回信息：
服务器接收信息：Hi,socket

图 24.4　运行客户端文件演示效果

24.2.5　案例：处理多个连接

在服务器端，先要对已经连接的 Socket 进行存储和识别。一个 Socket 代表一个用户，如何关联和查询用户信息与 Socket 的对应就是一个问题，这里主要应用了文件描述符。

PHP 创建的 Socket 类似于 int 值为 34 的资源类型，我们可以使用(int)或 intval()函数把 Socket 转换为一个唯一的 ID 值，从而可以实现用一个类索引数组来存储 Socket 资源和对应的用户信息。

```
$connected_sockets = array(
    (int)$socket => array(
        'resource' => $socket,
        'name' => $name,
        'ip' => $ip,
        'port' => $port,
        ...
    )
)
```

服务器处理多个连接，需要用到 socket_select()函数。其语法格式如下：

```
int socket_select(array &$read, array &$write, array &$except, int $tv_sec[, int $tv_usec = 0 ] )
```

socket_select()函数把可读、可写、异常的Socket分别放入 $read、$write、$except数组中，然后返回状态改变的 Socket 的数目，如果发生了错误，则会返回 False。

该函数能够获取 read、write 数组中活跃的 Socket，并且把不活跃的 Socket 从数组中删除。这是一个同步方法，必须得到响应之后才会继续下一步，常用在同步非阻塞 IO 中。

📝 提示：

（1）当新连接到来时，被监听的端口是活跃的。当新数据到来时，或客户端关闭连接时，活跃的是对应的客户端 Socket，而不是服务器上被监听的端口。

（2）如果客户端发来的数据没有被读走，则 socket_select()函数将会始终显示客户端是活跃状态，并将其保存在 read 数组中。

（3）如果要关闭客户端，则必须手动关闭服务器上相对应的客户端 Socket；否则 socket_select()函数也始终显示该客户端是活跃状态。这与新连接到来，但是没有用 socket_accept 把它读出来，导致监听的端口一直活跃是一样的。

【示例】本例简单演示如何处理多个连接。

第 1 步，新建服务器文件，保存为 server.php。然后输入下面的代码：

```php
<?php
$readfds = array();
$writefds = array();
$sock = socket_create_listen(8008);
socket_set_nonblock($sock);                                    //非阻塞
socket_getsockname($sock, $addr, $port);
print "Server Listening on $addr:$port\n";
$readfds[(int)$sock]=$sock;
$conn=socket_accept($sock);
$readfds[]=$conn;
$e = null;
$t=100;
$i=1;
while(true){
    echo "No.$i\n";
    /*当 socket 处于等待时，如果有一个客户端甲先发送数据，则@socket_select()函数会在$readfds 数组中保留甲的
socket，并往下运行；另一个客户端的 socket 就被丢弃。所以再次循环时，变成只监听甲，这可以在新循环中把所有连接的客户
端 socket 再次加入 readfds 中，避免逻辑错误*/
    echo @socket_select($readfds, $writefds, $e, $t)."\n";
    var_dump($readfds);
    if(in_array($sock, $readfds)){
        echo "8008 port is activity\n";
        $readfds[]=socket_accept($sock);
    }
    //将读取到的资源输出
    foreach ($readfds as $s){
        if($s!=$sock){
            /*新连接到来时，被监听的端口是活跃的，如果是新数据到来或客户端关闭连接时，活跃的是对应的客户端 socket，
而不是服务器上被监听的端口*/
            /*如果客户端发来的数据没有被读取，则 socket_select()函数将会始终显示客户端是活跃状态，并将其保存在
$readfds 数组中*/
            /*如果客户端先关闭了，则必须手动关闭服务器上相对应的客户端 socket，否则 socket_select()函数也始终显
示该客户端活跃(这个道理跟 "有新连接到来，但是没有用 socket_access 把它读出来，导致监听的端口一直活跃" 是一样的) */
            $result=@socket_read($s, 1024,PHP_NORMAL_READ);
            socket_write($s,$result,strlen($result));
            if($result===false){
                $err_code=socket_last_error();
                $err_test=socket_strerror($err_code);
                echo "client ".(int)$s." has closed[$err_code:$err_test]\n";
                //手动关闭客户端，最好清除$readfds 数组中对应的元素
```

```
            socket_shutdown($s);
            socket_close($s);
        }else{
            echo $result;
        }
    }
}
usleep(3000000);
$readfds[(int)$sock]=$sock;
$i++;
}
```

在上面代码中，先使用 socket_create_listen() 函数创建一个 Socket，监听 8008 端口，并把该服务器套接字以关联的形式存入 $readfds 数组；使用 socket_set_nonblock() 函数设置套接字为非阻塞模式运行；使用 socket_getsockname() 函数获取套接字的 IP 和端口号，并输出；使用 socket_accept() 函数读取客户端套接字，并以索引形式存入 $readfds 数组。

在一个无限循环中，使用 socket_select() 函数选取活跃套接字，然后再使用 foreach 循环处理每个活跃套接字，读取每个套接字的请求信息，并响应给客户端套接字。

第 2 步，新建客户端处理文件，保存为 client.php。然后输入下面代码：

```php
<?php
set_time_limit(0);                                            //永久执行，直到程序结束
$client_socket = socket_create(AF_INET, SOCK_STREAM, SOL_TCP); //创建套接字
socket_connect($client_socket, '127.0.0.1', 8008);            //连接服务器套接字
$send = "Hi,Socket\r\n";
socket_write($client_socket, $send);                          //发送请求信息
$response = socket_read($client_socket, 1024);                //读取响应信息
echo "Server: ".$response;
socket_close($client_socket);                                //关闭套接字
```

第 3 步，在 Windows 的 "运行" 窗口中，输入 cmd 命令启动命令行窗口，输入下面一行代码，按 Enter 键运行命令。让服务器的命令持续运行，不要关闭，在浏览器中预览，演示效果如图 24.5 所示。
```
php E:\www\test\server.php
```

（a）服务器演示效果

（b）客户端演示效果

图 24.5　服务器和客户端演示效果

24.3　使用 WebSocket

使用 WebSocket 可以连接服务器和客户端，这个连接是一个实时的长连接，服务器一旦与客户端建立了双向连接，就可以将数据推送到 Socket 中，客户端只要有一个 Socket 绑定的地址和端口与服务器建立联系，就可以接收推送来的数据。

24.3.1　在客户端定义 Socket 对象

扫一扫，看视频

在 JavaScript 代码中，可以通过下面步骤与服务器建立实时的长连接。

【操作步骤】

第 1 步，创建连接。新建一个 WebSocket 对象，代码如下：

```
var host = "ws://echo.websocket.org/";
var socket=new WebSocket(host);
```

📝 提示：

WebSocket()构造方法参数为 URL，必须以 ws 或 wss（加密通信时）字符开头，后面字符串可以使用 HTTP 地址。该地址没有使用 HTTP 协议写法，因为它的属性为 WebSocket URL。URL 必须由 4 部分组成，分别是通信标记（ws）、主机名称（host）、端口号（port）和 WebSocket Server。

本例使用 http://www.websocket.org/ 网站提供的 Socket 服务器，协议地址为 ws://echo.websocket.org/。这样方便初学者根据需要搭建服务器测试环境，以及编写服务器代码文件。

第 2 步，发送数据。当 WebSocket 对象与服务器建立连接后，发送数据。代码如下：

```
socket.send(dataInfo);
```

📝 提示：

Socket 为新创建的 WebSocket 对象，send()方法中的 dataInfo 参数为字符串型，只能使用文本数据或将 JSON 对象转换成文本内容的数据格式。

第 3 步，接收数据。通过 message 事件接收服务器传输的数据，代码如下：

```
socket.onmessage=function(event){
    //弹出收到的信息
    alert(event.data);
    //其他代码
}
```

其中，通过回调函数中 event 对象的 data 属性来获取服务器发送的数据内容，该内容可以是一个字符串或 JSON 对象。

第 4 步，显示状态。通过 WebSocket 对象的 readyState 属性记录连接过程中的状态值。readyState 属性是一个连接的状态标志，用于获取 WebSocket 对象在连接、打开和关闭时的状态。该状态标志共有 4 个属性值，见表 24.1。

表 24.1　readyState 属性值

属　性　值	属　性　常　量	说　　明
0	CONNECTING	连接尚未建立
1	OPEN	WebSocket 的连接已经建立
2	CLOSING	连接正在关闭
3	CLOSED	连接已经关闭或不可用

📝 提示：

WebSocket 对象在连接过程中，通过侦测 readyState 状态标志的变化，可以获取服务器与客户端连接的状态，并将连接状态以属性值的形式返回给客户端。

第 5 步，通过 onopen 事件监听 Socket 是否打开。其语法格式如下：

```
webSocket.onopen = function(event){
    //开始通信时的处理
}
```

第 6 步，通过 onclose 事件监听 Socket 是否关闭。其语法格式如下：

```
webSocket.onclose=function(event){
    //通信结束时的处理
}
```

第 7 步，调用 close()方法关闭 Socket，切断通信连接。其语法格式如下：

```
webSocket.close();
```

在浏览器中预览，演示效果如图 24.6 所示。本示例完整代码和动态演示效果请扫码了解。

扫描，拓展学习

（a）建立连接页面　　　（b）相互通信页面　　　（c）断开连接页面

图 24.6　在客户端定义 WebSocket 对象演示效果

24.3.2　设计简单的"呼—应"通信

本小节通过一个简单的示例演示如何使用 WebSockets API 让客户端与服务器握手连接，然后进行简单的呼叫和应答通信。详细操作步骤请扫码查看。

扫一扫，看视频　　扫描，拓展学习

24.3.3　解析 JSON 对象

24.3.2 小节示例介绍了如何使用 WebSockets API 发送文本数据，本小节示例将演示如何使用 JSON 对象来发送 JavaScript 中的一切对象。使用 JSON 对象的关键是使用它的两个方法：JSON.stringify()和 JSON.parse()，其中 JSON.stringify()方法可以将 JavaScript 对象转换为文本数据，JSON.parse()方法可以将文本数据转换为 JavaScript 对象。

扫一扫，看视频

本小节示例是在 24.3.2 小节示例基础上进行设计的，这里仅简单修改部分代码，了解如何使用 JSON 对象发送和接收 JavaScript 对象。

【操作步骤】

第 1 步，复制上一小节的 client.html 文件，在按钮单击事件处理函数中，生成一个 JSON 对象，向服务器传递 2 个数据：一个是随机数，一个是用户自己输入的字符串。代码如下：

```
send.addEventListener('click', function() {
    var content = data.value;
    var message = {
        "randoms" : Math.random(),              //生成随机数
        "content" : content                     //用户输入的任意字符串
    }
    var json = JSON.stringify(message);         //把 JSON 对象转换为字符串
    socket.send(json);                          //发送字符串信息
});
```

第 2 步，在 onmessage 事件处理函数中接收字符串信息，把它转换为 JSON 对象，然后稍加处理并显示在页面中。代码如下：

```javascript
socket.onmessage = function(event) {
   var dl = document.createElement('dl');
   var jsonData = JSON.parse(event.data);          //接收推送信息，并转换为 JSON 对象
   dl.innerHTML = "<dt>"+jsonData.randoms +"<dt><dd><span></span>"+jsonData.content+"</dd>";
   message.appendChild(dl);
   message.scrollTop = message.scrollHeight;
}
```

第 3 步，复制上一小节的 server.php 文件，保持源代码不变。然后，按上节操作步骤，在浏览器中进行测试，演示效果如图 24.7 所示。

图 24.7　解析 JSON 对象演示效果

24.3.4　使用 Workerman 框架通信

　　　　　直接使用 PHP 编写 WebSocket 应用服务比较烦琐。本节介绍如何使用 Workerman 框架简化 WebSocket 的应用开发过程。

扫一扫，看视频

　　　　　Workerman 是一个高性能的 PHP Socket 服务器框架，比较简单、实用。其目标是让 PHP 开发者更容易地搭建出基于 Socket 的高性能应用服务，而不用去了解 PHP Socket 技术细节。

【操作步骤】

第 1 步，访问 https://github.com/walkor/workerman，下载 Workerman 框架。

第 2 步，把压缩文件 Workerman-master.zip 解压缩到本地站点根目录下，重命名文件夹为 Workerman。

第 3 步，新建 server.php 文件，启用 Workerman。代码如下：

```php
<?php
//导入库文件
use Workerman\Worker;
require_once 'Workerman/Autoloader.php';
//创建一个 Worker 监听 2346 端口，使用 websocket 协议通信
$ws_worker = new Worker("websocket://127.0.0.1:8008");
//启动 4 个进程对外提供服务
$ws_worker->count = 4;
//当收到客户端发来的数据后将响应信息$data 返回给客户端
$ws_worker->onMessage = function($connection, $data){
   $connection->send( $data);                       //向客户端返回响应信息$data
};
//运行
Worker::runAll();
?>
```

第 4 步，模仿 24.2.5 小节示例操作，在命令行中输入以下命令启动服务，如图 24.8 所示。

```
php E:\www\test\server.php
```

图 24.8　启动服务页面

提示：

具体路径要结合本地系统的物理路径而定。

第 5 步，如果显示图 24.8 所示的提示信息，则说明 WebSockets 应用服务启动成功。然后复制 24.3.2 小节示例中的 client.html，在浏览器中预览，则可以进行握手通信了，演示效果如图 24.9 所示。

提示：

Workerman 服务不能直接在浏览器中启动，否则会显示如图 24.10 所示的提示信息。

图 24.9　使用 Workerman 框架通信演示效果

图 24.10　提示信息页面

24.3.5　推送信息

本小节示例模拟微信推送功能，为特定会员主动推送优惠广告信息。在浏览器中运行 push.php，向客户端 uid 为 2 的会员推送信息，使 client1.html、client2.html 显示通知信息，而 client3.html 不显示，如图 24.11 所示。具体操作步骤请扫码学习。

扫一扫，看视频　　扫描，拓展学习

（a）推送成功页面　　　　　　　　（b）client1 显示信息页面

（c）client2 显示信息页面 　　　　　（d）client3 显示信息页面

图 24.11　向特定会员推送信息

24.4　在 线 支 持

本节为拓展学习，感兴趣的读者请扫码进行强化训练。

扫描，拓展学习

第 25 章

案例实战：购物网站

本章将创建一个简单的购物网站。购物网站的核心是购物车模块，也是本例重点分析的技术要点。当用户浏览商品列表时，可以将一些商品添加到购物车中。之后，与像在实体店结账一样，到收银台对购物车内的商品进行结算。

学习重点

● 设计思路。
● 案例预览。
● 设计数据库。
● 页面开发。

25.1　设　计　思　路

本例将创建一个简单的购物网站，设计的主要功能如下：

- 根据数据库存储的商品分类信息，按类显示商品。
- 用户能够从商品目录中选取商品，同时能够记录已购商品。
- 当用户完成购买后，提供结算界面，方便用户结账和付款。
- 创建一个管理界面，方便管理员管理和分类图书。

扫一扫，看视频

25.1.1　功能设计

已初步了解了项目的需求，开始设计解决方案。

1. 创建商品展示界面

首先创建购物网站的数据库。然后根据数据库存储的商品信息在网页中进行分类展示。还要为现存的数据库添加一些关于商品运送地址、付款细节等与购物相关的信息。

2. 记录购买行为

记录用户所购买的商品有以下 2 种基本方法：

- 将用户的选择存入数据库中。
- 使用会话变量。

使用会话变量记录用户的购买行为是很容易实现的，因为它不需要反复查询数据库。这样可以避免在结束的时候留下许多垃圾数据。

当用户完成购买并付款之后，将此信息发送到数据库作为一个事务处理的记录。

此外，可以使用该数据给出一个当前购物车的摘要描述，将其显示在页面的某个位置，以便用户在任何时候都可以看到自己的购买行为。

3. 设计付款行为

在本项目中，我们主要合计用户的订单总价，并获取商品运送地址等详细信息。实际上，本例并不处理任何付款流程。如今，有许多付款方式可供使用。考虑到复杂性，本例仅编写一个 dummy() 函数，该函数可以作为接口备用。

> 📋 提示：
>
> 对于这些付款功能来说，实时信用卡处理接口的功能都是类似的。用户需要在银行开通一个商业账户，确定能够接收的信用卡类型。通常，银行会针对所选择的支付系统给出推荐的信用卡提供商列表，付款系统提供商会给出该付款系统所需的参数以及如何传递这些参数。大多数付款系统都有 PHP 版本的示例代码，这样就便于替代本例所创建的示例函数。

4. 创建管理员界面

本例还将创建一个管理员界面。在此界面中，可以添加、删除和编辑数据库中的图书及目录。通常，用户要用到的一个功能是修改某一商品的价格。这就意味着在保存用户订单时，也要保存他所订购商品的价格。如果已经保存的记录只有每个用户所订购的商品，而且是按照每个商品的当前价格来计费的。这也意味着，如果客户要退回或更换商品，可以正确计算商品价格。

25.1.2 流程设计

本例包含两个基本视图：用户视图和管理员视图。因此需要规划两个流程，如图 25.1 和图 25.2 所示。

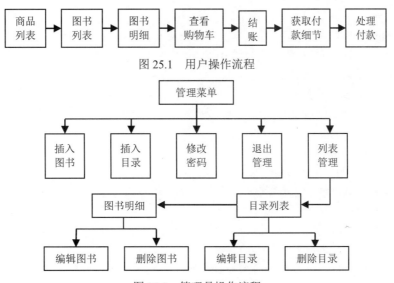

图 25.1 用户操作流程

图 25.2 管理员操作流程

在图 25.1 中，显示了网站中关于用户的代码文件之间的主要逻辑关系。先进入首页，该页面显示了网站中所有图书的目录；在该页面，用户可以进入特定的图书目录，从该目录又可以进入某一本书的详细介绍页面。

同时，为用户提供一个链接，以添加特定的图书到购物车。根据购物车中的商品，用户可以结账付款。

在图 25.2 中，显示了网站管理员页面，本页面允许管理员登录，并插入图书、目录等记录，实现编辑、删除图书和目录等简单的方法。在该页面，管理员仍然能够浏览目录和图书。但与用户访问购物车不同的是，管理员能够进入特定的图书和目录，并且编辑和删除该书和目录。通过设计适用用户和管理员的代码文件，可以节省时间和精力。

25.1.3 结构设计

本网站应用程序由以下 3 个主要模块组成：

- 商品列表。
- 购物车和订单处理。
- 商品管理。

在这个项目中，使用一个函数 API 可以把输出 HTML 的代码放到一个函数库中，以支持逻辑和内容分离，从而使代码更易阅读和维护。

本例包含很多文件，限于篇幅我们只介绍部分文件的代码，该应用程序的完整代码可以参考本书示例源代码。下面简单介绍每个文件的功能。

- index.php：网站首页，显示图书目录。
- show_cat.php：显示特定目录包含的所有图书。
- show_book.php：显示特定图书的详细信息。
- show_cart.php：显示用户购物车的内容，或者用来向购物车中添加图书。
- checkout.php：向用户显示所有的订单细节，获取商品运送细节。
- purchase.php：让用户获取付款细节。
- process.php：处理付款细节，将订单添加到数据库。
- login.php：允许管理员登录，进行修改。
- logout.php：管理员退出登录。
- admin.php：管理员首页。
- change_password_form.php：允许管理员修改密码的表单。
- change_password.php：修改管理员密码。
- insert_category_form.php：允许管理员向数据库中添加一个目录的表单。
- insert_category.php：向数据库中插入新目录。
- insert_book_form.php：管理员添加新书到系统的表单。
- insert_book.php：将新书插入数据库。
- edit_category_form.php：管理员编辑目录的表单。
- edit_category.php：更新数据库中的目录。
- edit_book_form.php：管理员编辑图书信息的表单。
- edit_book.php：更新数据库中的图书信息。
- delete_category.php：从数据库中删除一个目录。
- delete_book.php：从数据库中删除一本图书。
- book_sc_fns.php：该应用程序包含的文件集合。
- admin_fns.php：管理员文件使用的函数集合。
- book_fns.php：用于保存和获取图书数据的函数集合。
- order_fns.php：用于保存和获取订单数据的函数集合。
- output_fns.php：输出 HTML 的函数集合。
- data_valid_fns.php：验证用户输入数据的函数集合。
- db_fns.php：连接数据库的函数集合。
- user_auth_fns.php：授权管理员用户的函数集合。
- database/book_sc.sql：创建数据库的 SQL。
- images/style.css：网站样式表文件。

扫一扫，看视频

25.2 案 例 预 览

下面先借助本书完整源代码体验网站运行的整体效果，为具体实践奠定基础。

【操作步骤】

第 1 步，附加 MySQL 数据库。使用 phpMyAdmin 新建数据库 db_book_php_23，导入本书源代码中的 db_book_php_25.sql 文件，也可以直接把 db_book_php_23 数据包文件夹复制到 MySQL 的数据目录 data 下，以快速创建数据库，如图 25.3 所示。

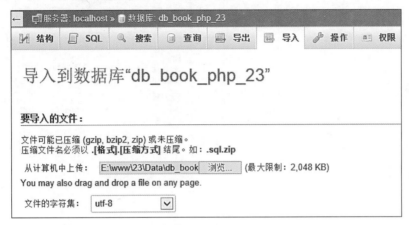

图 25.3　导入数据库页面

第 2 步，在本书源代码中，将本章 mysite 子目录下的所有文件复制到站点根目录，将程序发布到 PHP 服务器。具体位置应根据读者安装 Apache 时的设置而定，即在 httpd 配置文件中定义的站点文档位置。

第 3 步，修改 MySQL 数据库访问的用户名和密码。打开 db_fns.php 文件，根据 MySQL 安装设置的用户名和密码，修改以下配置代码：

```
$result = new mysqli('localhost', 'root', '111111111', 'db_book_php_23');
```

其中，root 为用户名，11111111 为密码，读者可以根据个人设置进行修改。

第 4 步，打开 IE 浏览器，在地址栏中输入 http://127.0.0.1/ 或 http://localhost/，即可预览本实例首页效果，如图 25.4 所示。

第 5 步，在首页中选择"互联网/科技"选项，进入图书列表页面，如图 25.5 所示。

图 25.4　网站首页

图 25.5　图书列表页面

第 6 步，在图书详细信息页面，可以选购图书，如图 25.6 所示。选购图书之后，右上角会显示选购信息，同时将进入购物车页面，如图 25.7 所示。

图 25.6　图书详细信息页面

图 25.7　购物车页面

第 7 步，单击"去收银台"按钮，将进入收银台页面，在这里填写收货信息，如图 25.8 所示。确定之后进入支付页面，在这里填写信用卡信息，最后执行支付操作，如图 25.9 所示。

图 25.8　收银台页面

图 25.9　支付页面

25.3　设计数据库

下面具体分析如何设计本例数据库结构。

25.3.1　设计数据库结构

扫一扫，看视频

借助 phpMyAdmin，新建数据库 db_book_php_23，在该数据库中新建 6 个数据表。下面介绍数据表的表结构。

（1）admin 数据表，用来保存管理员信息，包括用户名和密码。该数据表的结构如图 25.10 所示。

（2）categories 数据表，用来保存图书分类信息，包括编号和类别名称。该数据表的结构如图 25.11 所示。

#	名字	类型	排序规则	属性	空	默认	额外
1	username	char(16)	utf8_general_ci		否	无	
2	password	char(40)	utf8_general_ci		否	无	

图 25.10　admin 数据表的结构

#	名字	类型	排序规则	属性	空	默认	额外
1	catid	int(10)		UNSIGNED	否	无	AUTO_INCREMENT
2	catname	char(60)	utf8_general_ci		否	无	

图 25.11　categories 数据表的结构

（3）books 数据表，用来保存图书信息，包括图书编号、作者、书名、类别编号、价格和描述信息。该数据表的结构如图 25.12 所示。

（4）customers 数据表，用来保存客户信息，包括客户编号、姓名、地址、城市、省份、邮编和国家。该数据表的结构如图 25.13 所示。

#	名字	类型	排序规则	属性	空	默认	额外
1	isbn	char(13)	utf8_general_ci		否	无	
2	author	char(80)	utf8_general_ci		是	NULL	
3	title	char(100)	utf8_general_ci		是	NULL	
4	catid	int(10)		UNSIGNED	是	NULL	
5	price	float(5,2)			否	无	
6	description	varchar(255)	utf8_general_ci		是	NULL	

图 25.12　books 数据表的结构

#	名字	类型	排序规则	属性	空	默认	额外
1	customerid	int(10)		UNSIGNED	否	无	AUTO_INCREMENT
2	name	char(60)	utf8_general_ci		否	无	
3	address	char(80)	utf8_general_ci		否	无	
4	city	char(30)	utf8_general_ci		否	无	
5	state	char(20)	utf8_general_ci		是	NULL	
6	zip	char(10)	utf8_general_ci		是	NULL	
7	country	char(20)	utf8_general_ci		否	无	

图 25.13　customers 数据表的结构

（5）orders 数据表，用来保存订单信息，包括订单编号、客户编号、订单数量、订单日期、订单状态、联系人姓名、联系人地址、联系人城市、联系人省份、联系人邮编和联系人国家。该数据表的结构如图 25.14 所示。

（6）order_items 数据表，用来保存订单中每个项目信息，即每本图书信息，包括订单编号、图书 ISBN 信息、图书价格、图书数量。该数据表的结构如图 25.15 所示。

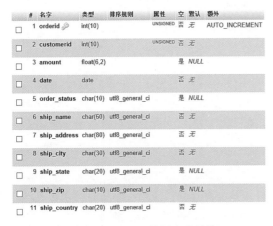

#	名字	类型	排序规则	属性	空	默认	额外
1	orderid	int(10)		UNSIGNED	否	无	AUTO_INCREMENT
2	customerid	int(10)		UNSIGNED	否	无	
3	amount	float(6,2)			是	NULL	
4	date	date			否	无	
5	order_status	char(10)	utf8_general_ci		是	NULL	
6	ship_name	char(60)	utf8_general_ci		否	无	
7	ship_address	char(80)	utf8_general_ci		否	无	
8	ship_city	char(30)	utf8_general_ci		否	无	
9	ship_state	char(20)	utf8_general_ci		是	NULL	
10	ship_zip	char(10)	utf8_general_ci		是	NULL	
11	ship_country	char(20)	utf8_general_ci		否	无	

图 25.14　order 数据表的结构

#	名字	类型	排序规则	属性	空	默认	额外
1	orderid	int(10)		UNSIGNED	否	无	
2	isbn	char(13)	utf8_general_ci		否	无	
3	item_price	float(4,2)			否	无	
4	quantity	tinyint(3)		UNSIGNED	否	无	

图 25.15　order_items 数据表的结构

25.3.2 访问数据库

在 db_fns.php 文件中定义数据库连接函数 db_connect()。代码如下：

扫一扫，看视频

```php
<?php
function db_connect() {
        $result = new mysqli('localhost', 'root', '111111111', 'db_book_php_23');
        if (!$result) {
                throw new Exception('无法连接到数据库服务器');
        } else {
                return $result;
        }
}
?>
```

用户在上机练习时，应该先打开 db_fns.php 页面，根据系统设置修改本地数据库登录用户名和密码。

然后，在其他页面引用 db_fns.php 文件，并调用 db_connect()函数，即可实现与数据库的连接操作。代码如下：

```php
require_once('db_fns.php');
$conn = db_connect();
```

25.4 页 面 开 发

本节将详细讲解程序开发过程，为了便于学习，我们以功能分块的形式按顺序进行介绍。

25.4.1 显示分类目录

扫一扫，看视频

打开 index.php 文件，该文件既是本项目首页的 PHP 文件，也是分类目录显示页的 PHP 文件。代码如下：

```php
<?php
include ('book_sc_fns.php');
//购物车需要 Session，所以开始启动会话变量
if(!isset($_SESSION)){
    session_start();
}
do_html_header("欢迎来到 本购物网站");
echo "<p>请选择类别: </p>";
//从数据库中获取类别
$cat_array = get_categories();
//显示详细页面链接
display_categories($cat_array);
//如果登录用户为管理员，则显示后台管理菜单
if(isset($_SESSION['admin_user'])) {
    display_button("admin.php", "admin-menu", "后台管理");
}
do_html_footer();
?>
```

在上面代码中，首先引用了 book_sc_fns.php 文件，该文件包含该应用程序所有的函数库。

然后，开启一个会话。当购物车页面有了一个会话后，它才能正常工作。本项目中的每一个页面都使用了会话。index.php 文件还包含一些对 HTML 输出函数的调用。例如，do_html_header()

和 do_html_footer()函数，它们都包含在文件 output_fns.php 中。该段代码添加了一个功能来检查用户是否以管理员的身份登录，如果是管理员，就提供后台管理菜单。

　　get_categories()和 display_categories()函数分别来自函数库 book_fns.php 和 output_fns.php，函数 get_categories()将返回系统中的一组目录，并将其传递到 display_categories()函数中。

　　get_categories()函数的代码如下：

```
function get_categories() {
        //查询类别列表数据库
        $conn = db_connect();
        $query = "select catid, catname from categories";
        $result = @$conn->query($query);
        if (!$result) {
                return False;
        }
    $num_cats = @$result->num_rows;
    if ($num_cats == 0) {
        return False;
    }
    $result = db_result_to_array($result);
    return $result;
}
```

　　上述函数的功能是连接到数据库，并获得所有目录的标识符和名称。然后使用 db_result_to_array()函数把记录集转换为数组，该函数包含在 db_fns.php 文件中。

　　将转换的数组返回给 index.php 文件，在该文件中，再将该数组传递给 output_fns.pnp 文件的 display_categories()函数，并以列表链接的形式显示每个目录，此链接是包含该目录所有图书的页面。display_categories()函数的代码如下：

```
function display_categories($cat_array) {
   if (!is_array($cat_array)) {
       echo "<p>目前没有可用类别</p>";
       return;
   }
   echo "<ul>";
   foreach ($cat_array as $row)    {
       $url = "show_cat.php?catid=".$row['catid'];
       $title = $row['catname'];
       echo "<li>";
       do_html_url($url, $title);
       echo "</li>";
   }
   echo "</ul>";
}
```

　　该函数将数据库中的每一个目录转换成一个链接，每个链接导致下一个文件 show_cat.php 的执行，但是都有不同的参数，参数为目录的标识符。这个将要传递给下一个文件的参数将确定我们要查看哪一个目录。

25.4.2　显示图书列表

　　显示图书列表功能在 show_cat.php 文件中实现。代码如下：

```
<?php
include ('book_sc_fns.php');
```

扫一扫，看视频

```
//购物车需要会话变量，开启会话变量
if(!isset($_SESSION)){
    session_start();
}
$catid = $_GET['catid'];
$name = get_category_name($catid);
do_html_header($name);
//从数据库获取图书信息
$book_array = get_books($catid);
display_books($book_array);
//如果登录用户为管理员,则显示添加和删除图书链接
if(isset($_SESSION['admin_user'])) {
    display_button("index.php", "top", "上一级");
    display_button("admin.php", "admin-menu", "后台管理");
    display_button("edit_category_form.php?catid=".$catid,
                    "edit-category", "编辑类别");
} else {
    display_button("index.php", "continue-shopping", "继续购物");
}
do_html_footer();
?>
```

该文件在结构上与 index、php 文件类似，不同的是此处获取的是图书信息，而不是目录信息。与列出目录信息类似，调用 session_start()函数开始一个会话，然后调用函数 get_category_name()将目录标识符转换为目录名，该函数位于 book_fns.php 文件中。代码如下：

```
function get_category_name($catid) {
    //查询数据库
    $conn = db_connect();
    $query = "select catname from categories
            where catid = '".$catid."'";
    $result = @$conn->query($query);
    if (!$result) {
        return False;
    }
    $num_cats = @$result->num_rows;
    if ($num_cats == 0) {
        return False;
    }
    $row = $result->fetch_object();
    return $row->catname;
}
```

获得目录名称之后，可以设计 HTML 标题，然后从数据库中获取和列出该选中目录的图书名称。

函数 get_books()和 display_books()分别与函数 get_categories()和 display_categories()类似，不同的是前者从 books 表中获取信息，而后者是从 categories 表中获取信息。

display_books()函数通过 show_book.php 文件为目录中的每一本书提供链接，并且每个链接后面都有一个参数。在本项目中，该参数是当前图书的 ISBN。

在 show_cat.php 文件的末尾，加入了用户身份判断功能，如果是管理员登录，则一些函数将会显示附加的功能。

扫一扫，看视频

25.4.3　显示图书详细信息

show_book.php 文件以 ISBN 为参数，取回并显示该书的详细信息。该文件的代码
如下：

```php
<?php
include ('book_sc_fns.php');
//购物车需要会话变量，开启会话变量
if(!isset($_SESSION)){
   session_start();
}
$isbn = $_GET['isbn'];
//从数据库中获取对应图书的信息
$book = get_book_details($isbn);
do_html_header($book['title']);
display_book_details($book);
//设置网址为"继续"
$target = "index.php";
if($book['catid']) {
   $target = "show_cat.php?catid=".$book['catid'];
}
//如果登录用户为管理员，显示编辑图书链接
if(check_admin_user()) {
   display_button($target, "top", "上一级");
   display_button("admin.php", "admin-menu", "后台管理");
   display_button("edit_book_form.php?isbn=".$isbn, "edit-item", "编辑图书");
} else {
   display_button("show_cart.php?new=".$isbn, "add-to-cart",
          "添加".$book['title']."到购物车");
   display_button($target, "continue-shopping", "继续购物");
}
do_html_footer();
?>
```

与 25.4.2 小节的操作一样，首先，开始一个会话。然后从数据库中获取图书的信息，并以 HTML
形式输出数据。

📋 提示：

display_book_details()函数将为每本书寻找一个图像。例如，<img src=\"images/".$book['isbn'].".jpg\">。这里，该
文件名称是该图书的 ISBN 加上文件扩展名。如果该图像文件不存在，就不显示任何图像。代码其余的部分将建
立其他导航。普通用户将会有"继续购物"按钮，该按钮将返回目录页，而"添加到购物车" 按钮将允许用
户将图书添加到购物车。如果用户以管理员的身份登录，选项将有所不同。另外，使用 items 和 total_price 两
个会话变量来控制标题栏的显示，该标题栏显示了全部物品数和总价格。

25.4.4　显示购物车

在图书详细信息页面，如果单击"我的购物车"或"添加到购物车"按钮，将打开
show_cart.php 文件，该文件是接下来要访问的页面。如果不使用任何参数来调用 show_cart.php 文件，
将看到购物车的内容；如果用一个 ISBN 作为参数，该 ISBN 对应的物品被将添加到购物车中。

当用户初次单击"我的购物车"按钮，此时购物车为空，说明用户还没有选中任何要买的物品；
当用户选中要买的物品，在这种情况下，通过单击该书在 show_book.php 页面上的"添加到购物车"

按钮而进入本页面。如果仔细查看 URL 地址栏，可以看到这次使用了一个参数来调用该文件，该参数为 new，其值为 9787115357618，即刚刚添加到购物车的图书的 ISBN，如图 25.16 所示。

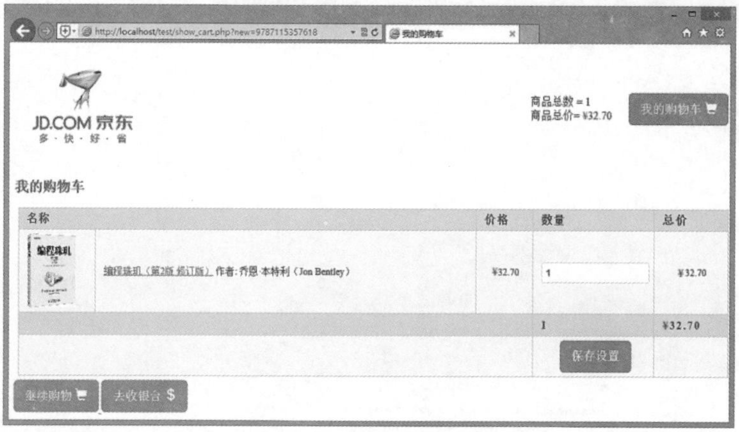

图 25.16　选购物品页面

从上面页面可以看到，用户可以修改购物车中物品的数量。要修改数量，可直接改变物品的数量并单击"保存设置"按钮。它实际上是一个提交按钮，可以执行 show_cart.php 文件以更新购物车。除此之外，该页面中还有一个"去收银台"按钮，当用户准备离开时，可以单击此按钮。show_book.php 文件代码如下：

```php
<?php
include ('book_sc_fns.php');
//购物车需要会话变量，开启会话变量
if(!isset($_SESSION)){
   session_start();
}
@$new = $_GET['new'];
if($new) {
   //选择新的项目
   if(!isset($_SESSION['cart'])) {
      $_SESSION['cart'] = array();
      $_SESSION['items'] = 0;
      $_SESSION['total_price'] ='0.00';
   }
   if(isset($_SESSION['cart'][$new])) {
      $_SESSION['cart'][$new]++;
   } else {
      $_SESSION['cart'][$new] = 1;
   }
   $_SESSION['total_price'] = calculate_price($_SESSION['cart']);
   $_SESSION['items'] = calculate_items($_SESSION['cart']);
}
if(isset($_POST['save'])) {
   foreach ($_SESSION['cart'] as $isbn => $qty) {
      if($_POST[$isbn] == '0') {
         unset($_SESSION['cart'][$isbn]);
      } else {
         $_SESSION['cart'][$isbn] = $_POST[$isbn];
      }
```

```
    }
    $_SESSION['total_price'] = calculate_price($_SESSION['cart']);
    $_SESSION['items'] = calculate_items($_SESSION['cart']);
}
do_html_header("我的购物车");
if(!empty($_SESSION['cart']) && (array_count_values($_SESSION['cart']))) {
    display_cart($_SESSION['cart']);
} else {
    echo "<p>购物车为空</p>";
}
$target = "index.php";
//如果添加了一个项目，那就继续购物
if($new)   {
    $details = get_book_details($new);
    if($details['catid']) {
        $target = "show_cat.php?catid=".$details['catid'];
    }
}
display_button($target, "continue-shopping", "继续购物");
//如果没有 SSL，则使用下面的代码
if(!empty($_SESSION['cart']) && (array_count_values($_SESSION['cart']))) {
    display_button("checkout.php", "go-to-checkout", "去收银台");
}
do_html_footer();
?>
```

　　上面的文件由 3 个部分组成：显示购物车、添加物品到购物车和保存购物车的修改结果。

扫一扫，看视频

25.4.5　浏览购物车

　　display_cart()函数以 HTML 格式显示购物车的内容，该函数的代码位于 output_fns.php 文件中。尽管 display_cart()只是一个显示函数，但是比较复杂。代码如下：

```
function display_cart($cart, $change = True, $images = 1) {
  echo "<table class='table'>
        <form action=\"show_cart.php\" method=\"post\">
        <tr><th colspan=\"".(1 + $images)."\">名称</th>
        <th>价格</th>
        <th>数量</th>
        <th>总价</th>
        </tr>";
  //每行显示一个项目
  foreach ($cart as $isbn => $qty)  {
    $book = get_book_details($isbn);
    echo "<tr>";
    if($images == True)  {
      echo "<td class=\"w7\">";
      if (file_exists("images/".$isbn.".jpg")) {
        $size = GetImageSize("images/".$isbn.".jpg");
        if(($size[0] > 0) && ($size[1] > 0)) {
          echo "<img src=\"images/".$isbn.".jpg\"
                width=\"".($size[0]/3)."\"
```

```
                        height=\"".($size[1]/3)."\"/>";
        }
    } else {
        echo " ";
    }
    echo "</td>";
}
echo "<td align=\"left\">
        <a href=\"show_book.php?isbn=".$isbn."\">".$book['title']."</a>
        作者: ".$book['author']."</td>
        <td align=\"center\">\$".number_format($book['price'], 2)."</td>
        <td align=\"center\">";
//如果允许更改，则显示数量文本框
if ($change == True) {
    echo "<input type=\"text\" name=\"".$isbn."\" value=\"".$qty."\" size=\"3\">";
} else {
    echo $qty;
}
echo "</td><td align=\"center\">\$".number_format($book['price']*$qty,2)."</td></tr>\n";
}
//显示总行
echo "<tr>
        <th colspan=\"".(2+$images)."\" bgcolor=\"#cccccc\"> </th>
        <th align=\"center\" bgcolor=\"#cccccc\">".$_SESSION['items']."</th>
        <th align=\"center\" bgcolor=\"#cccccc\">
            \$".number_format($_SESSION['total_price'], 2)."
        </th>
        </tr>";
//显示 "保存设置" 按钮
if($change == True) {
    echo "<tr>
        <td colspan=\"".(2+$images)."\"> </td>
        <td align=\"center\">
            <input type=\"hidden\" name=\"save\" value=\"True\"/>
            <input type=\"image\" src=\"images/save-changes.png\"
                border=\"0\" alt=\"Save Changes\"/>
        </td>
        <td> </td>
        </tr>";
}
echo "</form></table>";
}
```

    display_cart()函数没有特别复杂的逻辑，但是它完成了许多操作。具体设计思路如下：

    第 1 步，对购物车中所有物品执行循环，将每个物品的 ISBN 传递给 get_book_details()函数，这样，可以总结每本书的详细信息。

    第 2 步，如果有图片存在，则为每本书提供一个图片。使用 HTML 图像的 height 和 width 属性将图片尺寸设置得小一点。为了避免图片扭曲，可以使用 GD2 函数库来修改它的大小，或者手动为每个物品生成一个不同大小的图片。

    第 3 步，设计每个购物车包含一个指向适当图书的链接，也就是将 ISBN 作为 show_book.php 文件的参数显示图书。

    第 4 步，如果将 change 作为参数调用函数，而且不管该 change 设置为 True 或不设置，其默认值都是 True，则可以看到的是以表单形式显示的购物车中所有物品的数量。单击"保存设置"按钮将保存该数值。结账后如果再使用该函数，则设计其不能执行。

25.4.6　添加到购物车

如果单击"添加到购物车"按钮，将进入 show_cart.php 页面，在显示其购物车中的内容之前，用户需要将适当的物品添加到购物车中。

首先，如果该用户此前没有在购物车中添加任何物品，那么该用户没有购物车，需要为其创建一个购物车。代码如下：

```
if(!isset($_SESSION['cart'])) {
   $_SESSION['cart'] = array();
   $_SESSION['items'] = 0;
   $_SESSION['total_price'] ='0.00';
}
```

在初始状态下，购物车是空的。

其次，建立了一个购物车后，可以将物品添加到购物车内。代码如下：

```
if(isset($_SESSION['cart'][$new])) {
   $_SESSION['cart'][$new]++;
} else {
   $_SESSION['cart'][$new] = 1;
}
```

在这里，先检查了该物品是否已经在购物车中存在，如果是，则将该物品的数量递增 1；否则，添加新物品到购物车。

最后，计算购物车中所有物品的总价格和数量。这里使用了 calculate_price()和 calculate_items()函数。代码如下：

```
$_SESSION['total_price'] = calculate_price($_SESSION['cart']);
$_SESSION['items'] = calculate_items($_SESSION['cart']);
```

calculate_price()函数位于 book_fns.php 文件中，代码如下：

```
function calculate_price($cart) {
 //购物车中所有物品的总价
 $price = 0.0;
 if(is_array($cart)) {
  $conn = db_connect();
  foreach($cart as $isbn => $qty) {
   $query = "select price from books where isbn='".$isbn."'";
   $result = $conn->query($query);
   if ($result) {
    $item = $result->fetch_object();
    $item_price = $item->price;
    $price +=$item_price*$qty;
   }
  }
 }
 return $price;
}
```

该函数查询了数据库中每个物品的价格。这种操作可能会有些慢，因此如果没有必要，应该避免使用这样的计算方式。将此价格、物品总数保存到会话变量中，当购物车改变时才重新计算。

calculate_items()函数也位于 book_fns.php 文件中，代码如下：

```
function calculate_items($cart) {
 //购物车总数
 $items = 0;
 if(is_array($cart))  {
   foreach($cart as $isbn => $qty) {
     $items += $qty;
   }
 }
 return $items;
}
```

　　calculate_items()函数遍历了购物车，将每个物品的数量加起来得到总物品数量。如果没有数组，或购物车为空，它将返回 0。

25.4.7　更新购物车

扫一扫，看视频

　　在购物车中，如果单击"保存设置"按钮，将进入 show_cart.php 页面。这里通过提交一个表单进入。该表单包含了隐含变量 save，如果该变量被赋了值，则说明进入方式是执行了"保存设置"按钮的单击事件。这意味着用户可能已经编辑了购物车中物品的数量，因此需要更新它们。

　　在 output_fns.php 文件中，查看 display_cart()函数，其中包含下面一个条件语句。根据条件动态生成文本框，将发现它们的命名是与 ISBN 相关联的。

```
if ($change == True) {
  echo "<input type=\"text\" name=\"".$isbn."\" value=\"".$qty."\" size=\"3\">";
} else {
  echo $qty;
}
```

　　当提交表单后，会重新跳转到当前文件 show_cart.php，使用下面代码修改并保存用户提交的值。

```
if(isset($_POST['save'])) {
    foreach ($_SESSION['cart'] as $isbn => $qty) {
      if($_POST[$isbn] == '0') {
        unset($_SESSION['cart'][$isbn]);
      } else {
        $_SESSION['cart'][$isbn] = $_POST[$isbn];
      }
    }
    $_SESSION['total_price'] = calculate_price($_SESSION['cart']);
    $_SESSION['items'] = calculate_items($_SESSION['cart']);
}
```

　　上面代码通过购物车完成了工作，检查了购物车中的每个 $isbn 变量的 $_POST 变量。这些都是"保存设置"表单的表单域。

　　要想将任意一个域设置为 0，则可以使用 unset()函数将该物品从购物车中完全删除；或者，更新该购物车，使之与该表单域匹配。代码如下：

```
if($_POST[$isbn] == '0') {
  unset($_SESSION['cart'][$isbn]);
} else {
  $_SESSION['cart'][$isbn] = $_POST[$isbn];
}
```

　　在完成购物车更新后，再调用 calculate_price()和 calculate_items()函数计算出会话变量 total_rice 和 items 的新值。

25.4.8　显示标题栏信息

扫一扫，看视频

网站中每一页的标题栏都简要总结了购物车中的物品。这是通过输出会话变量 total_price 和 items 的值来实现的。函数 do_html_header() 能够实现此功能。

当用户第一次访问 show_cart.php 页面时，就注册了这些变量。另外，还需要考虑到用户未访问该页面的情形。这个逻辑也包含在 do_html_header() 函数中。代码如下：

```php
<?php
function do_html_header($title = '') {
 //输出 HTML 头部区域
 //声明要在函数内部访问的会话变量
 if ( empty ( $_SESSION['items'] ) ) {
   $_SESSION['items'] = '0';
 }
 if ( empty ( $_SESSION['total_price'])) {
   $_SESSION['total_price'] = '0.00';
 }
?>
```

25.4.9　收银台结账

扫一扫，看视频

当用户单击购物车的"去收银台"按钮时，将触发 checkout.php 文件。该收银台文件及其后面的页面文件必须通过 SSL 访问。但是，本例并未要求。收银台页面如图 25.17 所示。

图 25.17　收银台页面

收银台页面 checkout.php 要求用户输入联系地址。如果运送地址与该地址不同，需要输入运送地址。该文件非常简单，具体代码如下：

```php
<?php
//包含函数集
include ('book_sc_fns.php');
//启动会话
if(!isset($_SESSION)){
   session_start();
}
```

```php
do_html_header("收银台");
if(!empty($_SESSION['cart']) && (array_count_values($_SESSION['cart']))) {
   display_cart($_SESSION['cart'], False, 0);
   display_checkout_form();
} else {
   echo "<p>你的购物车里没有物品</p>";
}
display_button("show_cart.php", "continue-shopping", "继续购物");
do_html_footer();
?>
```

在以上代码中，如果购物车是空的，网站将通知该用户；否则将显示如图 25.18 所示的表单。

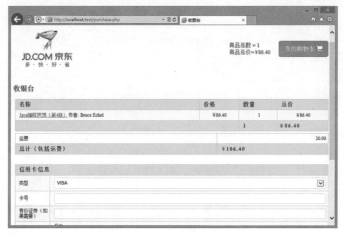

图 25.18　填写信用卡信息页面

purchase.php 文件比较复杂，具体代码如下：

```php
<?php
include ('book_sc_fns.php');
//开启会话变量
if(!isset($_SESSION)){
   session_start();
}
do_html_header("收银台");
//创建变量名
if( !empty($_POST['name'])){
   $name = $_POST['name'];
}
if( !empty($_POST['address'])){
   $address = $_POST['address'];
}
if( !empty($_POST['city'])){
   $city = $_POST['city'];
}
if( !empty($_POST['zip'])){
   $zip = $_POST['zip'];
}
if( !empty($_POST['country'])){
   $country = $_POST['country'];
}
```

```
//如果填写
if (!empty($_SESSION['cart']) && ($name) && ($address) && ($city) && ($zip) && ($country)) {
    //能够插入数据库
        if(insert_order($_POST) != False ) {
        //显示购物车，不允许更改和没有图片
        display_cart($_SESSION['cart'], False, 0);
        display_shipping(calculate_shipping_cost());
        //获取信用卡详情
        display_card_form($name);

        display_button("show_cart.php", "continue-shopping", "继续购物");
    } else {
        echo "<p>无法存储数据，请再试一次。</p>";
        display_button('checkout.php', 'back', '返回');
    }
} else {
    echo "<p>你没有填写所有的字段，请再试一次。</p>";
    display_button('checkout.php', 'back', '返回');
}
do_html_footer();
?>
```

以上代码的逻辑简单明了，它首先检查用户是否填好了表单，并调用 insert_order()函数。这是一个简单的函数，将用户填写的详细信息插入数据库。insert_order()函数位于 order_fns.php 文件中。该函数相当长，因为需要插入用户所有的细节信息，包括订单信息及要买的每一本书的详细信息，具体代码不再赘述。

25.4.10　收银台付款

填写完信用卡信息之后，在 purchase.php 页面单击"购买"按钮，进入付款页面，将调用 process.php 文件来处理支付细节，如图 25.19 所示。

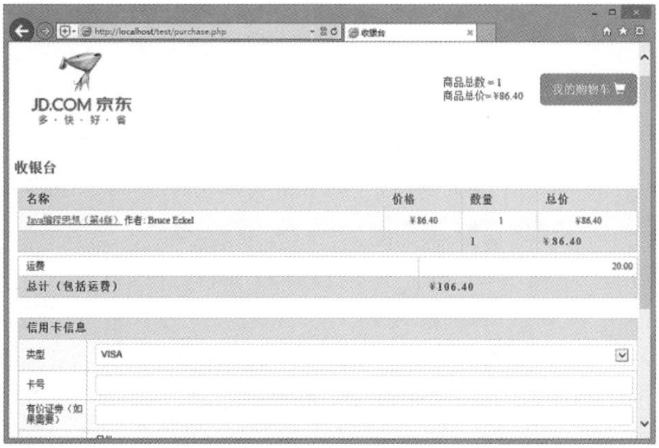

图 25.19　支付页面

process.php 文件将处理用户的信用卡信息，如果所有操作成功完成，则销毁用户的会话。本例编写的信用卡处理函数将简单地返回 True。在具体实现过程中，可能需要先执行一些验证，检查信用卡是否仍然在有效期限，以及卡号是否正确，然后再执行真正的支付操作。

process.php 文件的代码如下：

```php
<?php
include ('book_sc_fns.php');
//启动会话
if(!isset($_SESSION)){
    session_start();
}
do_html_header('收银台');
$card_type = $_POST['card_type'];
$card_number = $_POST['card_number'];
$card_month = $_POST['card_month'];
$card_year = $_POST['card_year'];
$card_name = $_POST['card_name'];
if((!empty($_SESSION['cart'])) && ($card_type) && ($card_number) &&
    ($card_month) && ($card_year) && ($card_name)) {
    //显示购物车，不允许更改和没有图片
    display_cart($_SESSION['cart'], False, 0);
    display_shipping(calculate_shipping_cost());
    if(process_card($_POST)) {
        //清空购物车
        session_destroy();
        echo "<p>谢谢您，您的订单已被提交。</p>";
        display_button("index.php", "continue-shopping", "继续购物");
    } else {
        echo "<p>无法处理您的卡号。请与发卡机构联系或再次尝试。</p>";
        display_button("purchase.php", "back", "返回");
    }
} else {
    echo "<p>你没有填写所有的字段，请再试一次。</p>";
    display_button("purchase.php", "back", "返回");
}
do_html_footer();
?>
```

25.4.11 后台管理

扫一扫，看视频

本例的后台管理功能比较简单，主要提供了分类和图书管理模块。

管理员页面需要用户先通过 login.php 文件进行登录，登录成功后，将进入管理页面 admin.php 中。管理员登录页面如图 25.20 所示。

默认登录用户名为 admin，登录密码为 11111111。

简洁起见，这里不再给出 login.php 的代码，读者可以参考本书源代码。

后台管理主页提供了 3 个基本管理功能：添加分类、添加新书、修改密码，如图 25.21 所示。

当管理员登录时，通过 admin_user 会话变量和 check_admin_user()函数来识别其身份。该函数和其他被管理员文件调用的函数一样，都可以在函数库 admin_fns.php 中找到。

如果管理员选择添加一个新的分类或图书，可以根据具体情况进入 insert_category_form.php 或 insert_book_form.php 文件。每个文件都会生成一个表单，该表单必须由管理员填写。每个表单都由相应的代码来处理（insert_category.php 和 insert_book.php），通常检查表单是否被填好并是否将数据插入数据库。添加分类和添加图书页面如图 25.22 所示。

图 25.20 管理员登录页面

图 25.21 后台管理主页

（a）添加分类页面

（b）添加图书页面

图 25.22 添加分类和添加图书页面

除了添加分类和图书，管理员还可以编辑和删除它们。当管理员单击后台管理主页中的"首页"链接时，将回到 index.php 页面中的目录，使用与普通用户相同的 PHP 文件实现导航。

不过管理员的导航之间不完全相同，管理员将看到不同的选项，这些选项是由管理员已经注册的 admin_user 会话变量来确定的。管理员可以访问该页面中的新增功能"后台管理"。

提示：

在管理员首页中，右上角的"购物车"按钮变为了"退出"按钮，如图 25.23 所示。

图 25.23 管理员首页

打开"互联网/科技"链接后，可以在底部看到多出的两个按钮："后台管理"和"编辑类别"。单击"编辑类别"按钮，可以打开 edit_category_form.php 页面，在这里可以编辑分类名称，如图 25.24 所示。

（a）"互联网/科技"页面　　　　　　　　　　（b）编辑分类页面

图 25.24　后台管理

在 edit_category_form.php 页面中提交表单，将进入 edit_category.php 页面，单击"更新分类"按钮，对修改操作进行保存。而当单击"删除分类"按钮时，会删除当前类别。当浏览图书列表时，页面底部也会显示 3 个按钮，其中新增按钮为"后台管理"和"编辑图书"。单击"编辑图书"按钮，将进入 edit_book_form.php 页面，该页面允许用户重新修改图书信息或删除图书，如图 25.25 所示。

从工作原理来说，编辑目录与编辑图书功能的实现代码是相同的。但有一点不同的是，当管理员删除一个目录时，如果该目录仍然包含图书，那么该目录不可删除。这需要通过查询数据库进行验证，避免了不正常删除的异常。

（a）浏览图书页面　　　　　　　　　　（b）编辑图书页面

图 25.25　后台管理

25.5　在 线 支 持

本节为课后强化训练，感兴趣的读者可以扫码学习，以巩固 PHP 综合开发的能力。

本例将演示如何实现用户注册、用户登录和设置，同时演示当完成注册之后，允许用户建立一组网页书签，并允许对这组书签进行管理。本例应用模块可用于所有基于 Web 的应用程序，以用户希望的格式显示他们感兴趣的内容。

扫描，拓展学习

在首页中单击"登录"超链接，进入登录页面，输入用户名和密码，如 zhangsan，密码为 zhangsan，如图 25.26 所示。如果没有注册会员，可以单击"不是会员?"超链接，进入注册页面注册新会员；如果忘记了登录密码，可以单击"忘了密码?"超链接，找回密码。

登录成功后，进入书签列表页面，如图 25.27 所示。在这里可以添加书签，或者对书签列表进行管理。

图 25.26　登录页面

图 25.27　书签列表页面

第 26 章

案例实战：移动私人社区

　　本章将以社区项目为例，演示如何使用 PHP+jQuery Mobile 环境进行应用开发。本例实际上是一个简单的会员交流应用，涉及更多的交互性，如信息提交、用户注册、用户登录等功能模块，通过整合 jQuery Mobile+Cookie 技术，实现信息交互移动应用的设计。

学习重点

- 设计思路。
- 首页设计。
- 注册页设计。
- 登录页设计。
- 发布页设计。
- 后台开发。

26.1　设　计　思　路

从交互的本质上分析，本例的功能实际与桌面端留言板的功能类似，但是整合 jQuery Mobile 后，应用目标更明确、集中，功能单一、实用，适合"手机控"使用。

本例使用 jQuery Mobile 实现一个留言板系统，主要包括以下功能：用户注册、用户登录、发表留言和回复。用户可以通过该应用的主页查看已经被发送的信息，也可以在登录后对已发表的内容进行跟帖。

26.2　首　页　设　计

通过使用 jQuery Mobile 的 panel 控件，将登录页面和首页的信息列表结合在一起。当向一侧滑动屏幕时，登录页面弹出，而正常情况下则不显示。首页使用"折叠组控件+列表视图"陈列信息。

当向右侧滑动屏幕时，登录页面将弹出，其中包括输入账号和输入密码的文本框，以及两个按钮。为了美观，将两个按钮放在同一行。

首页的模板结构和布局代码如下（index.html）：

```
<div data-role="page">
  <div data-role="panel" id="mypanel">
    <h4>已登录</h4>
    <p>张三</p>
    <p>小张</p>
  </div>
  <div data-role="header" data-position="fixed">
    <h1>闺蜜说</h1>
  </div>
  <div data-role="content">
    <div data-role="collapsible-set">
      <div data-role="collapsible">
        <h4>张三对李四说</h4>
        <h4>很喜欢这个东西</h4>
        <p><b>王五：</b>什么东西</p>
        <form>
          <input type="text">
          <a href="#" data-role="button">回复</a>
        </form>
      </div>
      <div data-role="collapsible">
        <h4>王 4 对 No 女性说</h4>
        <h4>好样的</h4>
        <p><b>赵六：</b>呵呵</p>
        <p><b>齐七：</b>哈哈</p>
        <p><b>巴巴：</b>都说话呀。</p>
        <form>
          <input type="text">
```

```
                <a href="#" data-role="button">回复</a>
            </form>
        ...
        </div>
    </div>
</div>
<div data-role="footer" data-position="fixed">
    <div data-role="navbar" data-position="fixed">
        <ul>
            <li><a href="#">闺蜜说</a></li>
            <li><a href="#">登录</a></li>
            <li><a href="#">注册</a></li>
        </ul>
    </div>
</div>
</div>
```

在头部区域添加如下 JavaScript 代码，用来控制侧滑面板的隐藏和显示。代码如下：

```
<script>
$( "#mypanel" ).trigger( "updatelayout" );          //更新侧滑面板
$(document).ready(function(){
    $("div").bind("swiperight", function(event) {    //向右滑动屏幕时，触发该事件
        $( "#mypanel" ).panel( "open" );              //展开侧滑面板
    });
});</script>
```

首页模板演示效果和首页侧滑面板演示效果如图 26.1 和图 26.2 所示。

图 26.1 首页模板演示效果

图 26.2 首页侧滑面板演示效果

扫一扫，看视频

26.3 注册页设计

在用户登录之前，需要注册为会员，所以需要设计注册页。为了简化程序，注册功能部分仅保留了用户名、密码和昵称 3 项，然后在下方直接添加一个"注册"按钮。

注册页设计代码如下（register.html）：

```
<div data-role="page">
  <div data-role="header" data-position="fixed">
    <h1>注册为闺蜜</h1>
  </div>
  <div data-role="content">
```

```
    <form>
        <label for="zhanghao">真名（请尽量使用真实姓名）:</label>
        <input name="zhanghao" id="zhanghao" value="" type="text">
        <label for="nicheng">昵称:</label>
        <input name="nicheng" id="nicheng" value="" type="text">
        <label for="zhanghao">密码:</label>
        <input name="mima" id="mima" value="" type="text">
        <a data-role="button">注册</a>
    </form>
</div>
<div data-role="footer" data-position="fixed">
    <div data-role="navbar" data-position="fixed">
        <ul>
            <li><a href="#">闺蜜</a></li>
            <li><a href="#">登录</a></li>
            <li><a href="#">注册</a></li>
        </ul>
    </div>
</div>
</div>
```

注册页演示效果如图 26.3 所示。

图 26.3　注册页演示效果

26.4　登录页设计

扫一扫，看视频

除了首页侧滑面板提供登录表单外，还设计了专用的登录页。该页面结构简单，读者可以把侧滑面板中的表单直接复制过来，然后设置<form>标签属性。

登录页设计代码如下（login.html）：

```
<div data-role="page">
    <div data-role="header" data-position="fixed">
        <h1>登录闺蜜</h1>
    </div>
    <div data-role="content">
        <form action="index.php" method="get">
            <label for="zhanghao">真名:</label>
            <input name="zhanghao" id="zhanghao" value="" type="text">
            <label for="zhanghao">密码:</label>
            <input name="mima" id="mima" value="" type="text">
```

```
        <fieldset class="ui-grid-a">
            <div class="ui-block-a">
                <input type="submit" data-role="button" value="登录">
            </div>
            <div class="ui-block-b">
                <a data-role="button" href="register.php">注册</a>
            </div>
        </fieldset>
    </form>
</div>
<div data-role="footer" data-position="fixed">
    <div data-role="navbar" data-position="fixed">
        <ul>
            <li><a href="index.php" data-ajax="False" rel="external">闺蜜说</a></li>
            <li><a href="login.html" data-ajax="False" rel="external">登录</a></li>
            <li><a href="register.php" data-ajax="False" rel="external">注册</a></li>
        </ul>
    </div>
</div>
</div>
```

登录页演示效果如图 26.4 所示。

图 26.4　登录页演示效果

登录成功后，将会跳转到首页，将首页的登录表单的 PHP 后台代码与此合并处理，这样可以优化代码。在首页再通过 PHP 代码设计显示条件：登录之前侧滑面板显示登录表单，登录之后侧滑面板显示登录信息。

扫一扫，看视频

26.5　发布页设计

除注册页面之外，还要有一个能够发布信息的页面。本例为该功能单独设计一个页面，其布局非常简单，只有两个文本框和一个"发布"按钮。

发布页设计代码如下（say.html）：

```
<div data-role="page">
    <div data-role="header" data-position="fixed">
        <h1>闺蜜说</h1>
    </div>
    <div data-role="content">
        <form>
```

```
        <label for="demo">对谁说:</label>
        <input name="demo" id="demo" value="" type="text">
        <label for="biaobai">说什么:</label>
        <textarea rows="20" name="biaobai" id="biaobai">
                                    </textarea>
        <a data-role="button">发布</a>
    </form>
</div>
<div data-role="footer" data-position="fixed">
    <div data-role="navbar" data-position="fixed">
        <ul>
            <li><a href="#">闺蜜</a></li>
            <li><a href="#">登录</a></li>
            <li><a href="#">注册</a></li>
        </ul>
    </div>
</div>
</div>
```

发布页演示效果如图 26.5 所示。

图 26.5　发布页演示效果

26.6　后台开发

至此，已经完成了前台模板页面的布局和设计。本节将从后台开发的角度介绍各个页面的信息如何动态显示，以及如何实现各种逻辑功能。

26.6.1　设计数据库

本项目数据库结构比较简单，包含 5 张表，其中 3 张主表，2 张关系表。具体操作步骤如下。

【操作步骤】

第 1 步，新建一个数据库，命名为 friend。

第 2 步，新建一个表，命名为 message，用来存储发布的信息。字段详细设置如图 26.6 所示，字段说明如下：

- message_id：发布信息的 id 编号。
- message_neirong：发布信息的具体内容。

● message_demo：向谁说。

第 3 步，新建一个表，命名为 replay，用来存储用户回复的信息。字段详细设置如图 26.7 所示，字段说明如下：

● replay_id：回复信息的 id 编号。
● user_id：回复信息的用户编号。
● replay_neirong：回复信息的具体内容。

#	名字	类型	排序规则	属性	空	默认		#	名字	类型	排序规则	属性	空	默认	额外
1	message_id	int(10)		UNSIGNED	否	无		1	replay_id	int(10)		UNSIGNED	否	无	
2	message_neirong	varchar(200)	utf8_bin		否	无		2	user_id	int(10)		UNSIGNED	否	无	
3	message_demo	varchar(20)	utf8_bin		否	无		3	replay_neirong	varchar(200)	utf8_bin		否	无	

图 26.6 message 表字段详细设置   图 26.7 replay 表字段详细设置

第 4 步，新建一个表，命名为 replay_info，该表关联 replay 和 message 数据表，把发布信息和回复信息关联起来。字段详细设置如图 26.8 所示，字段说明如下：

● message_id：发布信息的 id 编号。
● replay_id：回复信息的 id 编号。

第 5 步，新建一个表，命名为 user，该表存储用户信息，如用户名称、昵称、登录密码等。字段详细设置如图 26.9 所示，字段说明如下：

● user_id：用户的 id 编号。
● user_name：用户的名称。
● user_nicheng：用户的昵称。
● password：用户的登录密码。

#	名字	类型	排序规则	属性	空	默认	额外
1	message_id	int(11)			否	无	
2	replay_id	int(11)			否	无	

图 26.8 replay_info 表字段详细设置

#	名字	类型	排序规则	属性	空	默认	额外
1	user_id	int(10)		UNSIGNED	否	无	
2	user_name	varchar(20)	utf8_bin		否	无	
3	user_nicheng	varchar(20)	utf8_bin		否	无	
4	password	varchar(20)	utf8_bin		否	无	

图 26.9 user 表字段详细设置

第 6 步，为了关联用户表（user）和信息表（message），需要新建 user_message 表。字段详细设置如图 26.10 所示，字段说明如下：

● user_id：用户的 id 编号。
● message_id：发布信息的 id 编号。

#	名字	类型	排序规则	属性	空	默认	额外
1	user_id	int(11)			否	无	
2	message_id	int(11)			否	无	

图 26.10 user_message 表字段详细设置

扫一扫，看视频

26.6.2　连接数据库

完成数据库设计操作后，本小节介绍如何使用PHP连接数据库并读取服务器上的信息。为了优化代码，本例新建一个sql_connect类，每当需要连接数据库时，就引用该类，这样可以提升开发效率。

新建 PHP 文件，保存为 sql_connect.php。创建一个连接和关闭数据库的类。代码如下：

```php
<?php
class sql_connect{                                              //声明一个类
    public $con;                                               //连接
    public $host="localhost";                                  //计算机名
    public $username="root";                                   //用户名
    public $password="11111111";                               //密码
    public $database_name="db_book_php_24";                    //数据库名
    //连接数据库
    public function connection(){
        $this->con=mysqli_connect($this->host,$this->username,$this->password);
    }
    //断开与数据库的连接
    public function disconnect(){
        mysqli_close($this->con);
    }
    //设置编码方式
    public function set_laugue(){
        if($this->con){
            mysqli_query($this->con, "set names utf8");
        }
    }
    //选择数据库
    public function choice(){
        if($this->con){
            mysqli_select_db($this->con, $this->database_name);
        }
    }
}
?>
```

完成 sql_connect 类的定义，如果想要修改数据库的账号或密码，只需修改该文件中的内容。

26.6.3　首页功能实现

扫一扫，看视频

本小节开始设计首页功能，根据前台设计的模板结构，直接嵌入 PHP 代码，从数据库中读取 message、user_message 和 user 数据表中的记录，然后根据关联关系绑定到列表视图中。

【操作步骤】

第 1 步，打开首页模板页，把 index.html 另存为 index.php，然后放到本地站点根目录下。

第 2 步，在页面顶部引入数据库连接文件，并创建数据库连接实例。代码如下：

```php
<?php include('sql_connect.php'); ?>
<?php header("Content-Type:text/html;charset=UTF-8"); ?>
<?php
    $is_login=0;
```

```
$sql=new sql_connect();
$sql->connection();
$sql->set_laugue();
$sql->choice();
?>
```

第 3 步，删除<div data-role="collapsible-set">标签下的所有静态代码，实现动态显示发布信息的效果。代码如下：

```
<?php
$sql_query="SELECT * FROM message,user_message,user
WHERE user_message.message_id=message.message_id
AND user_message.user_id=user.user_id";
$result=mysqli_query($sql->con, $sql_query);
?>
<?php
$num = 1;
while($row = mysqli_fetch_array($result)) {
    echo "<div data-role='collapsible'>";
    echo "<h4>";
    echo "<span class='red'>".$row['user_nicheng']."</span>对<span class='red'>".
$row['message_demo']."</span>说";
    echo "</h4>";
    echo "<h4>";
    echo $row["message_neirong"];
    echo "</h4>";
    $message_id = $row['message_id'];
    $sql_query="SELECT * FROM replay,replay_info,user WHERE replay.replay_id=
replay_info.replay_id AND user.user_id=replay.user_id AND replay_info.message_
id=".$row['message_id'];
    $result1=mysqli_query($sql->con, $sql_query);
    while($row1 = mysqli_fetch_array($result1)) {
        echo "<p><span class='blue'>";
        echo $row1['user_nicheng'];
        echo "</span>: ";
        echo $row1['replay_neirong'];
        echo "</p>";
    }
    if(1==$is_login){
        echo "<form id='frm".$num."'>";
        echo "<input type='text' id='replay_text'>";
        echo "<input type='hidden' id='bianhao' value='";
        echo $message_id;
        echo "'>";
        echo "<input type='hidden' id='nicheng' value='";
        echo $name;
        echo "'>";
        echo "<a href='' data-role='button' onclick='replay(".$num.");'>跟说</a>";
        echo "</form>";
    }
    $num = $num + 1;
    echo "</div>";
}
?>
```

在上面 PHP 代码中，先查询 message 数据表，使用 while 结构展示所有信息。然后再嵌套一个子查询语句，查询 replay 数据表，找出每条信息后跟帖的回复信息并罗列出来。同时根据 $is_login 变量，判断当前用户是否登录，如果登录则显示回复表单，否则不显示。

　　第 4 步，在页面顶部输入以下 PHP 代码，获取要查询的字符串信息。如果有要查询的字符串信息，则与数据表 user 进行对比。如果存在，则设置变量$is_login 为 1，表示用户登录成功，然后把用户信息存储到 Cookie 中。如果没有要查询的字符串信息，则读取 Cookie，判断是否存在名称为 id 的 Cookie 值，如果存在则设置 $is_login 为 1，同时从 Cookie 中读取用户身份信息。代码如下：

```php
<?php
$is_login=0;
$sql=new SQL_CONNECT();
$sql->connection();
$sql->set_laugue();
$sql->choice();
if(isset($_GET['zhanghao']) && isset($_GET['mima'])){
    $zhanghao = trim($_GET['zhanghao']);
    $mima = trim($_GET['mima']);
    if( $zhanghao == '' || $mima == ''){
        echo "<script language='javascript'>alert('对不起，提交信息不能够为空!');
history.back();</script>";
        exit;
    }
    $sql_query="SELECT * FROM user WHERE user_name='".$zhanghao."'";
    $result=mysqli_query($sql->con, $sql_query);
    while($row = mysqli_fetch_array($result)){
        if($mima==$row['password']){
            $is_login=1;
            $id=$row['user_id'];
            $username=$row['user_name'];
            $name=$row['user_nicheng'];
            $password=$row['password'];
            setcookie("id", $id, time()+3600);
            setcookie("username", $username, time()+3600);
            setcookie("name", $name, time()+3600);
            setcookie("password", $password, time()+3600);
        }
    }
}
if(isset($_COOKIE['id'])) {
    $is_login=1;
    $id=$_COOKIE['id'];
    $username=$_COOKIE['username'];
    $name=$_COOKIE['name'];
    $password=$_COOKIE['password'];
}
?>
```

　　第 5 步，根据变量 $is_login 的值，定义标题栏的标题信息。代码如下：

```php
<?php
if(0==$is_login) {
    echo "闺蜜说";
}else{
    echo "[". $name . "]";
    echo "的闺蜜说";
}
```

```
?>
```

第 6 步，删除<div data-role="panel" id="mypanel">标签的代码，重新设置侧滑面板信息。根据变量 $is_login 的值，设计侧滑面板是显示登录表单，还是显示用户信息。代码如下：

```php
<?php
if(0==$is_login) {
    echo "<form>";
    echo "<label for='zhanghao'>真名:</label>";
    echo "<input name='zhanghao' id='zhanghao' value='' type='text'>";
    echo "<label for='zhanghao'>密码:</label>";
    echo "<input name='mima' id='mima' value='' type='text'>";
    echo "<fieldset class='ui-grid-a'>";
    echo "<div class='ui-block-a'>";
    echo "<a data-role='button' onclick='login();'>登录</a>";
    echo "</div>";
    echo "<div class='ui-block-b'>";
    echo "<a href='register.php' data-role='button'>注册</a>";
    echo "</div>";
    echo "</fieldset>";
    echo "</form>";
}else {
    echo "<h4>已登录</h4>";
    echo "<p>真名: ";
    echo $username;
    echo "</p>";
    echo "<p>昵称: ";
    echo $name;
    echo "</p>";
}
?>
```

第 7 步，当用户在侧滑面板中进行登录时，单击"登录"按钮，将调用 login()函数。该函数将获取用户填写的名称和密码，以查询字符串形式传递给 index.php 文件。具体 JavaScript 代码如下：

```javascript
function login(){
    var zhanghao = $("#zhanghao").val();
    var mima = $("#mima").val();
    var site="index.php?zhanghao=" + zhanghao + "&mima="+ mima;
    location.href=site;
}
```

第 8 步，在浏览器中输入 http://localhost/index.php，演示效果如图 26.11 所示。

（a）显示信息页面　　（b）查询回复页面　　（c）侧滑面板登录页面　　（d）跟帖回复页面

图 26.11　首页功能演示效果

26.6.4　注册页功能实现

扫一扫，看视频

本小节介绍注册页功能的实现过程。该功能包含 2 个文件：register.php 和 register_ok.php。其中，register.php 文件提供注册表单界面，register_ok.php 文件负责后台信息处理。

【操作步骤】

第 1 步，打开注册页，将 register.html 另存为 register.php，保存在根目录下。

第 2 步，先打开 register.php 文件，为"注册"按钮绑定 onclick 事件处理函数 register()。代码如下：

```
<a data-role="button" onclick="register()">注册</a>
```

第 3 步，打开外部 JavaScript 文件 js/form.js，设计函数 register()，用来把表单信息提交给 register_ok.php 文件。代码如下：

```
function register(){
    //获取真名的值
    $zhanghao = $("#zhanghao").val();
    //获取昵称的值
    $nicheng = $("#nicheng").val();
    //获取密码的值
    $mima= $("#mima").val();
    //将获取的值通过 URL 传递给 register_ok.php
    $site="register_ok.php?zhanghao="+$zhanghao+"&nicheng="+$nicheng+"&mima="+$mima;
    location.href=$site;
}
```

第 4 步，新建 register_ok.php 文件，用于接收并处理 register.html 页面传递过来的查询字符串信息，同时将其与数据表 user 的信息进行对比，检查是否存在重名。检查通过后，将其提交给 MySQL 数据库保存。

```
<?php
$sql=new sql_connect();
$sql->connection();
$sql->set_laugue();
$sql->choice();
$sql_query1 = mysqli_query($sql->con, "select user_name from user where user_name= '$zhanghao' or
user_nicheng='$nicheng' ");
$info=mysqli_fetch_array($sql_query1);
if($info!=False){
    echo "<script language='javascript'>alert('对不起，该昵称已被其他用户使用!');
history.back();</script>";
    exit;
}
$sql_query2 = "SELECT * FROM user";
$result = mysqli_query($sql->con, $sql_query2);
$num=1;
while($row = mysqli_fetch_array($result)) {
    $num=$num+1;
}
$sql_query3 = "INSERT INTO user (user_id,user_name,user_nicheng,password) VALUES
($num,'$zhanghao','$nicheng','$mima')";
mysqli_query($sql->con, $sql_query3);
$sql->disconnect();
?>
```

第 5 步，在浏览器中输入 http://localhost/index.php，然后在底部栏中单击"注册"菜单项，进入注册页面，演示效果如图 26.12 所示。

（a）注册新用户页面　　　（b）登录页面　　　（c）发布信息或跟帖页面

图 26.12　注册页功能演示效果

26.6.5　发布页功能实现

扫一扫，看视频

本小节介绍发布页功能的实现过程。该功能也包含 2 个文件：say.php 和 say_ok.php，其中 say.php 文件提供发布信息的表单界面，say_ok.php 文件负责后台信息处理。

【操作步骤】

第 1 步，打开发布页，将 say.html 另存为 say.php，保存在根目录下。

第 2 步，根据 Cookie 信息，判断用户是否登录，并显示不同的标题信息。代码如下：

```php
<?php
if(isset($_COOKIE['id'])) {
    echo $_COOKIE['username'];
    echo " 要说 ......";
}else{
    echo "说啥呢";
}
?>
```

第 3 步，对表单结构进行重构，删除<input name="demo" id="demo" >文本框，使用下拉列表控件来代替，使用 PHP 读取数据表 user 中的所有用户信息，动态生成一个用户列表结构。代码如下：

```php
<select name="who" id="who" data-native-menu="False">
    <option value='所有人'>所有人</option>
    <?php include('sql_connect.php'); ?>
    <?php header("Content-Type:text/html;charset=UTF-8"); ?>
    <?php
        $sql=new sql_connect();
        $sql->connection();
        $sql->set_laugue();
        $sql->choice();
        if(isset($_COOKIE['id'])) {
            $sql_query="SELECT * FROM user";
```

```php
        $result=mysqli_query($sql->con, $sql_query);
        while($row = mysqli_fetch_array($result)) {
            $name=$row['user_name'];
            $nicheng=$row['user_nicheng'];
            echo "<option value='$nicheng'>$nicheng</option>";
        }
    }
    $sql->disconnect();
    ?>
</select>
```

第 4 步，新建 say_ok.php 文件，用于接收发布页表单提交的信息，并进行检查。代码如下：

```php
<?php include('sql_connect.php'); ?>
<?php header("Content-Type:text/html;charset=UTF-8"); ?>
<?php
    $who=trim($_GET["who"]);
    $what=trim($_GET["what"]);
    if( $who == '' || $what == ''){
        echo "<script language='javascript'>alert('对不起，提交信息不能为空!');
history.back();</script>";
        exit;
    }
?>
```

第 5 步，如果用户处于登录状态，则把提交的信息写入数据库；否则不允许执行写入操作。代码如下：

```php
<?php
if(isset($_COOKIE['id'])){
    $sql=new SQL_CONNECT();
    $sql->connection();
    $sql->set_laugue();
    $sql->choice();
    $sql_query="SELECT * FROM message";
    $result=mysqli_query($sql->con, $sql_query);
    $num=1;
    while($row = mysqli_fetch_array($result)) {
        $num=$num+1;
    }
    $sql_query="INSERT INTO message (message_id,message_neirong,message_demo) VALUES
($num,'$what','$who')";
    mysqli_query($sql->con, $sql_query);
    $id = intval($_COOKIE['id']);
    $sql_query="INSERT INTO user_message (message_id,user_id) VALUES ($num, $id)";
    mysqli_query($sql->con, $sql_query);
    $sql->disconnect();
}else{
    echo "<script language='javascript'>alert('对不起，请登录!');</script>";
    exit;
}
?>
```

第 6 步，在浏览器中输入 http://localhost/index.php，然后在底部栏单击“我要说”菜单项，进入发布页，演示效果如图 26.13 所示。

（a）发布信息页面　　　　（b）查看发布的信息页面

图 26.13　发布页演示效果

26.6.6　回复页功能实现

扫一扫，看视频

当在首页浏览用户发布的信息时，可以根据爱好进行跟帖，跟帖后会立即显示在页面上，并把回复信息同步存储到数据库中。这个过程使用 Ajax 技术实现，具体操作步骤如下。

【操作步骤】

第 1 步，打开 index.php 文件，在"跟说"按钮上绑定 onclick 事件处理函数 replay()，同时把当前表单在整个页面中的下标位置的值传递给该函数。代码如下：

```
echo "<a href='' data-role='button' onclick='replay(".$num.");'>跟说</a>";
```

第 2 步，编写 replay()函数，根据参数指定的表单位置，获取当前表单 form，然后获取该表单中用户填写的信息，最后使用 jQuery 的 get()方法把用户填写的信息以查询字符串的形式发送给 replay.php 文件。同时，在回调函数中接收服务器响应的信息，并把信息嵌入 HTML 字符串中，显示在回复列表的尾部。代码如下：

```
function replay(n){
    form = $("#frm"+n);
    var replay_text = form[0]["replay_text"].value;
    var bianhao = form[0]["bianhao"].value;
    var nicheng = form[0]["nicheng"].value;
    var site="replay.php?replay_text="+ encodeURIComponent(replay_text) + "&bianhao="+ bianhao;
    $.get(site, function(data){
        if(data){
            form.before("<p><span class='blue'>"+ nicheng + "</span>: "+ replay_text + "</p>");
            form[0]["replay_text"].value = "";
            form[0]["replay_text"].focus();
        }
        else{
            alert("回复失败");
        }
    });
}
```

第 3 步，新建 replay.php 文件，用于接收用户通过 Ajax 方式提交的数据，并进行检查。代码如下：

```
<?php
$replay_text=trim($_GET["replay_text"]);
```

```
$bianhao=trim($_GET["bianhao"]);
if( $replay_text == '' || $bianhao == ''){
    echo "0";
    exit;
}
?>
```

第4步，连接数据库，把用户的回复信息保存到数据库中。如果保存成功，则响应为数字1，否则响应为数字0，这样可以在 index.php 文件的 JavaScript 代码中根据响应值进行判断，并执行不同的响应处理。代码如下：

```
<?php
$sql=new sql_connect();
$sql->connection();
$sql->set_laugue();
$sql->choice();
mysqli_query($sql->con, "set names utf8");                        //设置编码格式
$sql_query1="SELECT * FROM replay";
$result=mysqli_query($sql->con, $sql_query1);
$num=1;
while($row = mysqli_fetch_array($result)){
    $num=$num+1;
}
if(isset($_COOKIE['id'])){
    $id = intval($_COOKIE['id']);
    $sql_query2="INSERT INTO replay_info (message_id,replay_id) VALUES ($bianhao, $num)";
    mysqli_query($sql->con, $sql_query2);
    //$replay_text1 = iconv('UTF-8','gb2312',$replay_text);
    $sql_query3="INSERT INTO replay (replay_id, user_id, replay_neirong) VALUES ($num, $id,
'$replay_text')";
    mysqli_query($sql->con, $sql_query3);
    echo "1";
}else{
    echo "0";
}
$sql->disconnect();
?>
```

第 5 步，在回复页中单击一条信息，展开该信息之后，可以看到所有的回复信息，用户可以跟帖回复，演示效果如图 26.14 所示。

（a）发布回复页　　　　　（b）显示回复页

图 26.14　回复页功能演示效果

26.7　在　线　支　持

扫描，拓展学习

本节为课后强化训练，感兴趣的读者可以扫码学习，以巩固 PHP 综合开发的能力。

本例设计一个 MP3 播放器，界面模仿主流手机 MP3 播放器的简洁界面，配合 jQuery Mobile+HTML5 环境设计一款移动版 MP3 播放器。HTML5 新增了一个<audio>标签，该标签可以播放本地的音频文件，也可以播放远程的音频文件，功能比较强大，结合 jQuery Mobile 精美界面，用户可以轻松设计具有良好交互性的移动多媒体应用。

当用户单击主题列表页面中的项目后，就会进入主题内容页，其中包括主题歌曲、主题图片和主题介绍。主题图片的大小可以参照首页图片。另外，为了能够方便地返回首页，在页面中加入一个标题栏，标题栏中包括左侧的"返回"按钮和主题的名称。中间区域为主题内容所在的位置。底部栏用于设计控制音乐的面板，分别是"上一首""播放/暂停""下一首"和"随意听"菜单项，如图 26.15 和图 26.16 所示。

图 26.15　播放页面

图 26.16　主题列表页面

第 27 章

案例实战：技术论坛

随着互联网的发展，网络信息越来越丰富，以动态性和交互性为特征的论坛也随之出现，这是一种比较实用的信息交流方式，表现形式多种多样，有个人论坛、平台论坛、技术论坛和圈子论坛等。虽说名目众多，但都在围绕着一个"论"字进行设计，技术原理基本相同，功能是允许网友发布个人意见和看法。本章将详细讲解论坛的开发流程和关键技术。

学习重点

- 能够开发一个功能完善的在线论坛。
- 增添主题导航。
- 设计帖子的置顶、引用、收藏功能。
- 设计回帖屏蔽、无刷新交流。

27.1　设计思路

下面简单分析一下本例论坛的设计思路和数据结构的构建。

27.1.1　流程设计

扫一扫，看视频

　　　　论坛的主要功能是发布帖子和回复帖子，为了使其更加合理、完美，本论坛增加了帖子置顶、帖子引用、帖子收藏和屏蔽帖子等特殊功能，以及一些辅助功能，包括我的信息、我的好友和我参与的帖子等。为了便于对论坛进行管理，增加了管理员管理论坛的功能，包括发布帖子、回复帖子、帖子类别和置顶帖子，以及数据的备份和恢复等内容。根据上述功能描述，整理出论坛模块的功能结构图，如图 27.1 所示。然后根据功能结构图中描述的功能，整理一个完整的论坛设计流程，如图 27.2 所示。

27.1.2　数据结构设计

扫一扫，看视频

　　　　论坛功能的完善与否，数据库的运用是决定性因素之一。只有拥有强大的数据库的支持，论坛的功能才能够展现，否则它将和留言簿没什么区别。
　　　　本论坛中使用的是一个名称为 db_forum 的数据库，在该数据库中有 9 个数据表。数据表及其详细信息如图 27.3 所示。

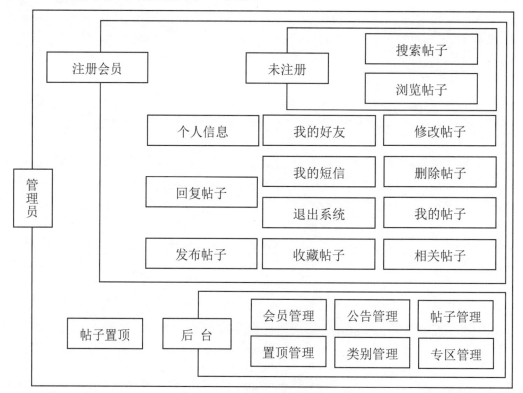

图 27.1　论坛模块的功能结构图

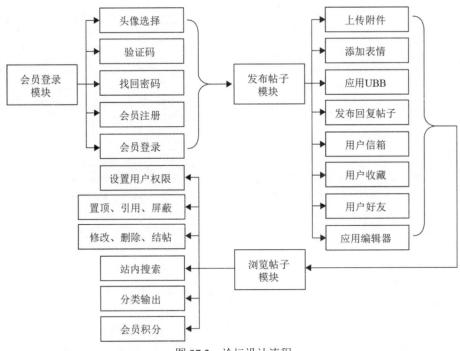

图 27.2　论坛设计流程

服务器: localhost » 数据库: db_forum

结构　SQL　搜索　查询　导出　导入　操作　权限　程序　事件　触发器　设计器

表	操作	行数	类型	排序规则	大小	多余
tb_forum_affiche	浏览 结构 搜索 插入 清空 删除	1	MyISAM	gb2312_chinese_ci	2.1 KB	60 字节
tb_forum_big_type	浏览 结构 搜索 插入 清空 删除	6	MyISAM	gb2312_chinese_ci	2.1 KB	20 字节
tb_forum_restore	浏览 结构 搜索 插入 清空 删除	29	MyISAM	gb2312_chinese_ci	4 KB	132 字节
tb_forum_send	浏览 结构 搜索 插入 清空 删除	31	MyISAM	gb2312_chinese_ci	7.6 KB	684 字节
tb_forum_small_type	浏览 结构 搜索 插入 清空 删除	6	MyISAM	gb2312_chinese_ci	2.2 KB	44 字节
tb_forum_user	浏览 结构 搜索 插入 清空 删除	5	MyISAM	gb2312_chinese_ci	3 KB	292 字节
tb_mail_box	浏览 结构 搜索 插入 清空 删除	12	MyISAM	gb2312_chinese_ci	2.6 KB	-
tb_my_collection	浏览 结构 搜索 插入 清空 删除	7	MyISAM	gb2312_chinese_ci	3.5 KB	352 字节
tb_my_friend	浏览 结构 搜索 插入 清空 删除	7	MyISAM	gb2312_chinese_ci	2.2 KB	20 字节
9 张表	总计	104		gb2312_chinese_ci	29.4 KB	1.6 KB

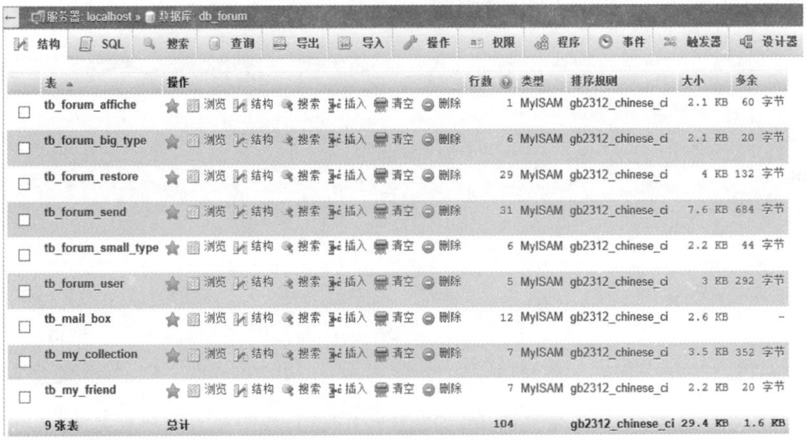

图 27.3　数据表及其详细信息

下面对数据库中几个相对比较复杂的数据表的功能和结构进行介绍。

- tb_forum_user 数据表，用于存储用户的注册信息。其中包括 13 个字段，字段属性的说明如图 27.4 所示。
- tb_forum_send 数据表，用于存储论坛中发布帖子的数据。其中包括 13 个字段，字段属性的说明如图 27.5 所示。

服务器: localhost » 数据库: db_forum » 表: tb_forum_user

#	名字	类型	排序规则	属性	空	默认	额外
1	tb_forum_id	int(10)			否	无	AUTO_INCREMENT
2	tb_forum_user	varchar(50)	gb2312_chinese_ci		否	无	
3	tb_forum_pass	varchar(50)	gb2312_chinese_ci		否	无	
4	tb_forum_type	varchar(50)	gb2312_chinese_ci		否	无	
5	tb_forum_email	varchar(50)	gb2312_chinese_ci		否	无	
6	tb_forum_truepass	varchar(50)	gb2312_chinese_ci		否	无	
7	tb_forum_date	datetime			否	无	
8	tb_forum_picture	varchar(80)	gb2312_chinese_ci		否	无	
9	tb_forum_grade	varchar(50)	gb2312_chinese_ci		否	无	
10	tb_forum_pass_problem	varchar(50)	gb2312_chinese_ci		否	无	
11	tb_forum_pass_result	varchar(50)	gb2312_chinese_ci		否	无	
12	tb_forum_qq	varchar(50)	gb2312_chinese_ci		否	无	
13	tb_forum_speciality	text	gb2312_chinese_ci		否	无	

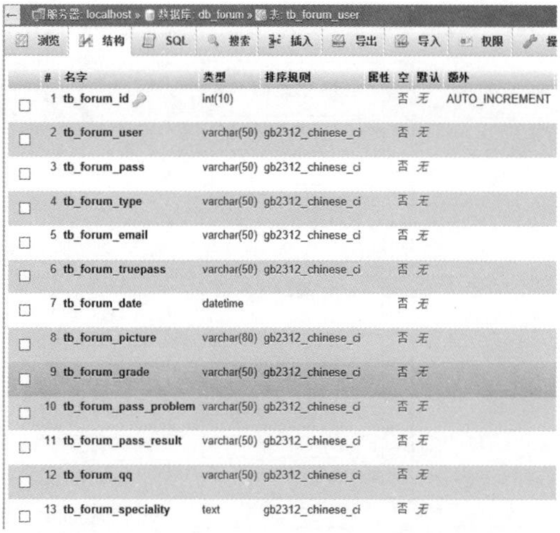

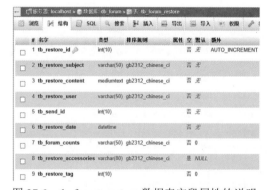

图 27.4 tb_forum_user 数据表字段属性的说明

服务器: localhost » 数据库: db_forum » 表: tb_forum_send

#	名字	类型	排序规则	属性	空	默认	额外
1	tb_send_id	int(10)			否	无	AUTO_INCREMENT
2	tb_send_subject	varchar(50)	gb2312_chinese_ci		否	无	
3	tb_send_content	mediumtext	gb2312_chinese_ci		否	无	
4	tb_send_user	varchar(50)	gb2312_chinese_ci		否	无	
5	tb_send_date	datetime			否	无	
6	tb_send_picture	varchar(70)	gb2312_chinese_ci		否	无	
7	tb_send_type	varchar(50)	gb2312_chinese_ci		否	无	
8	tb_send_types	varchar(50)	gb2312_chinese_ci		否	无	
9	tb_send_small_type	varchar(50)	gb2312_chinese_ci		否	无	
10	tb_send_type_distillate	varchar(50)	gb2312_chinese_ci		是	NULL	
11	tb_send_type_hotspot	varchar(50)	gb2312_chinese_ci		是	NULL	
12	tb_send_accessories	varchar(80)	gb2312_chinese_ci		是	NULL	
13	tb_forum_end	int(10)			是	0	

图 27.5 tb_forum_send 数据表字段属性的说明

- tb_forum_restore 数据表，用于存储论坛中回复帖子的数据。其中包括 9 个字段，字段属性的说明如图 27.6 所示。
- tb_my_collection 数据表，用于存储用户收藏的帖子。其中包括 7 个字段，字段属性的说明如图 27.7 所示。

服务器: localhost » 数据库: db_forum » 表: tb_forum_restore

#	名字	类型	排序规则	属性	空	默认	额外
1	tb_restore_id	int(10)			否	无	AUTO_INCREMENT
2	tb_restore_subject	varchar(50)	gb2312_chinese_ci		否	无	
3	tb_restore_content	mediumtext	gb2312_chinese_ci		否	无	
4	tb_restore_user	varchar(50)	gb2312_chinese_ci		否	无	
5	tb_send_id	int(10)			否	无	
6	tb_restore_date	datetime			否	无	
7	tb_forum_counts	varchar(50)	gb2312_chinese_ci		否	0	
8	tb_restore_accessories	varchar(80)	gb2312_chinese_ci		是	NULL	
9	tb_restore_tag	int(10)			否	0	

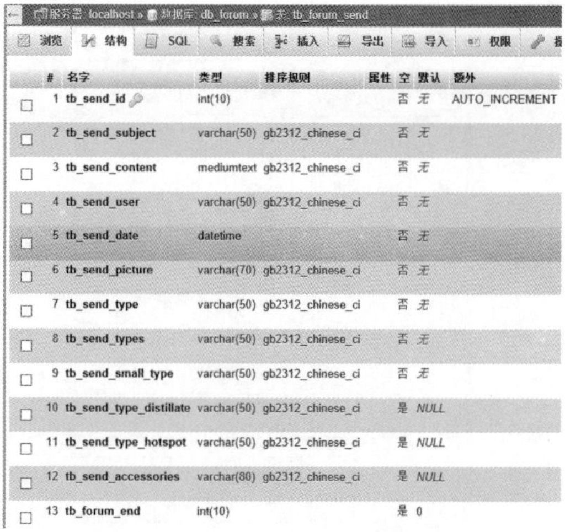

图 27.6 tb_forum_restore 数据表字段属性的说明

服务器: localhost » 数据库: db_forum » 表: tb_my_collection

#	名字	类型	排序规则	属性	空	默认	额外
1	tb_collection_id	int(10)			否	无	AUTO_INCREMENT
2	tb_collection_subject	varchar(50)	gb2312_chinese_ci		否	无	
3	tb_collection_address	varchar(150)	gb2312_chinese_ci		否	无	
4	tb_collection_label	varchar(50)	gb2312_chinese_ci		否	无	
5	tb_collection_summary	mediumtext	gb2312_chinese_ci		否	无	
6	tb_collection_user	varchar(50)	gb2312_chinese_ci		否	无	
7	tb_collection_date	datetime			否	无	

图 27.7 tb_my_collection 数据表字段属性的说明

本模块包括9个数据表，由于篇幅所限，这里只介绍了其中4个相对比较复杂的数据表，其他数据表及其字段属性的说明可以参考本书源代码。

扫一扫，看视频

27.2 案例预览

在具体学习之前，用户有必要先借助本书源代码，运行后体验网站的整体效果，为具体实践奠定基础。

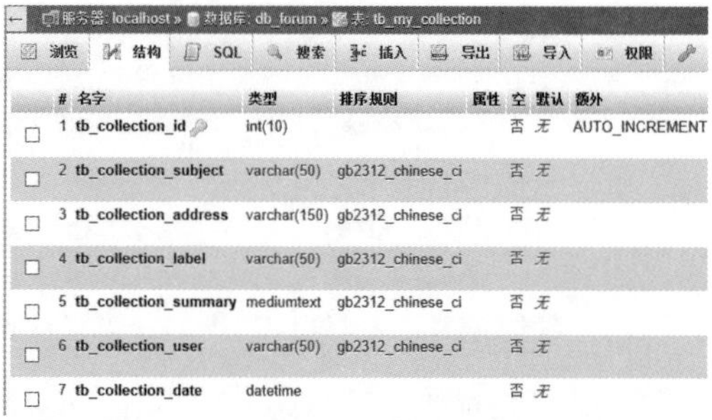

提示：

本章案例涉及的 PHP 文件有 80 多个，用户在代码阅读和上机练习时主要以源代码为准，本章内容仅简单介绍网站设计的脉搏，以及部分技术要点，所显示的代码仅是局部文件和片段。

【操作步骤】

第 1 步，附加 MySQL 数据库。在本书源代码目录中，将本章案例子目录下 database 文件夹中的 db_forum 文件夹复制到 MySQL 配置文件 my.ini 中定义的数据库存储目录中，具体位置应根据读者在安装 MySQL 时的设置而定。

```
#数据库根目录
datadir="C:/ProgramData/MySQL/MySQL Server 5.7/Data/"
```

第 2 步，将程序发布到 PHP 服务器站点根目录下。具体位置应根据读者在安装 Apache 时的设置而定，即在 httpd 配置文件中定义的站点文档位置。

第 3 步，打开 IE 浏览器，在地址栏中输入 http://127.0.0.1/index.php 或 http://localhost/index.php，即可预览本站效果。后台管理需要访问 http://127.0.0.1/admin/index.php。

✎ **提示：**

在地址栏中输入的 127.0.0.1 的默认端口号为 80，在安装 Apache 服务器时如果端口号不是默认设置（80），而是用户自定义的（如 8080），那么需要在地址栏中输入 127.0.0.1：8080，即可正确运行程序。

本例有两个系统模块，一个是前台会员交流模块，另一个是后台管理员管理模块。

1. 前台会员交流模块

前台会员交流模块主页如图 27.8 所示。首先单击"注册"按钮，注册用户名和密码，然后进行登录，即可执行发表帖子、回复帖子、加好友、给好友发送消息等操作。

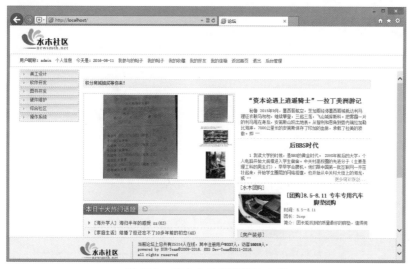

图 27.8 前台会员交流模块主页

所有注册的用户都是会员，会员可以发表及回复帖子，并且可以修改及删除自己的帖子。

2. 后台管理员管理模块

本论坛只有一个管理员（用户名 admin，密码 admin），管理员具有所有权限，可以对论坛中所有的帖子进行删除。

管理员登录页面和会员登录页面一样。在前台会员交流主页的地址后加入 admin（http://127.0.0.1/admin/），即可进入后台管理员管理主页，如图 27.9 所示。

图 27.9　后台管理员管理主页

扫一扫，看视频

27.3　难　点　详　解

在论坛模块的开发前，用户应该掌握关键技术，只有这样才能完成本论坛的开发，本节对论坛中用到的关键技术进行详细介绍。

27.3.1　置顶帖子

置顶帖子就是将指定的帖子在网页的最上方显示，用于突出帖子的特殊性。管理员拥有置顶帖子的权限，而其他人都不具备这个权限。置顶帖子的操作页面如图 27.10 所示。

扫一扫，看视频

图 27.10　置顶帖子的操作页面

置顶帖子的操作原理：根据帖子的 ID 设置一个超链接，在其链接的 permute_send.php 文件中实现置顶帖子的操作。

【操作步骤】

第 1 步，在 send_forum_content.php 文件中，创建一个"置顶"超链接，超链接的标识为对应帖子的 ID，将其链接到文件 permute_send.php 中，在该文件中实现置顶帖子的操作。

```
<a href="permute_send.php?permute_id=<?php echo $myrow_3[tb_send_id];?>">置顶</a>
```

第 2 步，创建 permute_send.php 文件，实现置顶帖子的操作。首先，判断当前的用户是否为管理员，这里用户权限的设置是通过用户信息表（tb_ forum_ user）中 tb_forum_type 字段的值来控制的，如果 tb_forum_type 的值是 1，则代表是会员，如果值是 2，则代表是管理员。

如果当前用户是管理员，将指定帖子的 tb_send_type 字段的值更新为 1。否则不执行更新数据操作，弹出提示信息"您不具备该权限!"，并返回到上一页。代码如下（permute_send.php）：

```php
<?php session_start();    include("conn/conn.php");
$query=mysql_query("select * from tb_forum_user where tb_forum_user='$_SESSION[tb_forum_user]' and tb_forum_type='2'");
if(mysql_num_rows($query)>0){
    $query=mysql_query("update tb_forum_send set tb_send_type='1' where tb_send_id='$_GET[permute_id]'");
    if($query==true){
        echo "<script> alert('帖子置顶成功!'); history.back();</script>";
    }else{
        echo "<script> alert('帖子置顶失败!'); history.back();</script>";
    }
}else{
    echo "<script> alert('您不具备该权限!'); history.back();</script>";
}
?>
```

到此，置顶帖子技术讲解完毕，有关该技术的完整应用可以参考论坛模块的程序。

27.3.2　引用帖子

引用帖子是指在浏览帖子时，如果出现某个会员回复的帖子与自己的看法相同，此时就可以单击"引用"超链接，直接将该回复帖引用，将其作为自己的回复帖子进行提交。引用帖子的操作页面如图 27.11 所示。

扫一扫，看视频

图 27.11　引用帖子的操作页面

引用帖子的实现原理：首先，在帖子浏览的页面中针对每个回复的帖子设置一个"引用"超链接，这里将其链接到 send_forum_content.php 文件中，设置链接标识 cite 为回复帖子的 ID，添加锚点 bottom；然后，在指定输出回帖内容的表格中添加一个命名锚点，实现同一页面的引用跳转；最后，在输出引用内容的文本域中，根据超链接中传递的栏目标识，从数据库中读取指定的回帖数据，将引用的内容进行输出。

【操作步骤】

第 1 步，创建"引用"超链接，并且设置链接的栏目标识 cite 和锚点 bottom。代码如下（send_forum_content.php）：

```
<a href="send_forum_content.php?send_big_type=<?php echo
$_GET[send_big_type];?>&&send_small_type=<?php echo $_GET[send_small_type];?>&&send_id=<?php
echo $_GET[send_id];?>&&cite=<?php echo $myrow_4[tb_restore_id];?>#bottom">引用</a>
```

第2步，在指定的位置设置一个命名锚点，实现同一页面的跳转。代码如下：

```
<a name="bottom" id=" bottom"></a>
```

第3步，在要输出引用内容的文本域中进行编辑，根据超链接栏目标识cite的值，从数据库中读取到对应的回复帖子的标题和内容，并且将读取的数据输出到文本域中。代码如下：

```
<?php
if($_GET[cite]==true){
    $query=mysql_query("select * from tb_forum_restore where tb_restore_id='$_GET[cite]'");
    $result=mysql_fetch_array($query);
    echo "摘自（".$result[tb_restore_user]."）: ".$result[tb_restore_subject];
}
?>
<textarea name="file" cols="70" rows="10" id="file"
onKeyDown="countstrbyte(this.form.file,this.form.total,this.form.used,this.form.remain);"
onKeyUp="countstrbyte(this.form.file,this.form.total,this.form.used,this.form.remain);">
<?php
if($_GET[cite]==true){
    $query=mysql_query("select * from tb_forum_restore where tb_restore_id='$_GET[cite]'");
    $result=mysql_fetch_array($query);
    echo $result[tb_restore_content];
}
?></textarea>
```

到此，引用帖子技术讲解完毕，接着就可以将引用的内容直接提交，作为自己的回复帖子，有关该技术的完整应用可以参考本模块中的 send_forum_content.php 文件。

27.3.3　收藏帖子

收藏帖子就是将当前帖子的地址完整地保存到指定位置，为以后再次访问该帖子提供便利。收藏帖子的操作页面如图 27.12 所示。

扫一扫，看视频

图 27.12　收藏帖子的操作页面

要实现收藏帖子功能的关键是如何获取当前页面的完整地址。获取当前页面的完整地址主要应用的是服务器变量 $_SERVER。关键代码如下（send_forum_content.php）：

```
<?php session_start(); include("conn/conn.php"); include("function.php");
```

```
$self=$_SERVER['HTTP_REFERER'];        //获取链接到当前页面的前一页面的 URL 地址
$u=$_SERVER['HTTP_HOST'];              //获取当前请求的 HOST 头信息的内容
$r=$_SERVER['PHP_SELF'];               //获取当前正在执行的代码的文件名
$l=$_SERVER['QUERY_STRING'];           //获取查询（query）的字符串（URL 中第一个占位符之后的内容）
$url="http://"."$u"."$r"."?"."$l";     //将获取的变量组成一个字符串，即完整的路径
?>
```

在获取到完整的地址后，接下来将帖子的标题、当前页面的完整路径和当前用户数据提交到
my_collection.php 文件中，生成一个表单，最后将数据提交到 my_collection_ok.php 文件中，完成
帖子的收藏。提交帖子完整地址和帖子标题的代码如下：

```
<?php if($_SESSION[tb_forum_user]==true){    ?>
<form name="form1" method="post" action="my_collection.php?forum_subject=<?php echo
$myrow_3[tb_send_subject];?>&&collection_user=<?php echo $_SESSION[tb_forum_user];?>">
   <td width="173" height="22" align="center" valign="bottom">
   <input type="hidden" name="my_collection" value="<?php echo $url;?>">
   <input type="submit" name="Submit" value=" 添加到我的收藏夹 ">
</td>
</form>
<?php } ?>
```

创建 my_collection.php 文件，生成一个表单，为收藏的帖子添加标签和说明，最后将数据提
交到 my_collection_ok.php 文件中，将收藏的帖子的数据添加到指定的数据表中。

到此，收藏帖子技术讲解完毕，完整代码请参考本书源代码中的内容，这里不再赘述。

27.3.4　屏蔽回帖

屏蔽回帖是管理员的权限，在论坛的后台管理中进行操作。回帖是否被屏蔽是根
据回帖数据表中 tb_restore_tag 字段的值来判断的，如果 tb_restore_tag 字段的值为 1，
则说明该帖子被屏蔽，否则帖子没有被屏蔽，因此屏蔽回帖就是将指定帖子的
tb_restore_tag 字段的值更新为 1。

扫一扫，看视频

屏蔽回帖主要通过两个文件来完成，一个是 message_restore.php，用于输出回帖的内容，创建
执行屏蔽回帖的 form 表单。另一个是 message_store.php，用于根据提交的数据，实现屏蔽帖子的
操作。关键代码如下（admin/message_restore_ok.php）：

```
<?php session_start(); include("conn/conn.php");
if($Submit=="屏蔽"){
  while(list($name,$value)=each($_POST)){
     $result=mysql_query("update tb_forum_restore set tb_restore_tag='1' where
tb_restore_id='".$name."'");
  if($result==true){
    echo "<script>alert('屏蔽成功!'); window.location.href='index.php?title=回帖管理
';</script>";}}
  }
  if($Submit2=="取消"){
     while(list($name,$value)=each($_POST)){
        $result=mysql_query("update tb_forum_restore set tb_restore_tag='0' where
tb_restore_id='".$name."'");
  if($result==true){
    echo "<script>alert('取消屏蔽!'); window.location.href='index.php?title=回帖管理
';</script>";}}
}
```

```
?>
```

27.3.5 信息提醒

扫一扫，看视频

信息提醒的无刷新输出功能主要使用的是 Ajax 技术。通过 Ajax 技术调用指定的文件查询是否存在新信息，并且将结果返回，然后通过<span>标签输出 Ajax 中返回的查询结果。信息提醒的操作页面如图 27.13 所示。

图 27.13 信息提醒的操作页面

关键代码如下：

```javascript
<script type="text/javascript" src="js/xmlHttpRequest.js"></script>
<script language="javascript">
function show_counts(sender){
  url='show_counts.php?sender='+sender;
  xmlHttp.open("get",url, true);
    xmlHttp.onreadystatechange = function(){
    if(xmlHttp.readyState == 4){
        tet = xmlHttp.responseText;
        show_counts11.innerHTML=tet;
        var show_counts = document.getElementById("show_counts");
        if(tet>0){ show_counts.innerHTML=tet; show_counts.style.display="inline";}
        else{show_counts.innerHTML="";show_counts.style.display="none";}
    }
  }
  xmlHttp.send(null);
}
</script>
<script language="javascript">
setInterval("show_counts('<?php echo $_SESSION["tb_forum_user"];?>')",1000);
</script>
```

使用<span>标签显示最新的信息。代码如下：

```html
<span id="show_counts"></span>
```

27.4 页面开发

本章案例的论坛比较复杂，涉及的文件众多，受篇幅所限，不能够逐一讲解文件的设计过程，下面对几个主要页面的开发过程进行分析。

27.4.1 发布帖子

扫一扫，看视频

发布帖子是论坛为登录的会员提供的一个功能。在该平台中可以选择发布帖子的类别，自定义帖子的主题，选择表情图，选择上传附件，以及通过文本编辑器编辑要发布的内容。发布帖子的操作页面如图 27.14 所示。

图 27.14 发布帖子的操作页面

发布帖子功能主要由两个文件实现，一个是要发布内容的填写文件 send_forum.php，另一个是提交数据的处理文件 send_forum_ok.php。

在 send_forum.php 文件中，可以将该文件中的内容分成 3 部分：第 1 部分是初始化 Session 变量，连接数据库以及调用 JS 文件；第 2 部分是输出当前登录会员的个人信息；第 3 部分是构建 form 表单，实现发布帖子数据的提交。

【操作步骤】

第 1 部分，初始化 Session 变量，连接数据库，调用指定的文件，并且判断当前用户是否为会员，如果不是将不能执行发布帖子的操作。代码如下（send_forum.php）：

```php
<?php session_start(); include("conn/conn.php");
if($_SESSION[tb_forum_user]==true){
?>
<script type="text/javascript" src="js/editor.js"></script>
```

第 2 部分，从数据库中读取当前会员的个人信息，并且进行输出。代码如下：

```php
<?php $query_1=mysql_query("select * from tb_forum_user where
tb_forum_user='$_SESSION[tb_forum_user]'",$conn);
```

```
$myrow_1=mysql_fetch_array($query_1);
echo "<img src='$myrow_1[tb_forum_picture]'>";
echo "当前用户:";
echo $myrow_1[tb_forum_user];
echo "注册时间:";
echo $myrow_1[tb_forum_date];
echo "积分:";
echo $myrow_1[tb_forum_grade];
?>
```

第 3 部分，创建 form 表单，提交发布帖子的数据，包括帖子类别、帖子主题、表情图、附件和文章内容等。在对帖子内容进行填写时，应用的是一个文本编辑器，通过文本编辑器可以对提交的内容进行编辑。关键代码如下：

```
    <td align="right" class="STYLE11">帖子主题: </td>
    <td><input name="send_subject" type="text" id="send_subject" size="60"></td>
  </tr>
  <tr>
    <td align="right" class="STYLE11">表情图: </td>
    <td><table>
    <tr>
      <td height="80" colspan="2"><div align="center">
        <table height="30" border="0" align="center" cellpadding="0" cellspacing="0">
          <tr>
            <?php
              for($i=1;$i<=24;$i++){              //根据文件夹中表情图的个数创建循环语句
                  if($i%6==0){                    //判断变量的值是否等于 0
            ?>
            <td width="40" height="30"><div align="center">
              <!--输出表情图-->
              <img src=<?php echo("images/inchoative/face".($i-1).".gif");?> width="20"
height="20"></div></td>
            <td width="40" height="30"><div align="center">
              <!--创建单选按钮-->
              <input type="radio" name="face" value="<?php
echo("images/inchoative/face".($i-1).".gif");?>">
            </div></td>
          </tr>
            <?php }else{    ?>
            <td width="40" height="30"><div align="center">
              <img src=<?php echo("images/inchoative/face".($i-1).".gif");?> width="20"
height="20"></div></td>
            <td width="40" height="30"><div align="center">
              <input type="radio" name="face" value="<?php
echo("images/inchoative/face".($i-1).".gif");?>" <?php if($i==1) { echo "checked";}?>>
            </div></td>
            <?php    }  }  ?>
        </table>
      </div></td>
    </tr>
</table></td>
<tr>
  <td width="107" align="right" class="STYLE11">文章内容: </td>
  <td width="569">
<textarea name="menu" cols="1" rows="1" id="menu"
```

```
style="position:absolute;left:0;visibility:hidden;"></textarea>
<script type="text/javascript">
var editor = new FtEditor("editor");
editor.hiddenName = "menu";
editor.editorWidth = "100%";
editor.editorHeight = "300px";
editor.show();
</script>
<input type="hidden" name="tb_forum_user" value="<?php echo
$_SESSION[tb_forum_user];?>"></td></tr>
```

　　有关 send_forum.php 文件的讲解到此结束，完整代码请参考本书源代码中的内容。

　　下面介绍表单处理页 send_forum_ok.php 文件。在该文件中，实现将表单中提交的数据存储到数据库，存储帖子信息的功能。代码如下（send_forum_ok.php）：

```
<?php session_start(); include_once("conn/conn.php");
$tb_send_type=0;                                        //设置帖子是否置顶
$tb_send_types=0;                                       //判断帖子是否有回复
$tb_send_small_type=$_POST[send_sort];                  //获取表单中提交的数据
$tb_send_subject=$_POST[send_subject];                  //获取表单中提交的数据
$tb_send_picture=$_POST[face];                          //获取表单中提交的数据
$tb_send_content=trim($_POST["menu"]);                  //获取表单中提交的数据
$tb_send_user=$_POST[tb_forum_user];
$tb_send_date=date("Y-m-j H:i:s");
if($_FILES[send_accessories][size]==0){                 //判断是否有附件上传
$result=mysql_query("insert into
tb_forum_send(tb_send_subject,tb_send_content,tb_send_user,tb_send_date,tb_send_picture,tb_sen
d_type,tb_send_types,tb_send_small_type) values
('".$tb_send_subject."','".$tb_send_content."','".$tb_send_user."','".$tb_send_date."','".$tb_
send_picture."','".$tb_send_type."','".$tb_send_types."','".$tb_send_small_type."')",$conn);
echo mysql_error();
    if($result){
        mysql_query("update tb_forum_user set tb_forum_grade=tb_forum_grade+5",$conn);
            echo "<script>alert('新帖发表成功!');history.back();</script>";
        mysql_close($conn);
     }else{
        echo "<script>alert('新帖发表失败!');history.back();</script>";
        mysql_close($conn);
     }
}
if($_FILES[send_accessories][size] > 20000000){         //判断上传附件是否超过指定大小
   echo "<script>alert('上传文件超过指定大小! ');history.go(-1);</script>";
   exit();
}else{
$path = './file/'.time().$_FILES['send_accessories']['name'];  //定义上传文件的路径和名称
if (move_uploaded_file($_FILES['send_accessories']['tmp_name'],$path)) {//存储附件
   if(mysql_query("insert into
tb_forum_send(tb_send_subject,tb_send_content,tb_send_user,tb_send_date,tb_send_picture,tb_sen
d_type,tb_send_types,tb_send_small_type,tb_send_accessories) values
('".$tb_send_subject."','".$tb_send_content."','".$tb_send_user."','".$tb_send_date."','".$tb_
send_picture."','".$tb_send_type."','".$tb_send_types."','".$tb_send_small_type."','".$path."'
)",$conn)){
        mysql_query("update tb_forum_user set tb_forum_grade=tb_forum_grade+5",$conn);
        echo "<script>alert('新帖发表成功!');history.back();</script>";
```

```
    mysql_close($conn);
    }else{
        echo "<script>alert('新帖发表失败!');history.back();</script>";
        mysql_close($conn);
    }
  }
}
?>
```

　　到此，发布帖子功能的实现过程介绍完毕，完整代码可以参考本书源代码中的内容。

扫一扫，看视频

27.4.2　浏览帖子

　　浏览帖子包括浏览帖子类别和帖子内容。首先可以浏览到根据不同类别进行划分的帖子主题，然后可以在相应的帖子主题中浏览到帖子的具体内容。浏览帖子的操作页面如图 27.15 所示。

图 27.15　浏览帖子的操作页面

　　浏览帖子是从帖子类别的输出开始的。首先在网站的左侧框架中应用树形导航菜单输出帖子类别，根据树形导航菜单中输出的帖子类别，设置超链接，将指定类别的帖子在右侧的框架中输出，即在 content.php 文件中输出帖子的内容。程序关键代码如下（left.php）：

```
<td width="84%" height="24" background="images/index_5.jpg"
onClick="javascript:open_close(id_a<?php echo
$myrow['tb_big_type_id'];?>)" >     <a href="content.php?content=<?php
echo $myrow['tb_big_type_content'];?>&&content_1=<?php echo $myrows['tb_small_type_content'];?>"
target="contentFrame"><?php echo $myrow['tb_big_type_content'];?></a></td>
```

　　这里的 content.php 文件是在右侧的框架中输出的内容，超链接中的 target 属性获取的是右侧框架中的链接文件的名称，设置栏目标识变量 content，代表帖子的所属专区，content_1 代表帖子的类别。代码如下：

```
<td height="23">  
  <a href="content.php?content=<?php echo $myrow['tb_big_type_content'];?>&&content_1=<?php
echo $myrow_1['tb_small_type_content'];?>" target="contentFrame">
<?php echo $myrow_1['tb_small_type_content'];?></a></td>
```

　　然后，在 content.php 文件中输出对应类别帖子的内容。其中，使用 switch 语句根据获取的栏目标识变量 $class 的不同值，分别调用不同的文件，输出不同类别中帖子的内容。编写 content.php 文件的具体操作步骤如下。

【操作步骤】

　　第 1 步，判断论坛的所属专区和类别是否为空，如果为空则输出默认的内容，否则将输出对应专区和类别中帖子的内容。代码如下（content.php）：

```php
<?php if($_GET[content]=="" and $_GET[content_1]==""){ ?>
<table>
  <tr>
   <td height="10"> </td>
  </tr>
  <tr>
   <td><?php include_once("bccd.php");?></td>
  </tr>
</table>
<?php }else{?>
```

　　第 2 步，创建一个搜索引擎的表单，为不同的类别和专区设置超链接，设置超链接的栏目标识变量。关键代码如下：

```html
<form name="form1" method="post" action="content.php?class=搜索引擎&&content=<?php echo
$_GET[content];?>&&content_1=<?php echo $_GET[content_1];?>" onSubmit="return check_submit();">
    <tr>
     <td width="10%" height="40" rowspan="2" valign="middle"><a href="content.php?class=最新帖子
&&content=<?php echo $_GET[content];?>&&content_1=<?php echo $_GET[content_1];?>"><img
src="images/index_7 (1).jpg" width="65" height="23" border="0"></a></td>
      <td width="10%" rowspan="2" valign="middle"><a href="content.php?class=精华区&&content=<?php
echo $_GET[content];?>&&content_1=<?php echo $_GET[content_1];?>"><img src="images/index_7
(2).jpg" width="55" height="23" border="0"></a></td>
      <td width="10%" rowspan="2" valign="middle"><a href="content.php?class=热点区&&content=<?php
echo $_GET[content];?>&&content_1=<?php echo $_GET[content_1];?>"><img src="images/index_7
(3).jpg" width="52" height="23" border="0"></a></td>
      <td width="10%" rowspan="2" valign="middle"><a href="content.php?class=待回复&&content=<?php
echo $_GET[content];?>&&content_1=<?php echo $_GET[content_1];?>"><img src="images/index_7
(4).jpg" width="55" height="23" border="0"></a></td>
      <td width="25%" height="38" align="right" valign="bottom"><input
name="tb_send_subject_content" type="text" size="20" />
        </td>
      <td width="25%" rowspan="2"><input type="image" name="imageField" src="images/index_71.jpg"
/></td>
    </tr>
</form>
```

　　第 3 步，编写 switch 语句，根据栏目标识变量 $class 的不同值，调用不同的文件。代码如下：

```php
<?php
switch($_GET['class']){
    case "最新帖子":
        include("new_forum.php");
    break;
    case "精华区":
        include("distillate.php");
    break;
    case "热点区":
        include("hotspot.php");
```

```php
    break;
  case "待回复":
     include("pending.php");
  break;
  case "搜索引擎":
     include("search.php");
  break;
  case "":
     include("new_forum.php");
  break;
} }
?>
```

根据 $class 变量的不同值调用不同的文件，在这些被调用的文件中，读取数据库中数据的方法都是相同的，都是根据所属的类别从数据库中读取出符合条件的数据，进行分页显示。

这里以"最新帖子"中调用的 new_forum.php 文件为例，对创建被调用文件的操作步骤进行讲解。在 new_forum.php 文件中，主要是以超链接栏目标识中传递的变量 $_GET[content] 和 $_GET[content_1]为条件，从数据库中读取出符合条件的数据。

【操作步骤】

第 1 步，输出所属专区中公告和置顶帖子的标题信息，并且设置超链接，将其链接到 send_forum_content.php 文件，在对应的文件中输出公告和置顶帖子的详细内容。关键代码如下（new_forum.php）：

```php
<?php
$query_1=mysql_query("select * from tb_forum_send where tb_send_type='1' and
tb_send_small_type='".$_GET[content_1]."'");
while($myrow_1=mysql_fetch_array($query_1)){
?>
 <tr>
   <td width="10%" align="center"><span class="STYLE4">【 置 顶 】</span></td>
   <td colspan="4" width="90%"><a href="send_forum_content.php?send_big_type=<?php echo
$_GET[content];?>&&send_small_type=<?php echo $myrow_1[tb_send_small_type];?>&&send_id=<?php
echo $myrow_1[tb_send_id];?>" target="_blank"><?php echo $myrow_1[tb_send_subject];?></a></td>
</tr>
<?php }?>
```

第 2 步，根据栏目标识传递的变量，从数据库中读取出对应的专区和类别中的帖子的数据，并且定义变量，实现数据的分页显示；在输出帖子的标题时，设置超链接，链接到 send_forum_content.php 文件，在该文件中输出帖子的详细信息。关键代码如下：

```php
<?php
  if($_GET['page']){
  $page_size=10;          //定义每页输出 10 条数据
  //按照指定的类别从数据库中读取帖子的数据
  $query="select count(*) as total from tb_forum_send where
tb_send_small_type='".$_GET[content_1]."'";
  $result=mysql_query($query);
  $message_count=mysql_result($result,0,"total");
  $page_count=ceil($message_count/$page_size);
  $offset=($_GET['page']-1)*$page_size;
  //从数据库中读取帖子的数据，按照帖子发布的 ID 值进行降序排序并输出
  $query_2=mysql_query("select * from tb_forum_send where
tb_send_small_type='".$_GET[content_1]."' order by tb_send_id desc limit $offset, $page_size");
  while($myrow_2=mysql_fetch_array($query_2)){
```

```
?>
 <tr>
  <td width="5%" align="center" bgcolor="#FFFFFF"><img src="<?php echo
$myrow_2[tb_send_picture];?>" /></td>
  <td width="35%" align="center" bgcolor="#FFFFFF"><a
href="send_forum_content.php?send_big_type=<?php echo $_GET[content];?>&&send_small_type=<?php
echo $myrow_2[tb_send_small_type];?>&&send_id=<?php echo $myrow_2[tb_send_id];?>"
target="_blank"><?php echo $myrow_2[tb_send_subject];?></a></td>
  <td width="25%" align="center" bgcolor="#FFFFFF"><?php echo $myrow_2[tb_send_date];?></td>
  <td width="25%" align="center" bgcolor="#FFFFFF"><?php echo $myrow_2[tb_send_user];?></td>
<td width="10%" align="center" bgcolor="#FFFFFF">
  <?php $query_s=mysql_query("select * from tb_forum_restore where
tb_send_id='$myrow_2[tb_send_id]'");
echo mysql_num_rows($query_s);
?></td>
</tr>
<?php }}?>
```

上述讲解的是浏览帖子主题的实现方法，下面介绍浏览帖子内容的实现方法。

帖子内容的输出是通过上面提到的 send_forum_content.php 文件来完成的。在该文件中输出帖子的详细内容、发帖人的信息、回帖内容和回复人的信息，以及对登录用户进行权限设置。

● 普通用户，只能浏览帖子的详细信息，不能进行其他任何操作。

● 会员登录，不但可以浏览帖子的详细信息，而且可以对帖子进行回复和引用，以及收藏帖子、发送信息及加对方为好友。如果浏览的是当前会员自己发布或回复的帖子，还可以进行修改帖子、删除帖子和结帖操作。

● 管理员登录，可以执行上述会员的所有操作。此外，还可以对帖子进行置顶操作，这是会员不具备的功能。

下面对 send_forum_content. php 文件进行分步讲解，看看各个部分的功能是如何实现的。

【操作步骤】

第 1 步，初始化 Session 变量，连接数据库，通过 include 语句调用文件，通过 $_SERVER 预定义变量获取当前页面的完整链接，用于实现收藏帖子的功能。有关收藏帖子技术的讲解请参考前面章节中的内容。

第 2 步，输出发帖人的信息和发布的帖子信息，并且为发送信息、加为好友、结帖、置顶、修改、删除和回复的操作设置超链接。

关键代码如下（send_forum_content.php）：

```
<!--从数据库中读取出指定帖子的发布人的信息-->
<?php
$query_1=mysql_query("select * from tb_forum_send where tb_send_id='$_GET[send_id]'",$conn);
$myrow_1=mysql_fetch_array($query_1);
$query_2=mysql_query("select * from tb_forum_user where
tb_forum_user='$myrow_1[tb_send_user]'",$conn);
$myrow_2=mysql_fetch_array($query_2);
echo "<img src='$myrow_2[tb_forum_picture]'>"."<br>";
echo "发帖人:";
echo $myrow_2[tb_forum_user]."<br>";
echo "注册时间:"."<br>";
echo $myrow_2[tb_forum_date]."<br>";
echo "积分:";
echo $myrow_2[tb_forum_grade]."<br>";
```

```
if($_SESSION[tb_forum_user]==true){
echo "<a
href='send_mail.php?receiving_person=$myrow_2[tb_forum_user]&&sender=$_SESSION[tb_forum_user]'
target='_blank'><img src='images/index_8.jpg' width='76' height='24' border='0'></a>"."<br>";
echo "<a href='my_friend.php?friend=$myrow_2[tb_forum_user]&&my=$_SESSION[tb_forum_user]'
target='_blank'><img src='images/index_8 (1).jpg' width='82' height='24' border='0'></a>";
}
?></span></td>
    <td width="780" height="20%" bgcolor="#FFFFFF"><?php echo $myrow_3[tb_send_date]; ?> 楼主
<?php
if($myrow_1[tb_forum_end]!=1){
?>
<a href="end_forum.php?send_id=<?php echo $_GET[send_id];?>&send_user=<?php echo
$myrow_3[tb_send_user];?>">结帖</a>
<?php
}else{
echo "已结帖";
}
?></td>
  </tr>
<tr>
   <td height="60%" bgcolor="#FFFFFF"><?php
echo $myrow_3[tb_send_content];
?>
<td height="20%" align="right" bgcolor="#FFFFFF"><?php
if($myrow_3[tb_send_accessories]==true){echo "
<a href='download.php?accessories=$myrow_3[tb_send_accessories]'>附件
</a>";}?>    
<a href="permute_send.php?permute_id=<?php echo $myrow_3[tb_send_id];?>">置顶</a>、
<a href="recompose_send.php?recompose_id=<?php echo
$myrow_3[tb_send_id];?>&&recompose_user=<?php echo $myrow_3[tb_send_user];?>">修改</a>、
<a href="delete_send.php?delete_id=<?php echo $myrow_3[tb_send_id];?>&&delete_send_forum=<?php
echo $myrow_3[tb_send_user];?>">删除</a>、
<a href="send_forum_content.php?send_big_type=<?php echo
$_GET[send_big_type];?>&&send_small_type=<?php echo $_GET[send_small_type];?>&&send_id=<?php
echo $_GET[send_id];?>#bottom">回复</a></td>
```

第 3 步，输出与该帖子相关的回帖信息，以及回复人的信息，同样也为发送消息、加为好友、引用、修改和删除操作设置超链接。其中，在输出回帖内容时，还对回帖内容进行判断，判断该帖子是否被管理员屏蔽。实现的方法与第 2 步相同，这里不再赘述，完整代码请参考本书源代码中的内容。

第 4 步，积分排行，该功能的实现主要是从会员信息表中读取会员的积分数据，并且按照降序排序，输出积分最高的前 10 名用户。关键代码如下：

```
<?php
$sql=mysql_query("select tb_forum_user,tb_forum_grade from tb_forum_user order by tb_forum_grade
desc limit 10");
while($myrow=mysql_fetch_array($sql)){
?>
    <tr>
     <td width="45%" height="19" align="right">
<a href="person_data.php?person_id=<?php echo $myrow[tb_forum_user];?>"><?php echo
$myrow[tb_forum_user];?></a>
 </td>
```

```
    <td width="55%" align="left">——<?php echo $myrow[tb_forum_grade];?></td>
  </tr>
<?php }?>
```

第 5 步，创建一个 form 表单，用于提交回帖内容。

27.4.3　回帖

回帖表示对指定的帖子进行回复。回帖的操作页面如图 27.16 所示。

图 27.16　回帖的操作页面

回帖中提交的 form 表单存储在 send_forum_content.php 文件中。在这个 form 表单中，将回复主题、附件、文章内容等提交到 send_forum_content_ok.php 文件中进行处理，完成帖子的回复。

在对文章内容进行编辑时还使用了 UBB 技术，以实现对回复内容的编辑，并且还对回复内容的字节数进行了限制。

UBB 技术是通过 UBBCode.js 文件来实现的，该文件存储于根目录下的 js 文件夹中。限制和统计回复内容字节数的方法是通过 text.js 文件来实现的，该文件同样存储于根目录下的 js 文件夹中。form 表单的关键代码如下（send_forum_content.php）：

```
<form action="send_forum_content_ok.php" method="post" enctype="multipart/form-data"
name="myform">
<tr><a name="bottom" id="bottom"></a><!--定义命名锚点-->
  <td width="103" height="30" align="right">回复主题: </td>
  <td width="617"><input name="restore_subject" type="text" id="restore_subject" size="60"
value="
<?php
if($_GET[cite]==true){
  $query=mysql_query("select * from tb_forum_restore where tb_restore_id='$_GET[cite]'");
  $result=mysql_fetch_array($query);
echo "摘自 (".$result[tb_restore_user]."): ".$result[tb_restore_subject];
}
?>
"><input type="hidden" name="tag" value="<?php echo $myrow_1[tb_forum_end];?>" ></td></tr>
    <tr>
      <td height="30" align="right">附件: </td>
```

```html
     <td><input name="restore_accessories" type="file" size="45"></td>
   </tr>
   <tr>
     <td height="30" align="right">文字编程区：</td>
     <td width="617"><img src="images/UBB/B.gif" width="21" height="20"
onClick="bold()"> <img src="images/UBB/I.gif" width="21" height="20"
onClick="italicize()"> <img src="images/UBB/U.gif" width="21" height="20"
onClick="underline()"> <img src="images/UBB/img.gif" width="21" height="20"
onClick="img()"> 字体
       <select name="font" class="wenbenkuang" id="font"
onChange="showfont(this.options[this.selectedIndex].value)">
         <option value="宋体" selected>宋体</option>
         <option value="黑体">黑体</option>
         <option value="隶书">隶书</option>
         <option value="楷体">楷体</option>
       </select>
     字号<span class="pt9">
       <select
   name=size class="wenbenkuang" onChange="showsize(this.options[this.selectedIndex].value)">
         <option value=1>1</option>
         <option value=2>2</option>
         <option
   value=3 selected>3</option>
         <option value=4>4</option>
         <option value="5">5</option>
         <option value="6">6</option>
         <option value="7">7</option>
       </select>
       颜色
       <select onChange="showcolor(this.options[this.selectedIndex].value)" name="color"
size="1" class="wenbenkuang" id="select">
         <option selected>默认颜色</option>
         <option style="color:#FF0000" value="#FF0000">红色热情</option>
         <option style="color:#0000FF" value="#0000ff">蓝色开朗</option>
         <option style="color:#ff00ff" value="#ff00ff">桃色浪漫</option>
         <option style="color:#009900" value="#009900">绿色青春</option>
         <option style="color:#009999" value="#009999">青色清爽</option>
       </select>
     </span></td>
   </tr>
   <tr>
     <td align="right">文章内容：</td>
     <td width="617">
<textarea name="file" cols="70" rows="10" id="file"
onKeyDown="countstrbyte(this.form.file,this.form.total,this.form.used,this.form.remain);"
onKeyUp="countstrbyte(this.form.file,this.form.total,this.form.used,this.form.remain);"><?php
if($_GET[cite]==true){
   $query=mysql_query("select * from tb_forum_restore where tb_restore_id='$_GET[cite]'");
   $result=mysql_fetch_array($query);
echo $result[tb_restore_content];
}
?></textarea>
<input type="hidden" name="tb_send_id" value="<?php echo $_GET[send_id];?>">
```

```
<input type="hidden" name="tb_restore_user" value="<?php echo $_SESSION[tb_forum_user];?>"></td>
    </tr>
    <tr>
     <td height="25" colspan="2">        
<input name="submit" type="submit" id="submit" value="提交" onClick="return check();">
          最大字节数:
<input type="text" name="total" disabled="disabled" class="textbox" id="total" value="500"
size="5">
          输入:
<input type="text" name="used" disabled="disabled" class="textbox"  id="used" value="0" size="5">
        字节   剩余:
<input type="text" name="remain" disabled="disabled" class="textbox" id="remain" value="500"
size="5">字节  
<input name="reset" type="reset" id="reset" value="重写"></td>
    </tr>
    <tr>
     <td height="35" colspan="2">   </td>
    </tr>
  </form>
```

　　到此，回帖功能的提交文件部分讲解完毕，接下来介绍回帖的处理文件 send_forum_content_ok.php。

　　在该文件中对回帖中提交的数据进行存储，并且更新帖子的回复次数，以及将发布帖子数据表中的 tb_send_types 字段更新为 1，表明该帖子已经有回帖。

　　在 send_forum_content_ok.php 文件中，首先获取 form 表单中提交的数据，然后判断回复的内容中是否存在附件，如果不存在附件，则直接将获取的数据添加到指定的数据表中，并且更新帖子的回复次数，将发布帖子数据表中 tb_send_types 字段的值更新为 1。

　　如果存在附件，而附件的大小超过上传文件的限制，则给出提示信息"上传文件超过指定大小!"。

　　如果存在附件，并且大小在指定的范围内，则先将该附件存储到服务器中指定的文件夹下，然后再将附件在服务器中的存储路径和其他数据一起存储到指定的数据表中，同样也更新帖子的回复次数，以及将发布帖子数据表中 tb_send_types 字段的值更新为 1。关键代码如下（send_forum_content_ok.php）：

```
<?php session_start(); include_once("conn/conn.php");
if($_SESSION[tb_forum_user]==true){                //判断是否正确登录
$tb_restore_subject=$_POST[restore_subject];       //获取回帖的主题
$tb_restore_content=$_POST[file];                  //获取上传的附件
$tb_restore_user=$_POST[tb_restore_user];          //获取回复人
$tb_send_id=$_POST[tb_send_id];                    //获取要回帖的 ID
$tb_restore_date=date("Y-m-d H:i:s");              //定义回复时间
if($_FILES[restore_accessories][size]==0){         //判断是否有附件上传
if(mysql_query("insert into tb_forum_restore(tb_restore_subject,tb_restore_content,tb_restore_
user,tb_send_id,tb_restore_date) values
('".$tb_restore_subject."','".$tb_restore_content."','".$tb_restore_user."','".$tb_send_id."',
'".$tb_restore_date."')",$conn)){
  mysql_query("update tb_forum_restore set tb_forum_counts=tb_forum_counts+1",$conn);
  mysql_query("update tb_forum_send set tb_send_types=1 where tb_send_id='$tb_send_id'",$conn);
  echo "<script>alert('回复成功!');history.back();</script>";
  mysql_close($conn);
```

```
}else{
  echo "<script>alert('回复失败!');history.back();</script>";
  mysql_close($conn);
}}
if($_FILES[restore_accessories][size] > 20000000){ //判断上传的附件是否超过指定大小
  echo "<script>alert('上传文件超过指定大小! ');history.go(-1);</script>";
  exit();
}else{
//定义上传文件的名称和存储的路径
$path = './file/'.time().$_FILES['restore_accessories']['name'];
//将附件存储到服务器指定的文件夹下
if (move_uploaded_file($_FILES['restore_accessories']['tmp_name'],$path)) {
if(mysql_query("insert into tb_forum_restore(tb_restore_subject,tb_restore_content,tb_restore_
user,tb_send_id,tb_restore_date,tb_restore_accessories) values
('".$tb_restore_subject."','".$tb_restore_content."','".$tb_restore_user."','".$tb_send_id."',
'".$tb_restore_date."','".$path."')",$conn)){
 mysql_query("update tb_forum_restore set tb_forum_counts=tb_forum_counts+1",$conn);
 mysql_query("update tb_forum_send set tb_send_types=1 where tb_send_id='$tb_send_id'",$conn);
 echo "<script>alert('回复成功!');history.back();</script>";
 mysql_close($conn);
 }else{
  echo "<script>alert('回复失败!');history.back();</script>";
  mysql_close($conn);
  }
}}
}else{
  echo "<script>alert('对不起, 您不可以回复帖子, 请先登录到本站, 谢谢!');history.back();</script>";
}
?>
```

到此，回帖功能讲解完毕，完整代码可以参考本书源代码中的内容。

27.4.4　结帖

扫一扫，看视频

结帖功能是对会员自己发布的帖子进行操作，当获取到满意的答案之后，就可以对帖子进行结帖操作。一旦结帖，就不能再对该帖进行回复。结帖的操作页面如图 27.17 所示。

图 27.17　结帖的操作页面

结帖功能避免了用户在论坛中对一个帖子无休止地进行回复，浪费系统资源，同时确保了论坛中帖子的规范性。

论坛的管理员也具备结帖权限。管理员可以根据帖子的回复情况，在确定已经有满意答案的情况下，而帖子发布人又没有进行结帖操作的，可以由管理员来执行结帖操作。管理员的结帖操作是在论坛后台管理的帖子管理模块中完成的。

是否已经结帖是根据帖子在数据表中 tb_forum_end 字段的值来判断的，如果字段的值为 1，则说明帖子已经结帖，否则没有结帖。所以结帖操作就是将指定帖子在数据表中的 tb_forum_end 字段的值更新为 1。

在论坛模块中，结帖操作是通过在 send_forum_content.php 文件中设置的一个"结帖"超链接来执行的。通过"结帖"超链接，将其链接到 send_forum.php 文件，在这个文件中根据传递的 ID 值，执行更新指定帖子 tb_forum_end 字段值的操作。

在 send_forum_content.php 文件中设置"结帖"超链接，其中根据 tb_forum_end 字段的值来判断输出的内容。代码如下（send_forum_content.php）：

```php
<?php
if($myrow_1[tb_forum_end]!=1){
?>
<a href="end_forum.php?send_id=<?php echo $_GET[send_id];?>&send_user=<?php echo
$myrow_3[tb_send_user];?>">结帖</a>
<?php
}else{
echo "已结帖";
}
?>
```

在 end_forum.php 文件中执行结帖操作，以 send_id 变量传递的帖子 ID 值为依据，程序代码如下（end_forum.php）：

```php
<?php session_start(); include("conn/conn.php");
if($_GET[send_id]==true and $_GET[send_user]==$_SESSION[tb_forum_user]){
   $result=mysql_query("update tb_forum_send set tb_forum_end='1' where
tb_send_id='".$_GET[send_id]."'");
   if($result==true){
       echo "<script>alert('结帖激活!'); history.back();</script>";
   }
}else{
       echo "<script>alert('您不具备该权限!'); history.back();</script>";
}
?>
```

27.4.5 搜索帖子

站内搜索是指在站内按照指定的关键字，从论坛发布的帖子和回复的帖子中查询出符合条件的数据。站内搜索主要应用的是 where 语句中的 like 运算符，通过该运算符实现模糊查询的功能。

在论坛模块中，站内搜索从 content.php 文件中设置的站内搜索文本框开始，将要搜索的关键字提交到 search.php 文件中，在 search.php 文件中执行模糊查询，并将查询的结果输出，如图 27.18 所示。

扫一扫，看视频

图 27.18　搜索帖子的操作页面

在 content.php 文件中，创建一个 form 表单，提交站内搜索的关键字。表单将关键字提交到 search.php 文件中。代码如下（content.php）：

```
<form name="form1" method="post" action="content.php?class=搜索引擎&&content=<?php echo
$_GET[content];?>&&content_1=<?php echo $_GET[content_1];?>" onSubmit="return check_submit();">
    <tr>
      <td width="25%" rowspan="2"><input type="image" name="imageField" src="images/index_71.jpg"
/></td>
    </tr>
</form>
```

search.php 文件根据表单中提交的关键字，分别在发布帖子和回复帖子中执行模糊搜索，将搜索结果以分页的形式输出到页面中。模糊搜索的关键代码如下（search.php）：

```
<?php session_start(); include("conn/conn.php"); //初始化 Session 变量，连接数据库
if($_GET['page']==""){ $_GET['page']=1; }              //判断变量的值是否为空，用于分页显示
if($_GET['pages']==""){ $_GET['pages']=1; }            //判断变量的值是否为空，用于分页显示
if($_GET[link_type]==""){ $_GET[link_type]=0; }
if($_GET['link_types']==""){ $_GET['link_types']=0; }
$content=$_GET[content];                                //获取帖子的类型
$content_1=$_GET[content_1];                            //获取帖子的类别
//从发布的帖子中搜索
$query_6=mysql_query("select * from tb_forum_send where tb_send_subject like
'%".$_POST['tb_send_subject_content']."%' or tb_send_content like
'%".$_POST['tb_send_subject_content']."%'");
//从回复的帖子中搜索
$query_7=mysql_query("select * from tb_forum_restore where tb_restore_subject like
'%".$_POST['tb_send_subject_content']."%' or tb_restore_content like
'%".$_POST['tb_send_subject_content']."%'");
//统计搜索结果
if(mysql_num_rows($query_6)>0 or mysql_num_rows($query_7)>0 ){
   if($_GET['page']){                                   //定义分页的变量
```

```
$page_size=10;                                //定义每页显示的数量
    $query="select count(*) as total from tb_forum_send where tb_send_subject like
'%".$_POST['tb_send_subject_content']."%' or tb_send_content like
'%".$_POST['tb_send_subject_content']."%'";
    $result=mysql_query($query);
    $message_count=mysql_result($result,0,"total");
    $page_count=ceil($message_count/$page_size);
    $offset=($_GET['page']-1)*$page_size;
    $query_2=mysql_query("select * from tb_forum_send where tb_send_subject like
'%".$_POST['tb_send_subject_content']."%' or tb_send_content like
'%".$_POST['tb_send_subject_content']."%' limit $offset, $page_size");
?>
```

到此，站内搜索功能讲解完毕，有关查询结果的分页输出，这里不作介绍，完整代码可以参考本书源代码中的内容。

27.4.6　帖子分类

在论坛中，根据帖子的发布时间、帖子内容的特殊性，以及受关注的程度，还有帖子是否有人回复等，对帖子进行分类处理，分为最新帖子、精华区、热点区和待回复等类别。帖子分类的操作页面如图 27.19 所示。

图 27.19　帖子分类的操作页面

● 最新帖子：根据帖子的 ID，按照 ID 值降序排列，输出最新的 10 条帖子。关键代码如下（new_forum.php）：

```
<?php
  if($_GET['page']){
  $page_size=10; //定义每页输出10条数据
  //按照指定的类别从数据库中读取帖子的数据
  $query="select count(*) as total from tb_forum_send where
tb_send_small_type='".$_GET[content_1]."'";
  $result=mysql_query($query);
  $message_count=mysql_result($result,0,"total");
  $page_count=ceil($message_count/$page_size);
```

```php
$offset=($_GET['page']-1)*$page_size;
//从数据库中读取帖子的数据，按照帖子发布的 ID 值进行降序排列
$query_2=mysql_query("select * from tb_forum_send where
tb_send_small_type='".$_GET[content_1]."' order by tb_send_id desc limit $offset, $page_size");
while($myrow_2=mysql_fetch_array($query_2)){
?>
```

● 精华区、热点区和待回复：这 3 个类别的实现方法相同，都是根据数据库中帖子指定的字段值进行判断。精华区根据字段 tb_send_type_distillate 的值判断；热点区根据字段 tb_send_type_hotspot 的值判断；而待回复则根据字段 tb_send_types 的值判断。这里以精华区帖子的输出为例进行讲解，其关键代码如下（distillate.php）：

```php
<?php
if($_GET['page']){ //实现精华区帖子的分页输出
$page_size=10; //每页显示 10 条记录
//执行查询语句，以 tb_send_type_distillate 字段的值是否为 1 为条件，如果为 1 则是精华帖子，否则不是
$query="select count(*) as total from tb_forum_send where tb_send_small_type='$_GET[content_1]'
and tb_send_type_distillate=1";
$result=mysql_query($query);
$message_count=mysql_result($result,0,"total");
$page_count=ceil($message_count/$page_size);
$offset=($_GET['page']-1)*$page_size;
$query_2=mysql_query("select * from tb_forum_send where tb_send_small_type='$content_1' and
tb_send_type_distillate='1' limit $offset, $page_size");
while($myrow_2=mysql_fetch_array($query_2)){
?>
<tr>
  <td width="5%" align="center" bgcolor="#FFFFFF"><img src="<?php echo
$myrow_2[tb_send_picture];?>"></td>
  <td bgcolor="#FFFFFF"><a href="send_forum_content.php?send_big_type=<?php echo
$_GET[content];?>&&send_small_type=<?php echo $myrow_2[tb_send_small_type];?>&&send_id=<?php
echo $myrow_2[tb_send_id];?>" target="_blank"><?php echo $myrow_2[tb_send_subject];?></a></td>
  <td width="25%" bgcolor="#FFFFFF"><?php echo $myrow_2[tb_send_date];?></td>
  <td width="25%" bgcolor="#FFFFFF"><?php echo $myrow_2[tb_send_user];?></td>
  <td width="10%" bgcolor="#FFFFFF"><?php $query_s=mysql_query("select * from tb_forum_restore
where tb_send_id='$myrow_2[tb_send_id]'");
echo mysql_num_rows($query_s);
?></td>
  </tr>
<?php }}?>
```

上述内容介绍了如何从数据库中获取指定类的帖子，下面讲解如何设置这些帖子类别。

最新帖子不需要任何设置，只要帖子发布，就会自动为其生成一个 ID 值，根据 ID 值可以自动读取到最新的帖子。

而精华区、热点区和待回复都需要设置。其中，设置精华区和热点区帖子的方法相同，都是在论坛的后台管理中进行操作，通过 form 表单，创建复选框，将指定帖子的 tb_send_type_distillate 或 tb_send_type_ hotspot 字段的值设置为 1。帖子分类管理的操作页面如图 27.20 所示。

帖子分类功能通过两个文件完成，一个是 update_forum.php，用于提交要设置类别帖子的 ID；另一个是 update_forum_ok.php，根据提交的 ID 值执行设置帖子类别的操作。

图 27.20　帖子分类管理的操作页面

在 update_forum.php 文件中，首先创建一个 form 表单，从数据库中读取帖子的数据，并且为每个帖子设置一个复选框，复选框的值是帖子的 ID。再分别创建精华帖子和热点帖子的"提交"按钮，同时也创建取消帖子类别的按钮。最后将数据提交到 update_forum_ok.php 文件中。关键代码如下（admin/update_forum.php）：

```php
<form name="form1" method="post" action="update_forum_ok.php">
 <tr>
  <td width="72" height="35" align="center"><span class="STYLE3">选项　</span></td>
  <td width="271" align="center"><span class="STYLE3">帖子主题</span></td>
  <td width="214" align="center"><span class="STYLE3">发布人</span></td>
  <td width="192" align="center"><span class="STYLE3">发布时间</span></td>
  <td width="100" align="center"><span class="STYLE3">精华区</span></td>
  <td width="77" align="center"><span class="STYLE3">热点区</span></td>
  <td width="77" align="center"><span class="STYLE3">是否结帖</span></td>
 </tr>
<?php
  if($_GET['page']){
  $page_size=10;          //每页显示2条记录
  $query="select count(*) as total from tb_forum_send where tb_send_id "; //读取数据
  $result=mysql_query($query);
  $message_count=mysql_result($result,0,"total");  //获取总记录数
  $page_count=ceil($message_count/$page_size);        //获取总页数
  $offset=($_GET['page']-1)*$page_size;
  $query=mysql_query("select * from tb_forum_send where tb_send_id order by tb_send_id desc limit
$offset, $page_size");
while($myrow=mysql_fetch_array($query)){
?>
 <tr>
  <td height="25" align="center" class="STYLE1"><input name="<?php echo $myrow[tb_send_id];?>"
type="checkbox" value="<?php echo $myrow[tb_send_id];?>"></td>
  <td align="center" class="STYLE1"><?php echo $myrow[tb_send_subject];?></td>
  <td align="center" class="STYLE1"><?php echo $myrow[tb_send_user];?></td>
  <td align="center" class="STYLE1"><?php echo $myrow[tb_send_date];?></td>
  <td align="center" class="STYLE1"><?php echo $myrow[tb_send_type_distillate];?></td>
  <td align="center" class="STYLE1"><?php echo $myrow[tb_send_type_hotspot];?></td>
```

```
    <td align="center" class="STYLE1"><?php if($myrow[tb_forum_end]==1){echo "已结帖";}else{echo "
未结帖";}?></td>
  </tr>
<?php }}?>
  <tr>
    <td height="25" align="center"> </td>
    <td align="center"><input name="button" type=button class="buttoncss"
onClick="checkAll(form1,status)" value="全选">
<input type=button value="反选" class="buttoncss" onClick="switchAll(form1,status)">
<input type=button value="不选" class="buttoncss" onClick="uncheckAll(form1,status)"></td>
    <td align="center"><input type="submit" name="Submit" value="精华帖">
      <input type="submit" name="Submit3" value="取消"></td>
    <td align="center"><input type="submit" name="Submit2" value="热门帖">
      <input type="submit" name="Submit4" value="取消"></td>
    <td colspan="3" align="center"><input type="submit" name="Submit5" value="结帖">
      <input type="submit" name="Submit6" value="取消"></td>
  </tr>
</form>
```

在 update_forum_ok.php 文件中，根据表单中提交的帖子的 ID 值，通过 while 语句和 list()函数，循环读取表单中提交的帖子的 ID 值，执行设置帖子类别和取消帖子类别的操作。关键代码如下（admin/update_forum_ok.php）：

```
<?php session_start(); include("conn/conn.php");
if($Submit=="精华帖"){
  while(list($name,$value)=each($_POST)){
    $result=mysql_query("update tb_forum_send set tb_send_type_distillate='1' where
tb_send_id='".$name."'");
  if($result==true){
    echo "<script>alert('精华帖激活成功!'); window.location.href='index.php?title=帖子管理';
</script>";}}
}
if($Submit3=="取消"){
  while(list($name,$value)=each($_POST)){
    $result=mysql_query("update tb_forum_send set tb_send_type_distillate='0' where
tb_send_id='".$name."'");
  if($result==true){
    echo "<script>alert('精华帖取消!'); window.location.href='index.php?title=帖子管理';
</script>";}}
}
?>
```

在设置帖子类别的过程中，使用了批量更新技术，其主要通过 while 语句和 list()、each()函数来完成。

（1）each()函数。each()函数返回数组中当前指针位置的键名和对应的值，并向前移动数组指针。键/值对被返回为 4 个元素的数组，键名为 0、1、key 和 value。键名 0 和 key 包含数组单元的键名，1 和 value 包含数据，如果内部指针越过了数组的末端，则函数返回 False。其语法格式如下：

```
array each ( array &$array )
```

参数 $array 为输入的数组。

（2）list()函数。list()函数把数组中的值赋给一些变量。与 array 数组类似，list()不是真正的函数，而是语言结构。list()函数仅能用于索引数组，并且数字索引从 0 开始。其语法格式如下：

```
void list ( mixed $varname , mixed $... )
```

　　参数 $varname 为被赋值的变量名称。

　　而待回复则是在回帖的操作中完成的，当回帖提交成功后，将回帖中字段 tb_send_types 的值更新为 1，表明该帖子已经有回复，有关程序代码可以参考前面的内容，这里不再赘述。

27.4.7　置顶管理

　　置顶管理是为管理员的置顶帖子权限而设置的，因为不可能将某个帖子永远置顶，所以创建了置顶管理功能。该功能设置于论坛的后台管理中，实现将帖子置顶和取消置顶的操作。置顶管理的操作页面如图 27.21 所示。

图 27.21　置顶管理的操作页面

　　置顶管理功能的实现使用了两个文件，一个是 permute_admin.php，用于从数据库中读取出置顶帖子的数据，进行分页输出，并且创建 form 表单，为每个帖子设置一个下拉列表框，实现将帖子置顶和取消置顶的操作，关键代码如下（permute_admin.php）：

```php
<?php
  if($_GET['page']){
    $page_size=5;          //每页显示2条记录
    //从数据库中读取数据
    $query="select count(*) as total from tb_forum_send where tb_send_type=1";
    $result=mysql_query($query);
    $message_count=mysql_result($result,0,"total");  //获取总记录数
    $page_count=ceil($message_count/$page_size);      //获取的页数
    $offset=($_GET['page']-1)*$page_size;
    $query=mysql_query("select * from tb_forum_send where tb_send_type=1 order by tb_send_id desc
limit $offset, $page_size");
while($myrow=mysql_fetch_array($query)){
?>
  <tr>
    <td height="25" align="left">  <span class="STYLE1"><?php echo
$myrow[tb_send_subject];?></span></td>
    <td align="center"><span class="STYLE1"><?php echo $myrow[tb_send_user];?></span></td>
    <td align="center"><span class="STYLE1"><?php echo $myrow[tb_send_date];?></span></td>
    <td align="center"><span class="STYLE1"><?php echo $myrow[tb_send_type];?></span></td>
    <td align="center">
<form action="update_permute.php?update_id=<?php echo $myrow[tb_send_id];?>" method="post"
name="form1" class="STYLE1">
```

```
<select name="tb_send_type" id="tb_send_type">
    <option value="1">置顶</option>
    <option value="0">取消</option>
</select>
<input type="submit" name="Submit" value="执行">
</form></td>
 </tr>
<?php }}?>
```

另一个是 update_permute.php 文件，该文件根据表单中提交的值和帖子 ID，执行将帖子置顶和取消置顶的操作。关键代码如下（update_permute.php）：

```
<?php include("../conn/conn.php");
$update_id=$_GET[update_id];     //获取帖子的 ID 值
//执行将帖子置顶或取消顶的操作
$query=mysql_query("update tb_forum_send set tb_send_type='$_POST[tb_send_type]' where
tb_send_id='$update_id'");
if($query==true){
  echo "<script>alert('更新成功!');history.back();</script>";
}else{
  echo "<script>alert('更新失败!');history.back();</script>";
}
?>
```

27.4.8　信息管理

扫一扫，看视频

信息管理模块包括：个人信息和我的信箱，可以从前台会员交流主页的导航菜单中进入。"个人信息"模块在 rework.php 文件中实现，"我的信箱"模块在 send_mail.php 文件中实现。信息管理的操作页面如图 27.22 所示。

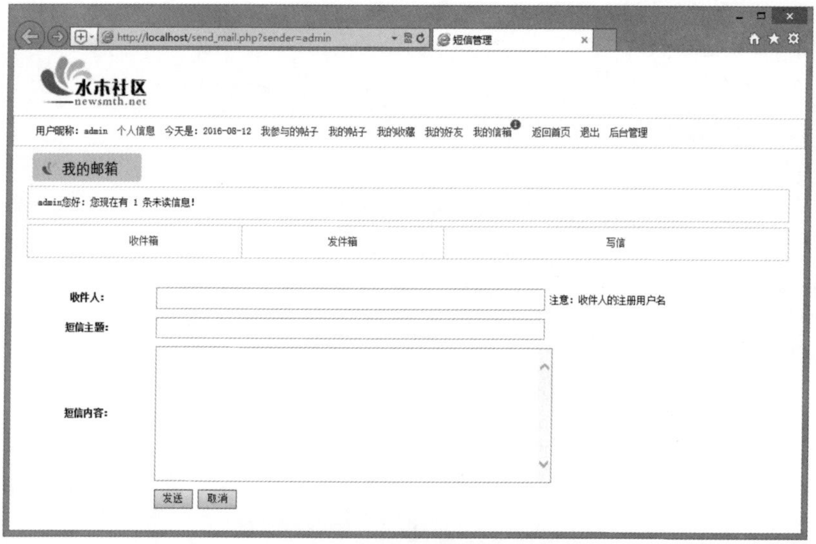

图 27.22　信息管理的操作页面

"我的信箱"模块中主要包括收件箱、发件箱和写信 3 个功能。这 3 个功能都在 send_mail.php 文件中完成。

在 send_mail.php 文件中，使用 switch 语句，根据栏目标识的变量值，实现不同功能之间的切换输出。关键代码如下（send_mail.php）：

```
<table class="w950 table3 padding6" align="center">
    <tr><td><?php echo $_GET['sender'];?>您好：您现在有<?php
        $sender = $_GET['sender'];
        $query=mysql_query("select * from tb_mail_box where tb_receiving_person='$_GET[sender]'
and tb_mail_type=0");
        $myrow=mysql_num_rows($query);
        echo $myrow;
?>条未读信息！</td>
    </tr>
</table>
<table class="w950 table" align="center">
    <tr>
        <td width="263" height="39" align="center">    <a
href="send_mail.php?sender=<?php echo $_GET['sender'];?>&&mails=收件箱">收件箱</a></td>
        <td width="244" align="center"><a href="send_mail.php?sender=<?php echo
$_GET['sender'];?>&&mails=发件箱">发件箱</a></td>
        <td width="425" align="center"><a href="send_mail.php?sender=<?php echo
$_GET['sender'];?>&&mails=写信">写信</a></td>
    </tr>
</table>
<?php
if( isset( $_GET['mails'])){
    $mails = $_GET['mails'];
}else{
    $mails = "";
}
switch($mails){
    case "":
        include("write_mail.php"); break;
    case "写信":
        include("write_mail.php"); break;
    case "收件箱":
        include("browse_mail.php"); break;
    case "发件箱":
        include("browse_send_mail.php"); break;
}
?>
```

写信通过 write_mail.php 和 write_mail_ok.php 文件来实现。通过 write_mail.php 文件来创建 form 表单，提交发送信息的内容。通过 write_mail_ok.php 文件来对表单中提交的内容进行处理，并且将发送信息存储到指定的数据表中作为发送记录。

收信通过 browse_mail.php、browse_mail_content.php 和 delete_mail.php 这 3 个文件来完成。通过 browse_mail.php 文件从数据库中读取出收到信息的内容，将信息内容进行分页输出，并且设置超链接，将其链接到 browse_mail_content.php 文件。在 browse_mail_content.php 文件中查看信息的详细内容。通过 delete_mail.php 文件，实现对收信箱中的信息进行管理，删除指定的信息。

发信通过 browse_send_mail.php 和 browse_send_mail_content.php 两个文件来完成。通过 browse_send_mail.php 文件输出数据库中存储的发送记录，并且根据信息的标题进行分页输出，设置超链接，将其链接到 browse_send_mail_content.php 文件，在该文件中输出发送信息的详细内容。限于篇幅，上述 3 个功能的实现代码没有完全给出，完整代码请参看本书源代码中的内容。

27.4.9 好友管理

扫一扫，看视频

"我的好友"模块也是从 send_forum_content.php 文件中设置的超链接开始。"我的好友"模块链接的是 my_friend.php 文件。在该文件中完成添加好友的操作，并且向好友发送一条信息。好友管理的操作页面如图 27.23 所示。

图 27.23　好友管理的操作页面

在 my_friend.php 文件中，创建 form 表单，实现对要添加好友信息的提交，将数据提交到 my_friend_ok.php 文件中，在该文件中实现好友的添加操作，并且向好友发送一条信息。 my_friend_ok.php 文件的代码如下：

```php
<?php include("conn/conn.php");
if( !isset( $_SESSION["tb_forum_user"] )){
    echo "<script> alert('请先登录后再操作!'); history.back();</script>";}
$tb_my=$_POST['my'];
$tb_friend=$_POST['friend'];
$tb_date=date("Y-m-d");
$tb_receiving_person=$_POST['receiving_person'];
$tb_mail_subject=$_POST['mail_subject'];
$tb_mail_content=$_POST['mail_content'];
$tb_mail_sender=$_POST['mail_sender'];
$tb_mail_date=date("Y-m-d");
$querys=mysql_query("select * from tb_forum_user where tb_forum_user='$tb_receiving_person'");
if(mysql_num_rows($querys)>0){
    $querys=mysql_query("insert into
tb_my_friend(tb_my,tb_friend,tb_date)values('$tb_my','$tb_friend','$tb_date')");
    $query=mysql_query("insert into
tb_mail_box(tb_receiving_person,tb_mail_subject,tb_mail_content,tb_mail_sender,tb_mail_date)values('$tb_receiving_person','$tb_mail_subject','$tb_mail_content','$tb_mail_sender','$tb_mail_date')");
    if($query==true){
        echo "<script>alert('实现好友添加功能，并向 Ta 发送一条信息!');history.back(); </script>";
    }
}else{
    echo "<script>alert('对不起，不存在该用户!');history.back();</script>";
```

```
}
?>
```

添加好友后，在登录成功页面中有一个"我的好友"的超链接，单击该链接进入
browse_friend.php 页面中，在该页面中可以查看所有的好友。当单击好友的名称时将链接到
person_data.php 页面，通过该页面可以查看好友的详细信息。在 browse_friend.php 文件中，还创建
了一个 form 表单，将数据提交到 delete_friend.php 文件中，实现对指定好友的删除操作。删除好友
的操作页面如图 27.24 所示。

图 27.24　删除好友的操作页面

27.4.10　数据的备份和恢复

扫一扫，看视频

论坛中数据的备份和恢复主要使用 exec()函数，通过该函数执行服务器的外部程
序，实现备份数据和恢复数据的操作。数据的备份和恢复的操作页面如图 27.25 所示。

图 27.25　数据的备份和恢复的操作页面

exec()函数执行服务器的外部程序。其语法格式如下：

```
string exec ( string $command [, array &$output [, int &$return_var ]] )
```

参数说明：
- $command：必选，字符串命令。
- $output：可选，数组输出。
- $return_var：可选，执行命令返回的状态变量。

在执行数据的备份和恢复操作之前，首先要确立与数据库的连接，并且要定义服务器的目
录，以及 MySQL 命令执行文件的路径。代码如下（admin/config.php）：

```php
<?php
define('PATH',$_SERVER['DOCUMENT_ROOT']);        //服务器目录
    define('ROOT','/');                          //论坛根目录
    define('ADMIN','admin/');                     //后台目录
```

```
define('BAK','sqlbak/');                    //备份目录
define('MYSQLPATH','D:\\www\\');            //MySQL 执行文件路径
define('MYSQLDATA','db_forum');             //MySQL 数据库
define('MYSQLHOST','localhost');            //MySQL 服务器 IP
define('MYSQLUSER','root');                 //MySQL 账号
define('MYSQLPWD','11111111');              //MySQL 密码
?>
```

在确定了与 MySQL 数据库的连接和执行文件的路径后，便可以进行备份和恢复数据的操作。

备份数据库主要使用 MySQL 中的 mysgldump 命令，输入 MySQL 数据库的用户名（root）、服务器（localhost）和密码（11111111），指定要备份的数据库（db_forum），确定数据库备份文件的名称和存储的位置（sglbak/），最后通过 exec()函数执行命令。代码如下（admin/bak_chk.php）：

```php
<?php
    session_start();            //初始化 Session 变量
    include "config.php";       //连接数据库
    //编写备份数据库的命令
    $mysqlstr = MYSQLPATH.'mysqldump -u'.MYSQLUSER.' -h'.MYSQLHOST.' -p'.MYSQLPWD. ' --opt -B
'.MYSQLDATA.' > '.PATH.ROOT.ADMIN.BAK.$_POST['b_name'];
    exec($mysqlstr);            //执行备份数据库的命令
    echo "<script>alert('备份成功');location='index.php?title=备份和恢复'</script>";
?>
```

恢复数据库主要使用 MySQL 命令，输入 MySQL 数据库的用户名（root）、服务器（localhost）和密码（11111111），指定要恢复的数据库（db_forum），确定数据库备份文件的名称和存储的位置（sqlbak/），通过 exec()函数执行命令。代码如下（admin/rebak_chk.php）：

```php
<?php
    session_start();            //初始化 Session 变量
    include "config.php";       //连接数据库，指定数据库文件存储的位置
    //编写恢复数据库的命令
    $mysqlstr = MYSQLPATH.'mysql -u'.MYSQLUSER.' -h'.MYSQLHOST.' -p'.MYSQLPWD.' '.MYSQLDATA.' < '.
PATH.ROOT.ADMIN.BAK.$_POST['r_name'];
    exec($mysqlstr);            //执行恢复数据库操作的命令
    echo "<script>alert('恢复成功');location='index.php?title=备份和恢复'</script>";
?>
```

27.5　在 线 支 持

本节为拓展学习，感兴趣的读者请扫码进行强化训练。

扫描，拓展学习